U0254216

"十三五"职业教育国家规划教材

住房和城乡建设部"十四五"规划教材

全国住房和城乡建设职业教育教学指导委员会规划推荐教材

建筑施工技术

（第七版）

（土建类专业适用）

姚谨英　姚晓霞　主　编

袁世伟　伍志强　副主编

王春宁　池　斌　主　审

中国建筑工业出版社

图书在版编目（CIP）数据

建筑施工技术/姚谨英，姚晓霞主编；王春宁，池
斌主审. —7 版. —北京：中国建筑工业出版社，
2022.8（2024.6重印）
"十三五"职业教育国家规划教材 住房和城乡建设
部"十四五"规划教材 全国住房和城乡建设职业教育教
学指导委员会规划推荐教材
ISBN 978-7-112-27463-5

Ⅰ．①建… Ⅱ．①姚… ②姚… ③王… ④池… Ⅲ．
①建筑施工-施工技术-高等职业教育-教材 Ⅳ.
①TU74

中国版本图书馆 CIP 数据核字（2022）第 097050 号

　　本书共分为 9 个教学单元，其内容包括：土方工程施工、地基处理与基础工程施工、砌筑工程施工、混凝土结构工程施工、预应力混凝土工程施工、结构安装工程施工、屋面及防水工程施工、装饰装修工程施工、墙体保温工程。

　　本书按现行国家标准规范，进一步完善了有关工程的验收标准和方法；增加了不少新的施工技术内容，如配筋砌体施工、填充墙砌体和早拆模板施工，以及建筑节能的热门技术——墙体保温工程施工的详细做法等。

　　本教材既可作为高等职业教育土建类专业教材，也可作为对相关人员的岗位培训教材或供土建工程技术人员参考。

　　为更好地支持本课程的教学，我们向使用本书的教师免费提供教学课件，有需要者请与出版社联系，索要方式为：1. 邮箱 jckj@cabp.com.cn；2. 电话（010）58337285；3. 建工书院 http://edu.cabplink.com。

　　责任编辑：刘平平　李　阳　朱首明

　　责任校对：刘梦然

"十 三 五" 职 业 教 育 国 家 规 划 教 材
住 房 和 城 乡 建 设 部 "十 四 五" 规 划 教 材
全国住房和城乡建设职业教育教学指导委员会规划推荐教材

建筑施工技术（第七版）
（土建类专业适用）

姚谨英　姚晓霞　主　编
袁世伟　伍志强　副主编
王春宁　池　斌　主　审

*

中国建筑工业出版社出版、发行（北京海淀三里河路 9 号）
各地新华书店、建筑书店经销
霸州市顺浩图文科技发展有限公司制版
北京市密东印刷有限公司印刷

*

开本：787 毫米×1092 毫米　1/16　印张：26½　字数：611 千字
2022 年 7 月第七版　　2024 年 6 月第七次印刷
定价：**59.00** 元（赠教师课件）
ISBN 978-7-112-27463-5
（38940）

修订版序言

本套教材第一版于 2003 年由建设部土建学科高职高专教学指导委员会本着"研究、指导、咨询、服务"的工作宗旨，从为院校教育提供优质教学资源出发，在对建筑工程技术专业人才的培养目标、定位、知识与技能内涵进行认真研究论证，整合国内优秀编者团队，并对教材体系进行整体设计的基础上组织编写的，于 2004 年首批出版了 11 门主干课程的教材。教材面世以来，应用面广、发行量大，为高职建筑工程技术专业和其他相关专业的教学与培训提供了有效的支撑和服务，得到了广大应用院校师生的普遍欢迎和好评。结合专业建设、课程建设的需求及有关标准规范的出台与修订，本着"动态修订、及时填充、持续养护、常用常新"的宗旨，本套教材于 2006 年（第二版）、2012 年（第三版）又进行了两次系统的修订。由于教材的整体性强、质量高、影响大，本套教材全部被评为住房和城乡建设部"十一五""十二五""十三五"规划教材，大多数教材被评为"十一五""十二五"国家规划教材，数部教材被评为国家精品教材。

目前，本套教材的总量已达 25 部，内容涵盖高职建筑工程技术专业的基础课程、专业课程、岗位课程、实训教学等全领域，并引入了现代木结构建筑施工等新的选题。结合我国建筑业转型升级的要求，当前正在组织装配式建筑技术相关教材的编写。

本次修订是本套教材的第三次系统修订，目的是为了适应我国建筑业转型发展对高职建筑工程技术专业人才培养的新形势、建筑技术进步对高职建筑工程技术专业人才知识和技能内涵的新要求、管理创新对高职建筑工程技术专业人才管理能力充实的新内涵、教育技术进步对教学手段及教学资源改革的新挑战、标准规范更新对教材内容的新规定。

应当着重指出的是，从 2015 年起，经过认真的论证，主编团队在有关技术企业的支持下，对本套教材中的《建筑识图与构造》《建筑力学》《建筑结构》《建筑施工技术》《建筑施工组织》进行了系统的信息化建设，开发出了与教材紧密配合的 MOOC 教学系统，其目的是为了适应当前信息化技术广泛参与院校教学的大形势，探索与创新适应职业教育特色的新型教学资源建设途径，积极构建"人人皆学、时时能学、处处可学"的学习氛围，进一步发挥教学辅助资源对人才培养的积极作用。我们将密切关注上述 5 部教材及配套 MOOC 教学资源的应用情况，并不断地进行优化。同时还要继续大力加强与教材配套的信息化资源建设，在总结经验的基础上，选择合适的教材进行信息化资源的立体开发，最终实现"以纸质教材为载体，以信息化技术为支撑，二者相辅相成，为师生提供一流服务，为人才培养提供一流教学资源"的目的。

今后，还要继续坚持"保持先进、动态发展、强调服务、不断完善"的教材建设思路，不简单追求本套教材版次上的整齐划一，而是要根据专业定位、课程建设、标准规范、建筑技术、管理模式的发展实际，及时对具备修订条件的教材进行优化和完善，不断补充适应建筑业对高职建筑工程技术专业人才培养需求的新选题，保证本套教材的活力、生命力和服务能力的延续，为院校提供"更好、更新、更适用"的优质教学资源。

住房和城乡建设职业教育教学指导委员会
土建施工类专业教学指导委员会
2017 年 6 月

序言

高等学校土建学科教学指导委员会高等职业教育专业委员会（以下简称土建学科高等职业教育专业委员会）是受教育部委托并接受其指导，由建设部聘任和管理的专家机构。其主要工作任务是，研究如何适应建设事业发展的需要设置高等职业教育专业，明确建设类高职人才的培养标准和规格，构建理论与实践紧密结合的教学内容体系，构筑"校企合作、产学结合"的人才培养模式，为我国建设事业的健康发展提供智力支持。在建设部人事教育司的领导下，2002年，土建学科高等职业教育专业委员会的工作取得了多项成果，编制了土建学科高等职业教育指导性专业目录；在"建筑工程技术""工程造价""建筑装饰技术""建筑电气技术"等重点专业的专业定位、人才培养方案、教学内容体系、主干课程内容等方面取得了共识；制定了建设类高等职业教育专业教材编审原则意见；启动了建设类高等职业教育人才培养模式的研究工作。

近年来，在我国建设类高等职业教育事业迅猛发展的同时，土建学科高等职业教育的教学改革工作亦在不断深化之中，对教育定位、教育规格的认识逐步提高；对高等职业教育与普通本科教育、传统专科教育和中等专业教育在类型、层次上的区别逐步明晰；对必须背靠行业、背靠企业，走校企合作之路，逐步加深了认识。但由于各地区的发展不尽平衡，既有理论又能实践的"双师型"教师队伍尚在建设之中等原因，高等职业教育的教材建设对于保证教育标准与规格，规范教育行为与过程，突出高等职业教育特色等都有着非常重要的现实意义。

"建筑工程技术"专业（原"工业与民用建筑"专业）是建设行业对高职人才需求量最大的专业，也是目前建设类高职院校中在校生人数最多的专业。改革开放以来，面对建筑市场的逐步建立和规范，面对建筑产品生产过程科技含量的迅速提高，在建设部人事教育司和中国建设教育协会的领导下，对该专业进行了持续多年的改革。改革的重点集中在实现三个转变，变"工程设计型"为"工程施工型"，变"粗坯型"为"成品型"，变"知识型"为"岗位职业能力型"。在反复论证人才培养方案的基础上，中国建设教育协会组织全国各有关院校编写了高等职业教育"建筑施工"专业系列教材，于2000年12月由中国建筑工业出版社出版发行，受到全国同行的普遍好评，其中《建筑构造》《建筑结构》和《建筑施工技术》被教育部评为普通高等教育"十五"国家级规划教材。土建学科高等职业教育专业委员会成立之后，根据当前建设类高职院校对"建筑工程技术"专业教材的迫切需要；

根据新材料、新技术、新规范急需进入教学内容的现实需求，积极组织全国建设类高职院校和建筑施工企业的专家，在对该专业课程内容体系充分研讨论证之后，在原高等职业教育"建筑施工"专业系列教材的基础上，组织编写了《建筑识图与构造》《建筑力学》《建筑结构》（第二版）、《地基与基础》《建筑材料》《建筑施工技术》（第二版）、《建筑施工组织》《建筑工程计量与计价》《建筑工程测量》《高层建筑施工》《工程项目招投标与合同管理》等11门主干课程教材。

教学改革是一个不断深化的过程，教材建设是一个不断推陈出新的过程，希望这套教材能对进一步开展建设类高等职业教育的教学改革发挥积极的推进作用。

土建学科高等职业教育专业委员会
2003 年 7 月

修订版前言

"建筑施工技术"是建筑工程技术专业的核心技术课之一。它讲授建筑工程施工项目的主要施工工艺、施工技术和方法。

"建筑施工技术"课程实践性强、知识面广、综合性强、发展快,必须结合实际情况,综合运用有关学科的基本理论和知识,采用新技术和现代科学成果,解决生产实践问题。本书着重基本理论、基本原理和基本方法的学习和应用。

随着建筑工程技术专业教学改革的深入进行,建筑施工技术专业教学标准的发布实施,部分国家规范、行业标准的修订更新,对建筑施工技术课程提出了新的教学要求,为更好地贯彻实施标准,提高教学质量和水平,为培养社会急需的高素质技术技能型人才,必须打造一本适合高职高专建筑类专业学生职业能力培养的精品教材。

《建筑施工技术》(第六版)开发了教材多媒体资源、教学 PPT 课件、微课视频、案例库、习题等与教学配套的 MOOC 教学系统,采用二维码扫描与数字化教学资源配套使用的 MOOC 全媒体教材。

本次修订在第六版的基础上按照新的建筑工程施工和验收规范对教材内容查漏补缺,并根据教学实际和岗位需求对实用价值较低的部分进行精炼。使教材内容充分体现了先进性、通用性、实用性的原则,更贴近本专业的发展和实际需要。

本书由姚谨英、姚晓霞任主编,袁世伟、伍志强任副主编。教学单元 1 由成都新宏建筑工程有限公司陈文祥编写,教学单元 2、教学单元 3、教学单元 7 由绵阳职业技术学院姚晓霞编写,教学单元 4 由甘肃建筑职业技术学院李君宏编写,教学单元 5 由绵阳职业技术学院伍志强编写,教学单元 6 由中国空气动力研究与发展中心袁世伟编写,教学单元 8 由绵阳职业技术学院庄琦怡编写,教学单元 9 由成都捷意建筑工程有限公司胡译文编写,姚谨英负责全书修订、统稿、绪论编写、课件制作工作。

本书可作为高职院校土建类"建筑施工技术"课程教材,也可作为土建工程技术人员的参考用书。

本书由黑龙江建筑职业技术学院王春宁高工和四川省成都市建工集团池斌高工担任主审,他们对本书作了认真细致的审阅,对保证本书编写质量提出了不少建设性意见,在此,编者表示衷心感谢。

由于编者水平有限,书中难免尚有不足之处,恳切希望读者批评指正。

前言

"建筑施工技术"是建筑施工专业的主要职业技术课之一，它研究建筑工程各主要工种的施工工艺、施工技术和方法。

"建筑施工技术"课程实践性强、知识面宽、综合性大、发展快，必须结合实际情况，综合运用有关学科的基本理论和知识，采用新技术和现代科学成果，解决生产实践问题。本书着重基本理论、基本原理和基本方法的学习和应用。2002年更新后的规范强调了"验评分离、强化验收、完善手段、过程控制"的工程施工质量控制方针，本书按现行规范相应的增加了工程施工质量验收标准和方法，并对各主要工种的施工工艺、施工技术和方法按更新后的规范作了相应的修改；强调了保证施工质量、安全生产的措施。

本教材是按全国高等学校土建学科指导委员会高等职业教育专业委员会2003年5月审定的"建筑施工教学大纲"要求编写。编写中力求按高等职业教育的特点，编出专业特色，强调实用性，能反映国内外建筑施工的先进技术水平。

编者积多年从事教育及施工的经验，曾于2000年编写了以建筑施工专业为主要对象的《建筑施工技术》教材，由中国建筑工业出版社出版，并通过教育部"普通高等教育'十五'国家级规划教材"的评审。该书在全国发行，并多次印刷。鉴于建筑施工规范的更新和原书基本适用于土建专业的情况，本次在原书的基础上按现行规范进行改写，改写后的教材可作为土建类专业高职高专《建筑施工技术》课程教材，也可作为土建工程技术人员参考用书。

本教材由姚谨英主编，阙济兴任副主编，赵兴仁主审。绪论及第1、5、6教学单元由姚谨英编写，第2、3教学单元由阙济兴编写，第4教学单元由俸仕文、姚谨英编写，第7教学单元由邹小平编写，第8教学单元由龚武仕编写，第9教学单元由杜曰武编写。全书由姚谨英负责统稿和修改工作。

在本书编写过程，得到了建设部人事教育司、土建学科高等职业教育教学指导委员会和编写者所在单位的大力支持，在此一并致谢。

限于编者的水平，书中难免有不足之处，恳切希望读者批评指正。

目录

绪论 001

教学单元1 土方工程施工 004
1.1 概述 005
1.2 土方工程量计算 008
1.3 施工准备与辅助工作 019
1.4 土方机械化施工 035
1.5 土方的填筑与压实 047
1.6 基坑（槽）施工 049
1.7 土方工程的冬期、雨期施工 052
1.8 土方工程质量标准与安全技术 055
复习思考题 057
习题 057

教学单元2 地基处理与基础工程施工 059
2.1 地基处理及加固 060
2.2 浅埋式钢筋混凝土基础施工 071
2.3 桩基础工程施工 075
复习思考题 088

教学单元3 砌筑工程施工 089
3.1 脚手架及垂直运输设施 090
3.2 砌体施工的准备工作 099
3.3 砌筑工程施工 101
3.4 砌筑工程冬期、雨期施工 112
3.5 砌筑工程的质量及安全技术 115
复习思考题 117

教学单元4 混凝土结构工程施工 119
4.1 模板工程施工 120
4.2 钢筋工程施工 138

4.3 混凝土工程施工 ……………………………………………………… 160

4.4 混凝土结构工程冬期、雨期施工 ……………………………………… 180

4.5 混凝土结构工程施工的安全技术 ……………………………………… 193

复习思考题 …………………………………………………………………… 196

习题 …………………………………………………………………………… 196

教学单元 5 预应力混凝土工程施工 ……………………………………… 198

5.1 先张法预应力混凝土工程施工 ………………………………………… 199

5.2 后张法预应力混凝土工程施工 ………………………………………… 208

5.3 无粘结预应力混凝土工程施工 ………………………………………… 225

5.4 预应力混凝土施工质量检查与安全措施 ……………………………… 229

复习思考题 …………………………………………………………………… 234

习题 …………………………………………………………………………… 234

教学单元 6 结构安装工程施工 ……………………………………… 235

6.1 结构吊装的起重机械 …………………………………………………… 236

6.2 钢筋混凝土排架结构单层工业厂房结构吊装 ………………………… 241

6.3 多层预制装配式混凝土结构施工 ……………………………………… 265

6.4 钢结构单层工业厂房的制作安装 ……………………………………… 280

6.5 结构安装工程质量要求及安全措施 …………………………………… 298

复习思考题 …………………………………………………………………… 302

习题 …………………………………………………………………………… 303

教学单元 7 屋面及防水工程施工 ……………………………………… 304

7.1 屋面防水工程施工 ……………………………………………………… 305

7.2 地下防水工程施工 ……………………………………………………… 318

7.3 室内其他部位防水工程施工 …………………………………………… 326

7.4 屋面防水工程冬期、雨期施工 ………………………………………… 329

复习思考题 …………………………………………………………………… 330

教学单元 8 装饰装修工程施工 ……………………………………… 331

8.1 抹灰工程施工 …………………………………………………………… 332

8.2 饰面工程施工 …………………………………………………………… 338

8.3　楼地面工程施工 ·· 351

8.4　吊顶和隔墙工程施工 ·· 360

8.5　涂料及刷浆工程施工 ·· 366

8.6　门窗工程施工 ·· 371

8.7　装饰装修工程的冬期施工 ··· 376

复习思考题 ·· 378

教学单元 9　墙体保温工程 ··· 379

9.1　外墙保温的构造及要求 ··· 380

9.2　外墙内保温施工 ··· 383

9.3　外墙外保温施工 ··· 389

9.4　外墙保温工程施工质量要求 ·· 406

复习思考题 ·· 410

主要参考文献 ··· 412

绪　论

1. "建筑施工技术"课程的研究对象和任务

建筑业在国民经济发展和四个现代化建设中起着举足轻重的作用。从投资来看，国家用于建筑安装工程的资金，约占基本建设投资总额的 60%。另外，建筑业的发展对其他行业起着重要的促进作用，它每年要消耗大量的钢材、水泥、地方性建筑材料和其他国民经济部门的产品；同时建筑业的产品又为人民生活和其他国民经济部门服务，为国民经济各部门的扩大再生产创造必要的条件。建筑业提供的国民收入也居国民经济各部门的前列。目前，不少国家已将建筑业列为国民经济的支柱产业。在我国，随着"四化"建设的发展，改革开放政策的深入贯彻，建筑业的支柱作用，也正日益得到发挥。

一栋建筑的施工是一个复杂的过程。为了便于组织施工和验收，我们常将建筑的施工划分为若干分部和分项工程。一般民用建筑按工程的部位和施工的先后次序将一栋建筑的土建工程划分为地基与基础工程、主体结构工程、建筑屋面工程、建筑装饰装修工程四个分部。按施工工种不同分土石方工程、砌筑工程、钢筋混凝土工程、结构安装工程、屋面防水工程、装饰工程等分项工程。一般一个分部工程由若干不同的分项工程组成。如地基与基础分部是由土石方工程、砌筑工程、钢筋混凝土工程等分项工程组成。

每一个工种工程的施工，都可以采用不同的施工方案、施工技术和机械设备以及不同的劳动组织和施工组织方法来完成。"建筑施工技术"就是以建筑工程施工中不同工种施工为研究对象，根据其特点和规模，结合施工地点的地质水文条件、气候条件、机械设备和材料供应等客观条件，运用先进技术，研究其施工规律，保证工程质量，做到技术和经济的统一。即通过对建筑工程主要工种施工的施工工艺原理和施工方法，保证工程质量和施工安全措施的研究，选择经济、合理的施工方案，并掌握工程质量验收标准及检查方法，保证工程按期完成。

2. 建筑施工技术发展简介

古代，我们的祖先在建筑技术上有着辉煌的成就，如殷代用木结构建造的宫室，秦朝所修筑的万里长城，唐代的山西五台山佛光寺大殿，辽代修建的山西应县 66m 高的木塔及北京故宫建筑，都说明了当时我国的建筑技术已达到了相当高的水平。

新中国成立以来，随着社会主义建设事业的发展，我国的建筑施工技术也得到了不断地发展和提高。在施工技术方面，不仅掌握了大型工业建筑、多层、高层民用建筑与公共建筑施工的成套技术，而且在地基处理和基础工程施工中推广了钻孔灌注桩、旋喷桩、挖孔桩、振冲法、深层搅拌法、强夯法、地下连续墙、土层锚杆、"逆作法"施工等新技术。在现浇钢筋混凝土模板工程中推广应用了爬模、滑模、台模、筒子模、隧道模、组合钢模板、大模板、早拆模板体系。粗钢筋连接应用了电渣压力焊、钢筋气压焊、钢筋冷压连接、钢筋螺纹连接等先进连接技术。混凝土工程采用了泵送混凝土、喷射混凝土、高强混凝土以及混凝土制备和运输的机械化、自动化设备。在预制构件方面，不断完善了挤压成型、热拌热模、立窑和折线形隧道窑养护等技术。在预应力混凝土方面，采用了无粘结工艺和整体预应力结构，推广了高效预应力混凝土技术，使我国预应力混凝土的发展从构件生产阶段进入了预应力结构生产阶段。在钢结构方面，采用了高层钢结构技术、空间钢结构技术、轻钢结构技术、钢-混凝土组合结构技术、高强度螺栓连接与焊接技术和钢结构防护技术。在大型结构吊装方面，随着大跨度结构与高耸结构的发展，创造了一系列具有中国特色的整体吊装技术。如集群千斤顶的同步整体提升技术，能把数百吨甚至数千吨的重物按预定要求平稳地整体提升安装就位。在墙体改革方面，利用各种工业废料制成了粉煤灰矿渣混凝土大板、膨胀珍珠岩混凝土大板、煤渣混凝土大板、粉煤灰陶粒混凝土大板等各种大型墙板，同时发展了混凝土小型空心砌块建筑体系、框架轻墙建筑体系、外墙保温隔热技术等，使墙体改革有了新的突破。近年来，激光技术在建筑施工导向、对中和测量以及液压滑升模板操作平台自动调平装置上得到应用，使工程施工精度得到提高，同时又保证了工程质量。BM 技术在建筑工程施工中的广泛应用，有力地推动了我国建筑施工技术的发展。

但是，我国目前的施工技术水平，与发达国家的一些先进施工技术相比，还存在一定的差距，特别是在机械化施工水平、新材料的施工工艺及微机系统的应用等方面，尚需加倍努力，加快实现建筑施工现代化的步伐。

3. 本课程的学习要求

建筑施工技术是一门综合性很强的职业技术课程。它与建筑材料、房屋建筑构造、建筑测量、建筑力学、建筑结构、地基与基础、建筑机械、施工组织设计与管理、建筑工程计算与计价等课程有密切的关系。它们既相互联系，又相互影响，因此，要学好建筑施工技术课，还应学好上述相关课程。

建筑工程施工要加强技术管理，贯彻统一的"施工质量验收统一标准"，认真学习相关的"施工工艺指南"，不断提高施工技术水平，保证工程质量，降低工程成本。我们除了要学好上述相关课程外，还必须认真学习国家颁发的建筑工程施工及验收规范，这些规范是国家的技术标准，是我国建筑科学技术和实践经验的结晶，也是全国建筑界所有人员应共同遵守的准则。

由于本学科涉及的知识面广、实践性强，而且技术发展迅速，学习中必须坚持理论联系实际的学习方法。除了对课堂讲授的基本理论、基本知识加强理解和掌握外，还应利用数字化教学手段来进行直观教学，并应重视习题和课程设计、现场教学、生产实习、技能训练等实践性教学环节，让学生应用所学施工技术知识来解决实际工程中的一些问题，做到学以致用。

教学单元1

土方工程施工

【教学目标】 通过本单元学习，使学生掌握土的物理及力学性质的知识；掌握土方开挖、回填和压实的施工方法及要求；掌握土方工程施工质量标准和检查方法。能进行土方工程量计算及土方调配计算；能编制单项土方施工方案，土方施工技术交底；能进行土方工程施工质量检查。

1.1 概　述

1.1.1 土方工程的施工特点

土方工程施工具有工程量大，施工工期长，施工条件复杂，劳动强度大的特点。建筑工地的场地平整，土方工程量可达数百万立方米以上，施工面积达数平方公里，大型基坑的开挖，有的深达 20 多米。土方施工条件复杂，又多为露天作业，受气候、水文、地质等影响较大，难以确定的因素较多。因此在组织土方工程施工前，必须做好施工组织设计，选择好施工方法和机械设备，制定合理的土方调配方案，实行科学管理，以保证工程质量，并取得好的经济效果。

1.1.2 土的工程分类

土的分类方法较多，如根据土的颗粒级配或塑性指数分类；根据土的沉积年代分类和根据土的工程特点分类等。而土的工程性质对土方工程施工方法的选择、劳动量和机械台班的消耗及工程费用都有较大的影响，应高度重视。在土方施工中，根据土的坚硬程度和开挖方法将土分为八类（表 1-1）。

土的工程分类与现场鉴别方法　　　　　　　　表 1-1

土的分类	土 的 名 称	可松性系数		开挖方法及工具
		K_s	K_s'	
一类土 （松软土）	砂；粉土；冲积砂土层；种植土；泥炭（淤泥）	1.08～1.17	1.01～1.03	能用锹、锄头挖掘
二类土 （普通土）	粉质黏土；潮湿的黄土；夹有碎石、卵石的砂；填筑土及粉土混卵（碎）石	1.14～1.28	1.02～1.05	用锹、条锄挖掘，少许用镐翻松
三类土 （坚土）	中等密实黏土；重粉质黏土；粗砾石；干黄土及含碎石、卵石的黄土、粉质黏土；压实的填筑土	1.24～1.30	1.04～1.07	主要用镐，少许用锹、条锄挖掘
四类土 （砂砾坚土）	坚硬密实的黏性土及含碎石、卵石的黏土；粗卵石；密实的黄土；天然级配砂石；软泥灰岩及蛋白石	1.26～1.32	1.06～1.09	整个用镐、条锄挖掘，少许用撬棍挖掘
五类土 （软石）	硬质黏土；中等密实的页岩、泥灰岩、白垩土；胶结不紧的砾岩；软的石灰岩	1.30～1.45	1.10～1.20	用镐或撬棍、大锤挖掘，部分用爆破方法

续表

土的分类	土 的 名 称	可松性系数		开挖方法及工具
		K_s	K'_s	
六类土（次坚石）	泥岩；砂岩；砾岩；坚实的页岩；泥灰岩；密实的石灰岩；风化花岗岩；片麻岩	1.30～1.45	1.10～1.20	用爆破方法开挖，部分用风镐
七类土（坚石）	大理岩；辉绿岩；玢岩；粗、中粒花岗岩；坚实的白云岩、砂岩、砾岩、片麻岩、石灰岩、微风化的安山岩、玄武岩	1.30～1.45	1.10～1.20	用爆破方法开挖
八类土（特坚石）	安山岩；玄武岩；花岗片麻岩、坚实的细粒花岗岩、闪长岩、石英岩、辉长岩、辉绿岩、玢岩	1.45～1.50	1.20～1.30	用爆破方法开挖

注：K_s——最初可松性系数；K'_s——最后可松性系数。

1.1.3 土的基本性质

1. 土的组成

土一般由土颗粒（固相）、水（液相）和空气（气相）三部分组成，这三部分之间的比例关系随着周围条件的变化而变化，三者相互间比例不同，反映出土的物理状态不同，如干燥、稍湿或很湿，密实、稍密或松散。这些指标是最基本的物理性质指标，对评价土的工程性质，进行土的工程分类具有重要意义。

土的三相物质是混合分布的，为阐述方便，一般用三相图（图1-1）表示，三相图中，把土的固体颗粒、水、空气各自划分开来。

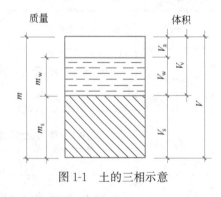

图中符号：

m——土的总质量（$m = m_s + m_w$）（kg）；

m_s——土中固体颗粒的质量（kg）；

m_w——土中水的质量（kg）；

V——土的总体积（$V = V_a + V_w + V_s$）（m^3）；

V_a——土中空气体积（m^3）；

V_s——土中固体颗粒体积（m^3）；

V_w——土中水所占的体积（m^3）；

V_v——土中孔隙体积（$V_v = V_a + V_w$）（m^3）。

图 1-1 土的三相示意

2. 土的物理性质

（1）土的可松性与可松性系数

天然土经开挖后，其体积因松散而增加，虽经振动夯实，仍然不能完全复原，这种现象称为土的可松性。土的可松性用可松性系数表示，即：

最初可松性系数：

$$K_\mathrm{s} = \frac{V_2}{V_1} \tag{1-1}$$

最后可松性系数：

$$K_\mathrm{s}' = \frac{V_3}{V_1} \tag{1-2}$$

式中　K_s、K_s'——土的最初、最后可松性系数；

　　　　V_1——土在天然状态下的体积（m^3）；

　　　　V_2——土挖后松散状态下的体积（m^3）；

　　　　V_3——土经压（夯）实后的体积（m^3）。

可松性系数对土方的调配，计算土方运输量都有影响。各类土的可松性系数见表 1-1。

（2）土的天然含水量

在天然状态下，土中水的质量与固体颗粒质量之比的百分率叫土的天然含水量，反映了土的干湿程度，用 w 表示，即：

$$w = \frac{m_\mathrm{w}}{m_\mathrm{s}} \times 100\% \tag{1-3}$$

式中　m_w——土中水的质量（kg）；

　　　　m_s——土中固体颗粒的质量（kg）。

（3）土的天然密度和干密度

土在天然状态下单位体积的质量，叫土的天然密度（简称密度）。一般黏土的密度为 $1800 \sim 2000\mathrm{kg/m}^3$，砂土为 $1600 \sim 2000\mathrm{kg/m}^3$。土的密度按下式计算：

$$\rho = \frac{m}{V} \tag{1-4}$$

干密度是土的固体颗粒质量与总体积的比值，用下式表示：

$$\rho_\mathrm{d} = \frac{m_\mathrm{s}}{V} \tag{1-5}$$

式中　ρ、ρ_d——分别为土的天然密度和干密度；

　　　　m——土的总质量（kg）；

　　　　V——土的体积（m^3）。

（4）土的孔隙比和孔隙率

孔隙比和孔隙率反映了土的密实程度。孔隙比和孔隙率越小土越密实。

孔隙比 e 是土的孔隙体积 V_v 与固体体积 V_s 的比值，用下式表示：

$$e = \frac{V_\mathrm{v}}{V_\mathrm{s}} \tag{1-6}$$

孔隙率 n 是土的孔隙体积 V_v 与总体积 V 的比值，用百分率表示：

$$n = \frac{V_\mathrm{v}}{V} \times 100\% \tag{1-7}$$

（5）土的渗透系数

土的渗透性系数表示单位时间内水穿透土层的能力，以 m/d 表示。根据土的渗透系数不同，可分为透水性土（如砂土）和不透水性土（如黏土）。它影响施工降水与排水的速度，一般土的渗透系数见表 1-2。

土的渗透系数参考表   表 1-2

土 的 名 称	渗透系数 K (m/d)	土 的 名 称	渗透系数 K (m/d)
黏土	<0.005	中砂	5.00~20.00
粉质黏土	0.005~0.10	均质中砂	35~50
粉土	0.10~0.50	粗砂	20~50
黄土	0.25~0.50	圆砾石	50~100
粉砂	0.50~1.00	卵石	100~500
细砂	1.00~5.00		

1.2　土方工程量计算

在土方工程施工之前，必须计算土方的工程量。但各种土方工程的外形有时很复杂，而且不规则。一般情况下，将其划分成为一定的几何形状，采用具有一定精度而又和实际情况近似的方法进行计算。

1.2.1　基坑土方工程量计算

基坑土方量可按立体几何中的拟柱体体积公式计算（图 1-2）。即：

$$V=\frac{H}{6}(A_1+4A_0+A_2) \tag{1-8}$$

式中　H——基坑深度（m）；

　A_1、A_2——基坑上、下的底面积（m²）；

　A_0——基坑中截面的面积（m²）。

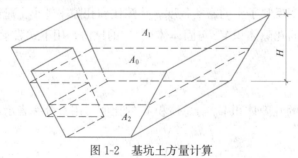

图 1-2　基坑土方量计算

基槽和路堤管沟的土方量可以沿长度方向分段后，再用同样方法计算（图1-3）。即：

$$V_i = \frac{L_i}{6}(A_1 + 4A_0 + A_2) \tag{1-9}$$

式中　V_i——第 i 段的土方量（m^3）；

　　　L_i——第 i 段的长度（m）。

将各段土方量相加即得总土方量 $V_总$：

$$V_总 = \Sigma V_i$$

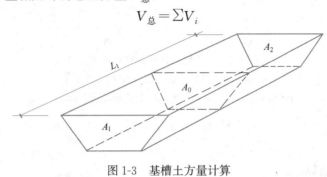

图1-3　基槽土方量计算

1.2.2　场地平整土方量计算

场地平整是将现场平整成施工所要求的设计平面。场地平整前，首先要确定场地设计标高，计算挖、填土方工程量，确定土方平衡调配方案。并根据工程规模，施工期限，土的性质及现有机械设备条件，选择土方机械，拟订施工方案。

1. 场地设计标高的确定

确定场地设计标高时应考虑以下因素：

①满足建筑规划和生产工艺及运输的要求；②尽量利用地形，减少挖填方数量；③场地内的挖、填土方量力求平衡，使土方运输费用最少；④有一定的排水坡度，满足排水要求。

如设计文件对场地设计标高无明确规定和特殊要求，可参照下述步骤和方法确定：

（1）初步计算场地设计标高

初步计算场地设计标高的原则是场地内挖填方平衡，即场地内挖方总量等于填方总量。

如图1-4所示，将场地地形图划分为边长 $a=10\sim20m$ 的若干个方格。每个方格的角点标高，在地形平坦时，可根据地形图上相邻两条等高线的高程，用插入法求得；当地形起伏较大（用插入法有较大误差）或无地形图时，则可在现场用木桩打好方格网，然后用测量的方法求得。

按照挖填平衡原则，场地设计标高可按下式计算：

$$H_0 N a^2 = \Sigma \left(a^2 \frac{H_{11} + H_{12} + H_{21} + H_{22}}{4} \right) \tag{1-10}$$

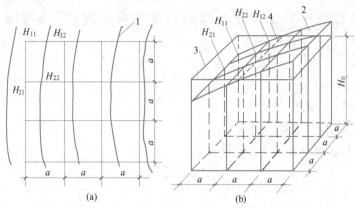

图 1-4　场地设计标高计算简图

（a）地形图上划分方格；（b）设计标高示意图

1—等高线；2—自然地面；3—设计标高平面；4—自然地面与设计标高平面的交线（零线）

$$H_0 = \frac{\sum(H_{11} + H_{12} + H_{21} + H_{22})}{4N} \tag{1-11a}$$

式中　N——方格数。

由图 1-4 可见，H_{11} 系一个方格的角点标高；H_{12}、H_{21} 系相邻两个方格公共角点标高；H_{22} 则系相邻的四个方格的公共角点标高。如果将所有方格的四个角点标高相加，则类似 H_{11} 这样的角点标高加一次，类似 H_{12} 的角点标高加两次，类似 H_{22} 的角点标高要加四次。因此，上式可改写为：

$$H_0 = \frac{\sum H_1 + 2\sum H_2 + 3\sum H_3 + 4\sum H_4}{4N} \tag{1-11b}$$

式中　H_1——一个方格独有的角点标高；

　　　H_2——两个方格共有的角点标高；

　　　H_3——三个方格共有的角点标高；

　　　H_4——四个方格共有的角点标高。

（2）场地设计标高的调整

按式（1-11a）或（1-11b）计算的设计标高 H_0 系一理论值，实际上还需考虑以下因素进行调整：

1）由于具有可松性，按 H_0 进行施工，填土将有剩余，必要时可相应地提高设计标高。

2）由于设计标高以上的填方工程用土量，或设计标高以下的挖方工程挖土量的影响，使设计标高降低或提高。

3）由于边坡挖填方量不等，或经过经济比较后将部分挖方就近弃于场外、部分填方就近从场外取土而引起挖填土方量的变化，需相应地增减设计标高。

（3）考虑泄水坡度对角点设计标高的影响

按上述计算及调整后的场地设计标高进行场地平整时，则整个场地将处于同一水平面，但实际上由于排水的要求，场地表面均应有一定的泄水坡度。因此，应根据场地泄水坡度的要求（单向泄水或双向泄水），计算出场地内各方格角点实际施工时所采用的设计标高。

1）单向泄水时，场地各点设计标高的求法

场地用单向泄水时，以计算出的设计标高 H_0 作为场地中心线（与排水方向垂直的中心线）的标高（图1-5），场地内任意一点的设计标高为：

$$H_n = H_0 \pm li \tag{1-12}$$

式中 　H_n——场地内任一点的设计标高；

　　　　l——该点至场地中心线的距离；

　　　　i——场地泄水坡度（不小于 2‰）。

例如：图1-5 中 H_{52} 点的设计标高为：

$$H_{52} = H_0 - li = H_0 - 1.5ai$$

2）双向泄水时，场地各点设计标高的求法

场地用双向泄水时，以 H_0 作为场地中心点的标高（图1-6），场地内任意一点的设计标高为：

$$H_n = H_0 \pm l_x i_x \pm l_y i_y \tag{1-13}$$

式中 　l_x、l_y——该点对场地中心线 x-x、y-y 的距离；

　　　　i_x、i_y——x-x、y-y 方向的泄水坡度。

例如：图1-6 中场地内 H_{42} 点的设计标高为：

$$H_{42} = H_0 - 1.5ai_x - 0.5ai_y$$

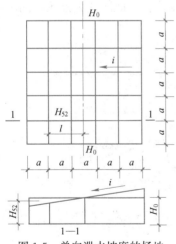

图1-5 　单向泄水坡度的场地

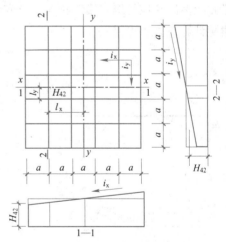

图1-6 　双向泄水坡度的场地

2. 场地土方量计算

大面积场地平整的土方量，通常采用方格网法计算。即根据方格网各方格角点的自然地面标高和实际采用的设计标高，算出相应的角点填挖高度（施工高度），然后计算每一方格的土方量；并算出场地边坡的土方量。这样便可求得整个场地的填、挖土方总量。其步骤如下：

（1）划分方格网并计算各方格角点的施工高度

根据已有地形图（一般用 1/500 的地形图）划分成若干个方格网，尽量使方格网与测量的纵、横坐标网对应，方格的边长一般采用 10～40m，将设计标高和自然地面标高分别标注在方格点的左下角和右下角。

各方格角点的施工高度按下式计算：

$$h_n = H_n - H \qquad (1\text{-}14)$$

式中　h_n——角点施工高度，即填挖高度。以"＋"为填，"－"为挖；

　　　H_n——角点的设计标高（若无泄水坡度时，即为场地的设计标高）；

　　　H——角点的自然地面标高。

（2）计算零点位置

在一个方格网内同时有填方或挖方时，要先算出方格网边的零点位置，并标注于方格网上，连接零点就得零线，它是填方区与挖方区的分界线（图 1-7）。

零点的位置按下式计算：

$$x_1 = \frac{h_1}{h_1 + h_2} \cdot a \; ; \qquad x_2 = \frac{h_2}{h_1 + h_2} \cdot a \qquad (1\text{-}15)$$

式中　x_1、x_2——角点至零点的距离（m）；

　　　h_1、h_2——相邻两角点的施工高度（m），均用绝对值；

　　　a——方格网的边长（m）。

在实际工作中，为省略计算，常采用图解法直接求出零点，如图 1-8 所示，用尺在各角上标出相应比例，用尺相连，与方格相交点即为零点位置，此法甚为方便，同时可避免计算或查表出错。

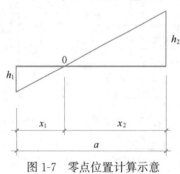

图 1-7　零点位置计算示意

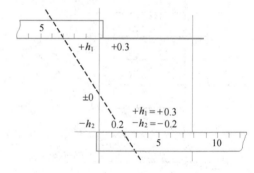

图 1-8　零点位置图解法

（3）计算方格土方工程量

按方格网底面积图形和表 1-3 所列公式，计算每个方格内的挖方或填方量。

（4）边坡土方量计算

边坡的土方量可以划分为两种近似几何形体计算，一种为三角棱锥体，另一种为三角棱柱体，其计算公式如下：

1）三角棱锥体边坡体积

常用方格网点计算公式 表 1-3

项　目	图　式	计　算　公　式
一点填方或挖方（三角形）		$V=\dfrac{1}{2}bc\dfrac{\sum h}{3}=\dfrac{bch_3}{6}$ 当 $b=c=a$ 时，$V=\dfrac{a^2h_3}{6}$
二点填方或挖方（梯形）		$V_+=\dfrac{b+c}{2}a\dfrac{\sum h}{4}=\dfrac{a}{8}(b+c)(h_1+h_3)$ $V_-=\dfrac{d+e}{2}a\dfrac{\sum h}{4}=\dfrac{a}{8}(d+e)(h_2+h_4)$
三点填方或挖方（五角形）		$V=\left(a^2-\dfrac{bc}{2}\right)\dfrac{\sum h}{5}=\left(a^2-\dfrac{bc}{2}\right)\dfrac{h_1+h_2+h_4}{5}$
四点填方或挖方（正方形）		$V=\dfrac{a^2}{4}\sum h=\dfrac{a^2}{4}(h_1+h_2+h_3+h_4)$

注：1. a——方格网的边长（m）；b、c——零点到一角的边长（m）；h_1、h_2、h_3、h_4——方格网四角点的施工高程（m），用绝对值代入；$\sum h$——填方或挖方施工高程的总和（m），用绝对值代入；V——挖方或填方体积（m³）。

2. 本表公式是按各计算图形底面积乘以平均施工高程而得出的。

三角棱锥体边坡体积（图 1-9 中的①）计算公式如下：

$$V_1=\frac{1}{3}A_1l_1 \tag{1-16}$$

式中　l_1——边坡①的长度；

A_1——边坡①的端面积，即

$$A_1=\frac{h_2(mh_2)}{2}=\frac{mh_2^2}{2} \tag{1-17}$$

h_2——角点的挖土高度；

m——边坡的坡度系数，$m=\dfrac{宽}{高}$。

2）三角棱柱体边坡体积

三角棱柱体边坡体积（图 1-9 中的④）计算公式如下：

$$V_4=\frac{A_1+A_2}{2}l_4 \tag{1-18a}$$

当两端横断面面积相差很大的情况下，则：

$$V_4=\frac{l_4}{6}(A_1+4A_0+A_2) \tag{1-18b}$$

式中　　l_4——边坡④的长度；

A_1、A_2、A_0——边坡④两端及中部的横断面面积，算法同上（图 1-9 剖面系近似表示，实际上，地表面不完全是水平的）。

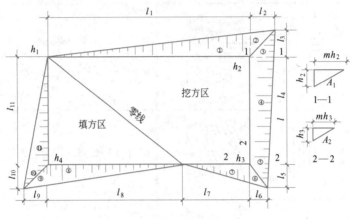

图 1-9　场地边坡平面图

（5）计算土方总量

将挖方区（或填方区）的所有方格土方量和边坡土方量汇总后即得场地平整挖（填）方的工程量。

3. 工程案例

某建筑场地地形图和方格网（$a=20$m），如图 1-10 所示。土质为粉质黏土，场地设计泄水坡度：$i_x=3‰$，$i_y=2‰$。建筑设计、生产工艺和最高洪水位等方面均无特殊要求。试确定场地设计标高（不考虑土的可松性影响，如有余土，用以加宽边坡），并计算填、挖土方量（不考虑边坡土方量）。

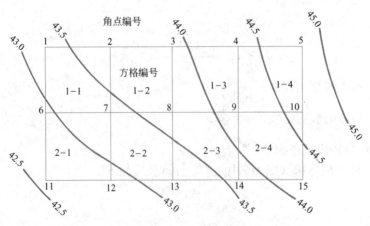

图 1-10　某建筑场地地形图和方格网布置

【解】 （1）计算各方格角点的地面标高

各方格角点的地面标高，可根据地形图上所标等高线，假定两等高线之间的地面坡度按直线变化，用插入法求得。如求角点4的地面标高（H_4），由图1-11有：

$$h_x : 0.5 = x : l$$

则

$$h_x = \frac{0.5}{l} x$$

$$h_4 = 44.00 + h_x$$

为了避免繁琐的计算，通常采用图解法（图1-12）。用一张透明纸，上面画6根等距离的平行线。把该透明纸放到标有方格网的地形图上，将6根平行线的最外边两根分别对准A点和B点，这时6根等距离的平行线将A、B之间的0.5m高差分成5等份，于是便可直接读得角点4的地面标高$H_4 = 44.34$m。其余各角点标高均可用图解法求出。本例各方格角点标高如图1-13所示中地面标高各值。

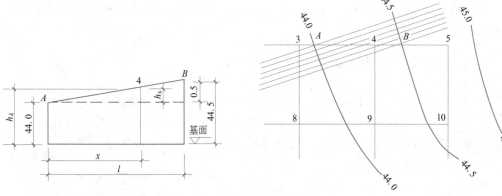

图1-11 插入法计算简图

图1-12 插入法的图解法

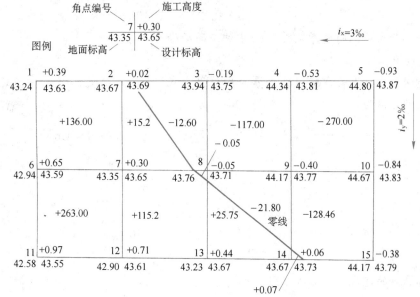

图1-13 方格网法计算土方工程量图

（2）计算场地设计标高 H_0

$$\sum H_1 = 43.24 + 44.80 + 44.17 + 42.58 = 174.79 \text{m}$$

$$2\sum H_2 = 2 \times (43.67 + 43.94 + 44.34 + 44.67 + 43.67$$
$$+ 43.23 + 42.90 + 42.94) = 698.72 \text{m}$$

$$3\sum H_3 = 0$$

$$4\sum H_4 = 4 \times (43.35 + 43.76 + 44.17) = 525.12 \text{m}$$

由式（1-11）

$$H_0 = \frac{\sum H_1 + 2\sum H_2 + 3\sum H_3 + 4\sum H_4}{4N}$$

$$= \frac{174.79 + 698.72 + 525.12}{4 \times 8}$$

$$= 43.71 \text{m}$$

（3）计算方格角点的设计标高

以场地中心角点 8 为 H_0（图 1-13），由已知泄水坡度 l_x 和 l_y，各方格角点设计标高按式（1-13）计算：

$$H_1 = H_0 - 40 \times 3‰ + 20 \times 2‰$$

$$= 43.71 - 0.12 + 0.04 = 43.63 \text{m}$$

$$H_2 = H_1 + 20 \times 3‰ = 43.63 + 0.06 = 43.69 \text{m}$$

$$H_6 = H_0 - 40 \times 3‰ = 43.71 - 0.12 = 43.59 \text{m}$$

其余各角点设计标高算法同上，其值见图 1-13 中设计标高诸值。

（4）计算角点的施工高度

用式（1-14）计算，各角点的施工高度为：

$$h_1 = 43.63 - 43.24 = +0.39 \text{m}$$

$$h_3 = 43.75 - 43.94 = -0.19 \text{m}$$

其余各角点施工高度详见图 1-13 中施工高度诸值。

（5）确定零线

首先求零点，有关方格边线上零点的位置由式（1-15）确定。2～3 角点连线零点距角点 2 的距离为：

$$x_{2-3} = \frac{0.02 \times 20}{0.02 + 0.19} = 1.9 \text{m}, \quad 则 \ x_{3-2} = 20 - 1.9 = 18.1 \text{m}$$

同理求得：

$$x_{7-8} = 17.1 \text{m} \quad x_{8-7} = 2.9 \text{m}$$

$$x_{13-8} = 18.0 \text{m} \quad x_{8-13} = 2.0 \text{m}$$

$$x_{14-9} = 2.6 \text{m} \quad x_{9-14} = 17.4 \text{m}$$

$$x_{14-15} = 2.7 \text{m} \quad x_{15-14} = 17.3 \text{m}$$

相邻零点的连线即为零线（图 1-13）。

（6）计算土方量

根据方格网挖填图形，按表 1-3 所列公式计算土方工程量。

方格 1-1，1-3，1-4，2-1 四角点全为挖（填）方，按正方形计算，其土方量为：

$$V_{1-1} = \frac{a^2}{4}(h_1 + h_2 + h_3 + h_4)$$

$$= 100 \times (0.39 + 0.02 + 0.30 + 0.65) = (+)136 \text{m}^3$$

同样计算得：

$$V_{2-1} = (+)263 \text{m}^3$$

$$V_{1-3} = (-)117 \text{m}^3$$

$$V_{1-4} = (-)270 \text{m}^3$$

方格 1-2，2-3 各有两个角点为挖方，另两角点为填方，按梯形公式计算，其土方量为：

$$V_{1-2}^{填} = \frac{a}{8}(b+c)(h_1+h_3) = \frac{20}{8}(1.9+17.1)(0.02+0.3) = (+)15.2 \text{m}^3$$

$$V_{1-2}^{挖} = \frac{a}{8}(d+e)(h_2+h_4) = \frac{20}{8}(18.1+2.9)(0.19+0.05) = (-)12.6 \text{m}^3$$

同理： $V_{2-3}^{填} = (+)25.75 \text{m}^3$ $V_{2-3}^{挖} = (-)21.8 \text{m}^3$

方格网 2-2，2-4 为一个角点填方（或挖方）和三个角点挖方（或填方），分别按三角形和五角形公式计算，其土方量为：

$$V_{2-2}^{填} = \left(a^2 - \frac{bc}{2}\right)\frac{h_1+h_2+h_3}{5}$$

$$= \left(20^2 - \frac{2.9 \times 2}{2}\right)\frac{0.3+0.71+0.44}{5} = (+)115.2 \text{m}^3$$

$$V_{2-2}^{挖} = \frac{bch_4}{6} = \frac{2.9 \times 2 \times 0.05}{6} = (-)0.05 \text{m}^3$$

同理： $V_{2-4}^{填} = (+)0.07 \text{m}^3$ $V_{2-4}^{挖} = (-)128.46 \text{m}^3$

将计算出的土方量填入相应的方格中（图 1-13）。场地各方格土方量总计：挖方 555.15m³；填方 549.91m³。

1.2.3 土方调配

土方量计算完成后，即可着手土方的调配工作。土方调配，就是对挖土的利用、堆弃和填土的取得三者之间的关系进行综合协调的处理。好的土方调配方案，应该是使土方运输量或费用达到最小，而且又能方便施工。

1. 土方调配原则

（1）应力求达到挖方与填方基本平衡和就近调配，使挖方量与运距的乘积之和尽可能为最小，即土方运输量或费用最小。

（2）土方调配应考虑近期施工与后期利用相结合的原则，考虑分区与全场相结合的原则，还应尽可能与大型地下建筑物的施工相结合，以避免重复挖运和场地混乱。

（3）合理布置挖、填方分区线，选择恰当的调配方向、运输线路，使土方机械和运输车辆的性能得到充分发挥。

（4）好土用在回填质量要求高的地区。

（5）土方平衡调配应尽可能与城市规划和农田水利相结合，将余土一次性运到指定弃土场，做到文明施工。

总之，进行土方调配，必须根据现场具体情况、有关技术资料、工期要求、土方施工方法与运输方法综合考虑，并按上述原则，经计算比较，来选择经济合理的调配方案。

2. 土方调配图表的编制

场地土方调配，需做成相应的土方调配图表，如图 1-14 所示，其编制的方法如下：

（1）划分调配区

在划分调配区时应注意：

1）调配区的划分应与房屋或构筑物的位置相协调，满足工程施工顺序和分期分批施工的要求，使近期施工与后期利用相结合。

2）调配区的大小应使土方机械和运输车辆的工效得到充分发挥。

3）当土方运距较大或场区内土方不平衡时，可根据附近地形，考虑就近借土或就近弃土，每一个借土区或弃土区均可作为一个独立的调配区。

（2）计算土方量

按前述计算方法，求得各调配区的挖填方量，并标写在图上。

（3）计算调配区之间的平均运距

平均运距即挖方区土方重心至填方区土方重心的距离。因此，确定平均运距需先求出各个调配区土方重心。其方法如下：

取场地或方格网中的纵横两边为坐标轴，分别求出各区土方的重心位置，即：

$$\overline{X} = \frac{\sum Vx}{\sum V} \qquad \overline{Y} = \frac{\sum Vy}{\sum V} \qquad (1-19)$$

式中　$\overline{X}$、$\overline{Y}$——挖或填方调配区的重心坐标；

　　　　V——各个方格的土方量；

　　x、y——各个方格的重心坐标。

为了简化计算，可用作图法近似地求出形心位置来代替重心位置。

重心求出后，标于相应的调配区图上，然后用比例尺量出每对调配区之间的平均运距。

（4）确定土方最优调配方案

最优调配方案的确定，是以线性规划为理论基础的，常用"表上作业法"求得。

（5）绘制土方调配图、调配平衡表

根据表上作业法求得的最优调配方案，在场地地形图上绘出土方调配图，图上应标出土方调配方向，土方数量及平均运距，如图 1-14 所示。

除土方调配图外，还应列出土方量调配平衡表。表 1-4 是按图 1-14 所示调配方案编制的土方量调配平衡表。

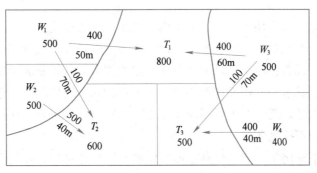

图 1-14 土方调配图

注：箭头上面数量表示土方调配量（m³）；箭头下面数量表示平均运距（m）；W 为挖方区；T 为填方区。

土方量调配平衡表   表 1-4

挖方区编号	挖方数量（m³）	各填方区填方数量（m³）			
		T_1	T_2	T_3	合计
		800	600	500	1900
W_1	500	400 | 50	100 | 70		
W_2	500		500 | 40		
W_3	500	400 | 60		100 | 70	
W_4	400			400 | 40	
合　计	1900				

注：表中土方数量栏右上角小方格内的数字系平均运距，也可为土方的单方运价。

1.3　施工准备与辅助工作

1.3.1　施工准备

土方开挖前需做好下列主要准备工作：

1. 场地清理

场地清理包括拆除房屋、古墓，拆迁或改建通信、电力线路、上下水道以及其他建筑物，迁移树木，去除耕植土及河塘淤泥等工作。

2. 排除地面水

场地内低洼地区的积水必须排除，同时应注意雨水的排除，使场地保持干燥，便于土方施工。

地面水的排除一般采用排水沟、截水沟、挡水土坝等措施。

应尽量利用自然地形来设置排水沟，使水直接排至场外，或流向低洼处再用水泵抽走。主排水沟最好设置在施工区域的边缘或道路的两旁，其横断面和纵向坡度应根据最大流量确定。一般排水沟的横断面不小于 $0.5m \times 0.5m$，纵向坡度一般不小于 3‰。平坦地区，如排水困难，其纵向坡度不应小于 2‰，沼泽地区可减至 1‰。场地平整过程中，要注意排水沟保持畅通。

山区的场地平整施工，应在较高一面的山坡上开挖截水沟。在低洼地区施工时，除开挖排水沟外，必要时应修筑挡水土坝，以阻挡雨水的流入。

3. 修筑临时设施

修筑临时道路、供水、供电及临时停机棚与修理间等临时设施。

1.3.2 土方边坡与土壁支撑

为了防止塌方，保证施工安全，在基坑（槽）开挖深度超过一定限度时，土壁应做成有斜率的边坡，或者加以临时支撑以保持土壁的稳定。

1. 土方边坡

土方边坡的坡度是以土方挖方深度 H 与放坡宽度 B 之比表示（图 1-15）。即

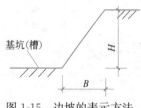

图 1-15　边坡的表示方法

$$土方边坡坡度 = \frac{H}{B} = \frac{1}{B/H} = 1 : m$$

式中　$m = B/H$ 称为边坡系数。

土方边坡的大小主要与土质、开挖深度、开挖方法、边坡留置时间的长短、边坡附近的各种荷载状况及排水情况有关。当地质条件良好，土质均匀且地下水位低于基坑（槽）或管沟底面标高时，挖方边坡可做成直立壁不加支撑，但深度不宜超过下列规定：

密实、中密的砂土和碎石类土（充填物为砂土）　　　　　　　　1.0m；

硬塑、可塑的粉土及粉质黏土　　　　　　　　　　　　　　　1.25m；

硬塑、可塑的黏土和碎石类土（充填物为黏性土）　　　　　　1.5m；

坚硬的黏土　　　　　　　　　　　　　　　　　　　　　　　2m。

挖方深度超过上述规定时，应考虑放坡或做成直立壁加支撑。

当地质条件良好，土质均匀且地下水位低于基坑（槽）或管沟底面标高时，挖方深度在 5m 以内不加支撑的边坡的最陡坡度应符合表 1-5 规定。

深度在 5m 内的基坑（槽）、管沟边坡的最陡坡度（不加支撑）　　　　表 1-5

土 的 类 别	边坡坡度（高：宽）		
	坡顶无荷载	坡顶有静载	坡顶有动载
中密的砂土	1：1.00	1：1.25	1：1.50
中密的碎石类土（充填物为砂土）	1：0.75	1：1.00	1：1.25

续表

土 的 类 别	边坡坡度（高：宽）		
	坡顶无荷载	坡顶有静载	坡顶有动载
硬塑的粉土	1：0.67	1：0.75	1：1.00
中密的碎石类土（充填物为黏性土）	1：0.50	1：0.67	1：0.75
硬塑的粉质黏土、黏土	1：0.33	1：0.50	1：0.67
老黄土	1：0.10	1：0.25	1：0.33
软土（经井点降水后）	1：1.00	—	—

注：1. 静载指堆土或材料等，动载指机械挖土或汽车运输作业等。静载或动载距挖方边缘的距离应保证边坡
　　　和直立壁的稳定，堆土或材料应距挖方边缘1.0m以外，高度不超过1.5m。
　　2. 当有成熟施工经验时，可不受本表限制。

永久性挖方边坡应按设计要求放坡。对临时性挖方边坡值应符合表1-6规定。

临时性挖方边坡值　　　　　　　　　　　表1-6

土 的 类 别		边坡坡度（高：宽）
砂土（不包括细砂、粉砂）		1：1.25～1：1.50
一般黏性土	坚硬	1：0.75～1：10
	硬塑	1：1～1：1.25
	软	1：1.50
碎石类土	充填坚硬、硬塑黏性土	1：0.5～1：1.00
	充填砂土	1：1.00～1：1.50

注：1. 设计有要求时，应符合设计标准。
　　2. 如采用降水或其他加固措施，可不受本表限制，但应计算复核。
　　3. 开挖深度，对软土不应超过4m，对硬土不应超过8m。

2. 土壁支撑

在基坑或沟槽开挖时，为了缩小施工面，减少土方量或因受场地条件的限制不能放坡时，可采用设置土壁支撑的方法施工。

开挖较窄的沟槽多用横撑式支撑。横撑式支撑根据挡土板的不同，分为水平挡土板（图1-16a）和垂直挡土板（图1-16b）两类，前者挡土板的布置又分断续式和连续式两种。湿度小的黏性土挖土深度小于3m时，可用断续式水平挡土板支撑；松散、湿度大的土可用连续式水平挡土板支撑，挖土深度可达5m。对松散和湿度很大的土可用垂直挡土板式支撑，挖土深度不限。

采用横撑式支撑时，应随挖随撑，支撑要牢固。施工中应经常检查，如有松动、变形等现象时，应及时加固或更换。支撑的拆除应按回填顺序依次进行，多层支撑应自下而上逐层拆除，随拆随填。

1.3.3　土方工程施工排水与降低地下水位

在开挖基坑、地槽、管沟或其他土方时，土的含水层常被切断，地下水将会不断地渗入坑内。雨期施工时，地面水也会流入坑内。为了保证施工的正常进行，防止边坡塌方和地基承载能力的下降，必须做好基坑降水工作。降水方法分明排水法和人工降低地

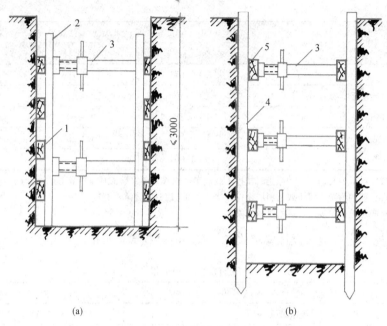

(a) (b)

图 1-16 横撑式支撑

（a）断续式水平挡土板支撑；（b）垂直挡土板支撑

1—水平挡土板；2—竖楞木；3—工具式横撑；4—竖直挡土板；5—横楞木

下水位法两类。

1. 明排水法

在基坑或沟槽开挖时，采用截、疏、抽的方法来进行排水。开挖时，沿坑底周围或中央开挖排水沟，再在沟底设集水井，使基坑内的水经排水沟流向集水井，然后用水泵抽走（图 1-17）。

基坑四周的排水沟及集水井应设置在基础范围以外，地下水流的上游。明沟排水的纵坡宜控制在 1‰～2‰；集水井应根据地下水量、基坑平面形状及水泵能力，每隔 20～40m 设置一个。

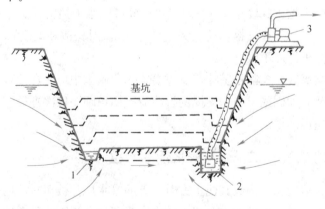

图 1-17 集水井降水

1—排水沟；2—集水坑；3—水泵

集水井的直径或宽度，一般为0.7~0.8m。其深度随着挖土的加深而加深，要始终低于挖土面0.8~1.0m。井壁可用竹、木等简易加固。

当基坑挖至设计标高后，井底应低于坑底1~2m，并铺设0.3m碎石滤水层，以免在抽水时将泥砂抽出，并防止井底的土被搅动。

2.流砂产生的原因及防治措施

明排水法由于设备简单和排水方便，采用较为普通，但当开挖深度大、地下水位较高而土质又不好时，用明排水法降水，挖至地下水水位以下时，有时坑底下面的土会形成流动状态，随地下水涌入基坑。这种现象称为流砂现象。发生流砂时，土完全丧失承载能力，使施工条件恶化，难以达到开挖设计深度。严重时会造成边坡塌方及附近建筑物下沉、倾斜、倒塌等。总之，流砂现象对土方施工和附近建筑物有很大危害。

（1）流砂产生的原因

如图1-18所示的试验说明。由于高水位的左端（水头为h_1）与低水位的右端（水头为h_2）之间存在压力差，水经过长度为l，断面面积为F的土体由左端向右端渗流（图1-18a）。

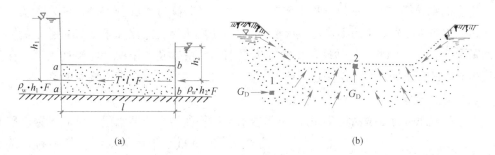

(a)　　　　　　　　　　　　(b)

图1-18　动水压力原理图

（a）水在土中渗流时的力学现象；（b）动水压力对地基土的影响

1、2—土粒

水在土中渗流时，作用在土体上的力有：

$\rho_w \cdot h_1 \cdot F$——作用在土体左端a-a截面处的总水压力；其方向与水流方向一致（ρ_w——水的密度）；

$\rho_w \cdot h_2 \cdot F$——作用在土体右端b-b截面处的总水压力；其方向与水流方向相反；

$T \cdot l \cdot F$——水渗流时受到土颗粒的总阻力（T为单位土体阻力）。

由静力平衡条件（设向右的力为正）有：

$$\rho_w \cdot h_1 \cdot F - \rho_w \cdot h_2 \cdot F + T \cdot l \cdot F = 0$$

得　　　　　　　　　$$T = -\frac{h_1 - h_2}{l} \cdot \rho_w \qquad （-表示方向向左）\qquad (1\text{-}20)$$

式中　$\dfrac{h_1 - h_2}{l}$为水头差与渗透路程长度l之比，称为水力坡度，以I表示。上式可写成：

$$T = -I \cdot \rho_w \qquad (1\text{-}21)$$

由于单位土体阻力与水在土中渗流时对单位土体的压力G_D大小相等，方向相反，所以：

$$G_D = -T = I \cdot \rho_w \tag{1-22}$$

G_D 称为动水压力，其单位为 $\mathrm{N/cm^2}$。由上式可知，动水压力 G_D 的大小与水力坡度成正比，即水位差 h_1-h_2 越大，则 G_D 越大；而渗透路程 l 越长，则 G_D 越小；动水压力的作用方向与水流方向相同。当水流在水位差的作用下对土颗粒产生向上压力时，动水压力不但使土粒受到了水的浮力，而且还使土粒受到向上推动的压力。如果动水压力等于或大于土的饱和密度 ρ' 时，即

$$G_D \geqslant \rho'$$

则土粒处于悬浮状态，土的抗剪强度等于零，土粒能随着渗流的水一起流动，这种现象就叫"流砂现象"。

（2）易产生流砂的土

实践经验表明，具备下列性质的土，在一定动水压力作用下，就有可能发生流砂现象。

①土的颗粒组成中，黏粒含量小于 10%，粉粒（颗粒为 0.005～0.05mm）含量大于 75%；②颗粒级配中，土的不均匀系数小于 5；③土的天然孔隙比大于 0.75；④土的天然含水量大于 30%。因此，流砂现象经常发生在细砂、粉砂及粉土中。经验还表明：在可能发生流砂的土质处，基坑挖深超过地下水位线 0.5m 左右，就会发生流砂现象。

（3）管涌现象

当基坑坑底位于不透水土层内，而不透水土层下面为承压蓄水层，坑底不透水层的覆盖厚度的重量小于承压水的顶托力时，基坑底部即可能发生涌冒现象（图 1-19）。即

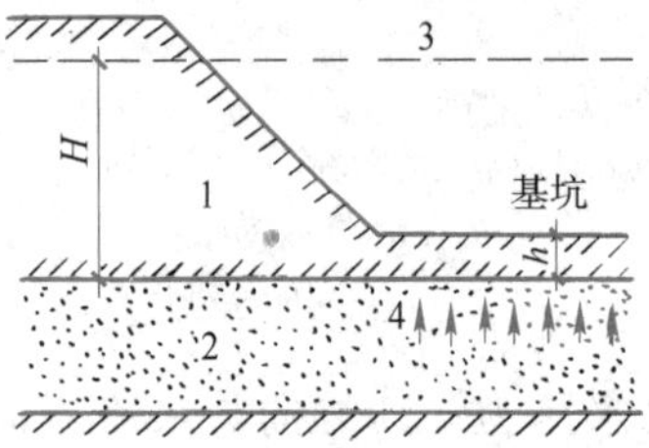

$$H \cdot \rho_w > h \cdot \rho \tag{1-23}$$

图 1-19　管涌冒砂
1—不透水层；2—透水层；
3—压力水位线；4—承压水的顶托力

式中　H——压力水头；

h——坑底不透水层厚度；

ρ_w——水的密度；

ρ——土的密度。

此时，管涌冒砂现象随即发生，施工时应引起重视。

（4）流砂的防治办法

颗粒细、均匀、松散、饱和的非黏性土容易发生流砂现象，但是否出现流砂现象的重要条件是动水压力的大小和方向。在一定的条件下土转化为流砂，而在另一些条件下（如改变动水压力的大小和方向），又可将流砂转变为稳定土。因此，在基坑开挖中，防治流砂的原则是"治流砂必治水"。主要途径有消除、减少或平衡动水压力。其具体措施有：

1）抢挖法：即组织分段抢挖，使挖土速度超过冒砂速度，挖到标高后立即铺竹筏或芦蓆，并抛大石块以平衡动水压力，压住流砂，此法可解决轻微流砂现象。

2）打板桩法：将板桩打入坑底下面一定深度，增加地下水从坑外流入坑内的渗流长度，以减小水力坡度，从而减小动水压力，防止流砂产生。

3）水下挖土法：不排水施工，使坑内水压力与地下水压力平衡，消除动水压力，从而防止流砂产生。此法在沉井挖土下沉过程中常用。

4）人工降低地下水位：采用轻型井点等降水，使地下水的渗流向下，水不致渗流入坑内，又增大了土料间的压力，从而可有效地防止流砂形成。因此，此法应用广且较可靠。

5）地下连续墙法：此法是在基坑周围先浇筑一道混凝土或钢筋混凝土的连续墙，以支承土壁、截水并防止流砂产生。

此外，在含有大量地下水土层或沼泽地区施工时，还可以采取土壤冻结法等。对位于流砂地区的基础工程，应尽可能用桩基或沉井施工，以节约防治流砂所增加的费用。

3. 人工降低地下水位

人工降低地下水位，就是在基坑开挖前，预先在基坑四周埋设一定数量的滤水管（井），利用抽水设备从中抽水，使地下水位降落在坑底以下，直至施工结束为止。这样，可使所挖的土始终保持干燥状态，改善施工条件，同时还使动水压力方向向下，从根本上防止流砂发生，并增加土中有效应力，提高土的强度或密实度。因此，人工降低地下水位不仅是一种施工措施，也是一种地基加固方法。采用人工降低地下水位，可适当改陡边坡以减少挖土数量，但在降水过程中，基坑附近的地基土壤会有一定的沉降，施工时应加以注意。

人工降低地下水位的方法有：轻型井点、喷射井点、电渗井点、管井井点及深井泵等。各种方法的选用，视土的渗透系数、降低水位的深度、工程特点、设备及经济技术比较等具体条件参照表1-7选用。其中以轻型井点采用较广，下面作重点介绍。

各类井点的适用范围　　　　　　　　　表 1-7

项　次	井　点　类　别	土层渗透系数（cm/s）	降低水位深度（m）
1	单层轻型井点	$10^{-2} \sim 10^{-5}$	3～6
2	多层轻型井点	$10^{-2} \sim 10^{-5}$	6～12（由井点层数而定）
3	喷射井点	$10^{-3} \sim 10^{-6}$	8～20
4	电渗井点	$< 10^{-6}$	宜配合其他形式降水使用
5	深井井点	$\geqslant 10^{-5}$	＞10

（1）轻型井点降低地下水位

1）轻型井点设备：轻型井点设备由管路系统和抽水设备组成（图1-20）。

管路系统包括：滤管、井点管、弯联管及总管等。

滤管（图1-21）为进水设备，通常采用长 1.0～1.2m，直径 38mm 或 51mm 的无缝钢管，管壁钻有直径为 12～19mm 的呈星棋状排列的滤孔，滤孔面积为滤管表面积的 20%～25%。骨架管外面包以两层孔径不同的铜丝布或塑料布滤网。为使流水畅通，在骨架管与滤网之间用塑料管或梯形钢丝隔开，塑料管沿骨架管绕成螺旋形。

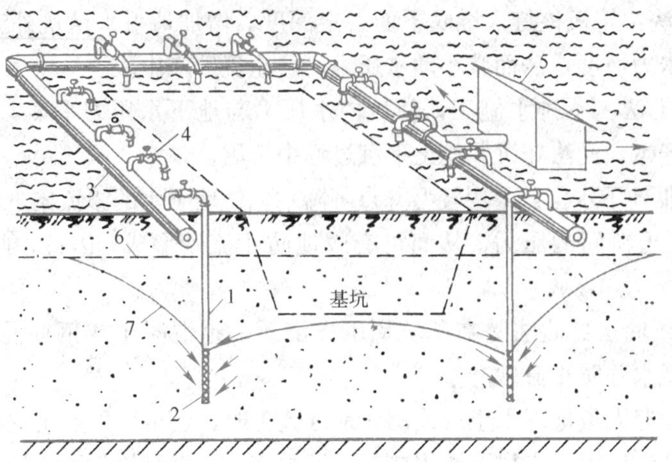

图 1-20　轻型井点降低地下水位图

1—井点管；2—滤管；3—总管；4—弯联管；5—水泵房；

6—原有地下水位线；7—降低后地下水位线

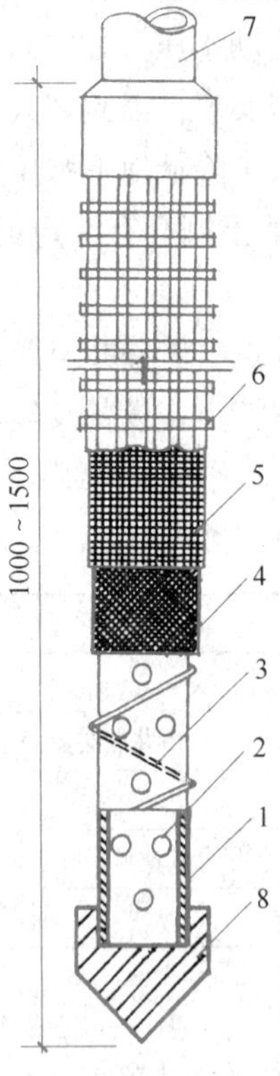

图 1-21　滤管构造

1—钢管；2—管壁上的小孔；

3—缠绕的塑料管；4—细滤网；

5—粗滤网；6—粗钢丝保护网；

7—井点管；8—铸铁头

滤网外面再绕一层 8 号粗钢丝保护网，滤管下端为一锥形铸铁头。滤管上端与井点管连接。

井点管为直径 38mm 或 51mm、长 5～7m 的钢管，可整根或分节组成。井点管的上端用弯联管与总管相连。

集水总管用直径 100～127mm 的无缝钢管，每段长 4m，其上装有与井点管连接的短接头，间距 0.8m 或 1.2m。

抽水设备是由真空泵、离心泵和水气分离器（又叫集水箱）等组成（如图 1-22 所示）。

一套抽水设备的负荷长度（即集水总管长度），采用 W5 型真空泵时，不大于 100m；采用 W6 型真空泵时，不大于 200m。

2）轻型井点的布置。井点系统的布置，应根据基坑大小与深度、土质、地下水位高低与流向、降水深度要求等确定。

① 平面布置：当基坑或沟槽宽度小于 6m，水位降低值不大于 5m 时，可用单排线状井点，布置在地下水流的上游一侧，两端延伸长一般不小于沟槽宽度（图 1-23）。如沟槽宽度大于 6m，或土质不良，宜用双排线状井点（图 1-24）。面积较大的基坑宜用环状井点（图 1-25）。有时也可布置为 U 形，以利挖土机械和运输车辆出入基坑，环状井点四角部分应适当加密，井点管距离基坑一般为 0.7～1.0m，以防漏气。井点管间距一般为 0.8～1.5m，或由计算和经验确定。

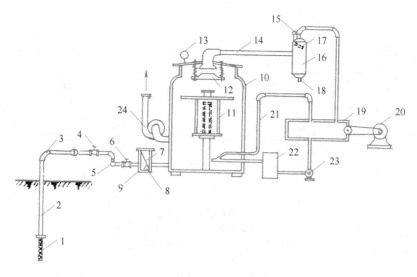

图 1-22 轻型井点设备工作原理

1—滤管；2—井点管；3—弯管；4—阀门；5—集水总管；6—闸门；7—滤管；8—过滤箱；
9—淘沙孔；10—水气分离器；11—浮筒；12—阀门；13—真空计；14—进水管；15—真空计；
16—副水气分离器；17—挡水板；18—放水口；19—真空泵；20—电动机；21—冷却水管；
22—冷却水箱；23—循环水泵；24—离心水泵

采用多套抽水设备时，井点系统应分段，各段长度应大致相等。分段地点宜选择在基坑转弯处，以减少总管弯头数量，提高水泵抽吸能力。水泵宜设置在各段总管中部，使泵两边水流平衡。分段处应设阀门或将总管断开，以免管内水流紊乱，影响抽水效果。

② 高程布置：轻型井点的降水深度在考虑设备水头损失后，不超过6m。

井点管的埋设深度 H（不包括滤管长）按下式计算（图1-23）。

$$H \geqslant H_1 + h + IL \tag{1-24}$$

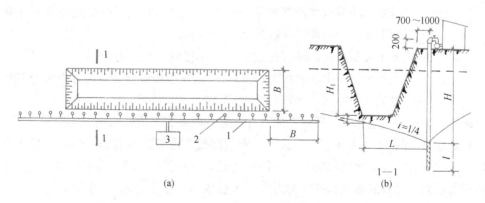

图 1-23 单排线状井点的布置图

(a) 平面布置；(b) 高程布置

1—总管；2—井点管；3—抽水设备

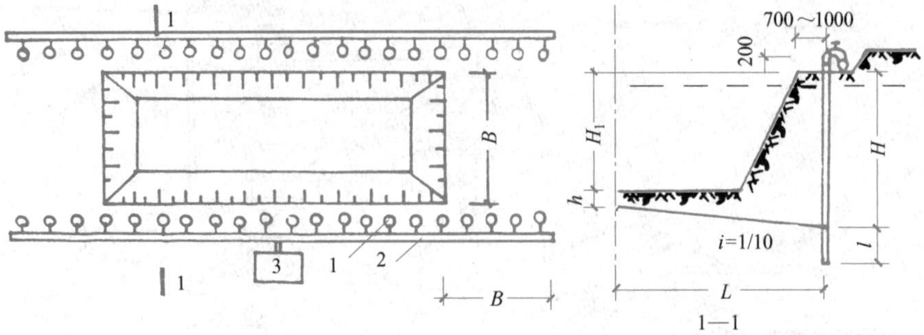

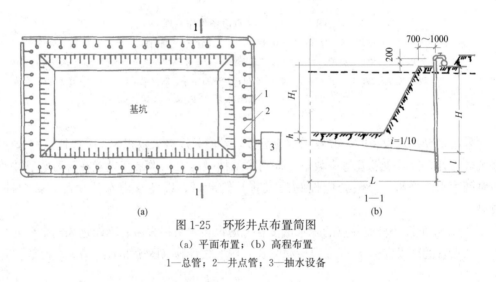

图 1-24 双排线状井点布置图
(a) 平面布置；(b) 高程布置
1—井点管；2—总管；3—抽水设备

图 1-25 环形井点布置简图
(a) 平面布置；(b) 高程布置
1—总管；2—井点管；3—抽水设备

式中 H_1——井管埋设面至基坑底的距离（m）；

  h——基坑中心处基坑底面（单排井点时，为远离井点一侧坑底边缘）至降低后地下水位的距离，一般为 0.5～1.0m；

  I——地下水降落坡度，环状井点 1/10，单排线状井点为 1/4；

  L——井点管至基坑中心的水平距离（m）（在单排井点中，为井点管至基坑另一侧的水平距离）（图 1-23～图 1-25）。

此外，确定井点埋深时，还要考虑到井点管一般要露出地面 0.2m 左右。

如果计算出的 H 值大于井点管长度，则应降低井点管的埋置面（但以不低于地下水位为准）以适应降水深度的要求。在任何情况下，滤管必须埋在透水层内。为了充分利用抽吸能力，总管的布置标高宜接近地下水位线（可事先挖槽），水泵轴心标高宜与总管平行或略低于总管。总管应具有 0.25%～0.5% 坡度（坡向泵房）。各段总管与滤管最好分别设在同一水平面，不宜高低悬殊。

当一级井点系统达不到降水深度要求，可视其具体情况采用其他方法降水。如上层土的土质较好时，先用集水井排水法挖去一层土再布置井点系统；也可采用二级井点，即先挖去第一级井点所疏干的土，然后再在其底部装设第二级井点（图1-26）。

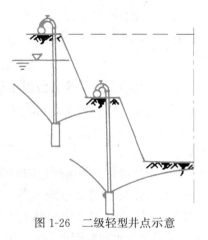

3）轻型井点的计算。轻型井点的计算内容包括涌水量计算，井点管数量与井距确定，抽水设备的选用。

① 井点系统涌水量计算　井点系统涌水量是按水井理论进行计算的。根据井底是否达到不透水层，水井可分为完整井与不完整井；凡井底到达含水层下面的不透水层顶面的井称为完整井，否则称为不完整井。根据地下水有无压力，又分为无压井与承压井，如图1-27所示。

图1-26　二级轻型井点示意

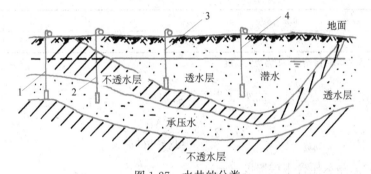

图1-27　水井的分类

1—承压完整井；2—承压非完整井；3—无压完整井；4—无压非完整井

对于无压完整井的环状井点系统（图1-28a），涌水量计算公式为：

$$Q = 1.366K \frac{(2H-s)s}{\lg R - \lg x_0} \tag{1-25}$$

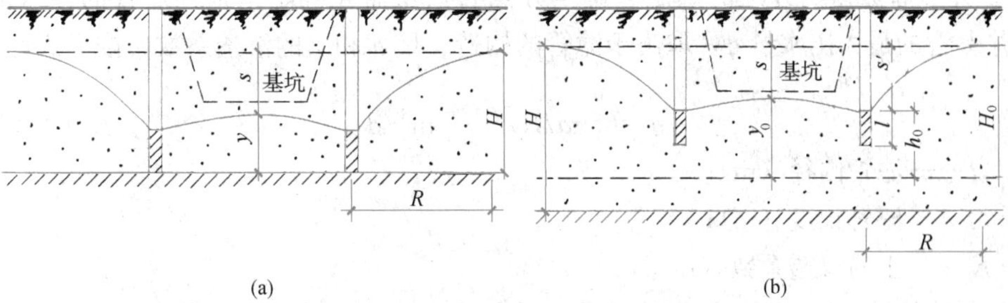

图1-28　环状井点涌水量计算简图

(a) 无压完整井；(b) 无压不完整井

式中　Q——井点系统的涌水量（$\mathrm{m^3/d}$）；

　　　K——土的渗透系数（m/d），可以由实验室或现场抽水试验确定；

　　　H——含水层厚度（m）；

s——水位降低值（m）；

R——抽水影响半径（m），常用下式计算：

$$R=1.95s\sqrt{HK} \quad (m) \tag{1-26}$$

x_0——环状井点系统的假想半径（m），对于矩形基坑，其长度与宽度之比不大于 5 时，可按下式计算：

$$x_0=\sqrt{\frac{F}{\pi}} \quad (m) \tag{1-27}$$

式中 F——环状井点系统所包围的面积（m^2）。

对于无压非完整井点系统（图 1-28b）：地下潜水不仅从井的侧面流入，还从井点底部渗入，因此涌入量较完整井大。为了简化计算，仍可采用式（1-24）。但此时式中 H 应换成有效抽水影响深度 H_0，H_0 值可按表 1-8 确定，当算得 H_0 大于实际含水量厚度 H 时，仍取 H 值。

有效抽水影响深度 H_0 值　　　　　　　表 1-8

$s'/(s'+l)$	0.2	0.3	0.5	0.8
H_0	$1.3(s'+l)$	$1.5(s'+l)$	$1.7(s'+l)$	$1.85(s'+l)$

注：s' 为井点管中水位降落值，l 为滤管长度。

对于承压完整井点系统，涌水量计算公式为：

$$Q=2.73\frac{KMs}{\lg R-\lg x_0} \tag{1-28}$$

式中 M——承压含水层厚度（m）；

K、s、R、x_0——同式（1-25）。

若用以上各式计算轻型井点系统涌水量时，要先确定井点系统布置方式和基坑计算图形面积。如矩形基坑的长宽比大于 5 或基坑宽度大于抽水影响半径的 2 倍时，需将基坑分块，使其符合上述各式的适用条件，然后分别计算各块的涌水量和总涌水量。

② 井点管数量与井距的确定　确定井点管数量需先确定单根井点管的抽水能力，单根井点管的最大出水量 q，取决于滤管的构造、尺寸和土的渗透系数，按下式计算：

$$q=65\pi dl K^{\frac{1}{3}} \quad (m^3/d) \tag{1-29}$$

式中 d——滤管内径（m）；

l——滤管长度（m）；

K——土的渗透系数（m/d）。

井点管的最少根数 n，根据井点系统涌水量 Q 和单根井点管的最大出水量 q，按下式确定：

$$n=1.1\frac{Q}{q} \tag{1-30}$$

式中 1.1——备用系数（考虑井点管堵塞等因素）。

井点管的平均间距 D 为：

$$D = \frac{L}{n} \quad (m) \tag{1-31}$$

式中　L——总管长度（m）；

　　　n——井点管根数。

井点管间距经计算确定后，布置时还需注意：

井点管间距不能过小，否则彼此干扰大，出水量会显著减少，一般可取滤管周长的 $5 \sim 10$ 倍；在基坑周围四角和靠近地下水流方向一边的井点管应适当加密；当采用多级井点排水时，下一级井点管间距应较上一级的小；实际采用的井距，还应与集水总管上短接头的间距相适应（可按 0.8m、1.2m、1.6m、2.0m 四种间距选用）。

4）抽水设备的选择。真空泵主要有 W5、W6 型，按总管长度选用。当总管长度不大于 100m 时可选用 W5 型，总管长度不大于 200m 时可选用 W6 型。

水泵按涌水量的大小选用，要求水泵的抽水能力应大于井点系统的涌水量（约增大 $10\% \sim 20\%$）。通常一套抽水设备配两台离心泵，即可轮换备用，又可在地下水量较大时同时使用。

5）井点管的安装使用。轻型井点的安装程序是：先排放总管，再埋设井点管，用弯管将井点管与总管接通，最后安装抽水设备。而井点管的埋设是关键工作之一。

井点管埋设一般用水冲法，分为冲孔和埋管两个过程（图1-29）。冲孔时，先用起重设备将冲管吊起并插在井点的位置上，然后开动高压水泵，将土冲松，冲管则边冲边沉。冲孔直径一般为 300mm，以保证井管四周有一定厚度的砂滤层；冲孔深度宜比滤管底深 0.5m 左右，以防冲管拔出时，部分土颗粒沉于底部而触及滤管底部。井孔冲成后，立即拔出冲管，插入井点管，并在井点管与孔壁之间迅速填灌砂滤层，以防孔壁塌土。砂滤层的填灌质量是保证轻型井点顺利抽水的关键。一般宜选用干净粗砂，填灌均匀，并填至滤管顶上 $1 \sim 1.5m$，以保证水流畅通。井点填砂后，在地面以下 $0.5 \sim 1.0m$ 内须用黏土封口，以防漏气。

井点管埋设完毕，应接通总管与抽水设备进行试抽水，检查有无漏水、漏气，出水是否正常，有无淤塞等现象，如有异常情况，应检修好后方可使用。

轻型井点使用时，一般应连续抽水（特别是开始阶段）。时抽时停滤网容易堵塞，出水浑浊并引起附近建筑物由于土颗粒流失而沉降、开裂。同时由于中途停抽，使地下水回升，也可能引起边坡塌方等事故，抽水过程中，应调节离心泵的出水阀以控制水量，使抽吸排水保持均匀，做到细水长流。正常的出水规律是"先大后小，先浑后清"。真空泵的真空度是判断井点系统工作情况是否良好的尺寸，必须经常观察。造成真空度不足的原因很多，但大多是井点系统有漏气现象，应及时检查并采取措施。在抽水过程中，还应检查有无堵塞的"死井"（工作正常的井管，用手探摸时，应有冬暖夏凉的感觉），如死井太多，严重影响降水效果时，应逐个用高压水反冲洗或拔出重埋。为观察地下水位的变化，可在影响半径内设观察孔。

井点降水工作结束后所留的井孔，必须用砂砾或黏土填实。

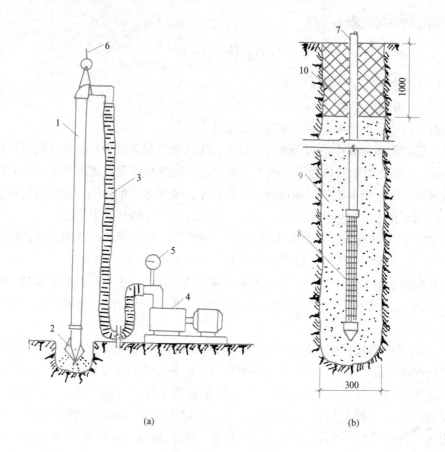

图 1-29　井点管的埋设

(a) 冲孔；(b) 埋管

1—冲管；2—冲嘴；3—胶皮管；4—高压水泵；5—压力表；
6—起重机吊钩；7—井点管；8—滤管；9—填砂；10—黏土封口

6）轻型井点系统降水设计实例：

某厂房设备基础施工，基坑底宽 8m，长 15m，深 4.2m；挖土边坡 1：0.5，基坑平、剖面图如图 1-30 所示。地质资料表明，在天然地面以下为 0.8m 黏土层，其下有 8m 厚的砂砾层（渗透系数 $K=12\text{m/d}$），再下面为不透水的黏土层。地下水位在地面以下 1.5m。现决定采用轻型井点降低地下水位，试进行井点系统设计。

① 井点系统布置：为使总管接近地下水位和不影响地面交通，将总管埋设在地面下 0.5m 处，即先挖 0.5m 的沟槽，然后在槽底铺设总管，此时基坑上口（+9.5m）平面尺寸为 11.7m×18.7m，井管初步布置在距基坑边 1m；则井管所围成的平面积为 13.7m×20.7m，由于其长宽比小于 5，且基坑宽度小于 2 倍抽水影响半径 R（见后面计算），故按环状井点布置。基坑中心的降水深度为：

$$s=8.5-5.8+0.5=3.2\text{m}$$

采用一级井点降水，井点管的要求埋设深度 H 为：

$$H\geqslant H_1+h+IL$$

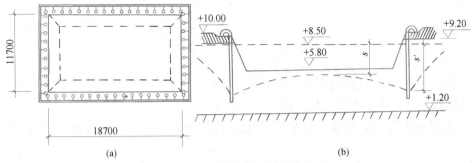

图 1-30 基坑平、剖面示意

（a）井点系统平面布置；（b）井点系统的高程布置

$$= 3.7 + 0.5 + \frac{1}{10} \times \frac{13.7}{2}$$

$$= 4.9\text{m}$$

采用长 6m，直径 38mm 的井点管，井点管外露 0.2m，作为安装总管用，则井管埋入土中的实际深度为 $6.0 - 0.2 = 5.8\text{m}$，大于要求埋设深度，故高程布置符合要求。

② 基坑涌水量计算：取滤水管长度 $l = 1\text{m}$，则井点管及滤管总长 $6 + 1 = 7\text{m}$，滤管底部距不透水层为 1.3m，可按无压非完整井环形井点系统计算，其涌水量计算式为：

$$Q = 1.366K \frac{(2H_0 - s)s}{\lg R - \lg x_0}$$

有效抽水影响深度 H_0 计算，由表 1-8 有：

$$\frac{s'}{s' + l} = \frac{3.9}{3.9 + 1} = 0.80$$

由表 1-8 查得：

$$H_0 = 1.85(s' + l) = 9.07\text{m}$$

由于实际含水层厚度 $H = 8.5 - 1.2 = 7.3\text{m}$，而 $H_0 > H$，故取 $H_0 = H = 7.3\text{m}$。

抽水影响半径 R：

$$R = 1.95s\sqrt{H_0 K} = 1.95 \times 3.2\sqrt{7.3 \times 12} = 58.40\text{m}$$

基坑假想圆半径 x_0：

$$x_0 = \sqrt{\frac{F}{\pi}} = \sqrt{\frac{13.7 \times 20.7}{3.14}} = 9.50\text{m}$$

涌水量为：

$$Q = 1.366 \times 12 \frac{(2 \times 7.3 - 3.2) \times 3.2}{\lg 58.4 - \lg 9.5} = 758.19\text{m}^3/\text{d}$$

③ 计算井点管数量及井距：单根井点管出水量（选井管直径为 $\phi 38$）：

$$q = 65\pi d l K^{\frac{1}{3}} = 65 \times 3.14 \times 0.038 \times 1 \times 12^{\frac{1}{3}} = 17.76\text{m}^3/\text{d}$$

井点管数量：

$$n = 1.1\frac{Q}{q} = 1.1\frac{758.19}{17.76} = 47.0 \text{ 根}$$

井距：

$$D=\frac{L}{n}=\frac{68.8}{47}=1.46\text{m}$$

取井距为 1.4m，井点管实际总根数为 49 根。

基坑施工时，井点系统的布置如图 1-30 所示。

④ 选择抽水设备：抽水设备所带动的总管长度为 68.8m，可选用 W5 型干式真空泵。

水泵抽水流量：

$$Q_1=1.1Q=1.1\times758.19=834.01\text{m}^3/\text{d}=34.75\text{m}^3/\text{h}$$

水泵吸水扬程：

$$H_s\geqslant6.0+1.0=7.0\text{m}$$

根据 Q_1 及 H_s 查得，选用 3B33 型离心泵。

⑤ 井点管埋设：采用水冲法安装埋设井点管。

（2）深井井点降低地下水位

深井井点降水是将抽水设备放置在深井中进行抽水来达到降低地下水位的目的。适用于抽水量大、降水较深的砂类土层，降水深可达 50m 以内。

1）管井井点系统的组成及设备：深井井点系统主要由井管和水泵组成（图 1-31）。

① 井管用钢管、塑料管或混凝土管制成，管径一般为 300mm，井管内径一般应大于水泵外径 50mm。井管下部过滤部分带孔，外面包裹 10 孔/cm² 镀锌钢丝两层，41 孔/cm² 镀锌钢丝两层或尼龙网。

② 水泵：可用 QY-25 型或 QJ-50-52 型油浸式潜水泵或深井泵。

2）深井布置：深井井点系统总涌水量可按无压完整井环形井点系统公式计算。一般沿基坑四周每隔 15~30m 设一个深井井点。

3）深井井点的埋设：深井成孔方法可根据土质条件和孔深要求采用冲击钻孔、回转钻孔、潜水钻钻孔或水冲法成孔，用泥浆或自造泥浆护壁，孔口设置护筒，一侧设排泥沟、泥浆坑。孔径应较井管直径大 300mm 以上，钻孔深度根据抽水期内可能沉积的高度适当加深。

深井井管沉放前应清孔，一般用压缩空气洗孔或用吊筒反复上下取出洗孔。井管安放力求垂直。井管过滤部分应设置在含水层适当范围内。井管与土壁间填充砂滤料，粒径应大于滤网的孔径，周围填砂滤料后，安放水泵前，应按规定清洗滤井，冲除沉渣后即可。深井内安设潜水泵，潜水泵可用绳吊入水滤层部位，潜水电机、电缆及接头应有可靠绝缘，并配置保护开关控制。设置深井泵时，电动机的机座应安放平稳牢固，转向严禁逆转（应有阻逆装置），防止转动轴解体。安设完毕应进行试抽，满足要求方可转入正常工作。

深井井点施工程序为：井位放样→做井口→安护筒→钻机就位→钻孔→回填井底砂垫层→吊放井管→回填管壁与孔壁间的过滤层→安装抽水控制电路→试抽→降水井正常

工作。

4）降水对周围建筑的影响及防止措施：在弱透水层和压缩性大的黏土层中降水时，由于地下水流失造成地下水位下降、地基自重应力增加和土层压缩等原因，会产生较大的地面沉降；又由于土层的不均匀性和降水后地下水位呈漏斗曲线，四周土层的自重应力变化不一而导致不均匀沉降，使周围建筑物基础下沉或房屋开裂。因此，在建筑物附近进行井点降水时，为防止降水影响或损害区域内的建筑物，就必须阻止建筑物下的地下水流失。为达到此目的，除可在降水区域和原有建筑物之间的土层中设置一道固体抗渗屏幕外，还可用回灌井点补充地下水的办法来保持地下水位。使降水井点和原有建筑物下的地下水位保持不变或降低较少，从而阻止建筑物下地下水的流失。这样，也就不会因降水而使地面沉降，或减少沉降值。

回灌井点是防止井点降水损害周围建筑物的一种经济、简便、有效的办法，它能将井点降水对周围建筑物的影响减少到最小程度。为确保基坑施工的安全和回灌的效果，回灌井点与降水井点之间应保持一定的距离，一般不宜小于 6m。

为了观测降水及回灌后四周建筑物、管线的沉降情况及地下水位的变化情况，必须设置沉降观测点及水位观测井，并定时测量记录，以便及时调节灌、抽量，使灌、抽基本达到平衡，确保周围建筑物或管线等的安全。

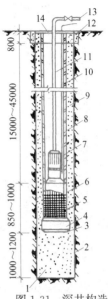

图 1-31　深井构造
1—中粗砂；2—ϕ600 井孔；
3—开孔底板（下铺滤网）；
4—导向段；5—滤网；
6—过滤段（内填碎石）；
7—潜水泵；8—ϕ300 井管；
9—中、粗砂或小砾石；
10—电缆；11—ϕ50 出水管；
12—井口；13—ϕ50 出水总管；14—井盖 $\delta=20$

1.4　土方机械化施工

在土方施工中，人工开挖只适用于小型基坑（槽）、管沟及土方量少的场所，对大量土方一般均应采用机械化施工。

土方工程的施工过程主要包括：土方开挖、运输、填筑与压实等。常用的施工机械有：推土机、铲运机、单斗挖土机、装载机、压实机械等，施工时应正确选用施工机械，加快施工进度。

1.4.1　常用土方施工机械的施工特点

1. 推土机施工

推土机是土方工程施工的主要机械之一，是在拖拉机上安装推土板等工作装置而成的机械。图 1-32 所示是油压操纵的 T-180 型推土机外形图，油压操纵推土板的推土机除了可以升调推土板外，还可调整推土板的角度，因此具有更大的灵活性。

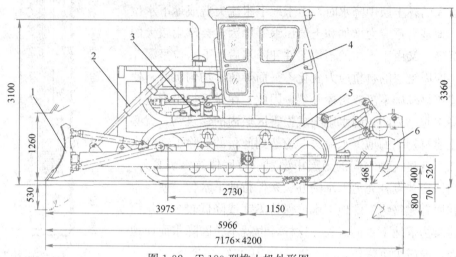

图 1-32　T-180 型推土机外形图

1—推土板；2—液压缸；3—动力装置；4—驾驶室；5—履带；6—松土钩

推土机操纵灵活，运转方便，所需工作面较小、行驶速度快、易于转移，能爬 30°左右的缓坡，因此应用较广。多用于场地清理和平整、开挖深度 1.5m 以内的基坑，填平沟坑，以及配合铲运机、挖土机工作等。此外，在推土机后面可安装松土装置，破、松硬土和冻土，也可拖挂羊足碾进行土方压实工作。推土机可以推挖一～三类土，经济运距 100m 以内，效率最高为 60m。

2. 铲运机施工

铲运机由牵引机械和土斗组成，按行走方式分自行式和拖式两种（图 1-33、图 1-34），其操纵机构由液压控制。拖式铲运机由拖拉机牵引；自行式铲运机的行驶和工作，都靠自身的动力设备，不需要其他机械的牵引和操纵。

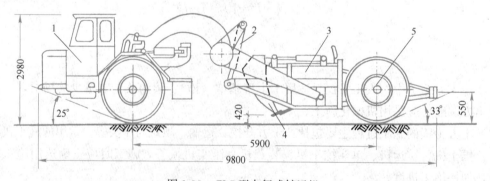

图 1-33　CL7 型自行式铲运机

1—牵引车；2—铲斗操作装置；3—铲斗；4—铲（卸）土口；5—行走装置

铲运机的特点是能综合完成挖土、运土、平土或填土等全部土方施工工序，对行驶道路要求较低，操纵灵活、运转方便、生产率高，在土方工程中常应用于大面积场地平

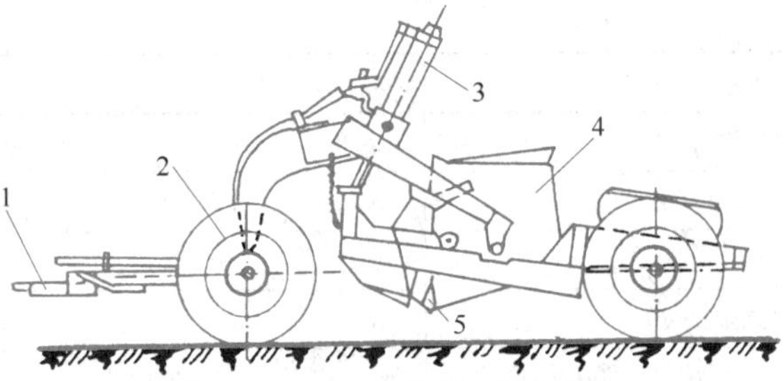

图 1-34　C6-2.5 型拖式铲运机

1—牵引挂钩；2—行走装置；3—铲斗操作装置；4—铲斗；5—铲（卸）土口

整，开挖大基坑、沟槽以及填筑路基、堤坝等工程。适宜于铲运含水量不大于 27% 的松土和普通土，不适于在砾石层和冻土地带及沼泽区工作，当铲运三、四类较坚硬的土时，宜用推土机助铲或用松土机配合将土翻松 0.2～0.4m，以减少机械磨损，提高生产率。

自行式铲运机的经济运距以 800～1500m 为宜，拖式铲运机的运距以 600m 内为宜，当运距为 200～300m 时效率最高。在规划铲运机的开行路线时，应力求符合经济运距的要求。

3. 单斗挖土机施工

单斗挖土机在土方工程中应用较广，种类很多，按其行走装置的不同，分为履带式和轮胎式两类。单斗挖土机还可根据工作的需要，更换其工作装置。按其工作装置的不同，分为正铲、反铲、拉铲和抓铲等。按其操纵机械的不同，可分为机械式和液压式两类，机械式现使用较少，液压式单斗挖土机如图 1-35 所示。

（1）正铲挖土机施工

正铲挖土机外形如图 1-36 所示。正铲挖土机的挖土特点是："向前向上，强制切土"。其挖掘能力大，生产率高，适用于开挖停机面以上的一～三类土，它与运土汽车配合能完成整个挖运任务。可用于开挖大型干燥基坑以及土丘等。正铲挖土机性能见表 1-9。

1）开挖方式　根据挖土机的开挖路线与运输工具的相对位置不同，可分为正向挖土侧向卸土和正向挖土后方卸土两种。

单斗液压正铲挖土机技术性能

表 1-9

符号	名　　称	单位	WY60	WY100	WY160
	铲斗容量	m³	0.6	1.0	1.6
	动臂长度	m		3	
	斗柄长度	m		2.7	2
A	停机面上最大挖掘半径	m	7.6	7.7	7.7
B	最大挖掘深度	m	4.36	2.9	3.2
C	停机面上最小挖掘半径	m			2.3
D	最大挖掘半径	m	7.78	7.9	8.05

续表

符号	名称	单位	WY60	WY100	WY160
E	最大挖掘半径时挖掘高度	m	1.7	1.8	2
F	最大卸载高度时卸载半径	m	4.77	4.5	4.6
G	最大卸载高度	m	4.05	2.5	5.7
H	最大挖掘高度时挖掘半径	m	6.16	5.7	5
I	最大挖掘高度	m	6.34	7.0	8.1
J	停机面上最小装载半径	m	2.2	4.7	4.2
K	停机面上最大水平装载行程	m	5.4	3.0	3.6

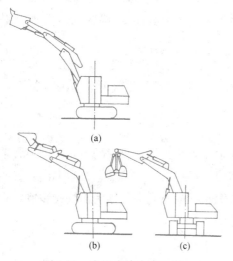

图 1-35　液压式单斗挖土机

(a) 正铲；(b) 反铲；(c) 抓铲

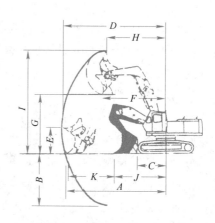

图 1-36　液压式正铲挖土机外形图

① 正向挖土侧向卸土　挖土机沿前进方向挖土，运输工具停在侧面装土（图 1-37a）。采用这种作业方式，挖土机卸土时动臂回转角度小，运输工具行驶方便，生产率高，使用广泛。

② 正向挖土后方卸土　挖土机沿前进方向挖土，运输工具停在挖土机后方装土（图 1-37b）。这种作业方式所开挖的工作面较大，但挖土机卸土时动臂回转角大，生产率低，运输车辆要倒车开入，一般只宜用来开挖工作面较狭小且较深的基坑。

2）工作面　工作面是指挖土机一次开行中进行挖土时的工作范围，也称"掌子"。其形状和大小由挖土机的技术性能及挖土和卸土方式以及土壤性质决定。

根据挖土机开挖方式不同，工作面又分为侧工作面和正工作面。

侧工作面根据运输工具与挖土机的停放标高是否相同，又可分为高卸侧工作面与平卸侧工作面（图 1-38）。

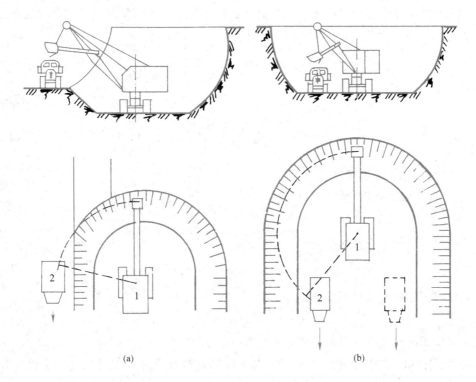

图 1-37 正铲挖土机开挖方式

（a）侧向卸土；（b）后方卸土

1—正铲挖土机；2—自卸汽车

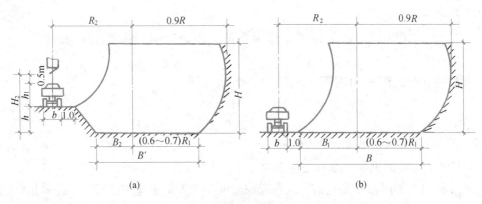

图 1-38 侧工作面尺寸

（a）高卸侧工作面；（b）平卸侧工作面

工作面布置原则为：保证挖土机生产效率最高，而土方的欠挖数量最少。

侧工作面的右半部尺寸布置底部宽度宜为（0.6～0.7）R_1，此时旋转角度小，生产率较高。高度 H 一般取小于或等于最大挖土半径时的挖土高度，为保证一次挖土即能装满土斗，其最小高度不宜小于3倍土斗高。

侧工作面的左半部尺寸布置：为提高正铲挖土机生产率，平卸侧工作面的底宽 B_1、高卸侧工作面的高度 h 和底 B_2 可按下式计算：

$$B_1=(0.6\sim0.7)R_3-\left(\frac{b}{2}+1\right) \quad (\text{m}) \tag{1-32}$$

$$h=H_2-(h_1+0.5) \quad (\text{m}) \tag{1-33}$$

$$B_2=(0.6\sim0.7)R_2-\left(\frac{b}{2}+1+mh\right) \quad (\text{m}) \tag{1-34}$$

式中　b——运输工具的宽度（m）；

　　　h_1——运输工具的高度（m）；

　　　m——土方边坡系数。

平卸侧工作面底部总宽度 B 为：

$$B=(0.6\sim0.7)R_1+B_1 \quad (\text{m}) \tag{1-35}$$

高卸侧工作面底部总宽度 B' 为：

$$B'=(0.6\sim0.7)R_1+B_2 \quad (\text{m}) \tag{1-36}$$

正工作面的尺寸左右对称，其底面总宽度等于 $2R_1$。

3）根据已确定的挖土机工作面尺寸与基坑的横断面尺寸，就可拟定挖土机的开行次序，确定开挖层数和每层的开行次数。

开挖层数 n 可按下式计算：

$$n=\frac{D}{E} \tag{1-37}$$

式中　D——挖方总高度；

　　　E——工作面高度，平卸侧工作面及正工作面取实际高度 H，高卸侧工作面取 h。

每层的开行次数 m 可按下式计算：

$$m=\frac{F}{G} \tag{1-38}$$

式中　F——挖方表面宽度；

　　　G——工作面宽度，取 $G=B$ 或 $G=B'$。

若计算出来的层数不是整数，且剩余的高度小于 3 倍土斗高度时，为提高正铲挖土机的生产率，可先开一条高度等于上述剩余高度的土槽，称为"先锋槽"。其宽度以便于运输工具通行即可。正铲挖土机工作面布置如图 1-39 所示。

（2）反铲挖土机施工

反铲挖土机外形如图 1-40 所示。反铲挖土机的挖土特点是："后退向下，强制切土"。其挖掘力比正铲小，能开挖停机面以下的一～三类土，适用于挖基坑、基槽和管沟、有地下水的土或泥泞土。一次开挖深度取决于最大挖掘深度的技术参数。液压反铲挖土机技术性能见表 1-10。

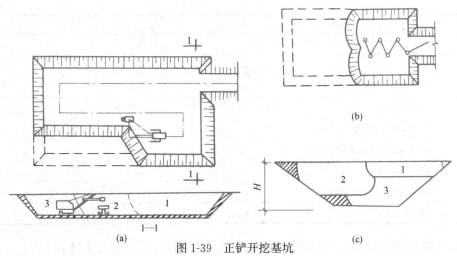

图 1-39　正铲开挖基坑

(a) 一层通道多次开挖；(b) 一层通道 Z 字形开挖；(c) 三层通道布置

1、2、3—通道断面及开挖顺序

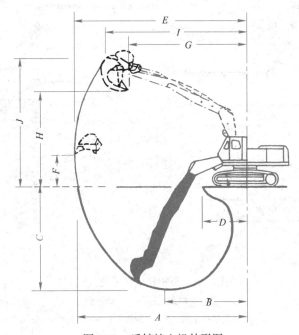

图 1-40　反铲挖土机外形图

单斗液压挖掘机反铲技术性能　　　　　　　　　　表 1-10

符号	名　称	单位	WY40	WY60	WY100	WY160
	铲斗容量	m³	0.4	0.6	1~1.2	1.6
	动臂长度	m			5.3	
	斗柄长度	m			2	2
A	停机面上最大挖掘半径	m	6.9	8.2	8.7	9.8

符号	名　　称	单位	WY40	WY60	WY100	WY160
B	最大挖掘深度时挖掘半径	m	3.0	4.7	4.0	4.5
C	最大挖掘深度	m	4.0	5.3	5.7	6.1
D	停机面上最小挖掘半径	m		8.2		3.3
E	最大挖掘半径	m	7.18	8.63	9.0	10.6
F	最大挖掘半径时挖掘高度	m	1.97	1.3	1.8	2
G	最大卸载高度时卸载半径	m	5.267	5.1	4.7	5.4
H	最大卸载高度	m	3.8	4.48	5.4	5.83
I	最大挖掘高度时挖掘半径	m	6.367	7.35	6.7	7.8
J	最大挖掘高度	m	5.1	6.025	7.6	8.1

反铲挖土机挖土时可采用沟端开挖和沟侧开挖两种方式，如图 1-41 所示。

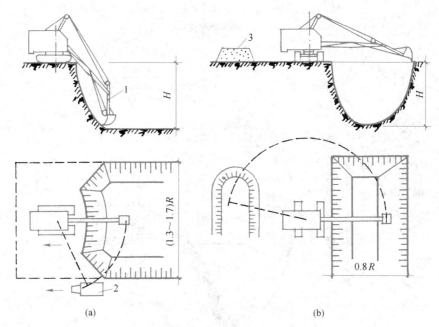

图 1-41　反铲挖土机开挖方式

（a）沟端开挖；（b）沟侧开挖

1—反铲挖土机；2—自卸汽车；3—弃土堆

1）沟端开挖　挖土机停在基槽（坑）的端部，向后侧退挖土，汽车停在基槽两侧装土（图 1-41a）。沟端开挖工作面宽度：单面装土时为 1.3R，双面装土时为 1.7R。基坑较宽时，可多次开行开挖或按 Z 字形路线开挖。为了能很好地控制所挖边坡的坡度或直立的边坡，反铲的一侧履带应靠近边线向后移动挖土。

2）沟侧开挖　挖土机沿基槽的一侧移动挖土（图 1-41b）。沟侧开挖能将土弃于距基槽边较远处，但开挖宽度受限制（一般为 0.8R），且不能很好地控制边坡，机身停在沟边稳定性较差；因此只在无法采用沟端开挖或所挖的土不需运走时采用。

（3）拉铲挖土机施工

拉铲挖土机的挖土特点是："后退向下，自重切土"，其挖土半径和挖土深度较大，但不如反铲灵活，开挖精确性差。适用于挖停机面以下的一、二类土。可用于开挖大而深的基坑或水下挖土。

拉铲挖土机的开挖方式与反铲挖土机的开挖方式相似，可沟侧开挖也可沟端开挖（图1-42）。

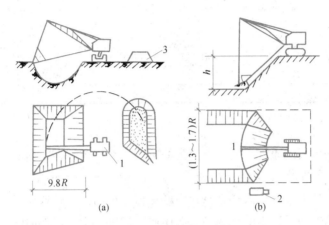

图 1-42 拉铲挖土方式

（a）沟侧开挖；（b）沟端开挖

1—拉铲挖土机；2—汽车；3—弃土堆

（4）抓铲挖土机施工

抓铲挖土机外形如图1-35（c）所示。其挖土特点是："直上直下，自重切土"，挖掘力较小，适用于开挖停机面以下的一、二类土，如挖窄而深的基坑、疏通旧有渠道以及挖取水中淤泥等，或用于装卸碎石、矿渣等松散材料。在软土地基的地区，常用于开挖基坑等。

4. 装载机施工

装载机按行走方式分履带式和轮胎式两种，按工作方式分单斗式装载机、链式和轮斗式装载机。土方工程主要使用单斗铰接式轮胎装载机。它具有操作轻便、灵活、转运方便、快速等特点。适用于装卸土方和散料，也可用于松软土的表层剥离、地面平整和场地清理等工作。

常用国产铰接式轮胎装载机主要技术性能及规格见表1-11。

名 称	型 号				表 1-11
	ZL20	ZL30	ZL40	ZL50	ZL50K
铲斗容量(m³)	1.0	1.5	2.0	3.0	2.7
装载量(t)	2	3	4	5	5
卸料高度(m)	2.6	2.7	2.8	2.85	2.78

国产铰接式轮胎装载机主要技术性能及规格

名　称	型　号				
	ZL20	ZL30	ZL40	ZL50	ZL50K
发动机功率(kW)	60	73.5	100	162	
行走速度(km/h)	0～30	0～32	0～35	10～35	7.8～55
最大牵引力(t)	6.4	7.5	10.5	16	
爬坡能力(°)	30	25	28～30	30	25
回转半径(m)	5.03	5.5	5.9	6.5	6.24
离地间隙(m)	0.393	0.4	0.45	0.305	
转向方式	铰接液压缸	铰接液压缸	铰接液压缸	铰接液压缸	铰接液压缸
外形尺寸(m)	5.7×2.2×2.8	6×2.4×2.8	6.4×2.5×3.2	6.7×2.8×2.7	7.61×2.94×3.22
总重(t)	7.6	9.2	11.5	16.8	17

5. 压实机械施工

压实机械根据压实的原理不同，可分为冲击式、碾压式和振动压实机械三大类。

（1）冲击式压实机械

冲击式压实机械主要有蛙式打夯机和内燃式打夯机两类，蛙式打夯机一般以电为动力。这两种打夯机适用于狭小的场地和沟槽作业，也可用于室内地面的夯实及大型机械无法到达的边角的夯实。

（2）碾压式压实机械

碾压式压实机械按行走方式分自行式压路机和牵引式压路机两类。自行式压路机常用的有光轮压路机、轮胎压路机；自行式压路机主要用于土方、砾石、碎石的回填压实及沥青混凝土路面的施工。牵引式压路机的行走动力一般采用推土机（或拖拉机）牵引，常用的有光面碾、羊足碾；光面碾用于土方的回填压实，羊足碾适用于黏性土的回填压实，不能用在砂土和面层土的压实。

（3）振动压实机械

振动压实机械是利用机械的高频振动，把能量传给被压土，降低土颗粒间的摩擦力，在压实能量的作用下，达到较大的密实度。

振动压实机械按行走方式分为手扶平板式振动压实机和振动压路机两类。手扶平板式振动压实机主要用于小面积的地基夯实。振动压路机按行走方式分为自行式和牵引式两种。振动压路机的生产率高，压实效果好，能压实多种性质的土，主要用在工程量大的大型土石方工程中。

常用压路机主要技术性能参数见表1-12。

常用压路机主要技术性能参数　　　　　　　　表1-12

技术参数	单位	振动式压路机				2YZ21铰接式三轮机械驱动静碾压路机
		YZ14B	YZ16B	YZ16	YZ18	
工作质量	kg	13600	15500	15200	18000	21000
发动机功率	kW	73.5	88.2	96.0	138.0	88

续表

技术参数	单位	振动式压路机				YZ21 铰接式三轮机械驱动静碾压路机
		YZ14B	YZ16B	YZ16	YZ18	
静线压力	N/cm	320	368	—	557	1200
理论振幅	mm	1.7/0.82	1.8/1.0	1.8/0.9	1.8/1.0	—
振动频率	Hz	30	28	28/32	30/34	—
激振力	kN	270～135	290～170	294～192	360～210	—
压实宽度	mm	2130				2320
行驶速度	km/h	0～8.9	0～9.2	0～9.8	0～12	0～19
转弯半径	mm	6000	6500	6000	5400	5800
爬坡能力	%	25	25	40	49	25

1.4.2　土方挖运机械的选择及配套计算

1. 土方机械的选择

土方机械的选择，通常先根据工程特点和技术条件提出几种可行方案，然后进行技术经济比较，选择效率高、费用低的机械进行施工，一般可选用土方单价最小的机械。现综合有关土方机械选择要点如下：

（1）当地形起伏不大，坡度在20°以内，挖填平整土方的面积较大，土的含水量适当，平均运距短（一般在1km以内）时，采用铲运机较为合适。如果土质坚硬或冬季冻土层厚度超过100～150mm时，必须由其他机械辅助翻松再铲运。当一般土的含水量大于25%，或坚硬的黏土含水量超过30%时，铲运机要陷车，必须使水疏干后再施工。

（2）地形起伏较大的丘陵地带，一般挖土高度在3m以上，运输距离超过1km，工程量较大且又集中时，可采用下述三种方式进行挖土和运土。①正铲挖土机配合自卸汽车进行施工，并在弃土区配备推土机平整土堆。选择铲斗容量时，应考虑到土质情况、工程量和工作面高度。当开挖普通土，集中工程量在1.5万 m³ 以下时，可采用0.5m³ 的铲斗；当开挖集中工程量为1.5万～5万 m³ 时，以选用1.0m³ 的铲斗为宜，此时，普通土和硬土都能开挖。②用推土机将土推入漏斗，并用自卸汽车在漏斗下承土并运走。这种方法适用于挖土层厚度在5～6m以上的地段。漏斗上口尺寸为3m左右，由宽3.5m的框架支承。其位置应选择在挖土段的较低处，并预先挖平。漏斗左右及后侧土壁应予支撑。使用73.5kW的推土机两次可装满8t自卸汽车，效率较高。③用推土机预先把土推成一堆，用装载机把土装到汽车上运走，效率也很高。

（3）开挖基坑时根据下述原则选择机械

1）土的含水量较小，可结合运距长短、挖掘深浅，分别采用推土机、铲运机或正铲挖土机配合自卸汽车进行施工。当基坑深度在1～2m，基坑不太长时可采用推土机；深度在2m以内长度较大的线状基坑，宜由铲运机开挖；当基坑较大，工程量集中时，可选用正铲挖土机挖土。

2）如地下水位较高，又不采用降水措施，或土质松软，可能造成正铲挖土机和铲运机陷车时，则采用反铲，拉铲或抓铲挖土机配合自卸汽车较为合适，挖掘深度见有关机械的性能表。

（4）移挖作填以及基坑和管沟的回填，运距在 60～100m 以内可用推土机。

2. 挖土机与运土车辆的配套计算

土方机械配套计算时，应先确定主导施工机械，其他机械应按主导机械的性能进行配套选用。当用挖土机挖土，汽车运土时，应以挖土机为主导机械。

（1）挖土机数量 N 的确定

挖土机数量应根据所选挖土机的台班生产率、工程量大小和工期要求进行计算。

1）挖土机台班产量 P_d 按下式计算

$$P_d = \frac{8 \times 3600}{t_c} \cdot q \cdot \frac{K_c}{K_s} \cdot K_B \quad （m^3/台班） \tag{1-39}$$

式中　t_c——挖土机每次作业循环延续时间（s），由机械性能定。如 W_1-100 正铲挖土机为 25～40s，W_1-100 拉铲挖土机为 45～60s；

　　q——挖土机斗容量（m^3）；

　K_c——土斗的充盈系数，可取 0.8～1.1；

　K_s——土的最初可松性系数，由表 1-1 选用；

　K_B——时间利用系数，一般取 0.6～0.8。

2）挖土机的数量 N 计算

$$N = \frac{Q}{P_d} \cdot \frac{1}{T \cdot C \cdot K} \quad （台） \tag{1-40}$$

式中　Q——工程量（m^3）；

　T——工期（d）；

　C——每天工作班数；

　K——工作时间利用系数，取 0.8～0.9；

　P_d——挖土机台班产量（m^3/台班）。

（2）运输车辆计算

为了使挖土机充分发挥生产能力，运输车辆的大小和数量应根据挖土机数量配套选用。运输车辆的载重量应为挖土机铲斗土重的整倍数，一般为 3～5 倍。运输车辆过多，会使车辆窝工，道路堵塞；运输车辆过少，又会使挖土机等车停挖。为了保证都能正常工作，运输车辆数量 N' 按下式计算：

$$N' = \frac{T'}{t'} \quad （台） \tag{1-41}$$

式中　T'——运输车辆每装卸一车土循环作业所需时间（s）；

　t'——运输车辆装满一车土的时间（s）。

1.5 土方的填筑与压实

在土方填筑前，应清除基底上的垃圾、树根等杂物，抽除坑穴中的水、淤泥。在建筑物和构筑物地面下的填方或厚度小于 0.5m 的填方，应清除基底上的草皮、垃圾和软弱土层。在土质较好，地面坡度不陡于 1/10 的较平坦场地的填方，可不清除基底上的草皮，但应割除长草。在稳定山坡上填方，当山坡坡度为 1/15～1/10 时，应清除基底上的草皮；坡度陡于 1/5 时，应将基底挖成台阶，台阶面内倾，台阶宽高比为 1:2，台阶高度不大于 1m。当填方基底为耕植土或松土时，应将基底碾压密实。在水田、沟渠或池塘上填方前，应根据实际情况采用排水疏干、挖除淤泥或抛填块石、砂砾、矿渣等方法处理后再进行填土。填土区如遇有地下水或滞水时，必须设置排水措施，以保证施工顺利进行。

1.5.1 填筑的要求

为了保证填方工程强度和稳定性方面的要求，必须正确选择填土的种类和填筑方法。

填方土料应符合设计要求。碎石类土、砂土和爆破石渣，可用作表层以下的填料，当填方土料为黏土时，填筑前应检查其含水量是否在控制范围内。含水量大的黏土不宜作为填土用。含有大量有机质的土，吸水后容易变形，承载能力降低；另淤泥、冻土、膨胀土等也不应作为填土。填土应分层进行，并尽量采用同类土填筑。如采用不同土填筑时，应将透水性较大的土层置于透水性较小的土层之下，不能将各种土混杂在一起使用，以免填方内形成水囊。

碎石类土或爆破石渣作填料时，其最大粒径不得超过每层铺土厚度的 3/4，铺填时，大块料不应集中，且不得填在分段接头或填方与山坡连接处。

1.5.2 填土压实方法

填土的压实方法一般有碾压法、夯实法和振动压实法。

1. 碾压法

碾压法是利用机械滚轮的压力压实土壤，使之达到所需的密实度，此法多用于大面积填土工程。碾压机械有光面碾（压路机）、羊足碾和气胎碾。光面碾对砂土、黏性土均可压实；羊足碾需要较大的牵引力，且只宜压实黏性土，因在砂土中使用羊足碾会使土颗粒受到"羊足"较大的单位压力后会向四周移动，从而使土的结构遭到破坏；气胎碾在工作时是弹性体，其压力均匀，填土质量较好。还可利用运土机械进行碾压，也是较经济合理的压实方案，施工时使运土机械行驶路线能大体均匀地分布在填土面积上，并达到一定重复行驶遍数，使其满足填土压实质量的要求。

碾压机械压实填方时，行驶速度不宜过快；一般平碾控制在 2km/h，羊足碾控制在 3km/h。否则会影响压实效果。

2. 夯实法

夯实法是利用夯锤自由下落的冲击力来夯实土壤，主要用于小面积回填。夯实法分人工夯实和机械夯实两种。

夯实机械有夯锤、内燃夯土机和蛙式打夯机，人工夯土用的工具有木夯、石夯、飞硪等。夯锤是借助起重机悬挂一重锤进行夯土的夯实机械，适用于夯实砂性土、湿陷性黄土、杂填土以及含有石块的填土。

3. 振动压实法

振动压实法是将振动压实机放在土层表面，借助振动机械使压实机械振动，土颗粒在振动力的作用下发生相对位移而达到紧密状态。这种方法用于振实非黏性土效果较好。

如使用振动碾进行碾压，可使土受振动和碾压两种作用，碾压效率高，适用于大面积填方工程。

1.5.3　填土压实的影响因素

填土压实的影响因素较多，主要有压实功、土的含水量以及每层铺土厚度。

1. 压实功的影响

填土压实后的密度与压实机械在其上所施加的功有一定的关系。土的密度与所耗的功的关系如图 1-43 所示。当土的含水量一定，在开始压实时，土的密度急剧增加，待到接近土的最大密度时，压实功虽然增加许多，而土的密度则变化甚小。实际施工中，对于砂土只需碾压或夯击 2～3 遍，对粉土只需 3～4 遍，对粉质黏土或黏土只需 5～6 遍。此外，松土不宜用重型碾压机械直接滚压，否则土层有强烈起伏现象，效率不高。如果先用轻碾压实，再用重碾压实就会取得较好效果。

2. 含水量的影响

在同一压实功条件下，填土的含水量对压实质量有直接影响。较为干燥的土颗粒之间的摩阻力较大，因而不易压实。当含水量超过一定限度时，土颗粒之间孔隙由水填充而呈饱和状态，也不能压实。当土的含水量适当时，水起了润滑作用，土颗粒之间的摩阻力减少，压实效果好。每种土都有其最佳含水量。土在这种含水量的条件下，使用同样的压实功进行压实，所得到的密度最大（图 1-44），各种土的最佳含水量和最大干密度可参考表 1-13。工地简单检验黏性土含水量的方法一般是以手握成团落地开花为适宜。为了保证填土在压实过程中处于最佳含水量状态，当土过湿时，应予翻松晾干，也可掺入同类干土或吸水性土料；当土过干时，则应预先洒水润湿。

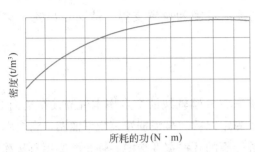

图 1-43 土的密度与压实功的关系示意

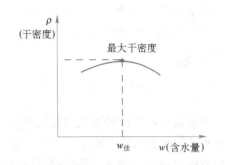

图 1-44 土的干密度与含水量关系

土的最佳含水量和最大干密度参考表 表 1-13

项次	土的种类	变动范围		项次	土的种类	变动范围	
		最佳含水量(%)（重量比）	最大干密度(g/cm³)			最佳含水量(%)（重量比）	最大干密度(g/cm²)
1	砂土	8～12	1.80～1.88	3	粉质黏土	12～15	1.85～1.95
2	黏土	19～23	1.58～1.70	4	粉 土	16～22	1.61～1.80

注：1. 表中土的最大干密度应根据现场实际达到的数字为准。
    2. 一般性的回填可不作此项测定。

3. 铺土厚度的影响

土在压实功的作用下，其应力随深度增加而逐渐减小（图 1-45），其影响深度与压实机械、土的性质和含水量等有关。铺土厚度应小于压实机械压土时的作用深度，但其中还有最优土层厚度问题，铺得过厚，要压很多遍才能达到规定的密实度。铺得过薄，则也要增加机械的总压实遍数。最优的铺土厚度应能使土方压实而机械的功耗费最少。每层铺土厚度和压实遍数应根据压实机具通过试验确定。

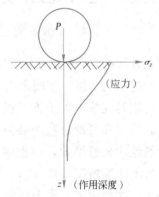

图 1-45 压实作用沿深度的变化

上述三方面因素之间是互相影响的。为了保证压实质量，提高压实机械的生产率，重要工程应根据土质和所选用的压实机械在施工现场进行压实试验，以确定达到规定密实度所需的压实遍数，铺土厚度及最优含水量。

1.6 基坑（槽）施工

基坑（槽）的施工，首先应进行房屋定位和标高引测，然后根据基础的底面尺寸、埋置深度、土质好坏、地下水位的高低及季节性变化等不同情况，考虑施工需要，确定是否需要留工作面、放坡、增加排水设施和设置支撑，从而定出挖土边线并撒灰线。

1.6.1　放线

基槽放线：根据房屋主轴线控制点，首先将外墙轴线的交点用木桩测设在地面上，并在桩顶钉上铁钉作为标志。房屋外墙轴线测定以后，再根据建筑物平面图，将内部开间所有轴线都一一测出。最后根据边坡系数计算的开挖宽度在中心轴线两侧用石灰在地面上撒出基槽开挖边线。同时在房屋四周设置轴线延长桩，以便于基础施工时复核轴线位置。

柱基放线：在基坑开挖前，从设计图上查对基础的纵横轴线编号和基础施工详图，根据柱子的纵横轴线，用经纬仪在矩形控制网上测定基础中心线的端点，同时在每个柱基中心线上，测定基础定位桩，每个基础的中心线上设置四个定位木桩，其桩位离基础开挖线的距离为 0.5～1.0m。若基础之间的距离不大，可每隔 1～2 个或几个基础打一定位桩，但两个定位桩的间距以不超过 20m 为宜，以便拉线恢复中间柱基的中线。桩顶上钉一钉子，标明中心线的位置。然后按施工图上柱基的尺寸和按边坡系数确定的挖土边线的尺寸，放出基坑上口挖土灰线，标出挖土范围。

大基坑开挖，根据房屋的控制点用经纬仪放出基坑四周的挖土边线。

1.6.2　基坑（槽）开挖

土方开挖应遵循"开槽支撑，先撑后挖，分层开挖，严禁超挖"的原则。

开挖基坑（槽）按规定的尺寸合理确定开挖顺序和分层开挖深度，连续地进行施工，尽快地完成。因土方开挖施工要求标高、断面准确，土体应有足够的强度和稳定性，所以在开挖过程中要随时注意检查。挖出的土除预留一部分用作回填外，不得在场地内任意堆放，应把多余的土运到弃土地区，以免妨碍施工。为防止坑壁滑坡，根据土质情况及坑（槽）深度，在坑顶两边一定距离（一般为 1.0m）内不得堆放弃土，在此距离外堆土高度不得超过 1.5m，否则，应验算边坡的稳定性。在桩基周围、墙基或围墙一侧，不得堆土过高。在坑边放置有动载的机械设备时，也应根据验算结果，离开坑边较远距离，如地质条件不好，还应采取加固措施。为了防止基底土（特别是软土）受到浸水或其他原因的扰动，基坑（槽）挖好后，应立即做垫层或浇筑基础，否则，挖土时应在基底标高以上保留 150～300mm 厚的土层，待基础施工时再行挖去。如用机械挖土，为防止基底土被扰动，结构被破坏，不应直接挖到坑（槽）底，应根据机械种类，在基底标高以上留出 200～400mm，待基础施工前用人工铲平修整。挖土不得挖至基坑（槽）的设计标高以下，如个别处超挖，应用与基土相同的土料填补，并夯实到要求的密实度。如用原土填补不能达到要求的密实度时，应用碎石类土填补，并仔细夯实。重要部位如被超挖时，可用低强度等级的混凝土填补。

在软土地区开挖基坑（槽）时，尚应符合下列规定：

（1）施工前必须做好地面排水和降低地下水位的工作，地下水位应降低至基坑底以下 0.5～1.0m 后，方可开挖。降水工作应持续到回填完毕；

（2）施工机械行驶道路应填筑适当厚度的碎石或砾石，必要时应铺设工具式路基箱（板）或梢排等；

（3）相邻基坑（槽）开挖时，应遵循先深后浅或同时进行的施工顺序，并应及时做好基础；

（4）在密集群桩上开挖基坑时，应在打桩完成后间隔一段时间，再对称挖土。在密集群桩附近开挖基坑（槽）时，应采取措施防止桩基位移；

（5）挖出的土不得堆放在坡顶上或建筑物（构筑物）附近。

基坑（槽）开挖有人工开挖和机械开挖，对于大型基坑应优先考虑选用机械化施工，以加快施工进度。

深基坑应采用"分层开挖，先撑后挖"的开挖方法。图 1-46 为某深基坑分层开挖的实例。在基坑正式开挖之前，先将第①层地表土挖运出去，浇筑锁口圈梁，进行场地平整和基坑降水等准备工作，安设第一道支撑（角撑），并施加预顶轴力，然后开挖第②层土到－4.50m。再安设第二道支撑，待双向支撑全面形成并施加轴力后，挖土机和运土车下坑在第二道支撑上部（铺路基箱）开始挖第③层土，并采用台阶式"接力"方式挖土，一直挖到坑底。第三道支撑应随挖随撑，逐步形成。最后用抓斗式挖土机在坑外挖两侧土坡的第④层土。

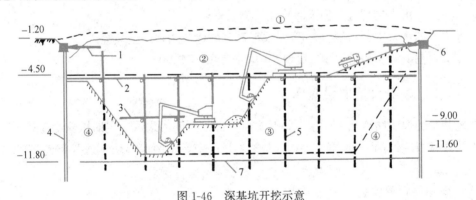

图 1-46　深基坑开挖示意

1—第一道支撑；2—第二道支撑；3—第三道支撑；4—支护桩；5—主柱；6—锁口圈梁；7—坑底

深基坑开挖过程中，随着土的挖除，下层土因逐渐卸载而有可能回弹，尤其在基坑挖至设计标高后，如搁置时间过久，回弹更为显著。如弹性隆起在基坑开挖和基础工程初期发展很快，它将加大建筑物的后期沉降。因此，对深基坑开挖后的土体回弹，应有适当的估计，如在勘察阶段，土样的压缩试验中应补充卸荷弹性试验等。还可以采取结构措施，在基底设置桩基等，或事先对结构下部土质进行深层地基加固。施工中减少基坑弹性隆起的一个有效方法是把土体中有效应力的改变降低到最少。具体方法有加速建造主体结构，或逐步利用基础的重量来代替被挖去土体的重量。

1.7 土方工程的冬期、雨期施工

在结冻时土的机械强度大大提高，使土方工程冬期施工造价增高，工效降低，寒冷地区土方工程施工一般宜在入冬前完成。若必须在冬期施工时，其施工方法应根据本地区气候、土质和冻结情况并结合施工条件进行技术经济比较后确定。施工前应周密计划，做好准备，做到连续施工。

1.7.1 冻土的定义、特性及分类

当温度低于0℃，含有水分而冻结的各类土称为冻土。我们把冬季土层冻结的厚度叫冻结深度。

土在冻结后，体积比冻前增大的现象称为冻胀。

按季节性冻土地基冻胀量的大小及其对建筑物的危害程度，将地基土的冻胀性分为四类。

Ⅰ类：不冻胀。冻胀率 $K_a \leqslant 1\%$，对敏感的浅基础均无危害。

Ⅱ类：弱冻胀。$1\% < K_a \leqslant 3.5\%$，对浅埋基础的建筑物也无危害，在最不利条件下，可能产生细小的裂缝，但不影响建筑物的安全。

Ⅲ类：冻胀。$3.5\% < K_a \leqslant 6\%$，浅埋基础的建筑物将产生裂缝。

Ⅳ类：强冻胀。$K_a > 6\%$，浅埋基础将产生严重破坏。

1.7.2 地基土的保温防冻

地基土的保温防冻是在冬季来临时土层未冻结之前，采取一定的措施使基础土层免遭冻结或减少冻结的一种方法。在土方冬期开挖中，土的保温防冻法是最经济的方法之一。

1. 保温材料覆盖法

面积较小的基槽（坑）的防冻，可直接用保温材料覆盖，表面加盖一层塑料布。常用保温材料有炉渣、锯末、膨胀珍珠岩、草帘、树叶等。在已开挖的基槽（坑）中，靠近基槽（坑）壁处覆盖的保温材料需加厚，以使土壤不致受冻或冻结轻微（图1-47）。对未开挖的基坑，保温材料铺设宽度为两倍的土层冻结深度与基槽（坑）底宽度之和，如图1-48所示。

用保温材料覆盖土壤保温防冻时，所需的保温层厚度，按下式估算：

$$h = \frac{H}{\beta} \tag{1-42}$$

式中 h ——土壤的保温防冻所需的保温层厚度（mm）；

H——不保温时的土壤冻结深度（mm）；

β——各种材料对土壤冻结影响系数，可按表1-14取值。

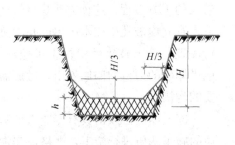

图 1-47 已挖基坑保温法
h—覆盖材料厚度；H—最大冻结深度

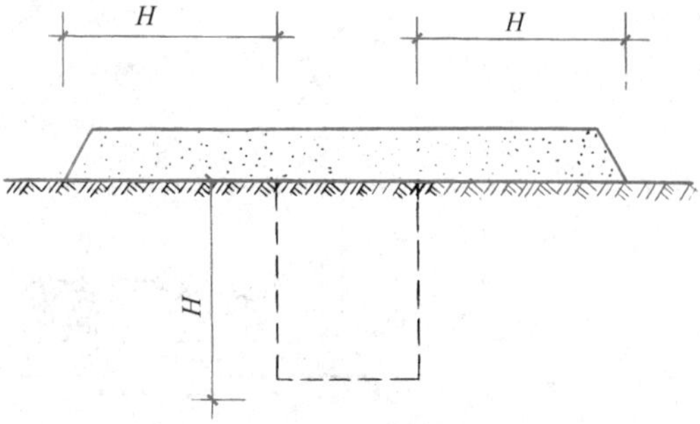

图 1-48 未挖基坑
H—最大冻结深度

各种材料对土壤冻结影响系数 β 表 1-14

保温材料土壤种类	树叶	刨花	锯末	干炉渣	茅草	膨胀珍珠岩	炉渣	芦苇	草帘	泥炭土	松散土	密实土
砂 土	3.3	3.2	2.8	2.0	2.5	3.8	1.6	2.1	2.5	2.8	1.4	1.12
粉 土	3.1	3.1	2.7	1.9	2.4	3.6	1.6	2.04	2.4	2.9	1.3	1.08
砂质黏土	2.7	2.6	2.3	1.6	2.0	3.5	1.3	1.7	2.0	2.31	1.2	1.06
黏 土	2.1	2.1	1.9	1.3	1.6	3.5	1.1	1.4	1.6	1.9	1.2	1.00

注：1. 表中数值适用于地下水位低于1m以下。

2. 当地下水位较高饱和土时，其值可取1。

2. 暖棚保温法

挖好较小的基槽（坑）的保温与防冻可采用暖棚保温法。在已挖好的基槽（坑）上，宜搭好骨架铺上基层，覆盖保温材料。也可搭塑料大棚，在棚内采取供暖措施。

1.7.3 冻土的开挖

冻土的挖掘根据冻土层厚度可采用人工、机械和爆破方法。

1. 人工法开挖

人工开挖冻土适用开挖面积较小和场地狭窄，不具备用其他方法进行土方破碎、开挖的情况。开挖时一般用大铁锤和铁楔子劈开冻土。

2. 机械法开挖

当冻土层厚度为 0.5m 以内时，可用铲运机或挖掘机开挖。

当冻土层厚度为 0.5～1m 以内时，可用松土机（图1-49）破碎冻土层后再由挖掘机开挖。

当冻土层厚度为＞1m时，可用重锤或重球破碎土体。

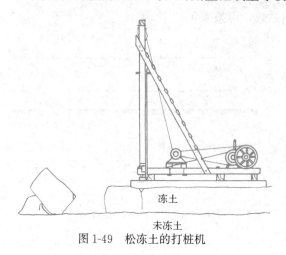

冻土

未冻土

图 1-49　松冻土的打桩机

3. 爆破法开挖

爆破法适用于冻土层较厚，面积较大的土方工程，这种方法是将炸药放入直立爆破孔中或水平爆破孔中进行爆破，冻土破碎后用挖土机挖出，或借爆破的力量向四周崩出，做成需要的沟槽。

冻土爆破必须由具有专业施工资质的施工队伍进行施工，严格遵守雷管、炸药的管理规定和爆破操作规程。距爆破点 50mm 以内应无建筑物，200m 以内应无高压线。当爆破现场附近有居民或精密仪表等设备怕振动时，应提前做好疏散及保护工作。

1.7.4　冬期回填土施工

由于土冻结后即成为坚硬的土块，在回填过程中不易压实，土解冻后就会造成大量的下沉。冻胀土壤的沉降量更大，为了确保冬季冻土回填的施工质量，必须按施工及验收规范中对用冻土回填的规定组织施工。

冬期回填土应尽量选用未受冻的、不冻胀的土壤进行回填施工。填土前，应清除基础上的冰雪和保温材料；填方边坡表层 1m 以内，不得用冻土填筑；填方上层应用未冻的、不冻胀的或透水性好的土料填筑。冬期填方每层铺土厚度应比常温施工时减少20％～25％，预留沉降量应比常温施工时适当增加。对大面积回填土和有路面的路基及其人行道范围的平场填方，用含有冻土块的土料作回填土时，冻土块粒径不得大于150mm，其含量不大于30％；铺填时冻土块应均匀分布、逐层压实。

冬期施工室外平均气温在−5℃以上时，填方高度不受限制；平均气温在−5℃以下时填方高度由设计单位计算确定。用石块和不含冰块的砂土（不包括粉砂）、碎石类土填筑时，填方高度不受限制。

室外的基槽（坑）或管沟可用含有冻土块的土回填，但冻土块体积不得超过填土总体积的 15％，而且冻土块的粒径应小于 150mm；室内地面垫层下回填的土方填料中不得含有冻土块；管沟底至管顶 0.5m 范围内不得用含有冻土块的土回填；回填工作应连续进行，防止基土或已填土层受冻。当采用人工夯实时，每层铺土厚度不得超过200mm，夯实厚度宜为 100～150mm。

1.7.5　土方工程雨期施工

雨期施工时施工现场重点应解决好截水和排水问题。截水是在施工现场的上游设截水沟，阻止场外水流入施工现场。排水是在施工现场内合理规划排水系统，并修建排水沟，使雨水按要求排至场外。水沟的横断面和纵向坡度应按照施工期最大流量确定。一般水沟的横断面不小于 0.5m×0.5m，纵向坡度一般不小于 3‰，平坦地区不小于 2‰。

各工种施工根据施工特点不同，要求也不一样。

大量的土方开挖和回填工程应在雨期来临前完成。如必须在雨期施工的土方开挖工程，其工作面不宜过大，应逐级逐片的分期完成。开挖场地应设一定的排水坡度，场地内不能积水。

基槽（坑）或管沟开挖时，应注意边坡稳定。必要时可适当放缓边坡坡度或设置支撑。施工时要加强对边坡和支撑的检查。对可能被雨水冲塌的边坡，为防止边坡被雨水冲塌，可在边坡上挂钢丝网片，外抹 50mm 厚的细石混凝土，为了防止雨水对基坑漫泡，开挖时要在坑内设排水沟和集水井；当挖到基础标高后，应及时组织验收并浇筑混凝土垫层。

填方工程施工时，取土、运土、铺填、压实等各道工序应连续进行，雨前应及时压完已填土层，将表面压光并做成一定的排水坡度。

对处于地下的水池或地下室工程，要防止水对建筑的浮力大于建筑物自重时造成地下室或水池上浮。基础施工完毕，应抓紧基坑四周的回填工作。停止人工降水时，应验算箱形基础抗浮稳定性和地下水对基础的浮力。抗浮稳定系数不宜小于 1.2，以防止出现基础上浮或者倾斜的重大事故。如抗浮稳定系数不能满足要求时，应继续抽水，直到施工上部结构荷载加上后能满足抗浮稳定系数要求为止。当遇上大雨，水泵不能及时有效地降低积水高度时，应迅速将积水灌回箱形基础之内，以增加基础的抗浮能力。

1.8 土方工程质量标准与安全技术

1.8.1 土方工程施工质量标准

（1）柱基、基坑、基槽和管沟基底的土质，必须符合设计要求，并严禁扰动。

（2）填方的基底处理，必须符合设计要求或施工规范规定。

（3）填方柱基、基坑、基槽、管沟回填的土料必须符合设计要求和施工规范要求。

（4）填方和柱基、基坑、基槽、管沟的回填，必须按规定分层夯压密实。取样测定压实后土的干密度，90％以上符合设计要求，其余 10％的最低值与设计值的差不应大于 0.08g/cm^3，且不应集中。

土的实际干密度可用"环刀法"测定。其取样组数：柱基回填取样不少于柱基总数的 10％，且不少于 5 个；基槽、管沟回填每层按长度 20～50m 取样一组；基坑和室内填土每层按 100～500m^2 取样一组；场地平整填土每层按 400～900m^2 取样一组，取样部位应在每层压实后的下半部。

（5）土方工程的允许偏差和质量检验标准，应符合表 1-15，表 1-16 的规定。

土方开挖工程质量检验标准 表 1-15

项目	序	项 目	允许偏差或允许值（mm）					检 验 方 法
			柱基、基坑、基槽	挖方场地平整		管沟	地（路）面基层	
				人工	机械			
主控项目	1	标高	−50	±30	±50	−50	−50	用水准仪检查
	2	长度、宽度（由设计中心线向两边量）	+200 −50	+300 −100	+500 −150	+100	—	用经纬仪和钢尺量检查
	3	边坡坡度	按设计要求					观察或用坡度尺检查
一般项目	1	表面平整度	20	20	50	20	20	用 2m 靠尺和楔形塞尺检查
	2	基本土性	按设计要求					观察或土样分析

注：地（路）面基层的偏差只适用于直接在挖、填方上做地（路）面的基层。

填土工程质量检验标准 表 1-16

项目	序	检查项目	允许偏差或允许值（mm）					检 验 方 法
			柱基、基坑、基槽	挖方场地平整		管沟	地（路）面基层	
				人工	机械			
主控项目	1	标 高	−50	±30	±50	−50	−50	用水准仪检查
	2	分层压实系数	按设计要求					按规定方法
一般项目	1	表面平整度	20	20	30	20	20	用 2m 靠尺和楔形塞尺检查
	2	回填土料	按设计要求					取样检查或直观鉴别
	3	分层厚度及含水量	按设计要求					用水准仪及抽样检查

1.8.2 土方工程施工安全技术

（1）基坑开挖时，两人操作间距应大于 2.5m，多台机械开挖，挖土机间距应大于 10m。挖土应由上而下，逐层进行，严禁采用挖空底脚（挖"神仙土"）的施工方法。

（2）基坑开挖应严格按要求放坡。操作时应随时注意土壁变动情况，如发现有裂纹或部分坍塌现象，应及时进行支撑或放坡，并注意支撑的稳固和土壁的变化。

（3）基坑（槽）挖土深度超过 3m 以上，使用吊装设备吊土时，起吊后，坑内操作人员应立即离开吊点的垂直下方，起吊设备距坑边一般不得少于 1.5m，坑内人员应戴安全帽。

（4）用手推车运土，应先铺好道路。卸土回填，不得放手让车自动翻转。用翻斗汽车运土，运输道路的坡度、转弯半径应符合有关安全规定。

（5）深基坑上下应先挖好阶梯或设置靠梯，或开斜坡道，采取防滑措施，禁止踩踏支撑上下。坑四周应设安全栏杆或悬挂危险标志。

（6）基坑（槽）设置的支撑应经常检查是否有松动变形等不安全迹象，特别是雨后更应加强检查。

（7）坑（槽）沟边 1m 以内不得堆土、堆料和停放机具，1m 以外堆土，其高度不宜超过 1.5m。坑（槽）、沟与附近建筑物的距离不得小于 1.5m，危险时必须加固。

复习思考题

1. 试述土的组成。
2. 试述土的可松性及其对土方施工的影响。
3. 试述土的基本工程性质、土的工程分类及其对土方施工的影响。
4. 试述基坑及基槽土方量的计算方法。
5. 试述场地平整土方量计算的步骤和方法。
6. 为什么对场地设计标高 H_0 要进行调整？
7. 土方调配应遵循哪些原则？调配区如何划分？
8. 试述土方边坡的表示方法及影响边坡的因素。
9. 分析流砂形成的原因以及防治流砂的途径和方法。
10. 试述人工降低地下水位的方法及其适用范围。
11. 试述轻型井点系统的布置方案和设计步骤。
12. 试述推土机、铲运机的工作特点、适用范围。
13. 试述单斗挖土机的类型、各自的工作特点和适用范围。
14. 正铲、反铲挖土机开挖方式有哪几种？如何选择？
15. 试述选择土方机械的要点。如何确定土方机械和运输工具的数量？
16. 填土压实有哪几种方法？各有什么特点？
17. 影响填土压实的主要因素有哪些？
18. 怎样检查填土压实的质量？
19. 试述土的最佳含水量的概念，土的含水量和控制干密度对填土质量有何影响？

习　题

1-1 某基坑底长 85m，宽 60m，深 8m，四边放坡，边坡坡度 1:0.5。
  （1）试计算土方开挖工程量。
  （2）若混凝土基础和地下室占有体积为 21000m³，则应预留多少回填土（以自然状态土体积计）？
  （3）若多余土方外运，问外运土方（以自然状态的土体积计）为多少？
  （4）如果用斗容量为 3.5m³ 的汽车外运，需运多少车（已知土的最初可松性系数 $K_s=1.14$，最终可松性系数 $K_s'=1.05$）？

1-2 某场地如图 1-50 所示，方格边长为 10m：

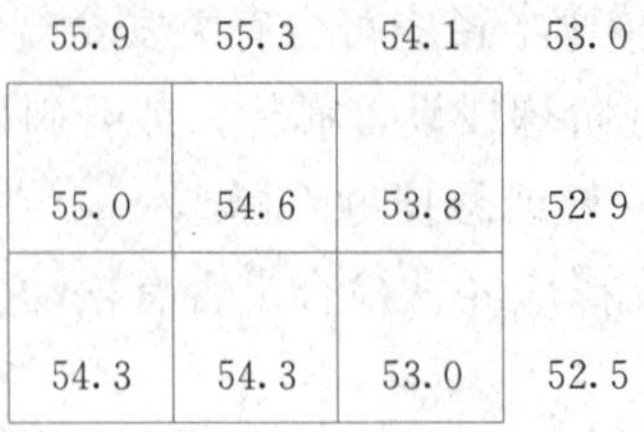

55.9	55.3	54.1	53.0
55.0	54.6	53.8	52.9
54.3	54.3	53.0	52.5

图 1-50　习题 1-2

(1) 试按挖、填平衡原则确定场地平整的计划标高 H_0，然后算出方格角点的施工高度、绘出零线，计算挖方量和填方量（不考虑土的可松性影响）。

(2) 当 $i_x = 2‰$，$i_y = 0$ 时，确定方格角点的计划标高。

(3) 当 $i_x = 2‰$，$i_y = 2.5‰$时，确定方格角点的计划标高。

058　1-3　某建筑基坑底面积为 40m×25m，深 5.5m 基坑，边坡系数为 1：0.5，设天然地面相对标高为 ±0.000，天然地面至−1.000 为粉质黏土，−1.000 至−9.500 为砂砾层，下部为黏土层（可视为不透水层）；地下水为无压水，水位在地面下 1.5m 渗透系数 $K = 25\text{m/d}$。现拟用轻型井点系统降低地下水位，试：

(1) 绘制井点系统的平面布置图和高程布置图。

(2) 计算涌水量、井点管数量和间距（井点管直径为 $\phi 38\text{mm}$）。

教学单元2

地基处理与基础工程施工

【教学目标】 通过本单元学习，使学生掌握地基的加固处理方法、适用范围、施工要点和质量检查方法；掌握浅埋式基础的施工要点；理解桩基础的施工工艺、质量要求，掌握桩基础的质量验收标准及检测方法。能处理软弱地基；能编制常见基础工程施工方案；能进行基础工程施工质量检查。

2.1 地基处理及加固

任何建筑物都必须有可靠的地基和基础。建筑物的全部重量（包括各种荷载）最终将通过基础传给地基，所以，对某些地基的处理及加固就成为基础工程施工中的一项重要内容。在施工过程中如发现地基土质过软或过硬，不符合设计要求时，应本着使建筑物各部位沉降尽量趋于一致，以减小地基不均匀沉降的原则对地基进行处理。

在软弱地基上建造建筑物或构筑物，利用天然地基有时不能满足设计要求，需要对地基进行人工处理，以满足结构对地基的要求，常用的人工地基处理方法有换土地基、重锤夯实、强夯、振冲、砂桩挤密、深层搅拌、堆载预压、化学加固等。

2.1.1 换土地基

当建筑物基础下的持力层比较软弱，不能满足上部荷载对地基的要求时，常采用换土地基来处理软弱地基。这时先将基础下一定范围内承载力低的软土层挖去，然后回填强度较大的砂、碎石或灰土等，并夯至密实。实践证明：换土地基可以有效地处理某些荷载不大的建筑物地基问题，例如：一般的三四层房屋、路堤、油罐和水闸等的地基。换土地基按其回填的材料可分为砂地基、碎（砂）石地基、灰土地基等。

1. 砂地基和砂石地基

砂地基和砂石地基是将基础下一定范围内的土层挖去，然后用强度较大的砂或碎石等回填，并经分层夯实至密实，以起到提高地基承载力、减少沉降、加速软弱土层的排水固结、防止冻胀和消除膨胀土的胀缩等作用。该地基具有施工工艺简单、工期短、造价低等优点。适用于处理透水性强的软弱黏性土地基，但不宜用于湿陷性黄土地基和不透水的黏性土地基，以免聚水而引起地基下沉和降低承载力。

（1）材料要求

砂和砂石地基所用材料，宜采用颗粒级配良好，质地坚硬的中砂、粗砂、砾砂、碎（卵）石、石屑或其他工业废粒料。在缺少中、粗砂和砾砂的地区可采用细砂，但宜同时掺入一定数量的碎（卵）石，其掺入量应符合地基材料含石量不大于50%。所用砂石料，不得含有草根、垃圾等有机杂物，含泥量不应超过5%，兼作排水地基时，含泥量不宜超过3%，碎石或卵石最大粒径应不大于100mm。

（2）施工要点

1）铺筑地基前应验槽，先将基底表面浮土、淤泥等杂物清除干净，边坡必须稳定，防止塌方。基坑（槽）两侧附近如有低于地基的孔洞、沟、井和墓穴等，应在未做换土地基前加以处理。

2）砂和砂石地基底面宜铺设在同一标高上，如深度不同时，施工应按先深后浅的

060

程序进行。土面应挖成踏步或斜坡搭接，搭接处应夯压密实。分层铺筑时，接头应做成斜坡或阶梯形搭接，每层错开 0.5～1.0m，并注意充分捣实。

3）人工级配的砂、石材料，应按级配拌合均匀，再进行铺填捣实。

4）换土地基应分层铺筑，分层夯（压）实，每层的铺筑厚度不宜超过表 2-1 规定数值，分层厚度可用样桩控制。施工时应对下层的密实度检验合格后，方可进行上层施工。

砂和砂石地基每层铺筑厚度及最佳含水量　　　　表 2-1

压实方法	每层铺筑厚度 (mm)	施工时最优含水量(%)	施工说明	备注
平振法	200～250	15～20	用平板式振动器往复振捣	不宜使用干细砂或含泥量较大的砂铺筑的砂地基
插振法	振动器插入深度	饱和	1. 用插入式振动器； 2. 插入点间距可根据机械振幅大小决定； 3. 不应插至下卧黏性土层； 4. 插入振捣完毕后所留的孔洞，应用砂填实	不宜使用细砂或含泥量较大的砂铺筑的砂地基
水撼法	250	饱和	1. 注水高度应超过每次铺筑面层； 2. 用钢叉摇撼捣实，插入点间距 100mm； 3. 钢叉分四齿，齿的间距为 80mm，长 300mm	—
夯实法	150～200	8～12	1. 用木夯或机械夯； 2. 木夯重 40kg，落距 400～500mm； 3. 一夯压半夯，全面夯实	—
碾压法	150～350	8～12	用压路机往复碾压	适用于大面积施工的砂和砂石地基

注：在地下水位以下的地基，其最下层的铺筑厚度可比上表增加 50mm。

5）在地下水位高于基坑（槽）底面施工时，应采取排水或降低地下水位的措施，使基坑（槽）保持无积水状态。如用水撼法或插入振动法施工时，应有控制地注水和排水。

6）冬期施工时，不得采用夹有冰块的砂石作地基，并应采取措施防止砂石内水分冻结。

（3）质量验收标准和方法

1）砂和砂石地基的质量验收标准：砂和砂石地基的质量验收标准应符合表 2-2 的规定。

砂（砂石）地基质量检验标准　　　　表 2-2

项	序	检查项目	允许偏差或允许值		检查方法
			单位	数值	
主控项目	1	地基承载力	设计要求		按规定方法
	2	配合比	设计要求		检查拌合时的体积比或重量比
	3	压实系数	设计要求		现场实测

项	序	检 查 项 目	允许偏差或允许值		检 查 方 法
			单位	数值	
一般项目	1	砂石料有机质含量	%	≤5	焙烧法
	2	砂石料含泥量	%	≤5	水洗法
	3	石料粒径	mm	≤100	筛分法
	4	含水量（与最优含水量比较）	%	±2	烘干法
	5	分层厚度（与设计要求比较）	mm	±50	水准仪

2）砂和砂石地基密实度现场实测方法：砂和砂石地基密实度主要通过现场测定其干密度来鉴定。

2. 灰土地基

灰土地基是将基础底面下一定范围内的软弱土层挖去，用按一定体积配合比的石灰和黏性土拌合均匀，在最优含水量情况下分层回填夯实或压实而成。该地基具有一定的强度、水稳定性和抗渗性，施工工艺简单，取材容易，费用较低。适用于处理 1～4m 厚的软弱土层。

（1）材料要求

灰土的土料宜采用就地挖出的黏性土及塑性指数大于 4 的粉土，但不得含有有机杂质或使用耕植土。使用前土料应过筛，其粒径不得大于 15mm。

用作灰土的熟石灰应过筛，粒径不得大于 5mm，并不得夹有未熟化的生石灰块，也不得含有过多的水分。

灰土的配合比一般为 2∶8 或 3∶7（石灰∶土）。

（2）施工要点

1）施工前应先验槽，清除松土，如发现局部有软弱土层或孔洞，应及时挖除后用灰土分层回填夯实。

2）施工时，应将灰土拌合均匀，颜色一致，并适当控制其含水量。现场检验方法是用手将灰土紧握成团，两指轻捏能碎为宜，如土料水分过多或不足时，应晾干或洒水润湿。灰土拌好后及时铺好夯实，不得隔日夯打。

3）铺灰应分段分层夯筑，每层虚铺厚度应按所用夯实机具参照表 2-3 选用。每层灰土的夯打遍数，应根据设计要求的干密度在现场试验确定。

灰土最大虚铺厚度 表 2-3

夯实机具种类	重量(t)	厚度(mm)	备 注
石夯、木夯	0.04～0.08	200～250	人力送夯，落距 400～500mm，每夯搭接半夯
轻型夯实机械	0.12～0.4	200～250	蛙式打夯机或柴油打夯机
压 路 机	6～10	200～300	双轮

4）灰土分段施工时，不得在墙角、柱基及承重窗间墙下接缝。上下两层灰土的接缝距离不得小于 500mm，接缝处的灰土应注意夯实。

5）在地下水位以下的基坑（槽）内施工时，应采取排水措施。夯实后的灰土，在三天内不得受水浸泡。灰土地基打完后，应及时进行基础施工和回填土，否则要做临时遮盖，防止日晒雨淋。刚打完毕或尚未夯实的灰土，如遭受雨淋浸泡，则应将积水及松软灰土除去并补填夯实，受浸湿的灰土，应在晾干后再夯打密实。

6）冬期施工时，不得采用冻土或夹有冻土的土料，并应采取有效的防冻措施。

（3）质量验收标准和方法

1）灰土地基的质量验收标准：灰土地基的质量验收标准应符合表2-4的规定。

灰土地基质量检验标准　　　　　　　　　　　　表2-4

项目	序	检查项目	允许偏差或允许值		检查方法
			单位	数值	
主控项目	1	地基承载力	设计要求		按规定方法
	2	配合比	设计要求		按拌合时的体积比
	3	压实系数	设计要求		现场实测
一般项目	1	石灰粒径	mm	≤5	筛分法
	2	土料有机质含量	%	≤5	试验室焙烧法
	3	土颗粒粒径	mm	≤15	筛分法
	4	含水量（与要求的最优含水量比较）	%	±2	烘干法
	5	分层厚度偏差（与设计要求比较）	mm	±50	水准仪

2）灰土地基压实系数现场实测方法：

灰土地基的质量检查，宜用环刀取样，测定其干密度。质量标准可按压实系数 λ_c 鉴定，一般为 $0.93 \sim 0.95$。压实系数 λ_c 为土在施工时实际达到的干密度 ρ_d 与室内采用击实试验得到的最大干密度 ρ_{dmax} 之比。

如无设计规定时，也可按表2-5要求执行。

灰土质量标准　　　　　　　　　　　　　　表2-5

土料种类	黏土	粉质黏土	粉土
灰土最小干密度(t/m³)	1.45	1.50	1.55

① 环刀取样法

在捣实后的砂地基中，用容积不小于 $200cm^3$ 的环刀取样，测定其干密度，以不小于通过试验所确定的该砂料在中密状态时的干密度数值为合格。若细砂石地基，可在地基中设置纯砂检查点，在同样施工条件下取样检查。

② 贯入测定法

检查时先将表面的砂刮去30mm左右，用直径为20mm，长1250mm的平头钢筋举离砂层面700mm自由下落，或用水撼法使用的钢叉举离砂层面500mm自由下落。以上钢筋或钢叉的插入深度，可根据砂的控制干密度预先进行小型试验确定。

2.1.2　强夯地基

强夯地基是用起重机械将重锤（一般 $8 \sim 30t$）吊起从高处（一般 6～

30m）自由落下，给地基以冲击力和振动，从而提高地基土的强度并降低其压缩性的一种有效的地基加固方法。该法具有效果好、速度快、节省材料、施工简便，但施工时噪声和振动大等特点。适用于碎石土、砂土、黏性土、湿陷性黄土及填土地基等的加固处理。

1. 机具设备

（1）起重机械

起重机宜选用起重能力为 150kN 以上的履带式起重机，也可采用专用三角起重架或龙门架作起重设备。起重机械的起重能力为：当直接用钢丝绳悬吊夯锤时，应大于夯锤的 3~4 倍；当采用自动脱钩装置，起重能力取大于 1.5 倍锤重。

（2）夯锤

夯锤可用钢材制作，或用钢板为外壳，内部焊接钢筋骨架后浇筑 C30 混凝土制成。夯锤底面有圆形和方形两种，圆形不易旋转，定位方便，稳定性和重合性好，应用较广。锤底面积取决于表层土质，对砂土一般为 $3~4m^2$，黏性土或淤泥质土不宜小于 $6m^2$。夯锤中宜设置若干个上下贯通的气孔，以减少夯击时空气阻力。

（3）脱钩装置

脱钩装置应具有足够强度，且施工灵活。常用的工地自制自动脱钩器由吊环、耳板、销环、吊钩等组成，系由钢板焊接制成。

2. 施工要点

（1）强夯施工前，应进行地基勘察和试夯。通过对试夯前后试验结果对比分析，确定正式施工时的技术参数。

（2）强夯前应平整场地，周围做好排水沟，按夯点布置测量放线确定夯位。地下水位较高时，应在表面铺 0.5~2.0m 中（粗）砂或砂石地基，其目的是在地表形成硬层，可用以支承起重设备，确保机械通行、施工，又可便于强夯产生的孔隙水压力消散。

（3）强夯施工须按试验确定的技术参数进行。一般以各个夯击点的夯击数为施工控制值，也可采用试夯后确定的沉降量控制。夯击时，落锤应保持平稳，夯位准确，如错位或坑底倾斜过大，宜用砂土将坑底整平，才可进行下一次夯击。

（4）每夯击一遍完后，应测量场地平均下沉量，然后用土将夯坑填平，方可进行下一遍夯击。最后一遍的场地平均下沉量，必须符合要求。

（5）强夯施工最好在干旱季节进行，如遇雨天施工，夯击坑内或夯击过的场地有积水时，必须及时排除。冬期施工时，应将冻土击碎。

（6）强夯施工时应对每一夯实点的夯击能量、夯击次数和每次夯沉量等做好详细的现场记录。

3. 强夯地基质量检验标准及方法

强夯地基的质量检验标准应符合表 2-6 的规定。

强夯地基应检查施工记录及各项技术参数，并应在夯击过的场地选点做检验。一般可采用标准贯入、静力触探或轻便触探等方法，符合试验确定的指标时即为合格。

检查点数，每个建筑物的地基不少于 3 处，检测深度和位置按设计要求确定。

强夯地基质量检验标准　　　　　　　　表 2-6

项目	序	检 查 项 目	允许偏差或允许值		检 查 方 法
			单位	数值	
主控项目	1	地基强度	设 计 要 求		现场实测方法
	2	地基承载力	设 计 要 求		按规定方法
一般项目	1	夯锤落距	mm	±300	钢索设标志
	2	锤重	kg	±100	称重
	3	夯击遍数及顺序	设 计 要 求		计数法
	4	夯点间距	mm	±500	用钢尺量
	5	夯击范围(超出基础范围距离)	设 计 要 求		用钢尺量
	6	前后两遍间歇时间	设 计 要 求		

2.1.3　重锤夯实地基

重锤夯实是用起重机械将夯锤提升到一定高度后,利用自由下落时的冲击能来夯实基土表面,使其形成一层较为均匀的硬壳层,从而使地基得到加固。该法具有施工简便、费用较低,但布点较密,夯击遍数多,施工期相对较长,同时夯击能量小,孔隙水难以消散,加固深度有限,当土的含水量稍高,易夯成橡皮土,处理较困难等特点。适用于处理地下水位以上稍湿的黏性土、砂土、湿陷性黄土、杂填土和分层填土地基。但当夯击振动对邻近的建筑物、设备以及施工中的砌筑工程或浇筑混凝土等产生有害影响时,或地下水位高于有效夯实深度以及在有效深度内存在软黏土层时,不宜采用。

1. 机具设备

(1)起重机械

起重机械可采用配置有摩擦式卷扬机的履带式起重机、打桩机、龙门式起重机或悬臂式桅杆起重机等。其起重能力:当采用自动脱钩时,应大于夯锤重量的 1.5 倍;当直接用钢丝绳悬吊夯锤时,应大于夯锤重量的 3 倍。

(2)夯锤

夯锤形状宜采用截头圆锥体,可用 C20 钢筋混凝土制作,其底部可填充废铁并设置钢底板以使重心降低。锤重宜为 1.5~3.0t,底直径 1.0~1.5m,落距一般为 2.5~4.5m,锤底面单位静压力宜为 15~20kPa。吊钩宜采用自制半自动脱钩器,以减少吊索的磨损和机械振动。

2. 施工要点

(1)施工前应在现场进行试夯,选定夯锤重量、底面直径和落距,以便确定最后下沉量及相应的夯击遍数和总下沉量。最后下沉量系指最后二击平均每击土面的夯沉量,对黏性土和湿陷性黄土取 10~20mm;对砂土取 5~10mm。通过试夯可确定夯实遍数,一般试夯约 6~10 遍,施工时可适当增加 1~2 遍。

（2）采用重锤夯实分层填土地基时，每层的虚铺厚度以相当于锤底直径为宜，夯击遍数由试夯确定，试夯层数不宜少于两层。

（3）基坑（槽）的夯实范围应大于基础底面，每边应比设计宽度加宽 0.3m 以上，以便于底面边角夯打密实。基坑（槽）边坡应适当放缓。夯实前坑（槽）底面应高出设计标高，预留土层的厚度可为试夯时的总下沉量再加 50～100mm。

（4）夯实时地基土的含水量应控制在最优含水量范围以内。如土的表层含水量过大，可采用铺撒吸水材料（如干土、碎砖、生石灰等）或换土等措施；如土含水量过低，应适当洒水，加水后待全部渗入土中，一昼夜后方可夯打。

（5）在大面积基坑或条形基槽内夯击时，应按一夯挨一夯顺序进行（图 2-1a）。在一次循环中同一夯位应连夯两遍，下一循环的夯位，应与前一循环错开 1/2 锤底直径，落锤应平稳，夯位应准确。在独立柱基基坑内夯击时，可采用先周边后中间（图 2-1b）或先外后里的跳打法（图 2-1c）进行。基坑（槽）底面的标高不同时，应按先深后浅的顺序逐层夯实。

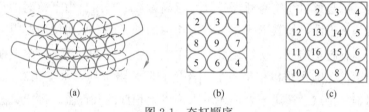

图 2-1 夯打顺序

（6）夯实完后，应将基坑（槽）表面修整至设计标高。冬期施工时，必须保证地基在不冻的状态下进行夯击。否则应将冻土层挖去或将土层融化。若基坑挖好后不能立即夯实，应采取防冻措施。

3. 质量检查

重锤夯实后应检查施工记录，除应符合试夯最后下沉量的规定外，还应检查基坑（槽）表面的总下沉量，以不小于试夯总下沉量的 90% 为合格。也可采用在地基上选点夯击检查最后下沉量。夯击检查点数：独立基础每个不少于 1 处，基槽每 20m 不少于 1 处，整片地基每 50m² 不少于 1 处。检查后如质量不合格，应进行补夯，直至合格为止。

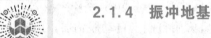

2.1.4 振冲地基

振冲地基，又称振冲桩复合地基，是以起重机吊起振冲器，启动潜水电机带动偏心块，使振冲器产生高频振动，同时开动水泵，通过喷嘴喷射高压水流成孔，然后分批填以砂石骨料形成一根根桩体，桩体与原地基构成复合地基，以提高地基的承载力，减少地基的沉降和沉降差的一种快速、经济有效的加固方法。该法具有技术可靠，机具设备简单，操作技术易于掌握，施工简便，节省三材，加固速度快，地基承载力高等特点。

振冲地基按加固机理和效果的不同，可分为振冲置换法和振冲密实法两类。前者适用于处理不排水、抗剪强度小于20kPa的黏性土、粉土、饱和黄土及人工填土等地基。后者适用于处理砂土和粉土等地基，不加填料的振冲密实法仅适用于处理黏土粒含量小于10%的粗砂、中砂地基。

1. 机具设备

（1）振冲器

宜采用带潜水电机的振冲器，其功率、振动力、振动频率等参数，可按加固的孔径大小、达到的土体密实度选用。

（2）起重机械

起重能力和提升高度均应符合施工和安全要求，起重能力一般为80~150kN。

（3）水泵及供水管道

供水压力宜大于0.5MPa，供水量宜大于20m³/h。

（4）加料设备

可采用翻斗车、手推车或皮带运输机等，其能力须符合施工要求。

（5）控制设备

控制电流操作台，附有150A以上容量的电流表（或自动记录电流计）、500V电压表等。

2. 施工要点

（1）施工前应先在现场进行振冲试验，以确定成孔合适的水压、水量、成孔速度、填料方法、达到土体密实时的密实电流值、填料量和留振时间。

（2）振冲前，应按设计图定出冲孔中心位置并编号。

（3）启动水泵和振冲器，水压可用400~600kPa，水量可用200~400L/min，使振冲器以1~2m/min的速度徐徐沉入土中。每沉入0.5~1.0m，宜留振5~10s进行扩孔，待孔内泥浆溢出时再继续沉入。当下沉达到设计深度时，振冲器应在孔底适当停留并减小射水压力，以便排除泥浆进行清孔。成孔也可采用将振冲器以1~2m/min的速度连续沉至设计深度以上0.3~0.5m时，将振冲器往上提到孔口，再同法沉至孔底。如此往复1~2次，使孔内泥浆变稀，排泥清孔1~2min后，将振冲器提出孔口。

（4）填料和振密方法，振冲成孔后，将振冲器提出孔口，从孔口往下填料，然后再下降振冲器至填料中进行振密（图2-2），待密实电流达到规定的数值，将振冲器提出孔口。如此自下而上反复进行直至孔口，成桩操作即告完成。

（5）振冲桩施工时桩顶部约1m范围内的桩体密实度难以保证，一般应予挖除，另做地基，或用振动碾压使之压实。

（6）冬期施工应将表层冻土破碎后成孔。每班施工完毕后应将供水管和振冲器水管内积水排净，以免冻结影响施工。

3. 振冲地基质量检验标准及方法

（1）振冲地基的质量检验标准：振冲地基的质量检验标准应符合表2-7的规定。

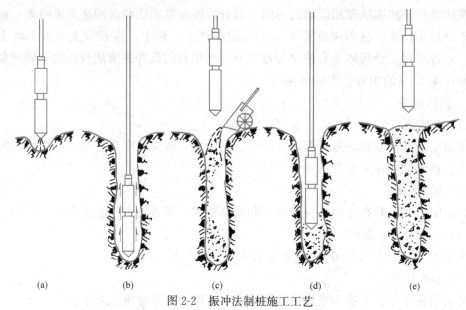

图 2-2　振冲法制桩施工工艺

（a）定位；（b）振冲下沉；（c）加填料；（d）振密；（e）成桩

振冲地基质量检验标准　　　　　　　　　　　　　　　　　表 2-7

项目	序	检 查 项 目	允许偏差或允许值		检 查 方 法
			单 位	数 值	
主控项目	1	填料粒径	设 计 要 求		抽样检查
	2	密实电流（黏性土）	A	50～55	电流表读数
		密实电流（砂性土或粉土）	A	40～50	
		（以上为功率 30kW 振冲器）			
		密实电流（其他类型振冲器）	A	$(1.5\sim2.0)A_0$	电流表读数，A_0 为空振电流
	3	地基承载力	设 计 要 求		按规定方法
一般项目	1	填料含泥量	%	<5	抽样检查
	2	振冲器喷水中心与孔径中心偏差	mm	≤50	用钢尺量
	3	成孔中心与设计孔位中心偏差	mm	≤100	用钢尺量
	4	桩体直径	mm	<50	用钢尺量
	5	孔深	mm	±200	量钻杆或重锤测

（2）振冲地基的质量检验方法

施工前应检查振冲器的性能，电流表、电压表的准确度及填料的性能；施工中应检查密实电流、供水压力、供水量、填料量、孔底留振时间、振冲点位置、振冲器施工参数等（施工参数由振冲试验或设计确定）；施工结束后，应在有代表性的地段做地基强度或地基承载力检验。

2.1.5　地基局部处理及其他加固方法简介

1. 地基局部处理

（1）松土坑的处理

当坑的范围较小（在基槽范围内），可将坑中松软土挖除，使坑底及四壁均见天然土为止，回填与天然土压缩性相近的材料。当天然土为砂土时，用砂或级配砂石回填；当天然土为较密实的黏性土，则用 3∶7 灰土分层回填夯实；如为中密可塑的黏性土或新近沉积黏性土，可用 1∶9 或 2∶8 灰土分层回填夯实，每层厚度不大于 20cm。

当坑的范围较大（超过基槽边沿）或因条件限制，槽壁挖不到天然土层时，则应将该范围内的基槽适当加宽，加宽部分的宽度可按下述条件确定：当用砂土或砂石回填时，基槽每边均应按 1∶1 坡度放宽；当用 1∶9 或 2∶8 灰土回填时，按 0.5∶1 坡度放宽；当用 3∶7 灰土回填时，如坑的长度≤2m，基槽可不放宽，但灰土与槽壁接触处应夯实。

如坑在槽内所占的范围较大（长度在 5m 以上），且坑底土质与一般槽底天然土质相同，可将此部分基础加深，做 1∶2 踏步与两端相接，踏步多少根据坑深而定，但每步高不大于 0.5m，长不小于 1.0m。

对于较深的松土坑（如坑深大于槽宽或大于 1.5m 时），槽底处理后，还应适当考虑加强上部结构的强度，方法是在灰土基础上 1～2 皮砖处（或混凝土基础内）、防潮层下 1～2 皮砖处及首层顶板处；加配 $4\phi8\sim12$mm 钢筋跨过该松土坑两端各 1m，以防产生过大的局部不均匀沉降。

如遇到地下水位较高，坑内无法夯实时，可将坑（槽）中软弱的松土挖去后，再用砂土、碎石或混凝土代替灰土回填。如坑底在地下水位以下时，回填前先用粗砂与碎石（比例为 1∶3）分层回填夯实；地下水位以上用 3∶7 灰土回填夯实至要求高度。

（2）砖井或土井的处理

当砖井或土井在室外，距基础边缘 5m 以内时，应先用素土分层夯实，回填到室外地坪以下 1.5m 处，将井壁四周砖圈拆除或松软部分挖去，然后用素土分层回填并夯实。

如井在室内基础附近，可将水位降低到最低可能的限度，用中、粗砂及块石、卵石或碎砖等回填到地下水位以上 0.5m。砖井应将四周砖圈拆至坑（槽）底以下 1m 或更深些，然后再用素土分层回填并夯实，如井已回填，但不密实或有软土，可用大块石将下面软土挤紧，再分层回填素土夯实。

当井在基础下时，应先用素土分层回填夯实至基础底下 2m 处，将井壁四周松软部分挖去，有砖井圈时，将井圈拆至槽底以下 1～1.5m。当井内有水，应用中、粗砂及块石、卵石或碎砖回填至水位以上 0.5m，然后再按上述方法处理；当井内已填有土，但不密实，且挖除困难时，可在部分拆除后的砖石井圈上加钢筋混凝土盖封口，上面用素土或 2∶8 灰土分层回填、夯实至槽底。

若井在房屋转角处，且基础部分或全部压在井上，除用以上办法回填处理外，还应对基础加强处理。当基础压在井上部分较少，可采用从基础中挑梁的办法解决。当基础压在井上部分较多，用挑梁的方法较困难或不经济时，则可将基础沿墙长方向向外延长出去，使延长部分落在天然土上。落在天然土上基础总面积应等于或稍大于井圈范围内原有基础的面积，并在墙内配筋或用钢筋混凝土梁来加强。

当井已淤填，但不密实时，可用大块石将下面软土挤密，再用上述办法回填处理。如井内不能夯填密实，上部荷载又较大，可在井内设灰土挤密桩或石灰桩处理；如土井在大体积混凝土基础下，可在井圈上加钢筋混凝土盖板封口，上部再用素土或 2∶8 灰土回填密实的办法处理，使基土内附加应力传布范围比较均匀，但要求盖板至基底的高差大于井径。

（3）局部软硬土的处理

当基础下局部遇基岩、旧墙基、大孤石、老灰土、化粪池、大树根、砖窑底等，均应尽可能挖除，以防建筑物由于局部落于较硬物上造成不均匀沉降，而使上部建筑物开裂。

若基础一部分落于基岩或硬土层上，一部分落于软弱土层上，基岩表面坡度较大，则应在软土层上采用现场钻孔灌注桩至基岩；或在软土部位作混凝土或砌块石支承墙（或支墩）至基岩；或将基础以下基岩凿去 0.3～0.5m 深，填以中粗砂或土砂混合物作软性褥垫，使之能调整岩土交界部位地基的相对变形，避免应力集中出现裂缝；或采取加强基础和上部结构的刚度，来克服软硬地基的不均匀变形。

如基础一部分落于原土层上，另一部分落于回填土地基上时，可在填土部位用现场钻孔灌注桩或钻孔爆扩桩直至原土层，使该部位上部荷载直接传至原土层，以避免地基的不均匀沉降。

2. 其他地基加固方法简介

（1）砂桩地基

砂桩地基是采用类似沉管灌注桩的机械和方法，通过冲击和振动，把砂挤入土中而成的。这种方法经济、简单且有效。对于砂土地基，可通过振动或冲击的挤密作用，使地基达到密实，从而增加地基承载力，降低孔隙比，减少建筑物沉降，提高砂基抵抗震动液化的能力。对于黏性土地基，可起到置换和排水砂井的作用，加速土的固结，形成置换桩与固结后软黏土的复合地基，显著地提高地基抗剪强度。这种桩适用于挤密松散砂土、素填土和杂填土等地基。对于饱和软黏土地基，由于其渗透性较小，抗剪强度较低，灵敏度又较大，要使砂桩本身挤密并使地基土密实往往较困难，相反地，却破坏了土的天然结构，使抗剪强度降低，因而对这类工程要慎重对待。

（2）水泥土搅拌桩地基

水泥土搅拌桩地基系是利用水泥、石灰等材料作为固化剂，通过特制的深层搅拌机械，在地基深处就地将软土和固化剂（浆液或粉体）强制搅拌，利用固化剂和软土之间所产生的一系列物理、化学反应，使软土硬结成具有一定强度的优质地基。本法具有无振动、无噪声、无污染、无侧向挤压，对邻近建筑物影响很小，且施工期较短，造价低廉，效益显著等特点。适用于加固较深较厚的淤泥、淤泥质土、粉土和含水量较高且地基承载力不大于 120kPa 的黏性土地基，对超软土效果更为显著。多用于墙下条形基础、大面积堆料厂房地基，在深基开挖时用于防止坑壁及边坡塌滑、坑底隆起等，以及做地下防渗墙等工程上。

（3）预压地基

预压地基是在建筑物施工前，在地基表面分级堆土或其他荷重，使地基土压密、沉降、固结，从而提高地基强度和减少建筑物建成后的沉降量。待达到预定标准后再卸载，建造建筑物。本法具有使用材料、机具方法简单直接，施工操作方便，但堆载预压需要一定的时间，对深厚的饱和软土，排水固结所需的时间很长，同时需要大量堆载材料等特点。适用于各类软弱地基，包括天然沉积土层或人工冲填土层，较广泛用于冷藏库、油罐、机场跑道、集装箱码头、桥台等沉降要求较低的地基。实践证明，利用堆载预压法能取得一定的效果，但能否满足工程要求的实际效果，则取决于地基土层的固结特性、土层的厚度、预压荷载的大小和预压时间的长短等因素。因此在使用上受到一定的限制。

（4）注浆地基

注浆地基是指利用化学溶液或胶结剂，通过压力灌注或搅拌混合等措施，而将土粒胶结起来的地基处理方法。本法具有设备工艺简单、加固效果好、可提高地基强度、消除土的湿陷性、降低压缩性等特点。适用于局部加固新建或已建的建（构）筑物基础、稳定边坡以及防渗帷幕等，也适用于湿陷性黄土地基，对于黏性土、素填土、地下水位以下的黄土地基，经试验有效时也可应用，但长期受酸性污水浸蚀的地基不宜采用。化学加固能否获得预期的效果，主要决定于能否根据具体的土质条件，选择适当的化学浆液（溶液和胶结剂）和采用有效的施工工艺。

总之，用于地基加固处理的方法较多，除上述介绍几种以外，还有高压喷射注浆地基等。

2.2 浅埋式钢筋混凝土基础施工

一般工业与民用建筑在基础设计中多采用天然浅基础，它造价低、施工简便。常用的浅基础类型有条形基础、杯形基础、筏形基础和箱形基础等。

2.2.1 条形基础施工

条形基础包括柱下钢筋混凝土独立基础和墙下钢筋混凝土条形基础，其构造见图 2-3、图 2-4。这种基础的抗弯和抗剪性能良好，可在竖向荷载较大、地基承载力不高以及承受水平力和力矩等荷载情况下使用。因高度不受台阶宽高比的限制，故适宜于

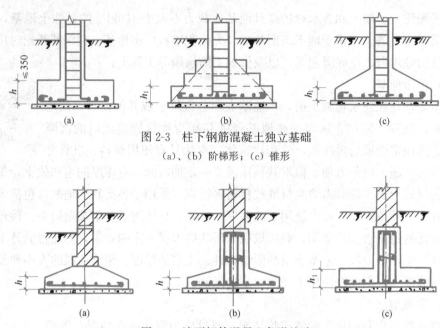

图 2-3　柱下钢筋混凝土独立基础

（a）、（b）阶梯形；（c）锥形

图 2-4　墙下钢筋混凝土条形基础

（a）板式；（b）、（c）梁、板结合式

需要"宽基浅埋"的场合下采用。

条形基础施工要点如下：

（1）基坑（槽）应进行验槽，局部软弱土层应挖去，用灰土或砂砾分层回填夯实至基底相平。基坑（槽）内浮土、积水、淤泥、垃圾、杂物应清除干净。验槽后地基混凝土应立即浇筑，以免地基土被扰动。

（2）垫层达到一定强度后，在其上弹线、支模。铺放钢筋网片时底部用与混凝土保护层同厚度的水泥砂浆垫塞，以保证位置正确。

（3）在浇筑混凝土前，应清除模板上的垃圾、泥土和钢筋上的油污等杂物，模板应浇水加以湿润。

（4）基础混凝土宜分层连续浇筑完成。阶梯形基础的每一台阶高度内应分层浇捣，每浇筑完一台阶应稍停 $0.5 \sim 1.0h$，待其初步获得沉实后，再浇筑上层，以防止下层台阶混凝土溢出，在上台阶根部出现烂脖子，台阶表面应基本抹平。

（5）锥形基础的斜面部分模板应随混凝土浇捣分段支设并顶压紧，以防模板上浮变形，边角处的混凝土应注意捣实。严禁斜面部分不支模，用铁锹拍实。

（6）基础上有插筋时，要加以固定，保证插筋位置的正确，防止浇捣混凝土发生移位。混凝土浇筑完毕，外露表面应覆盖浇水养护。

2.2.2　杯形基础施工

杯形基础常用作钢筋混凝土预制柱基础，基础中预留凹槽（即杯口），然后插入预制柱，临时固定后，即在四周空隙中灌细石混凝土。其形式有一般杯口基础、双杯口基础和高杯口基础等，杯形基础构造见图 2-5。

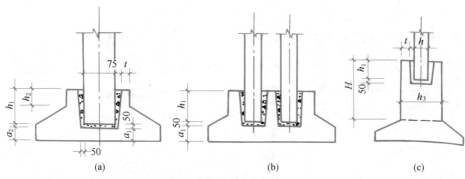

图 2-5　杯形基础形式、构造示意

（a）一般杯口基础；（b）双杯口基础；（c）高杯口基础

H—短柱高度

杯形基础除参照板式基础的施工要点外，还应注意以下几点：

（1）混凝土应按台阶分层浇筑，对高杯口基础的高台阶部分按整段分层浇筑。

（2）杯口模板可做成二半式的定型模板，中间各加一块楔形板，拆模时，先取出楔形板，然后分别将两半杯口模板取出。为便于周转宜做成工具式的，支模时杯口模板要固定牢固并压浆。

（3）浇筑杯口混凝土时，应注意四侧要对称均匀进行，避免将杯口模板挤向一侧。

（4）施工时应先浇筑杯底混凝土并振实，注意在杯底一般有 50mm 厚的细石混凝土找平层，应仔细留出。待杯底混凝土沉实后，再浇筑杯口四周混凝土。基础浇捣完毕，在混凝土初凝后终凝前将杯口模板取出，并将杯口内侧表面混凝土凿毛。

（5）施工高杯口基础时，可采用后安装杯口模板的方法施工，即当混凝土浇捣接近杯底时，再安装固定杯口模板，继续浇筑杯口四周混凝土。

2.2.3　筏形基础施工

筏形基础由钢筋混凝土底板、梁等组成，适用于地基承载力较低而上部结构荷载很大的场合。其外形和构造上像倒置的钢筋混凝土楼盖，整体刚度较大，能有效将各柱子的沉降调整得较为均匀。筏形基础一般可分为梁板式和平板式两类，其构造见图 2-6。

筏形基础施工要点如下：

（1）施工前，如地下水位较高，可采用人工降低地下水位至基坑底不少于 500mm，以保证在无水情况下进行基坑开挖和基础施工。

（2）施工时，可采用先在垫层上绑扎底板、梁的钢筋和柱子锚固插筋，浇筑底板混凝土，待达到 25% 设计强度后，再在底板上支梁模板，继续浇筑完梁部分混凝土；也可采用底板和梁模板一次同时支好，混凝土一次连续浇筑完成，梁侧模板采用支架支承并固定牢固。

（3）混凝土浇筑时一般不留施工缝，必须留设时，应按施工缝要求处理，并应设置

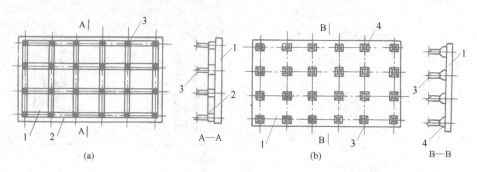

图 2-6　筏形基础

（a）梁板式；（b）平板式

1—底板；2—梁；3—柱；4—支墩

074　止水带。

（4）基础浇筑完毕，表面应覆盖和洒水养护，并防止地基被水浸泡。

2.2.4　箱形基础施工

箱形基础是由钢筋混凝土底板、顶板、外墙以及一定数量的内隔墙构成封闭的箱体（见图 2-7），基础中部可在内隔墙开门洞作地下室。该基础具有整体性好，刚度大，调整不均匀沉降能力及抗震能力强，可消除因地基变形使建筑物开裂的可能性，减少基底处原有地基自重应力，降低总沉降量等特点。适用作软弱地基上的面积较小、平面形状简单、上部结构荷载大且分布不均匀的高层建筑物的基础和对沉降有严格要求的设备基础或特种构筑物基础。

箱形基础施工要点如下：

（1）基坑开挖，如地下水位较高，应采取措施降低地下水位至基坑底以下 500mm 处，并尽量减少对基坑底土的扰动。当采用机械开挖基坑时，在基坑底面以上 200～400mm 厚的土层，应用人工挖除并清理，基坑验槽后，应立即进行基础施工。

（2）施工时，基础底板、内外墙和顶板的支模、钢筋绑扎和混凝土浇筑，可采取分块进行，其施工缝的留设位置和处理应符合钢筋混凝土工程施工及验收规范有关要求，外墙接缝应设止水带。

（3）基础的底板、内外墙和顶板宜连续浇筑完毕。为防止出现温度收缩裂缝，一般应设置贯通后浇带，带宽不宜小于 800mm，在后浇带处钢筋应贯通，顶板浇筑后，相隔 2～4 周，用比设计强度提高一级的细石混凝土将后浇带填灌密实，并加强养护。

（4）基础施工完毕，应立即进行回填土。停止降水时，应验算基础的抗浮稳定性，抗浮稳定系数不宜小于 1.2，如不能满足时，应采取有效措施，譬如继续抽水直至上部结构荷载加上后能满足抗浮稳定系数要求为止，或在基础内采取灌水或加重物等，防止基础上浮或倾斜。

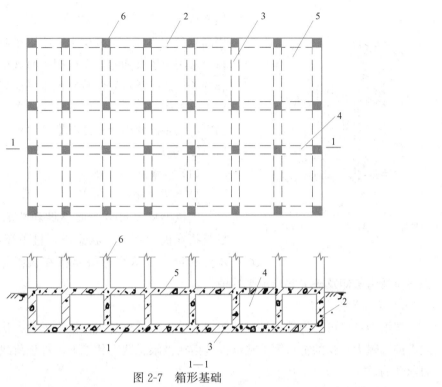

图 2-7　箱形基础

1—底板；2—外墙；3—内墙隔墙；4—内纵隔墙；5—顶板；6—柱

2.3　桩基础工程施工

一般建筑物都应该充分利用地基土层的承载能力，而尽量采用浅基础。但若浅层土质不良，无法满足建筑物对地基变形和强度方面的要求时，可以利用下部坚实土层或岩层作为持力层，这就要采取有效的施工方法建造深基础了。深基础主要有桩基础、墩基础、沉井和地下连续墙等几种类型，其中以桩基最为常用。

2.3.1　桩基的作用和分类

1. 作用

桩基一般由设置于土中的桩和承接上部结构的承台组成（图 2-8）。桩的作用在于将上部建筑物的荷载传递到深处承载力较大的土层上；或使软弱土层挤压，以提高土壤的承载力和密实度，从而保证建筑物的稳定性和减少地基沉降。

绝大多数桩基的桩数不止一根，而将各根桩在上端（桩顶）通过承台联成一体。根据承台与地面的相对位置不同，一般有低承台与高承台桩基之分。前者的承台底面位于

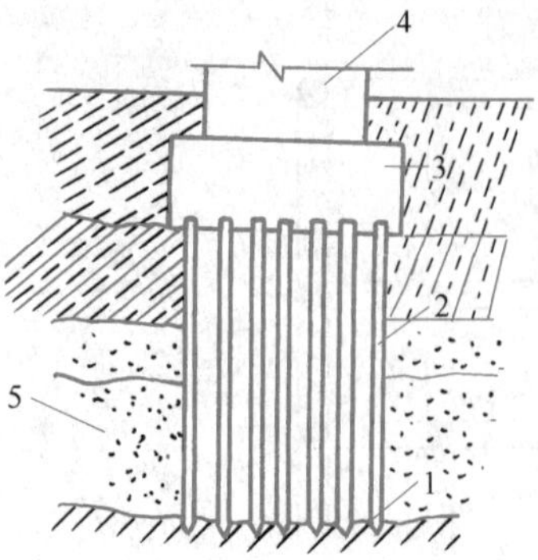

图 2-8 桩基础示意图
1—持力层；2—桩；3—桩基承台；
4—上部建筑物；5—软弱层

地面以下，而后者则高出地面以上。一般说来，采用高承台主要是为了减少水下施工作业和节省基础材料，常用于桥梁和港口工程中。而低承台桩基承受荷载的条件比高承台好，特别在水平荷载作用下，承台周围的土体可以发挥一定的作用。在一般房屋和构筑物中，大多都使用低承台桩基。

2. 分类

（1）按承载性质分

1）摩擦型桩

摩擦型桩又可分为摩擦桩和端承摩擦桩。摩擦桩是指在极限承载力状态下，桩顶荷载由桩侧阻力承受的桩；端承摩擦桩是指在极限承载力状态下，桩顶荷载由桩侧及桩尖共同承受的桩。

2）端承型桩

端承型桩又可分为端承桩和摩擦端承桩。端承桩是指在极限承载力状态下，桩顶荷载由桩端阻力承受的桩；摩擦端承桩是指在极限承载力状态下，桩顶荷载主要由桩端阻力承受的桩。

（2）按桩的使用功能分

竖向抗压桩、竖向抗拔桩、水平受荷载桩、复合受荷载桩。

（3）按桩身材料分

混凝土桩、钢桩、组合材料桩。

（4）按成桩方法分

非挤土桩（如干作业法桩、泥浆护壁法桩、套筒护壁法桩）、部分挤土桩（如部分挤土灌注桩、预钻孔打入式预制桩等）、挤土桩（如挤土灌注桩、挤土预制桩等）。

（5）按桩制作工艺分

预制桩和现场灌注桩，现在使用较多的是现场灌注桩。

2.3.2 静力压桩施工工艺

1. 特点及原理

静力压桩是在软土地基上，利用静力压桩机或液压压桩机用无振动的静压力（自重和配重）将预制桩压入土中的一种沉桩新工艺，在我国沿海软土地基上较为广泛地采用。与锤击沉桩相比，它具有施工无噪声、无振动、节约材料、降低成本、提高施工质量、沉桩速度快等特点。特别适宜于扩建工程和城市内桩基工程施工。其工作原理是：通过安置在压桩机上的卷扬机的牵引，由钢丝绳、滑轮及压梁，将整个桩机的自重力（800～1500kN）反压在桩顶上，以克服桩身下沉时与土的摩擦力，迫使预制桩下沉。

2. 压桩机械设备

压桩机有两种类型：一种是机械静力压桩机（图 2-9）。它由压桩架（桩架与底盘）、传动设备（卷扬机、滑轮组、钢丝绳）、平衡设备（铁块）、量测装置（测力计、油压表）及辅助设备（起重设备、送桩）等组成；另一种是液压静力压桩机（图 2-10）。它由液压吊装机构、液压夹持、压桩机构（千斤顶）、行走及回转机构、液压及配电系统、配重铁等部分组成，该机具有体积轻巧，使用方便等特点。

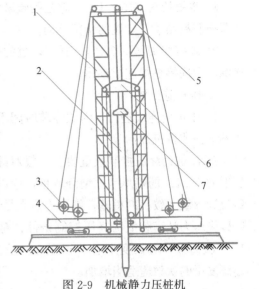

图 2-9　机械静力压桩机

1—桩架；2—桩；3—卷扬机；4—底盘；

5—顶梁；6—压梁；7—桩帽

3. 压桩工艺方法

（1）施工程序

静力压桩的施工程序为：测量定位→桩机就位→吊桩插桩→桩身对中调直→静压沉桩→接桩→再静压沉桩→终止压桩→切割桩头。

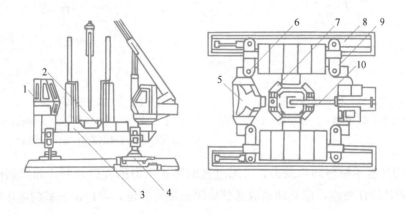

图 2-10　液压静力压桩机

1—操作室；2—夹持与压桩机构；3—配重铁块；4—短船及回转机构；5—电控系统；

6—液压系统；7—导向架；8—长船行走机构；9—支腿式底盘结构；10—液压起重机

（2）压桩方法

用起重机将预制桩吊运或用汽车运至桩机附近，再利用桩机自身设置的起重机将其吊入夹持器中，夹持油缸将桩从侧面夹紧，压桩油缸作伸程动作，把桩压入土层中。伸长完后，夹持油缸回程松夹，压桩油缸回程，重复上述动作，可实现连续压桩操作，直至把桩压入预定深度土层中。

（3）桩拼接的方法

钢筋混凝土预制长桩在起吊、运输时受力极为不利，因而一般先将长桩分段预制，后再在沉桩过程中接长。常用的接头连接方法有以下两种：

1）浆锚接头（图2-11）。它是用硫磺水泥或环氧树脂配制成的粘结剂，把上段桩的预留插筋粘结于下段桩的预留孔内。

2）焊接接头（图2-12）。在每段桩的端部预埋角钢或钢板，施工时于上下段桩身相接触，用扁钢贴焊连成整体。

4.压桩施工要点

1）压桩应连续进行，因故停歇时间不宜过长，否则压桩力将大幅度增长而导致桩压不下去或桩机被抬起。

2）压桩的终压控制很重要。一般对纯摩擦桩，终压时以设计桩长为控制条件；对长度大于21m的端承摩擦型静压桩，应以设计桩长控制为主，终压力值作对照；对一些设计承载力较高的桩基，终压力值宜尽量接近压桩机满载值；对长14～21m静压桩，应以终压力达满载值为终压控制条件；对桩周土质较差且设计承载力较高的，宜复压1～2次为佳，对长度小于14m的桩，宜连续多次复压，特别对长度小于8m的短桩，连续复压的次数应适当增加。

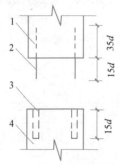

图2-11　桩拼接的浆锚接头
1—上节桩；2—锚筋；3—锚筋孔；4—下节桩

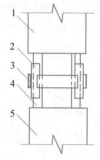

图2-12　桩拼接的焊接接头
1—上节桩；2—连接角钢；3—拼接板；
4—与主筋连接的角钢；5—下节桩

3）静力压桩单桩竖向承载力，可通过桩的终止压力值大致判断。如判断的终止压力值不能满足设计要求，应立即采取送桩加深处理或补桩，以保证桩基的施工质量。

2.3.3　现浇混凝土桩施工工艺

现浇混凝土桩（亦称灌注桩）是一种直接在现场桩位上使用机械或人工等方法成孔，然后在孔内安装钢筋笼，浇筑混凝土而成的桩。按其成孔方法不同，可分为钻孔灌注桩、沉管灌注桩、人工挖孔灌注桩等。

1.钻孔灌注桩施工

钻孔灌注桩是指利用钻孔机械钻出桩孔，并在孔中浇筑混凝土（或先在孔中吊放钢筋笼）而成的桩。根据钻孔机械的钻头是否在土壤的含水层中施工，又分为泥浆护壁成孔和干作业成孔两种施工方法。

（1）泥浆护壁成孔灌注桩施工

泥浆护壁成孔灌注桩适用于地下水位较高的地质条件。按设备又分冲抓、冲击回转钻及潜水钻成孔法。前两种适用于碎石土、砂土、黏性土及风化岩地基，后一种则适用于黏性土、淤泥、淤泥质土及砂土。

1）施工设备

主要有冲击、冲抓、回转钻及潜水钻机。在此主要介绍潜水钻机。

潜水钻机由防水电机、减速机构和钻头等组成。电机和减速机构装设在具有绝缘和密封装置的电钻外壳内，且与钻头紧密连接在一起，因而能共同潜入水下作业。目前使用的潜水钻机（QSZ-800型），钻孔直径400～800mm，最大钻孔深度50m。潜水钻机既适用于水下钻孔，也可用于地下水位较低的干土层中钻孔。

2）施工方法

钻机钻孔前，应做好场地平整，挖设排水沟，设泥浆池制备泥浆，做试桩成孔，设置桩基轴线定位点和水准点，放线定桩位及其复核等施工准备工作。钻孔时，先安装桩架及水泵设备，桩位处挖土埋设孔口护筒，以起定位、保护孔口、存贮泥浆等作用，桩架就位后，钻机进行钻孔。钻孔时应在孔中注入泥浆，并始终保持泥浆液面高于地下水位1.0m以上，以起护壁、携渣、润滑钻头、降低钻头发热、减少钻进阻力等作用。如在黏土、亚黏土层中钻孔时，可注入清水以原土造浆护壁、排渣。钻孔进尺速度应根据土层类别、孔径大小、钻孔深度和供水量确定。对于淤泥和淤泥质土不宜大于1m/min，其他土层以钻机不超负荷为准，风化岩或其他硬土层以钻机不产生跳动为准。

钻孔深度达到设计要求后，必须进行清孔。对以原土造浆的钻孔，可使钻机空转不进尺，同时注入清水，等孔底残余的泥块已磨浆，排出泥浆密度降至1.1左右（以手触泥浆无颗粒感觉），即可认为清孔已合格。对注入制备泥浆的钻孔，可采用换浆法清孔，至换出泥浆密度小于1.15～1.25为合格。

清孔完毕后，应立即吊放钢筋笼和浇筑水下混凝土。钢筋笼埋设前应在其上设置定位钢筋环，混凝土垫块或于孔中对称设置3～4根导向钢筋，以确保保护层厚度。水下浇筑混凝土通常采用导管法施工。

3）质量要求

① 护筒中心要求与桩中心偏差不大于50mm，其埋深在黏土中不小于1m，在砂土中不小于1.5m。

② 泥浆密度在黏土和亚黏土中应控制在1.1～1.2，在较厚夹砂层应控制在1.1～1.3，在穿过砂夹卵石层或易于坍孔的土层中，泥浆密度应控制在1.3～1.5。

③ 孔底沉渣，必须设法清除，要求端承桩沉渣厚度不得大于50mm，摩擦桩沉渣厚度不得大于150mm。

④ 水下浇筑混凝土应连续施工，孔内泥浆用潜水泵回收到贮浆槽里沉淀，导管应始终埋入混凝土中0.8～1.3m。

（2）干作业成孔灌注桩施工

干作业成孔灌注桩适用于地下水位以上的干土层中桩基的成孔施工。

1）施工设备

主要有螺旋钻机、旋挖钻机、机动或人工洛阳铲等。在此主要介绍螺旋钻机。

常用的螺旋钻机有履带式和步履式两种。前者一般由履带车、支架、导杆、鹅头架滑轮、电动机头、螺旋钻杆及出土筒组成（图 2-13），后者的行走度盘为步履式，在施工时用步履进行移动。步履式机下装有活动轮子，施工完毕后装上轮子由机动车牵引到另一工地（图 2-14）。

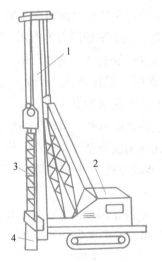

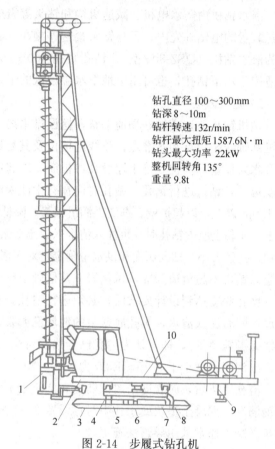

钻孔直径 100～300mm
钻深 8～10m
钻杆转速 132r/min
钻杆最大扭矩 1587.6N·m
钻头最大功率 22kW
整机回转角 135°
重量 9.8t

图 2-13 履带式钻孔机示意

1—导杆；2—履带车；

3—钻杆；4—出土筒

图 2-14 步履式钻孔机

1—出土筒；2—上盘；3—下盘；4—回转滚轮；5—行走滚轮；

6—钢丝滑轮；7—行走油缸；8—中盘；9—支腿；10—回转中心轴

2）施工方法

钻机钻孔前，应做好现场准备工作。钻孔场地必须平整、碾压或夯实，雨季施工时需要加白灰碾压以保证钻孔行车安全。钻机按桩位就位时，钻杆要垂直对准桩位中心，放下钻机使钻头触及土面。钻孔时，开动转轴旋动钻杆钻进，先慢后快，避免钻杆摇晃，并随时检查钻孔偏移，有问题应及时纠正。施工中应注意钻头在穿过软硬土层交界处时，应保持钻杆垂直，缓慢进尺。在含砖头、瓦块的杂填土或含水量较大的软塑黏性土层中钻进时，应尽量减小钻杆晃动，以免扩大孔径及增加孔底虚土。当出现钻杆跳动、机架摇晃、钻不进等异常现象，应立即停钻检查。钻进过程中应随时清理孔口积土，遇到地下水、缩孔、坍孔等异常现象，应会同有关单位研究处理。

钻孔至要求深度后，可用钻机在原处空转清土，然后停止回转，提升钻杆卸土。如孔底虚土超过容许厚度，可用辅助掏土工具或二次投钻清底。清孔完毕后应用盖板盖好孔口。

桩孔钻成并清孔后，先吊放钢筋笼，后浇筑混凝土。为防止孔壁坍塌，避免雨水冲刷，成孔经检查合格后，应及时浇筑混凝土。若土层较好，没有雨水冲刷，从成孔至混凝土浇筑的时间间隔，也不得超过24h。灌注桩的混凝土强度等级不得低于C15，坍落度一般采用80~100mm；混凝土应连续浇筑，分层捣实，每层的高度不得大于1.50m；当混凝土浇筑到桩顶时，应适当超过桩顶标高，以保证在凿除浮浆层后，使桩顶标高和质量能符合设计要求。

3）质量要求

① 垂直度容许偏差1%。

② 孔底虚土容许厚度不大于100mm。

③ 桩位允许偏差：单桩、条形桩基沿垂直轴线方向和群桩基础边沿的偏差是1/6桩径；条形桩基沿顺轴方向和群桩基础中间桩的偏差为1/4桩径。

（3）施工中常遇问题及处理

1）孔壁坍塌

钻孔过程中，如发现排出的泥浆中不断出现气泡，或泥浆突然漏失，这表示有孔壁坍塌现象。孔壁坍塌的主要原因是土质松散，泥浆护壁不好，护筒周围未用黏土紧密填封以及护筒内水位不高。钻进时如出现孔壁坍塌，首先应保持孔内水位并加大泥浆比重以稳定钻孔的护壁。如坍塌严重，应立即回填黏土，待孔壁稳定后再钻。

2）钻孔偏斜

钻杆不垂直，钻头导向部分压短、导向性差，土质软硬不一，或者遇上孤石等，都会引起钻孔偏斜。防止措施有：除钻头加工精确，钻杆安装垂直外，操作时还要注意经常观察。钻孔偏斜时，可提起钻头，上下反复扫钻几次，以便削去硬土，如纠正无效，应于孔中部回填黏土至偏孔处0.5m以上重新钻进。

3）孔底虚土

干作业施工中，由于钻孔机械结构所限，孔底常残存一些虚土，它来自扰动残存土，孔壁坍落土以及孔口落土。施工时，孔底虚土较规范大时必须清除，因虚土影响承载力。目前常用的治理虚土的方法是用20kg重铁饼人工辅助夯实，但效果不理想。新近研制出的一套孔底夯实机具经实践证明有较好的夯实效果。

4）断桩

水下灌注混凝土桩的质量除混凝土本身质量外，是否断桩是鉴定其质量的关键。预防时要注意三方面问题：一是力争首批混凝土浇灌一次成功；二是分析地质情况，研究解决对策；三是要严格控制现场混凝土配合比。

2. 沉管灌注桩施工

沉管灌注桩是指利用锤击打桩法或振动打桩法，将带有活瓣式桩靴或预制钢筋混凝土桩尖的钢管沉入土中，然后边浇筑混凝土（或先在管内放入钢筋笼）边锤击或振动拔管而成。前者称为锤击沉管灌注桩，后者称为振动沉管灌注桩。下面介绍振动沉管灌注桩施工。

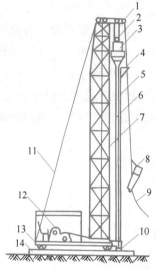

图 2-15　振动沉管灌注桩桩机

1—导向滑轮；2—滑轮组；3—激振器；
4—混凝土漏斗；5—桩管；6—加压钢丝绳；
7—桩架；8—混凝土吊斗；9—回绳；
10—桩尖；11—缆风绳；12—卷扬机；
13—钢管；14—枕木

（1）振动沉管灌注桩施工

振动沉管灌注桩是采用激振器或振动冲击锤将钢套管沉入土中成孔而成的灌注桩，其沉管原理与振动沉桩完全相同。

1）施工设备

振动沉管机械设备如图 2-15 所示。

2）施工方法

施工时，先安装好桩机，将桩管下端活瓣合起来，对准桩位，徐徐放下桩管，压入土中，勿使偏斜，即可开动激振器沉管。当桩管下沉到设计要求的深度后，便停止振动，立即利用吊斗向管内灌满混凝土，并再次开动激振器，进行边振动边拔管，同时在拔管过程中继续向管内浇筑混凝土。如此反复进行，直至桩管全部拔出地面后即形成混凝土桩身。

振动灌注桩可采用单振法、反插法或复振法施工。

① 单振法。在沉入土中的桩管内灌满混凝土，开动激振器 5～10s，开始拔管，边振边拔。每拔 0.5～1.0m，停拔振动 5～10s，如此反复，直到桩管全部拔出。在一般土层内拔管速度宜为 1.2～1.5m/min，在较软弱土层中，不得大于 0.8～1.0m/min。单振法施工速度快，混凝土用量少，但桩的承载力低，适用于含水量较少的土层。

② 反插法。在桩管内灌满混凝土后，先振动再开始拔管。每次拔管高度 0.5～1.0m，向下反插深度 0.3～0.5m。如此反复进行并始终保持振动，直至桩管全部拔出地面。反插法能扩大桩的截面，从而提高了桩的承载力，但混凝土耗用量较大，一般适用于饱和软土层。

③ 复振法。施工方法及要求与锤击沉管灌注桩的复打法相同。

3）质量要求

① 振动沉管灌注桩的混凝土强度等级不宜低于 C15；混凝土坍落度，在有筋时宜为 80～100mm，无筋时宜为 60～80mm；骨料粒径不得大于 30mm。

② 在拔管过程中，桩管内应随时保持有不少于 2m 高度的混凝土，以便有足够的压力，防止混凝土在管内的阻塞。

③ 振动沉管灌注桩的中心距不宜小于 4 倍桩管外径，否则应采取跳打。相邻的桩施工时，其间隔时间不得超过混凝土的初凝时间。

④ 为保证桩的承载力要求，必须严格控制最后两个两分钟的沉管贯入度，其值按设计要求或根据试桩和当地长期的施工经验确定。

⑤ 桩位允许偏差：群桩不大于 0.5d（d 为桩管外径），对于两个桩组成的基础，在两个桩的连线方向上偏差不大于 0.5d，垂直此线的方向上则不大于 1/6d；墙基由单桩支承的，平行墙的方向偏差不大于 0.5d，垂直墙的方向不大于 1/6d。

（2）施工中常遇问题及处理

1）断桩

断桩一般都发生在地面以下软硬土层的交接处，并多数发生在黏性土中，砂土及松土中则很少出现。产生断桩的主要原因是桩距过小，受邻桩施打时挤压的影响；桩身混凝土终凝不久就受到振动和外力；以及软硬土层间传递水平力大小不同，对桩产生剪应力等。处理方法是经检查有断桩后，应将断桩段拔去，略增大桩的截面面积或加箍筋后，再重新浇筑混凝土。或者在施工过程中采取预防措施，如施工中控制桩中心距不小于 3.5 倍桩径，采用跳打法或控制时间间隔的方法，使邻桩混凝土达设计强度等级的 50％后，再施打中间桩等。

2）瓶颈桩

瓶颈桩是指桩的某处直径缩小形似"瓶颈"，其截面面积不符合设计要求。多数发生在黏性土、土质软弱、含水率高，特别是饱和的淤泥或淤泥质软土层中。产生瓶颈桩的主要原因是：在含水率较大的软弱土层中沉管时，土受挤压便产生很高的孔隙水压，拔管后便挤向新灌的混凝土，造成缩颈。拔管速度过快，混凝土量少、和易性差，混凝土出管扩散性差也造成缩颈现象。处理方法是：施工中应保持管内混凝土略高于地面，使之有足够的扩散压力，拔管时采用复打或反插办法，并严格控制拔管速度。

3）吊脚桩

吊脚桩是指桩的底部混凝土隔空或混进泥砂而形成松散层部分的桩。其产生的主要原因是：预制钢筋混凝土桩尖承载力或钢活瓣桩尖刚度不够，沉管时被破坏或变形，因而水或泥砂进入桩管；拔管时桩靴未脱出或活瓣未张开，混凝土未及时从管内流出等。处理方法是：应拔出桩管，填砂后重打；或者可采取密振动慢拔，开始拔管时先反插几次再正常拔管等预防措施。

4）桩尖进水进泥

桩尖进水进泥常发生在地下水位高或含水量大的淤泥和粉泥土土层中。产生的主要原因是：钢筋混凝土桩尖与桩管接合处或钢活瓣桩尖闭合不紧密；钢筋混凝土桩尖被打破或钢活瓣桩尖变形等所致。处理方法是：将桩管拔出，清除管内泥砂，修整桩尖钢活瓣变形缝隙，用黄砂回填桩孔后再重打；若地下水位较高，待沉管至地下水位时，先在桩管内灌入 0.5m 厚度的水泥砂浆作封底，再灌 1m 高度混凝土增压，然后再继续下沉桩管。

3. 人工挖孔灌注桩施工

人工挖孔灌注桩是指桩孔采用人工挖掘方法进行成孔，然后安放钢筋笼，浇筑混凝土而成的桩。其施工特点是设备简单；无噪声、无振动、不污染环境，对施工现场周围原有建筑物的影响小；施工速度快，可按施工进度要求决定同时开挖桩孔的数量，必要时，各桩孔可同时施工；土层情况明确，可直接观察到地质变化，桩底沉渣能清除干净，施工质量可靠。尤其当高层建筑选用大直径的灌注桩，而其施工现场又在狭窄的市区时，采用人工挖孔比机械挖孔具有更大的适应性。但其缺点是人工耗量大，开挖效率低，安全操作条件差等。

（1）施工设备

一般可根据孔径、孔深和现场具体情况加以选用，常用的有：电动葫芦、提土桶、潜水泵、鼓风机和输风管、镐、锹、土筐、照明灯、对讲机及电铃等。

（2）施工工艺

施工时，为确保挖土成孔施工安全，必须考虑预防孔壁坍塌和流砂现象发生的措施。因此，施工前应根据水文地质资料，拟订出合理的护壁措施和降排水方案，护壁方法很多，可以采用现浇混凝土护壁、喷射混凝土护壁、混凝土沉井护壁、砖砌体护壁、钢套管护壁、型钢-木板桩工具式护壁等多种。下面介绍应用较广的现浇混凝土护壁时人工挖孔桩的施工工艺流程。

1）按设计图纸放线、定桩位。

2）开挖桩孔土方。采取分段开挖，每段高度取决于土壁保持直立状态而不塌方的能力，一般取 0.5～1.0m 为一施工段。开挖范围为设计桩径加护壁的厚度。

3）支设护壁模板。模板高度取决于开挖土方施工段的高度，一般为 1m，由 4 块至 8 块活动钢模板组合而成，支成有锥度的内模。

4）放置操作平台。内模支设后，吊放用角钢和钢板制成的两半圆形合成的操作平台入桩孔内，置于内模顶部，以放置料具和浇筑混凝土操作之用。

5）浇筑护壁混凝土。护壁混凝土起着防止土壁塌陷与防水的双重作用，因而浇筑时要注意捣实。上下段护壁要错位搭接 50～75mm（咬口连接）以便起连接上下段之用。

6）拆除模板继续下段施工。当护壁混凝土强度达到 1MPa（常温下约经 24h）后，方可拆除模板，开挖下段的土方，再支模浇筑护壁混凝土，如此循环，直至挖到设计要求的深度。

7）排出孔底积水，浇筑桩身混凝土。当桩孔挖到设计深度，并检查孔底土质是否已达到设计要求后，再在孔底挖成扩大头。待桩孔全部成型后，用潜水泵抽出孔底的积水，然后立即浇筑混凝土。当混凝土浇筑至钢筋笼的底面设计标高时，再吊入钢筋笼就位，并继续浇筑桩身混凝土而形成桩基。

（3）质量要求

1）必须保证桩孔的挖掘质量。桩孔挖成后应有专人下孔检验，如土质是否符合勘察报告，扩孔几何尺寸与设计是否相符，孔底虚土残渣情况要作为隐蔽验收记录归档。

2）按规程规定桩孔中心线的平面位置偏差不大于 20mm，桩的垂直度偏差不大于 1%桩长，桩径不得小于设计直径。

3）钢筋骨架要保证不变形，箍筋与主筋要点焊，钢筋笼吊入孔内后，要保证其与孔壁间有足够的保护层。

4）混凝土坍落度宜在 100mm 左右，用浇灌漏斗桶直落，避免离析，必须振捣密实。

（4）安全措施

人工挖孔桩的施工安全应予以特别重视。工人在桩孔内作业，应严格按安全操作规程施工，并有切实可靠的安全措施。孔下操作人员必须戴安全帽；孔下有人时孔口必须有监护人员；护壁要高出地面 150～200mm，以防杂物滚入孔内；孔内必须设置应急软爬梯；供人员上下井，使用的电葫芦、吊笼等应安全可靠并配有自动卡紧保险装置，不得使用麻绳和尼龙绳吊挂或脚踏井壁凸缘上下。使用前必须检验其安全起吊能力；每日开工前必须检测井下的有毒有害气体，并应有足够的安全防护措施。桩孔开挖深度超过10m 时，应有专门向井下送风的设备。

孔口四周必须设备护栏。挖出的土石方应及时运离孔口，不得堆放在孔口四周 1m 范围内，机动车辆的通行不得对井壁的安全造成影响。

施工现场的一切电源、电路的安装和拆除必须由持证电工操作；电器必须严格接地、接零和使用漏电保护器。各孔用电必须分闸，严禁一闸多用。孔上电缆必须架空2.0m 以上，严禁拖地和埋压土中，孔内电缆、电线必须有防磨损、防潮、防断等保护措施。照明应采用安全矿灯或 12V 以下的安全灯。

2.3.4　桩基础的检测与验收

1. 桩基的检测

成桩的质量检验有两种基本方法：一种是静载试验法（或称破损试验）；另一种是动测法（或称无破损试验）。

（1）静载试验法

1）试验目的

静载试验的目的，是采用接近于桩的实际工作条件，通过静载加压，确定单桩的极限承载力，作为设计依据，或对工程桩的承载力进行抽样检验和评价。

2）试验方法

静载试验是根据模拟实际荷载情况，通过静载加压，得出一系列关系曲线，综合评定确定其容许承载力的一种试验方法。它能较好地反映单桩的实际承载力。荷载试验有多种，通常采用的是单桩竖向抗压静载试验、单桩竖向抗拔静载试验和单桩水平静载试验。

3）试验要求

预制桩在桩身强度达到设计要求的前提下，对于砂类土，不应少于 10d；对于粉土和黏性土，不应少于 15d；对于淤泥或淤泥质土，不应少于 25d，待桩身与土体的结合基本趋于稳定，才能进行试验。就地灌注桩和爆扩桩应在桩身混凝土强度达到设计等级的前提下，对砂类土不少于 10d；对一般黏性土不少于 20d；对淤泥或淤泥质土不少于30d，才能进行试验。对于地基基础设计等级为甲级或地质条件复杂，成桩质量可靠性低的灌注桩，应采用静载荷试验的方法进行检验，检验桩数不应少于总数的 1%，且不应少于 3 根；当总桩数少于 50 根时，不应少于 2 根，其桩身质量检验时，抽检数量不应少于总数的 30%，且不应少于 20 根；其他桩基工程的抽检数量不应少于总数的 20%，且不应少于 10 根；对混凝土预制桩及地下水位以上且终孔后经过核验的灌注桩，检验数量不应少于总桩数的 10%，且不得少于 10 根。每根柱子承台下不得少于 1 根。

（2）动测法

1）特点

动测法，又称动力无损检测法，是检测桩基承载力及桩身质量的一项新技术，作为静载试验的补充。

一般静载试验装置较复杂笨重，装、卸操作费工费时，成本高，测试数量有限，并且易破坏桩基。而动测法的试验仪器轻便灵活，检测快速，单桩试验时间，仅为静载试验的 1/50 左右，可大大缩短试验时间，数量多，不破坏桩基，相对也较准确，可进行普查，费用低，单桩测试费约为静载试验的 1/30 左右，可节省静载试验锚桩、堆载、设备运输、吊装焊接等大量人力、物力。

2）试验方法

动测法是相对静载试验法而言，它是对桩土体系进行适当的简化处理，建立起数学-力学模型，借助于现代电子技术与量测设备采集桩-土体系在给定的动荷载作用下所产生的振动参数，结合实际桩土条件进行计算，所得结果与相应的静载试验结果进行对比，在积累一定数量的动静试验对比结果的基础上，找出两者之间的某种相关关系，并以此作为标准来确定桩基承载力。单桩承载力的动测方法种类较多，国内有代表性的方法有：动力参数法、锤击贯入法、水电效应法、共振法、机械阻抗法、波动方程法等。

3）桩身质量检验

在桩基动态无损检测中，国内外广泛使用的方法是应力波反射法，又称低（小）应变法。其原理是根据一维杆件弹性反射理论（波动理论）采用锤击振动力法检测桩体的完整性，即以波在不同阻抗和不同约束条件下的传播特性来判别桩身质量。

2. 桩基验收

（1）桩基验收规定

1）当桩顶设计标高与施工场地标高相同时，或桩基施工结束后，有可能对桩位进行检查时，桩基工程的验收应在施工结束后进行。

2）当桩顶设计标高低于施工场地标高，送桩后无法对桩位进行检查时，对打入桩可在每根桩桩顶沉至场地标高时，进行中间验收，待全部桩施工结束，承台或底板开挖到设计标高后，再做最终验收；对灌注桩可对护筒位置做中间验收。

（2）桩基验收资料

1）工程地质勘察报告、桩基施工图、图纸会审纪要、设计变更及材料代用通知单等。

2）经审定的施工组织设计、施工方案及执行中的变更情况。

3）桩位测量放线图，包括工程桩位复核签证单。

4）制作桩的材料试验记录，成桩质量检查报告。

5）单桩承载力检测报告。

6）基坑挖至设计标高的基桩竣工平面图及桩顶标高图。

（3）桩基允许偏差

1）预制桩

打（压）入桩（预制混凝土方桩、先张法预应力管桩、钢桩）的桩位偏差，必须符合表 2-8 的规定。斜桩倾斜度的偏差不得大于倾斜角正切值的 15%（倾斜角系桩的纵向中心线与铅垂线间夹角）。

2）灌注桩

灌注桩的桩位偏差必须符合表 2-9 的规定，桩顶标高至少要比设计标高高出 0.5m，桩底清孔质量按不同的成桩工艺有不同的要求，应按规范要求执行。每浇筑 $50m^3$ 必须有一组试件，小于 $50m^3$ 的桩，每根桩必须有一组试件。

预制桩（钢桩）桩位的允许偏差　　　　　　　　　　　　　表 2-8

项	项　　　目	允许偏差（mm）
1	盖有基础梁的桩 （1）垂直基础梁的中心线 （2）沿基础梁的中心线	100+0.01H 150+0.01H
2	桩数为 1～3 根桩基中的桩	100
3	桩数为 4～16 根桩基中的桩	1/2 桩径或边长
4	桩数大于 16 根桩基中的桩 （1）最外边的桩 （2）中间桩	1/3 桩径或边长 1/2 桩径或边长

注：H 为施工现场地面标高与桩顶设计标高的距离。

灌注桩的平面位置和垂直度的允许偏差　　　　　　　　　　表 2-9

序号	成　孔　方　法		桩径允许偏差 （mm）	垂直度允许偏差 （%）	桩位允许偏差（mm）	
					1～3 根、单排桩基 垂直于中心线方向和 群桩基础的边桩	条形桩基沿中心 线方向和群桩 基础的中间桩
1	泥浆护壁钻 孔桩	D≤1000mm	±50	<1	D/6，且不大于 100	D/4，且不大于 150
		D>1000mm	±50		100+0.01H	150+0.01H
2	套管成孔灌 注桩	D≤500mm	−20	<1	70	150
		D>500mm			100	150
3	干成孔灌注桩		−20	<1	70	150
4	人工挖孔桩	混凝土护壁	+50	<0.5	50	150
		钢套管护壁	+50	<1	100	200

注：1. 桩径允许偏差的负值是指个别断面。

2. 采用复打、反插法施工的桩，其桩径允许偏差不受上表限制。

3. H 为施工现场地面标高与桩顶设计标高的距离，D 为设计桩径。

3. 桩基工程的安全技术措施

（1）机具进场要注意危桥、陡坡、陷地和防止碰撞电杆、房屋等，以免造成事故。

（2）施工前应全面检查机械，发现问题要及时解决，严禁带病作业。

（3）在打桩过程中遇有地坪隆起或下陷时，应随时对机架及路轨调整垫平。

（4）机械司机，在施工操作时要思想集中，服从指挥信号，不得随便离开岗位，并经常注意机械运转情况，发现异常情况要及时纠正。

（5）悬挂振动桩锤的起重机，其吊钩上必须有防松脱的保护装置。振动桩锤悬挂钢架的耳环上应加装保险钢丝绳。

（6）钻孔灌注桩在已钻成的孔尚未浇筑混凝土前，必须用盖板封严；钢管桩打桩后必须及时加盖临时桩帽；预制混凝土桩送桩入土后的桩孔必须及时用砂子或其他材料填灌，以免发生人身事故。

（7）冲抓锥或冲孔锤操作时不准任何人进入落锤区施工范围内，以防砸伤。

（8）成孔钻机操作时，注意钻机安定平稳，以防止钻架突然倾倒或钻具突然下落而发生事故。

（9）压桩时，非工作人员应离机10m以外。起重机的起重臂下，严禁站人。

（10）夯锤下落后，在吊钩尚未降至夯锤吊环附近前，操作人员不得提前下坑挂钩。从坑中提锤时，严禁挂钩人员站在锤上随锤提升。

复习思考题

1. 地基处理方法一般有哪几种？各有什么特点？

2. 试述换土地基的适用范围、施工要点与质量检查。

3. 浅埋式钢筋混凝土基础主要有哪几种？

4. 试述桩基的作用和分类。

5. 静力压桩有何特点？适用范围如何？施工时应注意哪些问题？

6. 现浇混凝土桩的成孔方法有几种？各种方法的特点及适用范围如何？

7. 灌注桩常易发生哪些质量问题？如何预防和处理？

8. 试述人工挖孔灌注桩的施工工艺和施工中应注意的主要问题。

9. 桩基检测的方法有哪几种？

10. 桩基验收时应准备哪些资料？

教学单元3

砌筑工程施工

【教学目标】 通过本单元学习，使学生掌握砌筑工程施工中所用脚手架和垂直运输设施的构造及要求；掌握砌体工程的施工方法和施工工艺；掌握砌筑工程的质量要求及安全防护措施。能编制砌筑脚手架搭设方案；能依据砌体结构施工工艺和质量标准组织施工；能编制砌体结构施工方案；能进行砌筑工程施工质量检查。

砌筑工程是指砖石块体和各种类型砌块的施工。早在三四千年前就已经出现了用天然石料加工成的块材的砌体结构，在大约 2000 多年前又出现了由烧制的黏土砖砌筑的砌体结构，祖先遗留下来的"秦砖汉瓦"，在我国古代建筑中占有重要地位，至今仍在建筑工程中起着较大的作用。这种砖石结构虽然具有就地取材方便、保温、隔热、隔声、耐火等良好性能，且可以节约钢材和水泥，不需大型施工机械，施工组织简单等优点，但它的施工仍以手工操作为主，劳动强度大，生产效率低，而且烧制黏土砖需占用大量农田，因而采用新型墙体材料代替普通黏土砖，改善砌体施工工艺已经成为砌筑工程改革的重要发展方向。

砌筑工程是一个综合的施工过程，它包括材料运输、脚手架搭设和墙体砌筑等。

3.1 脚手架及垂直运输设施

在建筑施工中，脚手架和垂直运输设施占有特别重要的地位。选择与使用的合适与否，不但直接影响施工作业的顺利和安全进行，而且也关系到工程质量、施工进度和企业经济效益的提高。因而它是建筑施工技术措施中最重要的环节之一。

3.1.1 脚手架

脚手架是建筑施工中重要的临时设施，是在施工现场为安全防护、工人操作以及解决楼层间少量垂直和水平运输而搭设的支架。脚手架的种类很多，按其搭设位置分为外脚手架和里脚手架两大类；按其用途分为操作脚手架、防护用脚手架、承重和支撑用脚手架；按其构造形式分为多立杆式、门式、吊挂式、悬挑式、升降式以及用于楼层间操作的工具式脚手架等。

建筑施工脚手架应由持证上岗的架子工搭设。对脚手架的基本要求是：应满足工人操作、材料堆置和运输的需要；坚固稳定，安全可靠；搭拆简单，搬移方便；尽量节约材料，能多次周转使用。脚手架的宽度一般为 1.0～1.5m，砌筑用脚手架的每步架高度一般为 1.2～1.4m，装饰用脚手架的一步架高一般为 1.6～1.8m。

1. 外脚手架

外脚手架沿建筑物外围从地面搭起，既可用于外墙砌筑，又可用于外装饰施工。其主要形式有多立杆式、门式、桥式等。多立杆式应用最广，门式次之。

（1）多立杆式脚手架

1）基本组成和一般构造

多立杆式脚手架主要由立杆、纵向水平杆（大横杆）、横向水平杆（小横杆）、斜撑、脚手板等组成（图 3-1）。其特点是每步架高可根据施工需要灵活布置，取材方便，钢、木等均可应用。

多立杆式脚手架分双排式和单排式两种形式。双排式（图 3-1b）沿墙外侧设两排立杆，小横杆两端支承在大横杆后再传给立杆，多、高层房屋均可采用，当房屋高度超过 50m 时，需专门设计。单排式（图 3-1c）沿墙外侧仅设一排立杆，其小横杆一端与大横杆连接，另一端支承在墙上，仅适用于荷载较小，高度较低（<24m），墙体有一定强度的多层房屋。

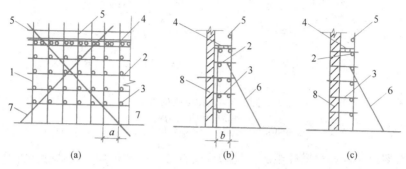

图 3-1　多立杆式脚手架

(a) 立面；(b) 侧面（双排）；(c) 侧面（单排）

1—立柱；2—大横杆；3—小横杆；4—脚手板；5—栏杆；6—抛撑；7—斜撑；8—墙体

早期的多立杆式外脚手架主要是采用竹、木杆件搭设而成，后来逐渐采用钢管和特制的扣件来搭设。这种多立杆式钢管外脚手有扣件式和碗扣式两种。

钢管扣件式多立杆脚手架由钢管（$\phi 48.3 \times 3.6$）和扣件（图 3-2）组成，采用扣件连接，既牢固又便于装拆，可以重复周转使用，因而应用广泛。这种脚手架在纵向外侧每隔一定距离需设置斜撑，以加强其纵向稳定性和整体性。另外，为了防止整片脚手架外倾和抵抗风力，整片脚手架还需均匀设置连墙杆，将脚手架与建筑物主体结构相连，依靠建筑物的刚度来加强脚手架的整体稳定性。

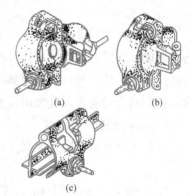

图 3-2　扣件形式

(a) 回转扣件；(b) 对接扣件；(c) 直角扣件

碗扣式钢管脚手架立杆与水平杆靠特制的碗扣接头连接（图 3-3）。碗扣分上碗扣和下碗扣，下碗扣焊在钢管上，上碗扣对应地套在钢管上，其销槽对准焊在钢管上的限位销即能上下滑动。连接时，只需将横杆接头插入下碗扣内，将上碗扣沿限位销扣下，并顺时针旋转，靠上碗扣螺旋面使之与限位销顶紧，从而将横杆和立杆牢固地连在一起，形成框架结构。碗扣式接头可同时连接 4 根横杆，横杆可相互垂直也可组成其他角度，因而可以搭设各种形式脚手架，特别适合于搭设扇形表面及高层建筑施工和装修作用两用外脚手架，还可作为模板的支撑。

2) 承力结构

脚手架的承力结构主要指作业层、横向构架和纵向构架三部分。

作业层是直接承受施工荷载，荷载由脚手板传给小横杆，再传给大横杆和立柱。

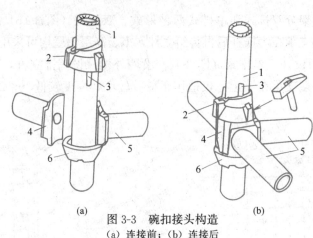

(a)　　　　　　　　　　　　　　(b)

图 3-3　碗扣接头构造

(a) 连接前；(b) 连接后

1—立杆；2—上碗扣；3—限位销；4—横杆接头；5—横杆；6—下碗扣

　　横向构架由立杆和小横杆组成，是脚手架直接承受和传递垂直荷载的部分。它是脚手架的受力主体。

　　纵向构架是由各榀横向构架通过大横杆相互之间连成的一个整体。它应沿房屋的周围形成一个连续封闭的结构，所以房屋四周脚手架的大横杆在房屋转角处要相互交圈，并确保连续。实在不能交圈时，脚手架的端头应采取有效措施来加强其整体性。常用的措施是设置抗侧力构件、加强与主体结构的拉结等。

　　3) 支撑体系

　　脚手架的支撑体系包括纵向支撑（剪刀撑）、横向支撑和水平支撑。这些支撑应与脚手架这一空间构架的基本构件很好连接。

　　设置支撑体系的目的是使脚手架成为一个几何稳定的构架，加强其整体刚度、以增大抵抗侧向力的能力，避免出现节点的可变状态和过大的位移。

　　① 纵向支撑（剪刀撑）

　　纵向支撑是指沿脚手架纵向外侧隔一定距离由下而上连续设置的剪刀撑。具体布置如下：

　　（A）脚手架高度在 24m 以下时，在脚手架两端和转角处必须设置剪刀撑，剪刀撑中间间隔不超过 15m 设一道，且每片架子不少于 3 道。剪刀撑宽度不应小于 4 跨，且不小于 6m。斜杆与地面夹角宜在 45°～60° 范围内，最下面的斜杆与立杆的连接点离地面不宜大于 500mm。

　　（B）对高度大于 24m 的脚手架，应在脚手架外侧全立面连续设置剪刀撑。

　　② 横向支撑

　　横向支撑是指在横向构架内从底到顶沿全高呈之字形设置的连续的斜撑。具体设置要求如下：

　　（A）脚手架的纵向构架因条件限制不能形成封闭形，如"一"字形，"L"形，或"凹"字形的脚手架，其两端必须设置横向支撑，并于中间每隔六个间距加设一道横向支撑。

（B）脚手架高度超过 24m 时，每隔六个间距要设置横向支撑一道。

③ 水平支撑

水平支撑是指在设置连墙拉结杆件的所在水平面内连续设置的水平斜杆。一般可根据需要设置，如在承力较大的结构脚手架中或在承受偏心荷载较大的承托架、防护棚、悬挑水平安全网等部位设置，以加强其水平刚度。

4）抛撑和连墙杆

脚手架由于其横向构架本身是一个高跨比相差悬殊的单跨结构，仅依靠结构本身尚难以做到保持结构的整体稳定，防止倾覆和抵抗风力。对于高度低于三步的脚手架，可以采用加设抛撑来防止其倾覆，抛撑的间距不超过 6 倍立杆间距，抛撑与地面的夹角为 45°～60°，并应在地面支点处铺设垫板。对于高度超过三步的脚手架防止倾斜和倒塌的主要措施是将脚手架整体依附在整体刚度很大的主体结构上，依靠房屋结构的整体刚度来加强和保证整片脚手架的稳定性。其具体做法是在脚手架上均匀地设置足够多的牢固的连墙点（图 3-4）。连墙点的位置应设置在与立杆和大横杆相交的节点处，离节点的间距不宜大于 300mm。

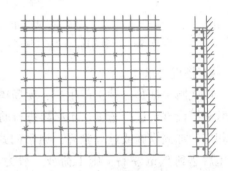

图 3-4 连墙杆的布置

设置一定数量的连墙杆后，整片脚手架的倾覆破坏一般不会发生。但要求与连墙杆连接一端的墙体本身要有足够的刚度，所以连墙杆在水平方向应设置在框架梁或楼板附近，竖直方向应设置在框架柱或横隔墙附近。连墙杆在房屋的每层范围均需布置一排，一般竖向间距为脚手架步高的 2～4 倍，不宜超过 4 倍，且绝对值在 3～4m 范围内；横向间距宜选用立杆纵距的 3～4 倍，不宜超过 4 倍，且绝对值在 4.5～6.0m 范围内。

5）搭设要求

脚手架搭设时应注意地基平整坚实，设置底座和垫板，并有可靠的排水措施，防止积水浸泡地基引起不均匀沉陷。杆件应按设计方案进行搭设，并注意搭设顺序，扣件拧紧程度应适度，一般扭力矩应在 40～60kN·m 之间。禁止使用规格和质量不合格的杆配件。相邻立柱的对接扣件不得在同一高度，应随时校正杆件的垂直和水平偏差。脚手架处于顶层连墙点之上的自由高度不得大于 6m。当作业层高出其下连墙件 2 步或 4m 以上，且其上尚无连墙件时，应采取适当的临时撑拉措施。脚手板或其他作业层铺板的铺设应符合有关规定。

（2）门式脚手架

1）基本组成

门式脚手架是应用最普遍的脚手架之一。它不仅可作为外脚手架，也可作为内脚手架。门式脚手架由门架、剪刀撑、水平梁架、螺旋基脚组成基本单元，将基本单元相互连结并增加梯子、栏杆及脚手板等即形成脚手架（图 3-5）。

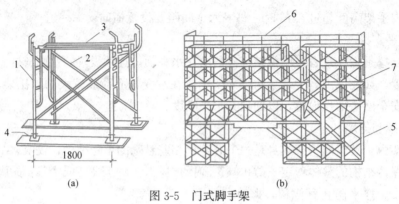

图 3-5　门式脚手架

(a) 基本单元；(b) 门式外脚手架

1—门架；2—剪刀撑；3—水平梁架；4—螺旋基脚；5—梯子；6—栏杆；7—脚手板

2) 搭设要求

门式脚手架是一种工厂生产、现场搭设的脚手架，一般只要按产品目录所列的使用荷载和搭设规定进行施工，不必再进行验算。如果实际使用情况与规定有出入时，应采取相应的加固措施或进行验算。通常门式脚手架搭设高度限制在 45m 以内，采取一定措施后达到 80m 左右。施工荷载一般为：均布荷载 $1.8kN/m^2$，或作用于脚手架板跨中的集中荷载 2kN。

搭设门式脚手架时，基底必须夯实找平，并铺可调底座，以免发生塌陷和不均匀沉降。要严格控制第一步门架垂直度偏差不大于 2mm，门架顶部的水平偏差不大于5mm。门架的顶部和底部用纵向水平杆和扫地杆固定。门架之间必须设置剪刀撑和水平梁架（或脚手板），其间连接应可靠，以确保脚手架的整体刚度。

2. 里脚手架

里脚手架搭设于建筑物内部，每砌完一层墙后，即将其转移到上一层楼面，进行新的一层砌体砌筑，它可用于内外墙的砌筑和室内装饰施工。里脚手架用料少，但装拆频繁，故要求轻便灵活，装拆方便。其结构形式有折叠式、支柱式和门架式等多种。

(1) 折叠式

折叠式里脚手架适用于民用建筑的内墙砌筑和内粉刷，也可用于砖围墙、砖平房的外墙砌筑和粉刷。根据材料不同，分为角钢、钢管和钢筋折叠式里脚手架。角钢折叠式里脚手（图 3-6）的架设间距，砌墙时不超过 2m，粉刷时不超过 2.5m。可以搭设两步脚手架，第一步高约 1m，第二步高约 1.65m。钢管和钢筋折叠式里脚手架的架设间距，砌墙时不超过 1.8m，粉刷时不超过 2.2m。

(2) 支柱式

支柱式里脚手架由若干个支柱和横杆组成。适用于砌墙和内粉刷。其搭设间距，砌墙时不超过 2m，粉刷时不超过 2.5m。支柱式里脚手架的支柱有套管式和承插式两种形式。图 3-7 所示为套管式支柱，它是将插管插入立管中，以销孔间距调节高度，在插管顶端的凹形支托内搁置方木横杆，横杆上铺设脚手板。架设高度为1.50～2.10m。

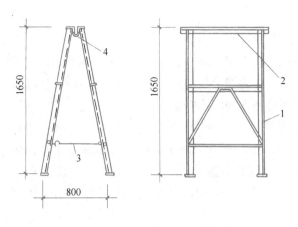

图 3-6 折叠式里脚手架

1—立柱；2—横楞；3—挂钩；4—铰链

（3）门架式

门架式里脚手架由两片 A 形支架与门架组成
（图 3-8）。适用于砌墙和粉刷。支架间距，砌墙
时不超过 2.2m，粉刷时不超过 2.5m。按照支架
与门架的不同结合方式，分为套管式和承插式
两种。

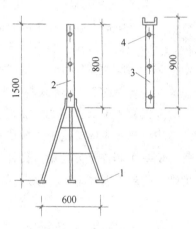

A 形支架有立管和套管两部分，立管常用
$\phi 50 \times 3mm$ 钢管，支脚可用钢管、钢筋或角钢焊
成。套管式的支架立管较长，由立管与门架上的
销孔调节架子高度。承插式的支架立管较短，采
用双承插管，在改变架设高度时，支架可不再挪
动。门架用钢管或角钢与钢管焊成，承插式门架

图 3-7 套管式支柱

1—支脚；2—立管；3—插管；4—销孔

在架设第二步时，销孔要插上销钉，防止 A 形支架被撞后转动。

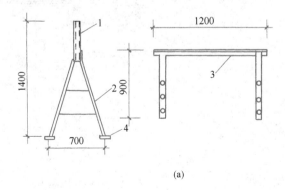 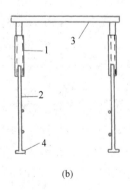

(a)   (b)

图 3-8 门架式里脚手架

（a）A 形支架与门架；（b）安装示意

1—立管；2—支脚；3—门架；4—垫板

3. 其他几种脚手架简介

（1）悬挑式脚手架

悬挑式脚手架（图3-9）简称挑架。搭设在建筑物外边缘向外伸出的悬挑结构上，将脚手架荷载全部或部分传递给建筑结构。悬挑支承结构有用型钢焊接制作的三角桁架下撑式结构以及用钢丝绳斜拉住水平型钢挑梁的斜拉式结构两种主要形式。在悬挑结构上搭设的双排外脚手架与落地式脚手架相同，分段悬挑脚手架的高度一般控制在25m以内。该形式的脚手架适用于高层建筑的施工。由于脚手架系沿建筑物高度分段搭设，故在一定条件下，当上层还在施工时，其下层即可提前交付使用；而对于有裙房的高层建筑，则可使裙房与主楼不受外脚手架的影响，同时展开施工。

（2）吊式脚手架

吊式脚手架（图3-10）在主体结构施工阶段为外挂脚手架，随主体结构逐层向上施工，用塔式起重机吊升，悬挂在结构上。在装饰施工阶段，该脚手架改为从屋顶吊挂，逐层下降。吊式脚手架的吊升单元（吊篮架子）宽度宜控制

在5～6m，每一吊升单元的自重宜在1t以内。该形式的脚手架适用于高层框架和剪力墙结构施工。

（3）升降式脚手架

升降式脚手架（图3-11）简称爬架。它是将自身分为两大部件，分别依附固定在建筑结构上。在主体结构施工阶段，升降式脚手架利用自身带有的升降机构和升降动力设备，使两个部件互为利用，交替松开、固定，交替爬升，其爬升原理同爬升模板。在装饰施工阶段，交替下降。该形式的脚手架搭设高度为3～4个楼层，不占用塔式起重

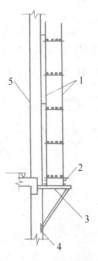

图3-9 悬挑式脚手架

1—钢管脚手架；2—型钢横梁；

3—三角支承架；4—预埋件；

5—钢筋混凝土柱（墙）

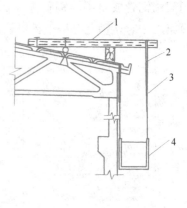

图3-10 吊式脚手架

1—挑梁；2—吊环；3—吊索；

4—吊篮

机，相对落地式外脚手架，省材料，省人工，适用于高层框架、剪力墙和筒体结构的快速施工。

4. 脚手架的安全防护措施

在房屋建筑施工过程中因脚手架出现事故的概率相当高，所以在脚手架的设计、架设、使用和拆卸中均需十分重视安全防护问题。

当外墙砌筑高度超过 4m 或立体交叉作业时，除在作业面正确铺设脚手板和安装防护栏杆和挡脚板外，还必须在脚手架外侧设置安全网。架设安全网时，其伸出宽度应不小于 2m，外口要高于内口，搭接应牢固，每隔一定距离应用拉绳将斜杆与地面锚桩拉牢。

当用里脚手架施工外墙或多层、高层建筑用外脚手架时，均需设置安全网。安全网应随楼层施工进度逐步上升，高层建筑除这一道逐步上升的安全网外，尚应在下面间隔 3~4 层的部位设置一道安全网。

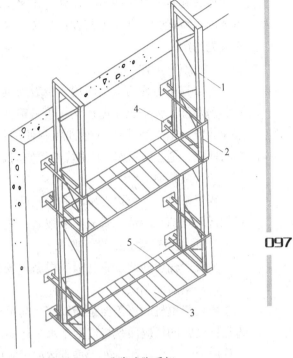

图 3-11 升降式脚手架
1—内套架；2—外套架；3—脚手板；
4—附墙装置；5—栏杆

施工过程中要经常对安全网进行检查和维修，每块支好的安全网应能承受不小于 1.6kN 的冲击荷载。

钢脚手架不得搭设在距离 35kV 以上的高压线路 4.5m 以内的地区和距离 1~10kV 高压线路 3m 以内的地区。钢脚手架在架设和使用期间，要严防与带电体接触，需要穿过或靠近 380V 以内的电力线路，距离在 2m 以内时，则应断电或拆除电源，如不能拆除，应采取可靠的绝缘措施。

搭设在旷野、山坡上的钢脚手架，如在雷击区域或雷雨季节时，应设避雷装置。

3.1.2 垂直运输设施

垂直运输设施指在建筑施工中担负垂直输送材料和人员上下的机械设备和设施。砌筑工程中的垂直运输量很大，不仅要运输大量的砖（或砌块）、砂浆，而且还要运输脚手架、脚手板和各种预制构件，因而如何合理安排垂直运输就直接影响到砌筑工程的施工速度和工程成本。

1. 垂直运输设施的种类

目前砌筑工程中常用的垂直运输设施有塔式起重机、井架、龙门架、施工电梯、灰浆泵等。

（1）塔式起重机

塔式起重机具有提升、回转、水平运输等功能，不仅是重要的吊装设备，而且也是重要的垂直运输设备，尤其在吊运长、大、重的物料时有明显的优势，故在可能条件下宜优先选用。

（2）施工电梯

多数施工电梯为人货两用，少数为供货用。电梯按其驱动方式可分为齿条驱动和绳轮驱动两种。齿条驱动电梯又有单吊箱（笼）式和双吊箱（笼）式两种，并装有可靠的限速装置，适于 20 层以上建筑工程使用；绳轮驱动电梯为单吊箱（笼），无限速装置，轻巧便宜，适于 20 层以下建筑工程使用。

（3）灰浆泵

灰浆泵是一种可以在垂直和水平两个方向连续输送灰浆的机械，目前常用的有活塞式和挤压式两种。活塞式灰浆泵按其结构又分为直接作用式和隔膜式两类。

2. 垂直运输设施的设置要求

垂直运输设施的设置一般应根据现场施工条件满足以下一些基本要求。

（1）覆盖面和供应面

塔式起重机的覆盖面是指以塔式起重机的起重幅度为半径的圆形吊运覆盖面积。垂直运输设施的供应面是指借助于水平运输手段（手推车等）所能达到的供应范围。建筑工程的全部的作业面应处于垂直运输设施的覆盖面和供应面的范围之内。

（2）供应能力

塔式起重机的供应能力等于吊次乘以吊量（每次吊运材料的体积、重量或件数）；其他垂直运输设施的供应能力等于运次乘以运量，运次应取垂直运输设施和与其配合的水平运输机具中的低值。另外，还需乘以 0.5～0.75 的折减系数，以考虑由于难以避免的因素对供应能力的影响（如机械设备故障等）。垂直运输设备的供应能力应能满足高峰工作量的需要。

（3）提升高度

设备的提升高度能力应比实际需要的升运高度高，其高出程度不少于 3m，以确保安全。

（4）水平运输方式

在考虑垂直运输设施时，必须同时考虑与其配合的水平运输方式。

（5）装设条件

垂直运输设施装设的位置应具有相适应的装设条件，如具有可靠的基础、与结构拉结和水平运输通道条件等。

（6）设备效能的发挥

必须同时考虑满足施工需要和充分发挥设备效能的问题。当各施工阶段的垂直运输量相差悬殊时，应分阶段设置和调整垂直运输设备，及时拆除已不需要的设备。

（7）设备拥有的条件和今后利用问题

充分利用现有设备，必要时添置或加工新的设备。在添置或加工新的设备时应考虑今后利用的前景。

（8）安全保障

安全保障是使用垂直运输设施中的首要问题，必须引起高度重视。所有垂直运输设备都要严格按有关规定操作使用。

3.2　砌体施工的准备工作

3.2.1　砂浆的制备

砂浆按组成材料的不同可分为水泥砂浆、水泥混合砂浆和非水泥砂浆三类。

1. 水泥砂浆

用水泥和砂拌合成的水泥砂浆具有较高的强度和耐久性，但和易性差。其多用于高强度和潮湿环境的砌体中。

2. 水泥混合砂浆

在水泥砂浆中掺入一定数量的石灰膏或黏土膏的水泥混合砂浆具有一定的强度和耐久性，且和易性和保水性好。其多用于一般墙体中。

3. 非水泥砂浆

不含有水泥的砂浆，如白灰砂浆、黏土砂浆等。强度低且耐久性差，可用于简易或临时建筑的砌体中。

砂浆的配合比应事先通过计算和试配确定。水泥砂浆的最小水泥用量不宜小于 $200kg/m^3$。砂浆用砂宜采用过筛中砂。砂中的含泥量，对于水泥砂浆和强度等级不小于 M5 的水泥混合砂浆，不宜超过 5％；对于强度等级小于 M5 的水泥混合砂浆，不应超过 10％。用建筑生石灰、生石灰粉熟化成石灰膏时，其熟化时间不得少于 7d 和 2d。用黏土或粉质黏土制备黏土膏，应过筛，并用搅拌机加水搅拌。为了改善砂浆在砌筑时的和易性，可掺入砂浆增塑剂，其掺量应符合要求。

砂浆应采用机械拌合，自投完料算起，水泥砂浆和水泥混合砂浆的拌合时间不得少于 2min；水泥粉煤灰砂浆和掺用外加剂的砂浆不得少于 3min；掺用有机塑化剂的砂浆为 3～5min。拌成后的砂浆，其稠度应符合表 3-1 规定；分层度不应大于 30mm；颜色一致。砂浆拌成后应盛入贮灰器中，如砂浆出现泌水现象，应在砌筑前再次拌合。砂浆应随拌随用。拌制的砂浆应在 3h 内使用完毕；若施工期间最高气温超过 30℃时，应在 2h 内使用完毕。

砂浆强度等级是以边长为 7.07cm 的立方体试块，按标准条件在（20±2）℃温度、相对湿度为 90％以上的条件下养护至 28d 的抗压强度值确定。砌筑砂浆按抗压强度划分为 M30、M25、M15、M10、M7.5、M5、M2.5 七个强度等级。验收时，同一验收批砂浆试块强度平均值应大于或等于设计强度等级值的 1.10 倍；最小一组平均值应大于等于设计强度等级值的 85％。砌筑砂浆试块强度验收时其强度应符合表 3-2 的规定。

砌筑砂浆的稠度　　　　　　　　　　　　表 3-1

砌 体 种 类	砂浆稠度（mm）
烧结普通砖砌体 蒸压粉煤灰砖砌体	70～90
混凝土实心砖、混凝土多孔砖砌体 普通混凝土小型空心砌块砌体 蒸压灰砂砖砌体	50～70
烧结多孔砖、空心砖砌体 轻骨料小型空心砌块砌体 蒸压加气混凝土砌块砌体	60～80
石砌体	30～50

注：1. 采用薄灰砌筑法砌筑蒸压加气混凝土砌块砌体时，加气混凝土粘结砂浆的加水量按照其产品说明书控制。

2. 当砌筑其他块体时，其砌筑砂浆的稠度可根据块体吸水特性及气候条件确定。

砌筑砂浆试块强度验收时的合格标准　　　　　　表 3-2

强度等级	同一验收批砂浆试块 28d 抗压强度（MPa）	
	平均值不小于	最小一组平均值不小于
M30	33.00	25.50
M25	27.50	21.25
M20	22.00	17.00
M15	16.50	12.75
M10	11.00	8.50
M7.5	8.25	6.38
M5	5.50	4.25

砂浆试块应在搅拌机出料口随机取样制作。每一检验批且不超过 250m³ 砌体的各种类型及强度等级的砌筑砂浆，每台搅拌机应至少抽检一次。

3.2.2 砖的准备

砖的品种、强度等级必须符合设计要求，并应规格一致。用于清水墙、柱表面的砖，尚应边角整齐、色泽均匀。在砌砖前应提前 1～2d 将砖浇水湿润，以使砂浆和砖能很好地粘结。严禁砌筑前临时浇水，以免因砖表面存有水膜而影响砌体质量。烧结类块体的相对含水率 60%～70%，吸水率较大的轻骨料混凝土小型空心砌块、蒸压加气混凝土砌块的相对含水率 40%～50%。

检查烧结普通砖含水率的最简易方法是现场断砖，砖截面周围融水深度达 15～20mm 即视为符合要求。

3.2.3 施工机具的准备

砌筑前，一般应按施工组织设计要求组织垂直和水平运输机械、砂浆搅拌机械进场、安装、调试等工作。垂直运输多采用扣件及钢管搭设的井架，或人货两用施工电梯，或塔式起重机，而水平运输多采用手推车或机动翻斗车。对多高层建筑，还可以用灰浆泵输送砂浆。同时，还要准备脚手架、砌筑工具（如皮数杆、托线板）等。

3.3 砌筑工程施工

3.3.1 砌体的一般要求

砌体可分为：砖砌体，主要有墙和柱；砌块砌体，多用于定型设计的民用房屋及工业厂房的墙体；石材砌体，多用于带形基础、挡土墙及某些墙体结构；配筋砌体，在砌体水平灰缝中配置钢筋网片或在砌体外部的预留槽沟内设置竖向粗钢筋的组合砌体。

101

砌体除应采用符合质量要求的原材料外，还必须有良好的砌筑质量，以使砌体有良好的整体性、稳定性和良好的受力性能，一般要求灰缝横平竖直，砂浆饱满，厚薄均匀，砌块应上下错缝，内外搭砌，接槎牢固，墙面垂直；要预防不均匀沉降引起开裂；要注意施工中墙、柱的稳定性；冬期施工时还要采取相应的措施。

3.3.2 毛石基础与砖基础砌筑

1. 毛石基础

毛石基础是用毛石与水泥砂浆砌成，其构造见图 3-12，施工要点如下：

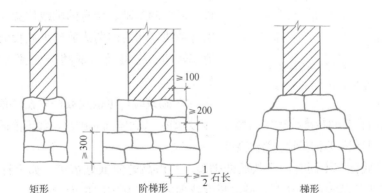

图 3-12　毛石基础构造

（1）基础砌筑前，应先行验槽并将表面的浮土和垃圾清除干净。

（2）放出基础轴线及边线，其允许偏差应符合规范规定。

（3）毛石基础砌筑时，第一皮石块应坐浆，并大面向下；料石基础的第一皮石块应丁砌并坐浆。砌体应分皮卧砌，上下错缝，内外搭砌，不得采用先砌外面石块后中间填心的砌筑方法。

（4）石砌体的灰缝厚度：毛石砌体外露面不宜大于 40mm，毛料石和粗料石砌体不宜大于 20mm，细料石砌体不宜大于 5mm。石块间较大的孔隙应先填塞砂浆后用碎石嵌实，不得采用先放碎石块后灌浆或干填碎石块的方法。

（5）为增加整体性和稳定性，应按规定设置拉结石。

（6）毛石基础的最上一皮及转角处、交接处和洞口处，应选用较大的平毛石砌筑。有高低台的毛石基础，应从低处砌起，并由高台向低台搭接，搭接长度不小于基础高度。

（7）阶梯形毛石基础，上阶的石块应至少压砌下阶石块的 1/2，相邻阶梯毛石应相互错缝搭接。

（8）毛石基础的转角处和交接处应同时砌筑。如不能同时砌筑又必须留槎时，应砌成斜槎。基础每天可砌高度应不超过 1.2m。

2. 砖基础

（1）砖基础构造

砖基础下部通常扩大，称为大放脚。大放脚有等高式和不等高式两种（图 3-13）。等高式大放脚是两皮一收，即每砌两皮砖，两边各收进 1/4 砖长；不等高式大放脚是两皮一收与一皮一收相间隔，即砌两皮砖，收进 1/4 砖长，再砌一皮砖，收进 1/4 砖长，如此往复。

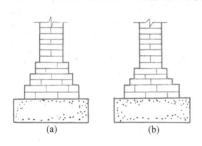

图 3-13　基础大放脚形式

(a) 等高式；(b) 不等高式

（2）砖基础施工要点

1）砌筑前，应将地基表面的浮土及垃圾清除干净。

2）基础施工前，应在主要轴线部位设置引桩，以控制基础、墙身的轴线位置，并从中引出墙身轴线，而后向两边放出大放脚的底边线。在地基转角、交接及高低踏步处预先立好基础皮数杆。

3）砌筑时，可依皮数杆先在转角及交接处砌几皮砖，然后在其间拉准线砌中间部分。内外墙砖基础应同时砌起，如不能同时砌筑时应留置斜槎，斜槎长度不应小于斜槎高度。

4）基础底标高不同时，应从低处砌起，并由高处向低处搭接。如设计无要求，搭接长度不应小于基础底的高差，搭接长度范围内下层基础应扩大砌筑。

5）大放脚部分一般采用一顺一丁砌筑形式。水平灰缝及竖向灰缝的宽度应控制在 10mm 左右，水平灰缝的砂浆饱满度不得小于 80%，竖缝要错开。要注意丁字及十字接头处砖块的搭接，在这些交接处，纵横墙要隔皮砌通。大放脚的最下一皮及每层的最上一皮应以丁砌为主。

6）基础砌完验收合格后，应及时回填。回填土要在基础两侧同时进行，并分层夯实。

3.3.3 砖墙砌筑

1. 砌筑形式

普通砖墙的砌筑形式主要有五种：即一顺一丁、三顺一丁、梅花丁、二平一侧和全顺式。

（1）一顺一丁

一顺一丁是一皮全部顺砖与一皮全部丁砖间隔砌成。上下皮竖缝相互错开 1/4 砖长（图 3-14a）。这种砌法效率较高，适用于砌一砖、一砖半及二砖墙。

（2）三顺一丁

三顺一丁是三皮全部顺砖与一皮全部丁砖间隔砌成。上下皮顺砖间竖缝错开 1/2 砖长；上下皮顺砖与丁砖间竖缝错开 1/4 砖长（图 3-14b）。这种砌法因顺砖较多效率较高，适用于砌一砖、一砖半墙。

（3）梅花丁

梅花丁是每皮中丁砖与顺砖相隔，上皮丁砖坐中于下皮顺砖，上下皮间竖缝相互错开 1/4 砖长（图 3-14c）。这种砌法内外竖缝每皮都能避开，故整体性较好，灰缝整齐，比较美观，但砌筑效率较低。适用于砌一砖及一砖半墙。

（4）两平一侧

两平一侧采用两皮平砌砖与一皮侧砌的顺砖相隔砌成。当墙厚为 3/4 砖时，平砌砖均为顺砖，上下皮平砌顺砖间竖缝相互错开 1/2 砖长；上下皮平砌顺砖与侧砌顺砖间竖缝相互 1/2 砖长。当墙厚为 $1\frac{1}{4}$ 砖长时，上下皮平砌顺砖与侧砌顺砖间竖缝相互错开 1/2 砖长；上下皮平砌丁砖与侧砌顺砖间竖缝相互错开 1/4 砖长。这种形式适合于砌筑 3/4 砖墙及 $1\frac{1}{4}$ 砖墙。

（5）全顺式

全顺式是各皮砖均为顺砖，上下皮竖缝相互错开 1/2 砖长。这种形式仅使有于砌半砖墙。

为了使砖墙的转角处各皮间竖缝相互错开，必须在外角处砌七分头砖（3/4 砖长）。当采用一顺一丁组砌时，七分头的顺面方向依次砌顺砖，丁面方向依次砌丁砖（图 3-15a）。

砖墙的丁字接头处，应分皮相互砌通，内角相交处竖缝应错开 1/4 砖长，并在横墙端头处加砌七分头砖（图 3-15b）。

砖墙的十字接头处，应分皮相互砌通，交角处的竖缝应相互错开 1/4 砖长（图 3-15c）。

2. 砌筑工艺

砖墙的砌筑一般有抄平、放线、摆砖、立皮数杆、盘角、挂线、砌筑、勾缝、清理等工序。

（1）抄平放线

砌墙前先在基础防潮层或楼面上定出各层标高，并用水泥砂浆或 C10 细石混凝土找平，然后根据轴线延长桩上的标志，弹出墙身轴线、边线及门窗洞口位置。二楼以上墙的轴线可以用经纬仪或垂球将轴线引测上去。

（2）摆砖

摆砖，又称摆脚。是指在放线的基面上按选定的组砌方式用干砖试摆。目的是校对所放出的墨线在门窗洞口、附墙垛等处是否符合砖的模数，以尽可能减少砍砖，并使砌体灰缝均匀，组砌得当。一般在房屋外纵墙方向摆顺砖，在山墙方向摆丁砖，摆砖由一个大角摆到另一个大角，砖与砖留 10mm 缝隙。

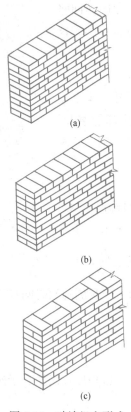

图 3-14　砖墙组砌形式
（a）一顺一丁；（b）三顺一丁；
（c）梅花丁

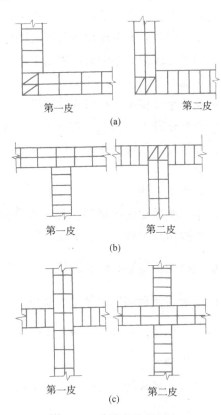

图 3-15　砖墙交接处组砌
（a）一砖墙转角（一顺一丁）；
（b）一砖墙丁字交接处（一顺一丁）；
（c）一砖墙十字交接处（一顺一丁）

（3）立皮数杆

皮数杆是指在其上划有每皮砖和灰缝厚度，以及门窗洞口、过梁、楼板等高度位置的一种木制标杆。砌筑时用来控制墙体竖向尺寸及各部位构件的竖向标高，并保证灰缝厚度的均匀性。

皮数杆一般设置在房屋的四大角以及纵横墙的交接处，如墙面过长时，应每隔10～15m立一根。皮数杆需用水平仪统一竖立，使皮数杆上的±0.000与建筑物的±0.000相吻合，以后就可以向上接皮数杆。

（4）盘角、挂线

墙角是控制墙面横平竖直的主要依据，所以，一般砌筑时应先砌墙角，墙角砖层高度必须与皮数杆相符合，做到"三皮一吊，五皮一靠"。墙角必须双向垂直。

墙角砌好后，即可挂小线，作为砌筑中间墙体的依据，以保证墙面平整，一般一砖墙、一砖半墙可用单面挂线，一砖半墙以上则应用双面挂线。

（5）砌筑、勾缝

砌筑操作方法各地不一，但应保证砌筑质量要求。通常采用"二三八一"砌筑法或"三一"砌砖法砌筑。"二三八一"砌筑法的"二"是指两种步法，即丁字步和并列步；"三"指三种弯腰身法，即侧身弯腰、丁字步弯腰和正弯腰；"八"指八种铺浆手法，即砖顺砖时用甩、扣、泼和溜四种手法，砌丁砖时用扣、溜、泼和一带二四种手法；"一"指一种挤浆动作，即先挤浆揉砖，后刮余浆。"三一"砌砖法，即一块砖、一铲灰、一揉压，并随手将挤出的砂浆刮去的砌筑方法。这两种砌法的优点是灰缝容易饱满、粘结力好、墙面整洁。

勾缝是砌清水墙的最后一道工序，可以用砂浆随砌随勾缝，叫做原浆勾缝；也可砌完墙后再用1∶1.5水泥砂浆或加色砂浆勾缝，称为加浆勾缝。勾缝具有保护墙面和增加墙面美观的作用，为了确保勾缝质量，勾缝前应清除墙面粘结的砂浆和杂物，并洒水润湿，在砌完墙后，应画出1cm的灰槽，灰缝可勾成凹、平、斜或凸形状。勾缝完后尚应清扫墙面。

3. 施工要点

（1）全部砖墙应平行砌起，砖层必须水平，砖层正确位置用皮数杆控制，基础和每楼层砌完后必须校对一次水平、轴线和标高，在允许偏差范围内，其偏差值应在基础或楼板顶面调整。

（2）砖墙的水平灰缝和竖向灰缝宽度一般为10mm，但不小于8mm，也不应大于12mm。水平灰缝的砂浆饱满度不得低于80%，竖向灰缝宜采用挤浆或加浆方法，使其砂浆饱满，严禁用水冲浆灌缝。

（3）砖墙的转角处和交接处应同时砌筑。对不能同时砌筑而又必须留槎时，应砌成斜槎，斜槎长度不应小于高度的2/3（图3-16），斜槎高度不得超过一步脚手架高。非抗震设防及抗震设防烈度为6度、7度地区的临时间断处，当不能留斜槎时，除转角处外，可留直槎，但必须做成凸槎，并加设拉结筋。拉结筋的数量为每120mm墙厚放置1φ6拉结钢筋，120mm厚墙放置2φ6拉结钢筋间距沿墙高不应超过500mm，埋入长度从留槎处算起每边均不应小于500mm，对抗震设防烈度为6度、7度的地区，不应小于1000mm，末端应有90°弯钩（图3-17）。抗震设防地区不得留直槎。

（4）隔墙与承重墙如不同时砌起而又不留成斜槎时，可于承重墙中引出阳槎，并在其灰缝中预埋拉结筋，其构造与上述相同，但每道不少于2根。抗震设防地区的隔墙，

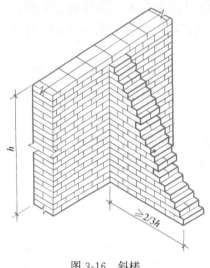

图 3-16　斜槎

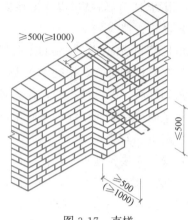

图 3-17　直槎

除应留阳槎外，还应设置拉结筋。

（5）砖墙接槎时，必须将接槎处的表面清理干净，浇水润湿，并应填实砂浆，保持灰缝平直。

（6）每层承重墙的最上一皮砖、梁或梁垫的下面及挑檐、腰线等处，应是整砖丁砌。

（7）砖墙中留置临时施工洞口时，其侧边离交接处的墙面不应小于 500mm，洞口净宽度不应超过 1m。

（8）砖墙相邻工作段的高度差，不得超过一个楼层的高度，也不宜大于 4m。工作段的分段位置应设在伸缩缝、沉降缝、防震缝或门窗洞口处。砖墙临时间断处的高度差，不得超过一步脚手架的高度。砖墙每天砌筑高度以不超过 1.5m 为宜。

（9）在下列墙体或部位中不得留设脚手眼：

1）120mm 厚墙、料石清水墙和独立柱；

2）过梁上与过梁成 60°角的三角形范围及过梁净跨度 1/2 的高度范围内；

3）宽度小于 1m 的窗间墙；

4）砌体门窗洞口两侧 200mm（石砌体为 300mm）和转角处 450mm（石砌体为 600mm）范围内；

5）梁或梁垫下及其左右 500mm 范围内；

6）设计不允许设置脚手眼的部位；

7）轻质墙体；

8）夹心复合墙外叶墙。

3.3.4　配筋砌体

配筋砌体是由配置钢筋的砌体作为建筑物主要受力构件的结构。配筋砌体有网状配筋砌体柱、水平配筋砌体墙、砖砌体和钢筋混凝土面层或钢筋砂浆面层组合砌体柱（墙）、砖砌体和钢筋混凝土构造柱组合墙和配筋砌块砌体剪力墙。

1. 配筋砌体的构造要求

配筋砌体的基本构造与砖砌体相同，不再赘述；下面主要介绍构造的不同点：

（1）砖柱（墙）网状配筋的构造

砖柱（墙）网状配筋，是在砖柱（墙）的水平灰缝中配有钢筋网片。网片钢筋上、下保护层厚度不应小于 2mm。所用砖的强度等级不低于 MU10，砂浆的强度等级不应低于 M7.5，采用钢筋网片时，宜采用焊接网片，钢筋直径宜采用 3～4mm；采用连弯网片时，钢筋直径不应大于 8mm，网片钢筋应互相垂直，沿砌体高度方向交错设置。钢筋网中的钢筋的间距不应大于 120mm，并不应小于 30mm；钢筋网片竖向间距，不应大于五皮砖，并不应大于 300mm。

（2）组合砖砌体的构造

组合砖砌体是指砖砌体和钢筋混凝土面层或钢筋网砂浆面层的组合砌体构件，有组合砖柱、组合砖壁柱和组合砖墙等。

组合砖砌体构件的构造为：面层混凝土强度等级宜采用 C20。面层水泥砂浆强度等级不宜低于 M10，砖强度等级不宜低于 MU10，砌筑砂浆的强度等级不宜低于 M7.5。砂浆面层厚度宜采用 30～45mm，当面层厚度大于 45mm 时，其面层宜采用混凝土。

（3）砖砌体和钢筋混凝土构造柱组合墙

组合墙砌体宜用强度等级不低于 MU7.5 的普通砌墙砖与强度等级不低于 M5 的砂浆砌筑。

构造柱截面尺寸不宜小于 240mm×240mm，其厚度不应小于墙厚。砖砌体与构造柱的连接处应砌成马牙槎。并应沿墙高每隔 500mm 设 2φ6 拉结钢筋，且每边伸入墙内不宜小于 600mm。柱内竖向受力钢筋，对于中柱，不宜少于 4φ12；对于边柱不宜少于 4φ14，其箍筋一般采用 φ6@200mm，楼层上下 500mm 范围内宜采用 φ6@100mm。构造柱竖向受力钢筋应在基础梁和楼层圈梁中锚固。

组合砖墙的施工程序应先砌墙后浇混凝土构造桩。

（4）配筋砌块砌体构造要求

砌块强度等级不应低于 MU10；砌筑砂浆不应低于 Mb7.5；灌孔混凝土不应低于 Cb20。配筋砌块砌体柱边长不宜小于 400mm；配筋砌块砌体剪力墙厚度连梁宽度不应小于 190mm。

2. 配筋砌体的施工工艺

配筋砌体施工工艺的弹线、找平、排砖摞底、墙体盘角、选砖、立皮数杆、挂线、留槎等施工工艺与普通砖砌体要求相同，下面主要介绍其不同点：

（1）砌砖及放置水平钢筋

砌砖宜采用"二三八一"砌筑法或"三一"砌砖法砌筑，水平灰缝厚度和竖直灰缝宽度一般为 10mm，但不应小于 8mm，也不应大于 12mm。砖墙（柱）的砌筑应做到上下错缝、内外搭砌、灰缝饱满、横平竖直的要求。皮数杆上要标明钢筋网片、箍筋或拉结筋的位置，钢筋安装完毕，并经隐蔽工程验收后方可砌上层砖，同时要保证钢筋上

107

下至少各有 2mm 保护层。

（2）砂浆（混凝土）面层施工

组合砖砌体面层施工前，应清除面层底部的杂物，并浇水湿润砖砌体表面。砂浆面层施工从下而上分层施工，一般应两次涂抹，第一次是刮底，使受力钢筋与砖砌体有一定保护层；第二次是抹面，使面层表面平整。混凝土面层施工应支设模板，每次支设高度一般为 50～60cm，并分层浇筑，振捣密实，待混凝土强度达到 30% 以上才能拆除模板。

（3）构造柱施工

构造柱竖向受力钢筋，底层锚固在基础梁上，锚固长度不应小于 35d（d 为竖向钢筋直径），并保证位置正确。受力钢筋接长，可采用绑扎接头，搭接长度为 35d，绑扎接头处箍筋间距不应大于 100mm。楼层上下 500mm 范围内箍筋间距宜为 100。砖砌体与构造柱连接处应砌成马牙槎，从每层柱脚开始，先退后进，每一马牙槎沿高度方向的尺寸不宜超过 300mm，并沿墙高每隔 500mm 设 2ϕ6 拉结钢筋，且每边伸入墙内不宜小于 600mm；预留的拉结钢筋应位置正确，施工中不得任意弯折。浇筑构造柱混凝土之前，必须将砖墙和模板浇水湿润（若为钢模板，不浇水，刷隔离剂），并将模板内落地灰、砖碴和其他杂物清理干净。浇筑混凝土可分段施工，每段高度不宜大于 2m，或每个楼层分两次浇灌，应用插入式振动器，分层捣实。

构造柱钢筋竖向移位不应超过 100mm，每一马牙槎沿高度方向尺寸不应超过 300mm。钢筋竖向位移和马牙槎尺寸偏差每一构造柱不应超过 2 处。

3.3.5 砌块砌筑

用砌块代替烧结普通砖做墙体材料，是墙体改革的一个重要途径。近几年来，中小型砌块在我国得到了广泛应用。常用的砌块有粉煤灰硅酸盐砌块、混凝土小型空心砌块、煤矸石砌块等。砌块的规格不统一，中型砌块一般高度为 380～940mm，长度为高度的 1.5～2.5 倍，厚度为 180～300mm，每块砌块重量 50～200kg。

1. 砌块排列

由于中小型砌块体积较大、较重，不如砖块可以随意搬动，多用专门设备进行吊装砌筑，且砌筑时必须使用整块，不像普通砖可随意砍凿，因此，在施工前，须根据工程平面图、立面图及门窗洞口的大小、楼层标高、构造要求等条件，绘制各墙的砌块排列图，以指导吊装砌筑施工。

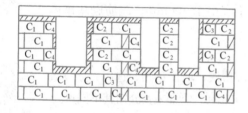
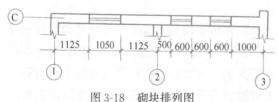

图 3-18　砌块排列图

砌块排列图按每片纵横墙分别绘制（图 3-18）。其绘制方法是在立面上用 1:50 或 1:30 的比例绘出纵横墙，然后将过梁、平板、大梁、楼梯、孔洞等在墙面上标出，由纵墙和横墙高度计算皮数，画出水平灰缝线，并保证砌体平面尺寸和高度是块体加灰缝尺寸的倍数，再按砌块错缝搭接的构造要求和竖缝大小进行排列。对砌块进行排列时，注意尽量以主规格砌块为主，辅助规格砌块为辅，减少镶砖。小砌块墙体应对孔错缝搭砌，搭接长度不应小于 90mm。墙体的个别部位不能满足上述要求时，应在灰缝中设置拉结钢筋或钢筋网片，但竖向通缝仍不得超过两皮小砌块。砌块中水平灰缝厚度一般为 10~20mm，有配筋的水平灰缝厚度为 20~25mm；竖缝的宽度为 15~20mm，当竖缝宽度大于 30mm 时，应用强度等级不低于 C20 的细石混凝土填实，当竖缝宽度≥150mm 或楼层高不是砌块加灰缝的整数倍时，应用普通砖镶砌。

2. 砌块施工工艺

砌块施工的主要工序是：铺灰、砌块吊装就位、校正、灌缝和镶砖。

（1）铺灰

砌块墙体所采用的砂浆，应具有良好的和易性，其稠度以 50~70mm 为宜，铺灰应平整饱满，每次铺灰长度一般不超过 5m，炎热天气及严寒季节应适当缩短。

（2）砌块吊装就位

砌块安装通常采用两种方案：一是以轻型塔式起重机进行砌块、砂浆的运输，以及楼板等预制构件的吊装，由台灵架吊装砌块；二是以井架进行材料的垂直运输、杠杆车进行楼板吊装，所有预制构件及材料的水平运输则用砌块车和劳动车，台灵架负责砌块的吊装，前者适用于工程量大或两幢房屋对翻流水的情况，后者适用于工程量小的房屋。

砌块的吊装一般按施工段依次进行，其次序为先外后内，先远后近，先下后上，在相邻施工段之间留阶梯形斜槎。吊装时应从转角处或砌块定位处开始，采用摩擦式夹具，按砌块排列图将所需砌块吊装就位。

（3）校正

砌块吊装就位后，用托线板检查砌块的垂直度，拉准线检查水平度，并用撬棍、楔块调整偏差。

（4）灌缝

竖缝可用夹板在墙体内外夹住，然后灌砂浆，用竹片插或铁棒捣，使其密实。当砂浆吸水后用刮缝板把竖缝和水平缝刮齐。灌缝后，一般不应再撬动砌块，以防损坏砂浆粘结力。

（5）镶砖

当砌块间出现较大竖缝或过梁找平时，应镶砖。镶砖砌体的竖直缝和水平缝应控制在 15~30mm 以内。镶砖工作应在砌块校正后即刻进行，镶砖时应注意使砖的竖缝灌密实。

3. 砌块砌体质量检查

砌块砌体质量应符合下列规定：

（1）砌块砌体砌筑的基本要求与砖砌体相同，但搭接长度不应少于 150mm。

（2）外观检查应达到：墙面清洁，勾缝密实，深浅一致，交接平整。

（3）经试验检查，在每一楼层或 $250m^3$ 砌体中，一组试块（每组三块）同强度等级的砂浆或细石混凝土的强度应符合要求。

（4）预埋件、预留孔洞的位置应符合设计要求。

3.3.6 填充墙砌体工程施工

在框架结构的建筑中，墙体一般只起围护与分隔的作用，常用体轻、保温性能好的烧结空心砖或小型空心砌块砌筑，其施工方法与施工工艺与一般砌体施工有所不同，简述如下：

砌体和块体材料的品种、规格、强度等级必须符合图纸设计要求，规格尺寸应一致，质量等级必须符合标准要求，并应有出厂合格证明、试验报告单；蒸压加气混凝土砌块和轻骨料混凝土小型砌块砌筑时的产品龄期应超过 28d。蒸压加气混凝土砌块和轻骨料混凝土小型砌块应符合《建筑材料放射性核素限量》GB 6566 的规定。

填充墙砌体应在主体结构及相关分部已施工完毕，并经有关部门验收合格后进行。砌筑前，应认真熟悉图纸以及相关构造及材料要求，核实门窗洞口位置和尺寸，计算出窗台及过梁圈梁顶部标高。并根据设计图纸及工程实际情况，编制出专项施工方案和施工技术交底。

填充墙砌体施工工艺及要求如下：

1. 基层清理

在砌筑砌体前应对墙基层进行清理，将基层上的浮浆灰尘清扫干净并浇水湿润。块材的湿润程度应符合规范及施工要求。

2. 施工放线

放出每一楼层的轴线，墙身控制线和门窗洞的位置线。在框架柱上弹出标高控制线以控制门窗上的标高及窗台高度，施工放线完成后，应经过验收合格后，方能进行墙体施工。

3. 墙体拉结钢筋

（1）墙体拉结钢筋有多种留置方式，目前主要采用预埋钢板再焊接拉结筋、用膨胀螺栓固定先焊在铁板上的预留拉结筋以及采用植筋方式埋设拉结筋等方式。

（2）采用焊接方式连接拉结筋，单面搭接焊的焊缝长度应≥10d，双面搭接焊的焊缝长度应≥5d。焊接不应有边、气孔等质量缺陷，并进行焊接质量检查验收。

（3）采用植筋方式埋设拉结筋，埋设的拉结筋位置较为准确，操作简单不伤结构，但应通过抗拔试验。

4. 构造柱钢筋

在填充墙施工前应先将构造柱钢筋绑扎完毕，构造柱竖向钢筋与原结构上预留插孔的搭接绑扎长度应满足设施要求。

5. 立皮数杆、排砖

（1）在皮数杆上标出砌块的皮数及灰缝厚度，并标出窗、洞及墙梁等构造标高。

（2）根据要砌筑的墙体长度、高度试排砖，摆出门、窗及孔洞的位置。

（3）外墙壁第一皮砖摺底时，横墙应排丁砖，梁及梁垫的下面一皮砖、窗台等阶水平面上一皮应用丁砖砌筑。

6. 填充墙砌筑

（1）拌制砂浆

1）砂浆配合比应用重量比，计量精度为：水泥±2%，砂及掺合料±5%，砂应计入其含水量对配料的影响。

2）宜用机械搅拌，投料顺序为砂→水泥→掺合料→水，搅拌时间不少于 2min。

3）砂浆应随拌随用，水泥砂浆、水泥混合砂浆应在拌合后 3h 内用完，气温在30℃以上时，应在 2h 内用完。

（2）砖或砌块应提前 1～2d 浇（喷）水湿润；湿润程度达到水浸润砖体 15mm 为宜，烧结空心砖相对含水率宜为 60%～70%，不能在砌筑时临时浇水，严禁干砖上墙，严禁在砌筑后向墙体洒水。蒸压加气混凝土砌块相对含水率宜为 40%～50% 应在砌筑前喷水湿润。

（3）砌筑墙体

1）砌筑蒸压加气混凝土砌块和轻骨料混凝土小型空心砌块填充墙时，墙底部应砌200mm 高烧结普通砖、多孔砖或普通混凝土空心砌块或浇筑 150mm 高混凝土坎台，混凝土强度等级宜为 C20。

2）填充墙砌筑必须内外搭接、上下错缝、灰缝平直、砂浆饱满。操作过程中要经常进行自检，如有偏差，应随时纠正，严禁事后采用撞砖纠正。

3）填充墙砌筑时，除构造柱的部位外，墙体的转角处和交接处应同时砌筑，严禁无可靠措施的内外墙分砌施工。

4）填充墙砌体的灰缝厚度和宽度应正确。空心砖、轻骨料混凝土小型空心砌块的砌体灰缝应为 8～12mm，蒸压加气混凝土砌块砌体的水平灰缝厚度、竖向灰缝宽度分别为 15mm 和 20mm。

5）墙体一般不留槎，如必须留置临时间断处，应砌成斜槎，斜槎长度不应小于高度的 2/3；施工时不能留成斜槎时，除转角处外，可于墙中引出直凸槎（抗震设防地区不得留直槎）。直槎墙体每间隔高度≤500mm，应在灰缝中加设拉结钢筋，拉结筋数量按 120mm 墙厚放一根 $\phi 6$ 的钢筋，埋入长度从墙的留槎处算起，两边均不应小于500mm，末端应有 90°弯钩；拉结筋不得穿过烟道和通气管。

6）砌体接槎时，必须将接槎处的表面清理干净，浇水湿润，并应填实砂浆，保持灰缝平直。

7）填充墙砌至近梁、板底时，应留一定空隙，待填充墙砌筑完并应至少间隔 7d 后，再将其补砌挤紧。

8）木砖预埋：木砖经防腐处理，木纹应与钉子垂直，埋设数量按洞口高度确定；洞口高度≤2m，每边放 2 块，高度在 2～3m 时，每边放 3～4 块。预埋木砖的部位一般在洞口上下四皮砖处开始，中间均匀分布或按设计预埋。

9）设计墙体上有预埋、预留的构造，应随砌随留、随复核，确保位置正确构造合理。不得在已砌筑好的墙体中打洞；墙体砌筑中，不得搁置脚手架。

10）凡穿过砌块的水管，应严格防止渗水、漏水。在墙体内敷设暗管时，只能垂直埋设，不得水平开槽，敷设应在墙体砂浆达到强度后进行。混凝土空心砌块预埋管应提前专门作有预埋槽的砌块，不得墙上开槽。

11）加气混凝土砌块切锯时应用专用工具，不得用斧子或瓦刀任意砍劈，洞口两侧应选用规则整齐的砌块砌筑。

3.4　砌筑工程冬期、雨期施工

当室外日平均气温连续 5d 稳定低于 5℃时，砌体工程应采取冬期施工措施。气温根据当地气象资料统计确定。冬期施工期限以外，当日最低气温低于 0℃时，也应按冬期施工的有关规定进行。

砌筑工程的冬期施工最突出的一个问题就是砂浆遭受冻结，那么，砂浆遭受冻结后会产生的现象：

（1）使砂浆的硬化暂时停止，并且不产生强度，失去了胶结作用。

（2）砂浆塑性降低，使水平或垂直灰缝的紧密度减弱。

（3）解冻的砂浆，在上层砌体的重压下，就可能引起不均匀沉降。

因此，在冬期砌筑时，为了保证墙体的质量，必须采取有效措施，控制雨、雪、霜对墙体材料（砖、砂、石灰等）侵袭，对各种材料集中堆放，并采取保温措施。冬期砌筑时主要就是防止砂浆遭受冻结或者是使砂浆强度在负温下亦能增长，满足冬期砌筑施工要求。

砌筑工程的冬期施工方法有外加剂法和暖棚法等。

砌筑工程的冬期施工应以外加剂法为主。对保温、绝缘、装饰等方面有特殊要求的工程，可采用其他施工方法。

3.4.1　外加剂法

冬期砌筑采用外加剂法时，可使用氯盐或亚硝酸钠等盐类外加剂拌制砂浆。掺入盐类外加剂拌制的水泥砂浆、水泥混合砂浆等称为掺盐砂浆。采用这种砂浆砌筑的方法称为外加剂法。氯盐应以氯化钠为主。当气温低于 −15℃时，也可与氯化钙复合使用。

1. 外加剂法的原理

外加剂法就是在砌筑砂浆内掺入一定数量的抗冻剂，来降低水的冰点，以保证砂浆中有液态水存在，使水泥水化反应能在一定负温下进行，砂浆强度在负温下能够继续缓慢增长。同时，由于降低了砂浆中水的冰点，砌体的表面不会立即结冰而形成冰膜，故砂浆和砌体能较好地粘结。

掺盐砂浆中的抗冻剂，目前主要是以氯化钠和氯化钙为主。其他还有亚硝酸钠、碳酸钾和硝酸钙等。

2. 外加剂法的适用范围

外加剂法具有施工方便，费用低，在砌体工程冬期施工中普遍使用掺盐砂浆法施工。但是，由于氯盐砂浆吸湿性大，使结构保温性能和绝缘性能下降，并有析盐现象等。对下列有特殊要求的工程不允许采用掺盐砂浆法施工。

（1）对装饰工程有特殊要求的建筑物；

（2）使用湿度大于80％的建筑物；

（3）钢埋件无可靠的防腐处理措施的砌体；

（4）接近高压电线的建筑物（如变电所、发电站等）；

（5）经常处于地下水位变化范围内，以及在地下未设防水层的结构。

对于这一类不能使用掺有氯盐砂浆的砌体，可选择亚硝酸钠、碳酸钾等盐类作为砌体冬期施工的抗冻剂。

3. 对砌筑材料的要求

砌体工程冬期施工所用材料应符合下列规定：

（1）石灰膏、电石膏等应防止受冻，如遭冻结，应经融化后使用；

（2）拌制砂浆用砂，不得含有冰块和大于10mm的冻结块；

（3）砌体用砖或其他块材不得遭水浸冻；

（4）砌筑用砖、砌块和石材在砌筑前，应清除表面冰雪、冻霜等；

（5）拌制砂浆宜采用两步投料法，水的温度不得超过80℃，砂的温度不得超过40℃；

（6）砂浆宜优先采用普通硅酸盐水泥拌制，冬期砌筑不得使用无水泥拌制的砂浆。

4. 砂浆的配制及砌筑工艺

（1）砂浆的配制

掺盐砂浆配制时，应按不同负温界限控制掺盐量。当砂浆中氯盐掺量过少，砂浆内会出现大量冻结晶体，水化反应极其缓慢，会降低早期强度。如果氯盐掺量大于10％，砂浆的后期强度会显著降低，同时导致砌体析盐量过大，增大吸湿性，降低保温性能。当气温过低时，可掺用复盐（氯化钠和氯化钙同时掺入）来提高砂浆的抗冻性。不同气温时掺盐砂浆规定的掺盐量见表3-3。

氯盐外加剂掺量（占用水重量％）　　　　　　　　　　　　表3-3

氯盐及砌体材料种类		日最低气温（℃）			
		≥−10	−11～−15	−16～−20	−21～−25
氯化钠（单盐）	砖、砌块	3	5	7	—
	砌　石	4	7	10	—
复盐	氯化钠	砖、砌石	—	—	5	7
	氯化钙		—	—	2	3

注：掺盐量以无水盐计。

冬期施工砂浆试块的留置，除应按常温规定要求外，尚应增留 1 组与砌体同条件养护的试块，测试检验 28d 强度。

砌筑时掺盐砂浆温度使用不应低于 5℃。当设计无要求，且最低气温等于或低于 -15℃ 时，砌体砂浆强度等级应按常温施工提高 1 级；同时应以热水搅拌砂浆；当水温超 60℃ 时，应先将水和砂拌合，然后再投放水泥。

氯盐砂浆中复掺引气型外加剂时，应在氯盐砂浆搅拌的后期掺入。搅拌的时间应比常温季节增加一倍。拌合后砂浆就注意保温。

外加剂溶液应设专人配制，并应先配制成规定浓度溶液置于专用容器中，然后再按规定加入搅拌机中拌制成所需砂浆。

（2）砌筑施工工艺

掺盐砂浆法砌筑砖砌体，应采用"三一"砌砖法进行砌筑，要求砌体灰浆饱满，灰缝厚度均匀，水平缝和垂直缝的厚度和宽度应控制在 8～10mm。

冬期砌筑的砌体，由于砂浆强度增长缓慢，则砌体强度较低。如果一个班次砌体砌筑高度较高，砂浆尚无强度，风荷载稍大时，作用在新砌筑的墙体上易使所砌筑的墙体倾斜失稳或倒塌。冬期墙体采用氯盐砂浆施工时，每日砌筑高度不宜超过 1.2m，墙体留置的洞口，距交接墙处不应小于 500mm。

普通砖、多孔砖和空心砖、混凝土小型空心砌块、加气混凝土砌块和石材在气温高于 0℃ 条件下砌筑时，应浇水湿润。在气温低于 0℃ 条件下，可不浇水，但必须适当增大砂浆的稠度。抗震设计烈度为九度的建筑物，普通砖和空心砖无法浇水湿润时，无特殊措施，不得砌筑。

采用掺盐砂浆法砌筑砌体时，在砌体转角处和内外墙交接处应同时砌筑，对不能同时砌筑而又必须留置的临时间断处，应砌成斜槎，砌体表面不应铺设砂浆层，宜采用保温材料加以覆盖。继续施工前，应先用扫帚扫净砖表面，然后再施工。

采用氯盐砂浆时，砌体中配置的钢筋及钢预埋件，应预先做好防腐处理。目前较简单的处理方法有：涂刷樟丹 2～3 遍；浸涂热沥青；涂刷水泥浆；涂刷各种专用的防腐涂料。处理后的钢筋及预埋件应成批堆放。搬运堆放时，轻拿轻放，不得任意摔扔，防止防腐涂料损伤掉皮。

3.4.2 砌筑工程雨期施工

（1）砖在雨期必须集中堆放，不宜浇水。砌墙时要求干湿砖块合理搭配。砖湿度较大时不可上墙。砌筑高度不宜超过 1.2m。

（2）雨期遇大雨必须停工。砌体停工时应在砖墙顶盖一层干砖，避免大雨冲刷灰浆。大雨过后受雨冲刷过的新砌墙体应翻砌最上面两皮砖。

（3）稳定性较差的窗间墙、独立砖柱，应加设临时支撑或及时浇筑圈梁，以增加墙体稳定性。

（4）砌体施工时，内外墙要尽量同时砌筑，并注意转角及丁字墙间的搭接。遇台风时，应在与风向相对的方向加临时支撑，以保持墙体的稳定。

（5）雨后继续施工，须复核已完工砌体的垂直度和标高。

3.5　砌筑工程的质量及安全技术

3.5.1　砌筑工程的质量要求

1. 砌体施工质量控制等级

砌体施工质量控制等级分为三级，其标准应符合表 3-4 的要求。

砌体施工质量控制等级　　　　　　　　表 3-4

项　目	施工质量控制等级		
	A	B	C
现场质量管理	制度健全，并严格执行；非施工方质量监督人员经常到现场，或现场设有常驻代表；施工方有在岗专业技术管理人员，人员齐全，并持证上岗	制度基本健全，并能执行；非施工方质量监督人员间断地到现场进行质量控制；施工方有在岗专业技术管理人员，并持证上岗	有制度；非施工方质量监督人员很少作现场质量控制；施工方有在岗专业技术管理人员
砂浆、混凝土强度	试块按规定制作，强度满足验收规定，离散性小	试块按规定制作，强度满足验收规定，离散性较小	试块强度满足验收规定，离散性大
砂浆拌合方式	机械拌合；配合比计量控制严格	机械拌合；配合比计量控制一般	机械或人工拌合；配合比计量控制较差
砌筑工人	中级工以上，其中高级工不少于30%	高、中级工不少于70%	初级工以上

注：1. 砂浆、混凝土强度离散性大小根据强度标准差确定；
2. 配筋砌体不得为 C 级施工。

2. 砌体结构工程检验批验收时，其主控项目应全部符合规范规定；一般项目应有80%及以上的抽检处符合规范规定；有允许偏差的项目，最大超差值为允许偏差值的1.5倍。

3. 砌体工程所用的材料应有产品的合格证书、产品性能检测报告。水泥进场时应对其品种、等级、包装或散装仓号、出厂日期等进行检查，并对应其强度、安定性进行复验，其质量必须符合现行国家标准的有关规定。

4. 同一验收批砂浆试块强度平均值≥设计强度等级值的1.10倍；同一验收批砂浆试块抗压强度的最小一组平均值≥设计强度等级值的85%。

5. 基础放线尺寸的允许偏差

砌筑基础前，应校核放线尺寸，允许偏差应符合表 3-5 的规定。

放线尺寸的允许偏差　　　　　　　　表 3-5

长度 L、宽度 B（m）	允许偏差（mm）	长度 L、宽度 B（m）	允许偏差（mm）
L（或 B）≤30	±5	60<L（或 B）≤90	±15
30<L（或 B）≤60	±10	L（或 B）>90	±20

6. 砖砌体应横平竖直，砂浆饱满，上下错缝，内外搭砌，接槎牢固。

7. 砖、小型砌块砌体的允许偏差、检查方法和抽检数量应符合表 3-6 规定。

砖、小型砌块砌体的允许偏差及检验方法、抽检数量 　　　　　表 3-6

项　目			允许偏差(mm)	检查方法	抽检数量
轴线位移			10	用经纬仪和尺或其他测量仪器检查	承重墙、柱全数检查
基础、墙、柱顶面标高			±15	用水平仪和尺检查	不应少于 5 处
墙面垂直度	每层		5	用 2m 托线板检查	不应少于 5 处
	全高	≤10m	10	用经纬仪、吊线和尺或其他测量仪器检查	外墙全部阳角
		>10m	20		
表面平整度	清水墙、柱		5	用 2m 直尺和楔形塞尺检查	不应少于 5 处
	混水墙、柱		8		
水平灰缝平直度	清水墙		7	拉 5m 线和尺检查	不应少于 5 处
	混水墙		10		
门窗洞口高、宽(后塞框)			±10	用尺检查	不应少于 5 处
外墙上下窗口偏移			20	以底层窗口为准，用经纬仪吊线检查	不应少于 5 处
清水墙面游丁走缝(中型砌块)			20	以每层第一皮砖为准，用吊线和尺检查	不应少于 5 处

8. 配筋砌体的构造柱位置及垂直度的允许偏差、检查方法和抽检数量应符合表 3-7 的规定。

配筋砌体的构造柱位置及垂直度的允许偏差 　　　　　表 3-7

项次	项　目			允许偏差(mm)	检查方法	抽检数量
1	柱中心线位置			10	用经纬仪和尺检查或用其他测量仪器检查	每检验批抽查不应少于 5 处
2	柱层间错位			8	用经纬仪和尺检查或用其他测量仪器检查	
3	柱垂直度	每层		10	用 2m 托线板检查	
		全高	≤10m	15	用经纬仪、吊线和尺检查，或用其他测量仪器检查	
			>10m	20		

9. 填充墙砌体一般尺寸的允许偏差、检查方法和抽检数量应符合表 3-8 的规定。

填充墙砌体一般尺寸的允许偏差及检验方法、抽检数量 　　　　　表 3-8

项次	项　目		允许偏差(mm)	检　验　方　法	抽检数量
1	轴线位移		10	用尺检查	每检验批抽查不应少于 5 处
	垂直度(每层)	≤3m	5	用 2m 托线板或吊线、尺检查	
		>3m	10		
2	表面平整度		8	用 2m 靠尺和楔形塞尺检查	
3	门窗洞口高、宽(后塞口)		±10	用尺检查	
4	外墙上、下窗口偏移		20	用经纬仪或吊线检查	

10. 填充墙砌体的砂浆饱满度要求、检验方法和抽检数量应符合表 3-9 的规定。

填充墙砌体的砂浆饱满度及检验方法、抽检数量　　　　　　　　表 3-9

砌体分类	灰缝	饱满度及要求	检验方法	抽检数量
空心砖砌体	水平	≥80%	采用百格网检查块材底面砂浆的粘结痕迹面积	每检验批抽查不应少于5处
	垂直	填满砂浆，不得有透明缝、瞎缝、假缝		
蒸压加气混凝土砌块和轻骨料混凝土小砌块砌体	水平	≥80%		
	垂直	≥80%		

3.5.2　砌筑工程的安全与防护措施

在砌筑操作前，必须检查施工现场各项准备工作是否符合安全要求，如道路是否畅通，机具是否完好牢固，安全设施和防护用品是否齐全，经检查符合要求后才可施工。

施工人员进入现场必须戴好安全帽。砌基础时，应检查和注意基坑土质的变化情况。堆放砖石材料应离开坑边 1m 以上。砌墙高度超过地坪 1.2m 以上时，应搭设脚手架。架上堆放材料不得超过规定荷载值，堆砖高度不得超过三皮侧砖，同一块脚手板上的操作人员不应超过二人。按规定搭设安全网。

不准站在墙顶上做划线、刮缝及清扫墙面或检查大角垂直等工作。不准用不稳固的工具或物体在脚手板上垫高操作。

砍砖时应面向墙面，工作完毕应将脚手板和砖墙上的碎砖、灰浆清扫干净，防止掉落伤人。正在砌筑的墙上不准走人。不准站在墙上做划线、刮缝、吊线等工作。山墙砌完后，应立即安装桁条或临时支撑，防止倒塌。

雨天或每日下班时，应做好防雨准备，以防雨水冲走砂浆，致使砌体倒塌。冬期施工时，脚手板上如有冰霜、积雪，应先清除后才能上架子进行操作。

砌石墙时不准在墙顶或架上修石材，以免振动墙体影响质量或石片掉下伤人。不准徒手移动上墙的石块，以免压破或擦伤手指。不准勉强在超过胸部的墙上进行砌筑，以免将墙体碰撞倒塌或上石时失手掉下造成安全事故。石块不得往下掷。运石上下时，脚手板要钉装牢固，并钉防滑条及扶手栏杆。

对有部分破裂和脱落危险的砌块，严禁起吊；起吊砌块时，严禁将砌块停留在操作人员的上空或在空中整修；砌块吊装时，不得在下一层楼面上进行其他任何工作；卸下砌块时应避免冲击，砌块堆放应尽量靠近楼板两端，不得超过楼板的承重能力；砌块吊装就位时，应待砌块放稳后，方可松开夹具。

凡脚手架、井架、门架搭设好后，须经专人验收合格后方准使用。

复习思考题

1. 简述砌筑用脚手架的作用及基本要求。

2. 简述外脚手架的类型，其构造各有何特点？适用范围怎样？在搭设和使用时应注意哪些问题？

3. 脚手架的支撑体系包括哪些？如何设置？

4. 常用里脚手架有哪些类型？其特点怎样？

5. 脚手架的安全防护措施有哪些内容？

6. 砌筑工程中的垂直运输机械主要有哪些？设置时要满足哪些基本要求？

7. 砌筑用砂浆有哪些种类？适用在什么场合？对砂浆制备和使用有什么要求？砂浆强度检验如何规定？

8. 砌筑用砖有哪些种类？其外观质量和强度指标有什么要求？

9. 砌体工程质量有哪些要求？影响其质量的因素有哪些？

10. 简述毛石基础和砖基础的施工要点。

11. 砖墙砌体主要有哪几种砌筑形式？各有何特点？

12. 简述砖墙砌筑的施工工艺和施工要点。

13. 皮数杆有何作用？如何布置？

14. 何谓"三一砌砖法"？其优点是什么？

15. 如何绘制砌块排列图？简述砌块的施工工艺。

16. 砌筑工程中的安全防护措施有哪些？

教学单元4

混凝土结构工程施工

【教学目标】 通过本单元学习，使学生掌握混凝土结构的施工方法和质量控制方法；掌握混凝土结构的质量验收标准及检测方法。能进行模板设计；能编制混凝土结构工程施工专项方案并能指导施工；能进行混凝土结构工程施工质量控制及验收；能进行混凝土结构工程施工技术交底；能编制混凝土结构工程常见质量通病防治措施及处理方案。

4.1 模板工程施工

模板是使混凝土结构和构件按所要求的几何尺寸成型的模型板。模板系统包括模板和支架系统两大部分，此外尚需适量的紧固连接件。在现浇钢筋混凝土结构施工中，对模板的要求是保证工程结构各部分形状尺寸和相互位置的正确性，具有足够的承载能力、刚度和稳定性，构造简单，装拆方便。接缝不得漏浆，用料经济。模板工程量大，材料和劳动力消耗多。模板及其支架应根据结构形式、荷载大小、地基土类别、施工设备和材料供应条件进行设计。

4.1.1 木模板

木模板一般用多层木（竹）胶合板作为面板，用木方作支撑系统（或内楞）组成。胶合板的规格有 2440mm×1220mm、1830mm×915mm 两种，厚度 12～20mm，经罩面处理后的胶合板，增加了板面耐久性，脱模性能良好，外观平整光滑，适用于清水混凝土工程。支撑系统采用方木或 ϕ48.3×3.6mm 的钢管，其支撑方式和间距取决于所浇筑混凝土结构的受力特点和板条厚度。

1. 基础模板：阶梯形独立基础模板可用 25mm 厚的模板组成（图 4-1），在侧模内侧用定尺的木方做内撑（间距 1000mm，浇筑到位时拔除），以保证构件的形状尺寸准确；在侧模中间拉设双股铁丝（间距为 1000mm），防止胀模。基础模板安装时，要保证混凝土结构和构件各部分形状尺寸及相互位置的准确性，上、下模板不发生相对位移。

2. 柱模板：采用 18mm 厚木（竹）胶合板在木工车间制作，施工现场组拼，背内楞采用 60mm×80mm 方木，柱箍采用 80mm×100mm 方木加固，用 ϕ12 对拉螺栓进行加固（图 4-2）。边角处采用木板条找补，保证楞角方直、美观。

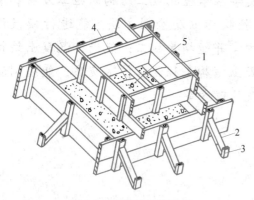

图 4-1　阶梯形基础模板

1—拼板；2—斜撑；3—木桩；4—铁丝；5—内撑

柱底一般有一钉在底部混凝土上的木框，用以固定柱模板底板的位置。柱模板底部开有清理孔，模板顶部根据需要开有与梁模板连接的缺口。为承受混凝土的侧压力和保持模板形状，模板外面要设柱箍。柱箍间距与混凝土侧压力、模板厚度有关。由于柱子底部混凝土侧压力较大，因而柱模板越靠近下部柱箍越密。

3. 梁模板：梁模板由底模板和侧模板等组成（图 4-3），梁侧面板采用 20mm 厚胶合板面板和 60mm×80mm（内楞）现场拼制，用 60mm×80mm 方木斜撑；承重架采用木支撑，由立杆、斜撑和帽木组成。梁底模板承受垂直荷载，一般较厚，下面有支架（琵琶撑）支撑。支架的立柱最好做成可以伸缩的，以便调整高度，底部应支承在坚实的地面，楼面可垫以木板。在多层框架结构施工中，应使上层支架的立柱对准下层支架的立柱。支架间应用水平和斜向拉杆拉牢，以增强整体稳定性，当层间高度大于 5m 时，宜选桁架作模板的支架，以减少支架的数量。梁侧模板主要承受混凝土的侧压力，底部用钉在支架顶部的夹条夹住，顶部可由支承楼板的搁栅或支撑顶住。高大的梁，可在侧板中上位置用铁丝或螺栓相互撑拉。

4. 楼板模板：楼板模板（图 4-3）主要承受竖向荷载，模板面板支承在搁栅上，搁栅支承在梁侧模外的横档上，跨度大的楼板，搁栅中间可以再加支撑作为支架系统。

梁、板模板跨度大于等于 4m 时底模应起拱，如设计无要求时，起拱高度宜为跨度的 1/1000～3/1000。

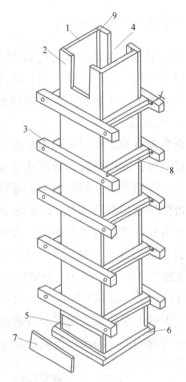

图 4-2　方形柱子的模板

1—内拼板；2—外拼板；3—柱箍；4—梁缺口；5—清理孔；6—木框；7—盖板；8—拉紧螺栓；9—三角板

121

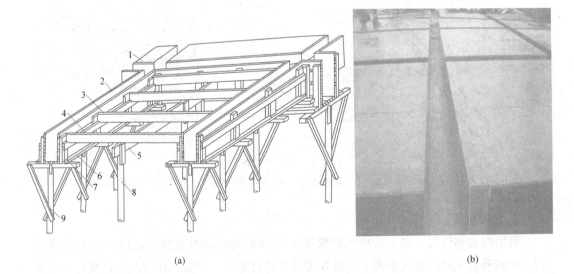

(a)　　　　　　　　　　　　(b)

图 4-3　梁及楼板模板

（a）梁、楼板模板支撑系统；（b）安装完成的梁、楼板模板

1—楼板模板；2—梁侧模板；3—搁栅；4—横档；5—牵档；6—夹条；7—短撑；8—牵杠撑；9—支撑（琵琶撑）

4.1.2　组合钢模板

组合钢模板由钢模板和配件两大部分组成，它可以拼成不同尺寸、不同形状的模板，以适应基础、柱、梁、板、墙施工的需要。组合钢模尺寸适中，轻便灵活，装拆方便，既适用于人工装拆，也可预拼成大模板、台模等，然后用起重机吊运安装。

1. 钢模板

钢模板有通用模板和专用模板两类。通用模板包括平面模板、阴角模板、阳角模板和连接角模；专用模板包括倒棱模板、梁腋模板、柔性模板、搭接模板、可调模板及嵌补模板。我们主要介绍常用的平面模板。平面模板（图 4-4a）由面板、边框、纵横肋构成。边框与面板常用 2.5～3.0mm 厚钢板冷轧冲压整体成型，纵横肋用 3mm 厚扁钢与面板及边框焊成。为便于连接，边框上有连接孔，边框的长向及短向其孔距均一致，以便横竖都能拼接。平模的长度有 1800、1500、1200、900、750、600、450mm 七种规格，宽度有 100～600mm（以 50mm 进级）十一种规格，因而可组成不同尺寸的模板。在构件接头处（如柱与梁接头）及一些特殊部位，可用专用模板嵌补。不足模数的空缺也可用少量木模补缺，用钉子或螺栓将方木与平模边框孔洞连接。阴、阳角模用以成型混凝土结构的阴、阳角，连接角模用作两块平模拼成 90°角的连接件。

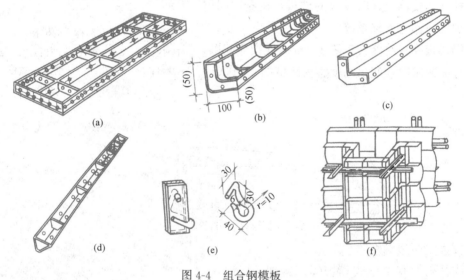

图 4-4　组合钢模板

（a）平模板；（b）阴角模板；（c）阳角膜板；（d）连接角模板；（e）U 形卡；（f）附墙柱模

2. 钢模配板

采用组合钢模时，同一构件的模板展开可用不同规格的钢模作多种方式的组合排列，因而形成不同的配板方案。配板方案对支模效率、工程质量和经济效益都有一定影响。合理的配板方案应满足：钢模块数少，木模嵌补量少，并能使支承件布置简单，受力合理。配板原则如下：

（1）优先采用通用规格及大规格的模板　这样模板的整体性好，又可以减少装拆工作。

（2）合理排列模板 宜以其长边沿梁、板、墙的长度方向或柱的方向排列，以利用长度规格大的钢模，并扩大钢模的支承跨度。如结构的宽度恰好是钢模长度的整倍数量，也可将钢模的长边沿结构的短边排列。模板端头接缝宜错开布置，以提高模板的整体性，并使模板在长度方向易保持平直。

（3）合理使用角模 对无特殊要求的阳角，可不用阳角模，而用连接角模代替。阴角模宜用于长度大的阴角，柱头、梁口及其他短边转角（阴角）处，可用方木嵌补。

（4）便于模板支承件（钢楞或桁架）的布置 对面积较方整的预拼装大模板及钢模端头接缝集中在一条线上时，直接支承钢模的钢楞，其间距布置要考虑接缝位置，应使每块钢模都有两道钢楞支承。对端头错缝连接的模板，其直接支承钢模的钢楞或桁架的间距，可不受接缝位置的限制。

3. 支承件

支承件包括柱箍、梁托架、钢楞、桁架、钢管顶撑及钢管支架。

柱箍可用角钢、槽钢制作，也可采用钢管及扣件组成。

梁侧托架用来支托梁底模和夹模（图4-5a）。梁托架可用钢管或角钢制作，其高度

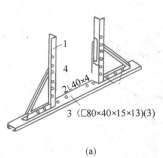
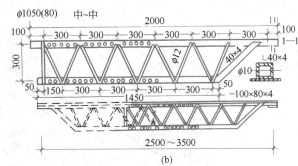

(a)   (b)

图 4-5 托架及支托桁架

(a) 梁托架；(b) 支托桁架

为 500～800mm，宽度达 600mm，可根据梁的截面尺寸进行调整，高度较大的梁，可用对拉螺栓或斜撑固定两边侧模。

支托桁架有整体式和拼接式两种，拼接式桁架可由两个半榀桁架拼接，以适应不同跨度的需要（图4-5b）。

钢管顶撑由套管及插管组成（图4-6），其高度可用插销初调，用螺旋微调。钢管支架由钢管及扣件组成，支架柱可用钢管对接（用对接扣连接）或搭接（用回转扣连接）接长。支架横杆步距为 1000～1800mm。

钢管顶撑或支架支柱可按偏心受压杆计算。

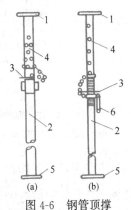

图 4-6 钢管顶撑

(a) 对接扣连接；(b) 回转扣连接

1—顶板；2—套管；3—转盘；

4—插管；5—底板；6—转动手柄

4.1.3　大模板

　　大模板是一种大尺寸的工具式定型模板（图4-7），一般是一块墙面用一两块大模板。因其重量大，需起重机配合装拆进行施工。

　　大模板施工，关键在于模板。一块大模板由面板、加劲肋、竖楞、支撑桁架、稳定机构及附件组成。面板要求平整、刚度好。平整度按普通抹灰质量要求确定。面板我国目前多用钢板和多层板制成。用钢板做面板的优点是刚度大和强度高，表面平滑，所浇筑的混凝土墙面外观好，不需再抹灰，可以直接粉面，模板可重复使用200次以上。缺点是耗钢量大、自重大、易生锈、不保温、损坏后不易修复。钢面板厚度根据加劲肋的布置确定，一般为4～6mm。用12～18mm厚多层板做的面板，用树脂处理后可重复使用50次，重量轻，制作安装更换容易、规格灵活，对于非标准尺寸的大模板工程更为适用。

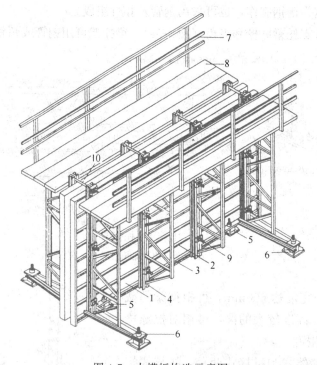

图4-7　大模板构造示意图

1—面板；2—水平加劲肋；3—支撑桁架；4—竖楞；5—调整水平度的螺旋千斤顶；

6—调整垂直度的螺旋千斤顶；7—栏杆；8—脚手板；9—穿墙螺栓；10—固定卡具

　　加劲肋的作用是固定面板，阻止其变形并把混凝土传来的侧压力传递到竖楞上。加劲肋可用6号或8号槽钢，间距一般为300～500mm。

　　竖楞是与加劲肋相连接的竖直部件。它的作用是加强模板刚度，保证模板的几何形状，并作为穿墙螺栓的固定支点，承受由模板传来的水平力和垂直力。竖楞多采用6号或8号槽钢制成，间距一般为1～1.2m。

支撑机构主要承受风荷载和偶然的水平力，防止模板倾覆。用螺栓或竖楞连接在一起，以加强模板的刚度。每块大模板采用2～4榀桁架作为支撑机构，兼做搭设操作平台的支座，承受施工活荷载，也可用大型型钢代替桁架结构。

大模板的附件有操作平台、穿墙螺栓和其他附属连接件。

4.1.4　早拆模板

按照常规的支模方法，现浇楼板施工的模板配置量，一般均需3～4个层段的支柱、龙骨和模板，一次投入最大。采用早拆体系模板，就是根据现行《混凝土结构工程施工质量验收规范》GB 50204—2015对于跨度≤2m跨度的现浇楼盖，其混凝土拆模强度可比跨度>2m、跨度≤8m跨度的现浇楼盖拆模强度减少25%，即达到设计强度的50%即可拆模。早拆体系模板就是通过合理的支设模板，将较大跨度的楼盖，通过增加支承点（支柱），缩小楼盖的跨度（≤2m），从而达到"早拆模板，后拆支柱"的目的。这样，可使龙骨和模板的周转加快。模板一次配置量可减少1/3～1/2。

1. SP-70早拆模板的组成及构造

SP-70早拆模板可用于现浇楼（顶）板结构的模板。由于支撑系统装有早拆柱头，可以实现早期拆除模板、后期拆除支撑（又称早拆模板、后拆支撑），从而大大加快了模板的周转。这种模板也可用于墙、梁模板。

SP-70模板由模板块、支撑系统、拉杆系统、附件和辅助零件组成。

（1）SP-70的模板块：模板块由平面模板块、角模、角铁和镶边件组成。

（2）SP-70的支撑系统：支撑系统由早拆柱头、主梁、次梁、支柱、横撑、斜撑、调节螺栓组成（图4-8）。

早拆柱头是用于支撑模板梁的支拆装置，其承载力约为35.3kN。按照现行混凝土结构工程施工质量验收规范，当跨度小于2m的现

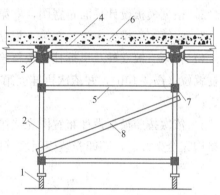

图4-8　支撑系统示意图

1—底脚螺栓；2—支柱；3—早拆
柱头；4—主梁；5—水平支撑；
6—现浇楼板；7—梅花接头；8—斜撑

浇梁、板结构，其拆模强度可大于或等于混凝土设计强度50%的规定，在常温条件下，当楼板混凝土浇筑3～4d后，即可用锤子敲击柱头的支承板，使梁托下落115mm。此时便可先拆除模板梁及模板，而柱顶板仍然支顶着现浇楼板。直到混凝土强度达到规范要求拆模强度为止。早期拆模的原理如图4-9所示。

（3）拉杆系统：用于墙体模板的定位工具，由拉杆、母螺栓、模板块挡片、翼形螺母组成。

（4）附件：用于非标准部位或不符合模数的边角部位，主要有悬臂梁或预制拼条等。

（5）辅助零件：有镶嵌槽钢、楔板、钢卡和悬挂撑架等。

125

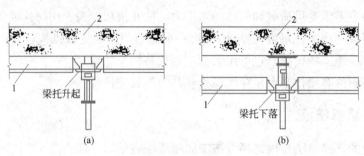

图 4-9　早期拆模原理

(a) 支模；(b) 拆模

1—模板主梁；2—现浇楼板

2. 早拆模板施工工艺

钢框木（竹）组合早拆模板用于楼（顶）板工程的支拆工艺如下：

(1) 支模工艺

1) 根据楼层标高初步调整好立柱的高度，并安装好早拆柱头板。将早拆柱头板托板升起，并用楔片楔紧；

2) 根据模板设计平面布置图，立第一根立柱；

3) 将第一榀模板主梁挂在第一根立柱上（图 4-10a）；

4) 将第二根立柱及早拆柱头板与第一根模板主梁挂好，按模板设计平面布置图将立柱就位（图 4-10b），并依次再挂上第一根模板主梁，然后用水平撑和连接件做临时固定；

5) 依次按照模板设计布置图完成第一个格构的立柱和模板梁的支设工作，当第一个格构完全架好后，随即安装模板块（图 4-10c）；

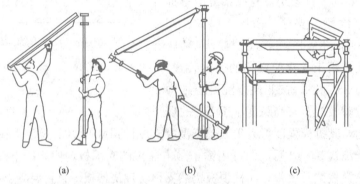

图 4-10　支模示意

(a) 立第一根立柱，挂第一根主梁；(b) 立第二根立柱；

(c) 完成第一格构，随即铺模板块

6) 依次架立其余的模板梁和立柱；

7) 调整立柱垂直，然后用水平尺调整全部模板的水平度；

8) 安装斜撑，将连接件逐个锁紧。

（2）拆模工艺

1）用锤子将早拆柱头板铁楔打下，落下托板。模板主梁随之落下；

2）逐块卸下模板块；

3）卸下模板主梁；

4）拆除水平撑及斜撑；

5）将卸下的模板块、模板主梁、悬挑梁、水平撑、斜撑等整理码放好备用；

6）待楼板混凝土强度达到设计要求后，再拆除全部支撑立柱。

4.1.5　滑升模板

滑升模板是一种工具式模板，最适于现场浇筑高耸的圆形、矩形、筒壁结构。如筒仓、贮煤塔、竖井等。近年来，滑升模板施工技术有了进一步的发展，不但适用浇筑高耸的变截面结构，如烟囱、双曲线冷却塔，而且应用于剪力墙、筒体结构等高层建筑的施工。

滑升模板施工的特点，是在建筑物或构筑物底部，沿其墙、柱、梁等构件的周边组装高1.2m左右的模板，随着在模板内不断浇筑混凝土和不断向上绑扎钢筋的同时，利用一套提升设备，将模板装置不断向上提升，使混凝土连续成型，直到需要浇筑的高度为止。

用滑升模板可以节约大量的模板和脚手架，节省劳动力，施工速度快，工程费用低，结构整体性好；但模板一次投资多，耗钢量大，对建筑的立面和造型有一定的限制。

滑升模板是由模板系统、操作平台系统和提升机具系统三部分组成。模板系统包括模板、围圈和提升架等，它的作用主要是成型混凝土。操作平台系统包括操作平台、辅助平台和外吊脚手架等，是施工操作的场所。提升机具系统包括支承杆、千斤顶和提升操纵装置等，是滑升的动力。这三部分通过提升架连成整体，构成整套滑升模板装置，如图4-11所示。

滑升模板装置的全部荷载是通过提升架传递给千斤顶，再由千斤顶传递给支承杆承受。

千斤顶是使滑升模板装置沿支承杆向上滑升的主要设备，形式很多，目前常用的是HQ-30型液压千斤顶，主要由活塞、缸筒、底座、上卡头、下卡头和排油弹簧等部件组成（图4-12）。它是一种穿心式单作用液压千斤顶，支承杆从千斤顶的中心通过，千斤顶只能沿支承杆向上爬升，不能下降。起重量为30kN，工作行程为30mm。

4.1.6　其他形式的模板

1. 台模

台模是一种大型工具模板，用于浇筑楼板。台模由面板、纵梁、横梁和台架等组成的一个空间组合体。台架下装有轮子，以便移动。有的台模没有轮子，用专用运模车移动。台模尺寸应与房间单位相适应，一般是一个房间一个台模。施工时，先施工内墙墙体，然后吊入台模，浇筑楼板混凝土。脱模时，只要将台架下降，将台模推出墙面放在临时挑台上，用起重机吊至下一单元使用。楼板施工后再安装预制外墙板。

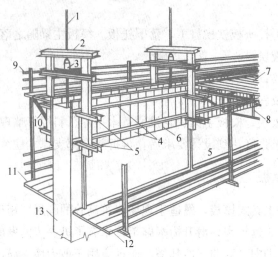

图 4-11　滑升模板组成示意图

1—支承杆；2—提升架；3—液压千斤顶；4—围圈；5—围圈支托；6—模板；7—操作平台；
8—平台桁架；9—栏杆；10—外排三脚架；11—外吊脚手；12—内吊脚手；13—混凝土墙体

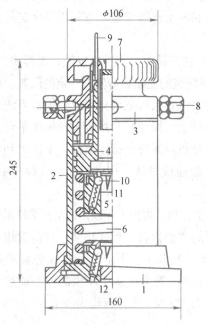

图 4-12　HQ-30 型液压千斤顶

1—底座；2—缸筒；3—缸盖；4—活塞；5—上卡头；
6—排油弹簧；7—行程调整帽；8—油嘴；9—行程
指示杆；10—钢球；11—卡头小弹簧；12—下卡头

目前国内常用台模有用多层板作面板，铝合金型钢加工制成的桁架式台模；用组合钢模板、扣件式钢管脚手架、滚轮组装成的移动式台模。

利用台模浇筑楼板可省去模板的装拆时间，能节约模板材料和降低劳动消耗，但一次性投资较大，且需大型起重机械配合施工。

2. 隧道模

隧道模采用由墙面模板和楼板模板组合成可以同时浇筑墙体和楼板混凝土的大型工具式模板，能将各开间沿水平方向逐间整体浇筑，故施工的建筑物整体性好、抗震性能好、节约模板材料，施工方便。但由于模板用钢量大、笨重、一次投资大等原因，国内较少采用。

3. 永久性模板

永久性模板在钢筋混凝土结构施工时起模板作用，而当浇筑的混凝土结硬后模板不再取出而成为结构本身的组成部分。最先人们就在厚大的水工建筑物上用钢筋混凝土预制薄板作为永久性模板。房屋建筑工程中各种形式的压型钢板（波形、密肋形等）、预应力钢筋混凝土薄板作为永久性模板，已在一些高层建筑楼板施工中推广应用。薄板铺设后稍加支撑，然后在其上铺放钢筋，浇筑混凝土形成楼板，施工简便，效果较好。

模板是钢筋混凝土工程中一个重要组成部分，国内外都很重视，新型模板也不断出现，除上述各种类型模板外，还有各种爬模、提模、简易滑模、装饰模板、塑料模板、塑料模壳和各种专门用途的模板等。

4.1.7 模板设计

模板及其支架应根据工程结构形式、荷载大小、地基土类别、施工设备和材料供应等条件进行设计。模板及其支架应具有足够的承载能力、刚度和稳定性，能可靠地承受浇筑混凝土的重量、侧压力以及施工荷载。

模板及支架设计内容应包括：模板及支架的选型及构造设计；模板及支架上的荷载及其效应计算；模板及支架的承载力、刚度验算；模板及支架的抗倾覆验算；绘制模板及支架施工图。

1. 模板及支架的设计应符合下列规定：

（1）模板及支架的结构设计宜采用以分项系数表达的极限状态设计方法；

（2）模板及支架的结构分析中所采用的计算假定和分析模型，应有理论或试验依据，或经工程验证可行；

（3）模板及支架应根据施工过程中各种受力工况进行结构分析，并确定其最不利的作用效应组合；

（4）承载力计算应采用荷载基本组合；变形验算可仅采用永久荷载标准值。

2. 作用在模板及支架上的荷载标准值：

（1）模板及支架自重（G_1）的标准值应根据模板施工图确定。有梁楼板及无梁楼板的模板及支架自重的标准值，可按表 4-1 采用。

模板及支架的自重标准值（kN/m²）　　　　　表 4-1

项目名称	木模板	定型组合钢模板
无梁楼板的模板及小楞	0.30	0.50
有梁楼板模板（包含梁的模板）	0.50	0.75
楼板模板及支架（楼层高度为 4m 以下）	0.75	1.10

（2）新浇筑混凝土自重（G_2）的标准值宜根据混凝土实际重力密度 γ_c 确定，普通混凝土 γ_c 可取 24kN/m³。

（3）钢筋自重（G_3）的标准值应根据施工图确定。一般梁板结构，楼板的钢筋自重可取 1.1kN/m³，梁的钢筋自重可取 1.5kN/m³。

（4）采用插入式振动器且浇筑速度不大于 10m/h，混凝土坍落度不大于 180mm 时，新浇筑混凝土对模板的侧压力（G_4）的标准值，可按下列公式分别计算，并应取其中的较小值：

$$F=0.28\gamma_c t_0\beta V^{\frac{1}{2}} \tag{4-1}$$

$$F=\gamma_c H \tag{4-2}$$

当浇筑速度大于 10m/h，或混凝土坍落度大于 180mm 时，侧压力（G_4）的标准值可按式（4-2）计算。

式中　F——新浇筑混凝土作用于模板的最大侧压力标准值（kN/m^2）；

　　　γ_c——混凝土的重力密度（kN/m^3）；

　　　t_0——新浇混凝土的初凝时间（h），可按实测确定；当缺乏试验资料时可采用 $t_0=200/(T+15)$ 计算，T 为混凝土的温度（℃）；

　　　β——混凝土坍落度影响修正系数：当坍落度大于 50mm 且不大于 90mm 时，β 取 0.85，坍落度大于 90mm 且不大于 130mm 时，β 取 0.9，坍落度大于 130mm 且不大于 180mm 时，β 取 1.0；

　　　V——浇筑速度，取混凝土浇筑高度（厚度）与浇筑时间的比值（m/h）；

　　　H——混凝土侧压力计算位置处至新浇筑混凝土顶面的总高度（m）。

混凝土侧压力的计算分布图形如图 4-13 所示，图中 $h=F/\gamma_c$。

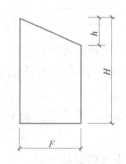

图 4-13　混凝土侧压力分布
h—有效压头高度；
H—模板内混凝土总高度；
F—最大侧压力

（5）施工人员及施工设备产生的荷载（Q_1）的标准值，可按实际情况计算，且不应小于 $2.5kN/m^2$。

（6）混凝土下料产生的水平荷载（Q_2）的标准值可按表 4-2 采用，其作用范围可取为新浇筑混凝土侧压力的有效压头高度 h 之内。

（7）泵送混凝土或不均匀堆载等因素产生的附加水平荷载（Q_3）的标准值，可取计算工况下竖向永久荷载标准值的 2%，并应作用在模板支架上端水平方向。

（8）风荷载（Q_4）的标准值，可按现行国家标准《建筑结构荷载规范》GB 50009—2012 的有关规定确定，基本风压可按 10 年一遇的风压取值，但基本风压不应小于 $0.20kN/m^2$。

3. 模板及支架结构构件承载力计算

混凝土下料产生的水平荷载标准值（kN/m^2）　　　　　　表 4-2

下料方式	水平荷载
溜槽、串筒、导管或泵管下料	2
吊车配备斗容器下料或小车直接倾倒	4

（1）模板及支架结构构件应按短暂设计状况进行承载力计算。

承载力计算应符合下式要求：

$$\gamma_0 S \leqslant \frac{R}{\gamma_R} \tag{4-3}$$

式中　γ_0——结构重要性系数，对重要的模板及支架宜取 $\gamma_0 \geqslant 1.0$，对一般的模板及支架应取 $\gamma_0 \geqslant 0.9$；

　　　S——模板及支架按荷载基本组合计算的效应设计值，可按式（4-4）进行计算；

　　　R——模板及支架结构构件的承载力设计值，应按国家现行有关标准计算；

　　　γ_R——承载力设计值调整系数，根据模板及支架重复使用情况取用，不应小于 1.0。

130

（2）模板及支架的荷载基本组合的效应设计值按下式计算：

$$S = 1.35a\sum S_{G_{ik}} + 1.4\sum \psi_{cj}S_{Q_{jk}} \tag{4-4}$$

式中　$S_{G_{ik}}$——第 i 个永久荷载标准值产生的效应值；

$S_{Q_{jk}}$——第 j 个可变荷载标准值产生的效应值；

a——模板及支架的类型系数：对侧面模板，取 0.9；对底面模板及支架，取 1.0；

ψ_{cj}——第 j 个可变荷载的组合值系数，宜取 $\psi_{cj} \geqslant 0.9$。

（3）模板设计的荷载组合

模板及支架设计时，应根据实际情况计算不同工况下的各项荷载及其组合。模板及支架承载力计算的各项荷载可按表 4-3 确定，并应采用最不利的荷载基本组合进行设计。

参与模板及支架承载力计算的各项荷载

表 4-3

计算内容		参与荷载项
模板	底面模板的承载力	$G_1+G_2+G_3+Q_1$
	侧面模板的承载力	G_4+Q_2
支架	支架水平杆及节点的承载力	$G_1+G_2+G_3+Q_1$
	立杆的承载力	$G_1+G_2+G_3+Q_1+Q_4$
	支架结构的整体稳定	$G_1+G_2+G_3+Q_1+Q_3$
		$G_1+G_2+G_3+Q_1+Q_4$

注：表中的"+"仅表示各项荷载参与组合，而不表示代数相加。

4. 模板及支架的变形验算

模板及支架的变形验算应符合下列规定：

$$\alpha_{fG} \leqslant \alpha_{f,lim} \tag{4-5}$$

式中　α_{fG}——按永久荷载标准值计算的构件变形值；

$\alpha_{f,lim}$——构件变形限值。

模板及支架的变形限值应根据结构工程要求确定，并宜符合下列规定：对结构表面外露的模板，其挠度限值宜取为模板构件计算跨度的 1/400；对结构表面隐蔽的模板，其挠度限值宜取为模板构件计算跨度的 1/250；支架的轴向压缩变形限值或侧向挠度限值，宜取为计算高度或计算跨度的 1/1000。

支架的高宽比不宜大于 3；当高宽比大于 3 时，应加强整体稳固性措施。

5. 支架抗倾覆验算

支架应按混凝土浇筑前和混凝土浇筑时两种工况进行抗倾覆验算。支架的抗倾覆验算应满足下式要求：

$$\gamma_0 M_o \leqslant M_r \tag{4-6}$$

式中　M_o——支架的倾覆力矩设计值，按荷载基本组合计算，其中永久荷载的分项系数取 1.35，可变荷载的分项系数取 1.4；

M_r——支架的抗倾覆力矩设计值，按荷载基本组合计算，其中永久荷载的分项系数取 0.9，可变荷载的分项系数取 1.0。

支架结构中钢构件的长细比不应超过表 4-4 规定的容许值。

支架结构钢构件容许长细比 表 4-4

构件类别	容许长细比
受压构件的支架立柱及桁架	180
受压构件的斜撑、剪刀撑	200
受拉构件的钢杆件	350

采用钢管和扣件搭设的支架设计时应符合：钢管和扣件搭设的支架宜采用中心传力方式；单根立杆的轴力标准值不宜大于 12kN，高大模板支架单根立杆的轴力标准值不宜大于 10kN；立杆顶部承受水平杆扣件传递的竖向荷载时，立杆应按不小于 50mm 的偏心距进行承载力验算，高大模板支架的立杆应按不小于 100mm 的偏心距进行承载力验算；支承模板的顶部水平杆可按受弯构件进行承载力验算；扣件抗滑移承载力验算可按现行行业标准《建筑施工扣件式钢管脚手架安全技术规范》JGJ 130—2011 的有关规定执行。

采用门式、碗扣式、盘扣式或盘销式等钢管架搭设的支架，应采用支架立柱杆端插入可调托座的中心传力方式，其承载力及刚度可按国家现行有关标准的规定进行验算。

【例 1】 某框架结构现浇钢筋混凝土楼板，厚 100mm，其支模尺寸为 3.3m×4.95m，楼层高度为 4.5m，采用组合钢模及钢管支架支模，要求作配板设计及模板结构布置与验算。

【解】 1. 配板方案

若模板以其长边沿 4.95m 方向排列，可列出三种方案：

方案（1）33P3015＋11P3004，两种规格，共 44 块；

方案（2）34P3015＋2P3009＋1P1515＋2P1509，四种规格，共 39 块；

方案（3）35P3015＋1P3004＋2P1515，三种规格，共 38 块。

若模板以其长边沿 3.3m 方向排列，可列出三种方案：

方案（4）16P3015＋32P3009＋1P1515＋2P1509，四种规格，共 51 块；

方案（5）35P3015＋1P3004＋2P1515，三种规格，共 38 块；

方案（6）34P3015＋1P1515＋2P1509＋2P3009，四种规格，共 39 块。

方案（3）及方案（5）模板规格及块数少，比较合宜。方案（1）（图 4-15）错缝排列，刚性好，宜用于预拼吊装的情况，现取方案（3）作模板结构布置及验算的依据。

2. 模板结构布置

模板结构布置如图 4-14 所示，其内外钢楞用矩形钢管 2□60×40×2.5，钢楞截面抵抗矩 $W = 14.58\text{cm}^3$，惯性矩 $I = 43.78\text{cm}^4$，弹性模量 $E = 2 \times 10^5 \text{N/mm}^2$，强度设计值 $f = 210\text{N/mm}^2$，内钢楞间距为 0.75m。外钢楞间距为 1.3m。内外钢楞交点处用 $\phi48 \times 3.5$ 钢管作支架，用搭接接长，各支柱间布置双向水平撑上下两道，并适当布置剪刀撑。

荷载计算

每平方米支承面模板荷载：

模板及配件自重（G_1）　　　　　　500N/m²

新浇筑混凝土自重（G_2）　　　　　2400N/m²

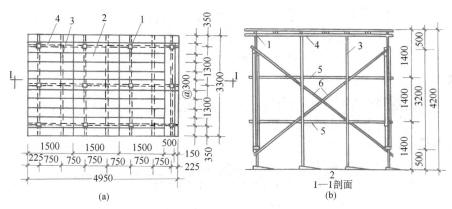

图 4-14　楼板模板的配板及支撑

(a) 配板图；(b) I—I 剖面

1—$\phi48\times3.5$ 钢管支柱；2—钢模板；3—内钢楞；4—外钢楞 2□$60\times40\times2.5$；

5—水平撑 $\phi48\times3.5$；6—剪刀撑 $\phi48\times3.5$

钢筋自重（G_3）	110N/m²
施工荷载（Q_1）	2500N/m²
合计	5510N/m²

3. 模板结构验算

（1）内钢楞验算　内钢楞计算简图如图 4-16 所示，悬臂 $a=0.35$m，内跨长 $l=1.3$m，荷载 $q=5510\times0.75=4132$N/m。

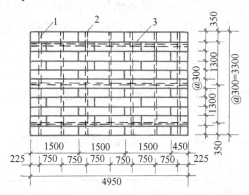

图 4-15　楼板模板按错缝排列的配板图

1—钢模板；2—内钢楞 2□$60\times40\times2.5$；

3—外钢楞 2□$60\times40\times2.5$

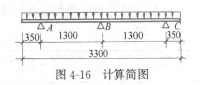

图 4-16　计算简图

支点 A 弯矩 $M_A=(1/2)qa^2=(1/2)\times4132\times0.35^2=253.1$N·m

支点 B 弯矩：

$$M_B=(1/8)ql^2[1-2(a/l)^2]=(1/8)\times4132\times1.3^2[1-2(0.35/1.3)^2]=746\text{N·m}$$

最大抗弯强度验算：

$$Q=\frac{M_B}{W}=\frac{746\times10^2}{14.58\times10^2}=50.8\text{N/mm}^2<f=210\text{N/mm}^2$$

悬臂端挠度：

$$f=\frac{q'al^3}{48EI}\left[-1+6\left(\frac{a}{l}\right)^2+6\left(\frac{a}{l}\right)^3\right]$$

$$q'=(5510-2500)\times0.75=2258\text{N/m}$$

故挠度：

$$f=\frac{2258\times0.35\times1.3\times10^9}{48\times2\times10^5\times43.76\times10^4}\left[-1+6\left(\frac{0.35}{1.3}\right)^2+6\left(\frac{0.35}{1.3}\right)^3\right]=0.17\text{mm}$$

跨内最大挠度：

$$f'=\frac{0.1q'l^4}{24EI}=\frac{0.1\times2258\times1.3^4\times10^9}{24\times2\times10^5\times43.76\times10^4}=0.307\text{mm}$$

$$\frac{f'}{l}=\frac{0.307}{1300}=\frac{1}{4235}\left(<\frac{1}{400}\right)$$

所以满足要求

（2）支柱验算　验算支柱时，模板及支架自重取 1100N/m^2，故水平投影面上每平方米的荷载为 $1100+2400+110+2500=6110\text{N/m}^2$，每一中间支柱所受荷载为 $1.3\times1.5\times6110=11914.5\text{N}=11.9\text{kN}$。当采用 $\phi48\times3.5$ 钢管，用扣件搭接接长，横杆步距为 1.5m 时，每根钢管的容许荷载为 13.3kN，大于支架支柱所受的荷载 11.9kN，故模板及支架安全。

4.1.8　模板拆除

现浇混凝土结构模板的拆除日期，取决于结构的性质、模板的用途和混凝土硬化速度。及时拆模，可提高模板的周转，为后续工作创造条件。如过早拆模，因混凝土未达到一定强度，过早承受荷载会产生变形甚至会造成重大的质量事故。

1. 模板拆除的规定

（1）非承重模板（如侧板），应在混凝土强度能保证其表面及棱角不因拆除模板而受损坏时，方可拆除。

（2）承重模板应在与结构同条件养护的试块达到表 4-5 规定的强度，方可拆除。

整体式结构拆模时所需的混凝土强度　　　　　　　　　　表 4-5

项　次	结构类型	结构跨度(m)	按设计混凝土强度的标准值百分率计(%)
1	板	≤2	50
		>2,≤8	75
		>8	100
2	梁、拱、壳	≤8	75
		>8	100
3	悬臂梁构件		100

（3）在拆除模板过程中，如发现混凝土有影响结构安全的质量问题时，应暂停拆除。经过处理后，方可继续拆除。

（4）已拆除模板及其支架的结构，应在混凝土强度达到设计强度后才允许承受全部计算荷载。当承受施工荷载大于计算荷载时，必须经过核算，加设临时支撑。

2. 拆除模板应注意下列几点

（1）拆模时不要用力过猛，拆下来的模板要及时运走、整理、堆放以便再用。

（2）模板及其支架拆除的顺序及安全措施应按施工技术方案执行。拆模程序一般应是后支的先拆，先拆除非承重部分，后拆除承重部分。一般是谁安谁拆。重大复杂模板的拆除，事先应制定拆模方案。

（3）拆除框架结构模板的顺序，首先是柱模板，然后是楼板底板，梁侧模板，最后梁底模板。拆除跨度较大的梁下支柱时，应先从跨中开始，分别拆向两端。

（4）楼层板支柱的拆除，应按下列要求进行：上层楼板正在浇筑混凝土时，下一层楼板的模板支柱不得拆除，再下一层楼板模板的支柱，仅可拆除一部分；跨度4m及4m以上的梁下均应保留支柱，其间距不大于3m。

（5）拆模时，应尽量避免混凝土表面或模板受到损坏，注意整块板落下伤人。

4.1.9　模板工程施工质量检查验收

在浇筑混凝土之前，应对模板工程进行验收。模板及其支架应具有足够的承载能力、刚度和稳定性，能可靠地承受浇筑混凝土的重量、侧压力以及施工荷载。模板安装和浇筑混凝土时，应对模板及其支架进行观察和维护。发生异常情况时，应按施工技术方案及时进行处理。

模板工程的施工质量检验应按主控项目、一般项目按规定的检验方法进行检验。检验批合格质量应符合下列规定：主控项目的质量经抽样检验合格；一般项目的质量经抽样检验合格；当采用计数检验时，除有专门要求外，一般项目的合格点率应达到80%及以上，且不得有严重缺陷；具有完整的施工操作依据和质量验收记录。

1. 主控项目

（1）模板及支架用材料的技术指标应符合国家现行有关标准的规定。进场时应抽样检验模板和支架材料的外观、规格和尺寸。

检查数量：按国家现行有关标准的规定确定。

检验方法：检查质量证明文件；观察，尺量。

（2）现浇混凝土结构模板及支架的安装质量，应符合国家现行有关标准的规定和施工方案的要求。

检查数量：按国家现行有关标准的规定确定。

检验方法：按国家现行有关标准的规定执行。

（3）后浇带处的模板及支架应独立设置。

检查数量：全数检查。

检验方法：观察。

（4）支架竖杆或竖向模板安装在土层上时，应符合下列规定：

1）土层应坚实、平整，其承载力或密实度应符合施工方案的要求；

2）应有防水、排水措施；对冻胀性土，应有预防冻融措施；

3）支架竖杆下应有底座或垫板。

检查数量：全数检查。

检验方法：观察；检查土层密实度检测报告、土层承载力验算或现场检测报告。

2. 一般项目

(1) 模板安装应符合下列规定：

1) 模板的接缝应严密；模板内不应有杂物、积水或冰雪等；

2) 模板与混凝土的接触面应平整、清洁；

3) 用作模板的地坪、胎膜等应平整、清洁，不应有影响构件质量的下沉、裂缝、起砂或起鼓；

4) 对清水混凝土及装饰混凝土构件，应使用能达到设计效果的模板。

检查数量：全数检查。

检验方法：观察。

(2) 隔离剂的品种和涂刷方法应符合施工方案的要求。隔离剂不得影响结构性能及装饰施工；不得沾污钢筋、预应力筋、预埋件和混凝土接槎处；不得对环境造成污染。

检查数量：全数检查。

检验方法：检查质量证明文件；观察。

(3) 模板的起拱应符合现行国家标准《混凝土结构工程施工规范》GB 50666 的规定，并应符合设计及施工方案的要求。

检查数量：在同一检验批内，对梁，跨度大于 18m 时应全数检查，跨度不大于 18m 时应抽查构件数量的 10%，且不应少于 3 件；对板，应按有代表性的自然间抽查 10%，且不应少于 3 间；对大空间结构，板可按纵、横轴线划分检查面，抽查 10%，且不应少于 3 面。

检验方法：水准仪或尺量。

(4) 现浇混凝土结构多层连续支模应符合施工方案的规定。上下层模板支架的竖杆宜对准竖杆下垫板的设置应符合施工方案的要求。

检查数量：全数检查。

检验方法：观察。

(5) 固定在模板上的预埋件、预留孔和预留洞均不得遗漏，且应安装牢固，其偏差应符合表 4-6 的规定。现浇结构模板安装的偏差及检查方法应符合表 4-7 的规定。

预埋件和预留孔洞的允许偏差   表 4-6

项　　目		允许偏差(mm)
预埋钢板中心线位置		3
预埋管、预留孔中心线位置		3
插　　筋	中心线位置	5
	外露长度	+10, 0
预埋螺栓	中心线位置	2
	外露长度	+10, 0
预留孔	中心线位置	10
	尺　　寸	+10, 0

注：检查中心线位置时，应沿纵、横两个方向量测，并取其中的较大值。

现浇结构模板安装的允许偏差及检验方法　　　　　　　表 4-7

项　　目		允许偏差（mm）	检验方法
轴线位置		5	尺量
底模上表面标高		±5	水准仪或拉线、尺量
截面内部尺　寸	基　础	±10	尺量
	柱、墙、梁	±5	尺量
	楼梯相邻踏步高差	5	尺量
层高垂直度	≤5m	6	经纬仪或吊线、尺量
	>5m	8	经纬仪或吊线、尺量
相邻两板表面高低差		2	尺量
表面平整度		5	2m靠尺和塞尺量测

注：检查轴线位置时，应沿纵、横两个方向量测，并取其中的较大值。

　　检查数量：在同一检验批内，对梁、柱和独立基础，应抽查构件数量的 10%，且不少于 3 件；对墙和板，应按有代表性的自然间抽查 10%，且不少于 3 间；对大空间结构，墙可按相邻轴线间高度 5m 左右划分检查面，板可按纵横轴线划分检查面，抽查 10%，且均不少于 3 面。

　　检验方法：钢尺检查。

　　（6）预制构件模板安装的偏差应符合表 4-8 的规定。

　　检查数量：首次使用及大修后的模板应全数检查；使用中的模板应抽查 10%，且不应少于 5 件，不足 5 件应全数检查。

预制构件模板安装的允许偏差及检验方法　　　　　　　表 4-8

项　　目		允许偏差（mm）	检验方法
长　度	板、梁	±4	尺量两侧边，取其中较大值
	薄腹梁、桁架	±8	
	柱	0，−10	
	墙板	0，−5	
宽　度	板、墙板	0，−5	尺量两端及中部，取其中较大值
	梁、薄腹梁、桁架	+2，−5	
高（厚）度	板	+2，−3	尺量两端及中部，取其中较大值
	墙板	0，−5	
	梁、薄腹梁、桁架、柱	+2，−5	
侧向弯曲	梁、板、柱	$l/1000$ 且≤15	拉线、尺量最大弯曲处
	墙板、薄腹梁、桁架	$l/1500$ 且≤15	
板的表面平整度		3	2m靠尺和塞尺量测
相邻两板表面高低差		1	尺量
对角线差	板	7	尺量两个对角线
	墙板	5	
翘曲	板、墙板	$l/1500$	水平尺在两端量测
设计起拱	梁、薄腹梁、桁架	±3	拉线、尺量跨中

注：l 为构件长度（mm）。

4.2 钢筋工程施工

钢筋混凝土结构及预应力混凝土结构常用的钢材有热轧钢筋、钢绞线、消除应力钢丝和余热处理钢筋四类。

钢筋混凝土结构常用热轧钢筋。热轧钢筋按其强度和表面形状分为光圆钢筋和带肋钢筋，光圆钢筋牌号主要有 HPB300 级；带肋钢筋牌号主要有 HRB400、HRB500、HRBF400、HRBF500 及 RRB400 级；为满足抗震设防结构要求生产的专用带肋钢筋，在牌号后加有字母"F"，其表面轧有专用标志。为便于运输，6～9mm 的钢筋常卷成圆盘，大于 12mm 的钢筋则轧成 6～12m 长的直条。

预应力混凝土结构常用的钢绞线一般由多根高强圆钢丝捻成，有 1×3 和 1×7 两种，其直径在 8.6～15.2mm。消除应力钢丝有刻痕钢丝、光面螺旋肋钢丝两类。其直径在 4～9mm。

钢筋进场应有产品合格证、出厂检验报告，每捆（盘）钢筋均应有标牌，进场钢筋应按国家现行相关标准的规定按进场的批次和产品的抽样检验方案抽取试样作力学性能和重量偏差检验（钢筋理论重量见表 4-9），检验结果必须符合规定后方可使用。钢筋在加工过程中出现脆断、焊接性能不良或力学性能显著不正常等现象时，还应进行化学成分检验或其他专项检验。同时还应进行外观检查，要求钢筋应平直、无损伤，表面不得有裂纹、油污、颗粒状或片状老锈。

钢筋的计算截面面积及理论重量 表 4-9

公称直径（mm）	不同根数钢筋的计算截面面积（mm²）									单根钢筋理论重量（kg/m）
	1	2	3	4	5	6	7	8	9	
6	28.3	57	85	113	142	170	198	226	255	0.222
8	50.3	101	151	201	252	302	352	402	453	0.395
10	78.5	157	236	314	393	471	550	628	707	0.617
12	113.1	226	339	452	565	678	791	904	1017	0.888
14	153.9	308	461	615	769	923	1077	1231	1385	1.21
16	201.1	402	603	804	1005	1206	1407	1608	1809	1.58
18	254.5	509	763	1017	1272	1572	1781	2036	2290	2.00
20	314.2	628	942	1256	1570	1884	2199	2513	2827	2.47
22	380.1	760	1140	1520	1900	2281	2661	3041	3421	2.98
25	490.9	982	1473	1964	2454	2945	3436	3927	4418	3.85
28	615.8	1232	1847	2463	3079	3695	4310	4926	5542	4.83

公称直径（mm）	不同根数钢筋的计算截面面积（mm²）									单根钢筋理论重量（kg/m）
	1	2	3	4	5	6	7	8	9	
32	804.2	1609	2413	3217	4021	4826	5630	6434	7238	6.31
36	1017.9	2036	3054	4072	5089	6107	7125	8143	9161	7.99
40	1256.6	2513	3770	5027	6283	7540	8796	10053	11310	9.87
50	1963.5	3928	5892	7856	9820	11784	13748	15712	17676	15.42

钢筋在运输和储存时，必须保留标牌，并按批分别堆放整齐，避免锈蚀和污染。

钢筋一般在钢筋车间加工，然后运至现场绑扎或安装。其加工过程一般有冷拉、冷拔、调直、剪切、除锈、弯曲、绑扎、焊接等。

4.2.1 钢筋连接

1. 钢筋焊接

采用焊接代替绑扎，可改善结构受力性能，提高工效，节约钢材，降低成本。结构的有些部位，如轴心受拉和小偏心受拉构件中的钢筋接头，应焊接。

钢筋的焊接，应采用闪光对焊、电弧焊、电渣压力焊、电阻点焊和气压焊。钢筋与钢板的T形连接，宜采用埋弧压力焊或电弧焊。

钢筋的焊接质量与钢材的可焊性、焊接工艺有关。在相同的焊接工艺条件下，能获得良好焊接质量的钢材，称其在这种条件下的可焊性好，相反则称其在这种工艺条件下的可焊性差。钢筋的可焊性与其含碳及含合金元素的数量有关。含碳、锰数量增加，则可焊性差；加入适量的钛，可改善焊接性能。焊接参数和操作水平亦影响焊接质量，即使可焊性差的钢材，若焊接工艺适宜，亦可获得良好的焊接质量。

钢筋焊接的接头形式、焊接工艺和质量验收，应符合《钢筋焊接及验收规程》JGJ 18—2012 的规定。

（1）闪光对焊

闪光对焊广泛用于钢筋接长及预应力钢筋与螺丝端杆的焊接。热轧钢筋的焊接宜优先用闪光对焊，条件不可能时才用电弧焊。

钢筋闪光对焊的原理（图 4-17）是利用对焊机使两段钢筋接触，通过低电压的强电流，待钢筋被加热到一定温度变软后，进行轴向加压顶锻，形成对焊接头。

钢筋闪光对焊焊接工艺应根据具体情况选择：钢筋直径较小，可采用连续闪光焊；钢筋直径较大，端面比较平整，宜采用预热闪光焊；端面不够平整，宜采用闪光—预热—

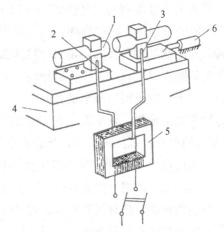

图 4-17 钢筋闪光对焊原理

1—焊接的钢筋；2—固定电极；3—可动电极；

4—机座；5—变压器；6—手动顶压机构

闪光焊。

1）连续闪光焊：这种焊接工艺过程是将待钢筋夹紧在电极钳口上后，闭合电源，使两钢筋端面轻微接触。由于钢筋端部不平，开始只有一点或数点接触，接触面小而电流密度和接触电阻很大，接触点很快熔化并产生金属蒸气飞溅，形成闪光现象。闪光一开始，即徐徐移动钢筋，形成连续闪光过程，同时接头也被加热。待接头烧平、闪去杂质和氧化膜、白热熔化时，随即施加轴向压力迅速进行顶锻，使两根钢筋焊牢。连续闪光焊所能焊接的最大钢筋直径，应随着焊机容量的降低和钢筋级别的提高而减小，见表4-10。

连续闪光焊钢筋上限直径　　　　　　　　　　表 4-10

焊机容量(kVA)	钢筋级别	钢筋直径(mm)
160 (150)	HPB300 HRB400、HRBF400 HRB500、HRBF500	14 20 20
100	HPB300 HRB400、HRBF400 HRB500、HRBF500	14 18 16
80 (75)	HPB300 HRB400、HRBF400	14 12

2）预热闪光焊：施焊时闭合电源后使两钢筋端面交替地接触和分开。这时钢筋端面间隙中即发出断续的闪光，形成预热过程。当钢筋达到预热温度后进入闪光阶段，随后顶锻而成。

3）闪光—预热—闪光焊：在预热闪光焊前加一次闪光过程。目的是使不平整的钢筋端面烧化平整。使预热均匀，然后按预热闪光焊操作。

焊接大直径的钢筋（直径25mm以上），多用预热闪光焊与闪光—预热—闪光焊。

HRB400级钢筋是可焊性差的高强钢筋，宜用强电流进行焊接。焊后再进行通电热处理。通电热处理的目的，是对焊接接头进行一次退火或高温回火处理，以消除热影响区产生的脆性组织，改善接头的塑性。通电热处理的方法是：待接头冷却到300℃（暗黑色）以下，电极钳口调至最大间距，接头居中，重新夹紧。采用较低变压器级数，进行脉冲式通电加热，频率以0.5～1s/次为宜。热处理温度通过试验确定，一般在750～850℃（橘红色）范围内选择，随后在空气中自然冷却。

采用连续闪光焊时，应合理选择调伸长度、烧化留量、顶锻留量以及变压器级数等；采用闪光—预热—闪光焊时，除上述参数外，还应包括一次烧化留量、二次烧化留量、预热留量和预热时间等参数。焊接不同直径的钢筋时，其截面比不宜超过1.5，焊接参数按大直径的钢筋选择。负温下焊接时，由于冷却快，易产生冷脆现象，内应力也大。为此。负温下焊接应减小温度梯度和冷却速度。

钢筋闪光对焊后。除对接头进行外观检查（无裂纹和烧伤、接头弯折不大于4°，接头轴线偏移不大于 1/10 的钢筋直径，也不大于 2mm）外，还应按《钢筋焊接及验收规程》JGJ 18—2012 的规定进行抗拉强度和冷弯试验。

（2）电弧焊

电弧焊是利用弧焊机使焊条与焊件之间产生高温电弧，使焊条和电弧燃烧范围内的焊件熔化，待其凝固，便形成焊缝或接头。钢筋电弧焊可分搭接焊、帮条焊、坡口焊和熔槽帮条焊四种接头形式，其要求见图 4-18。

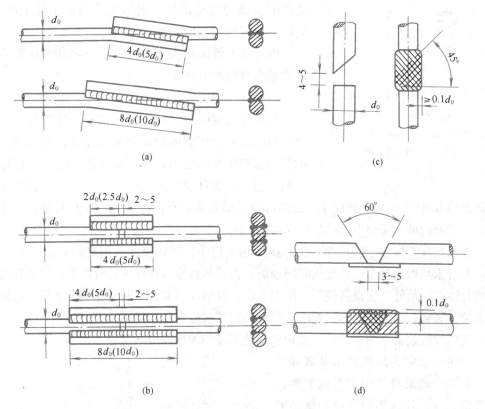

图 4-18　钢筋电弧焊的接头形式
（a）搭接焊接头；（b）帮条焊接头；（c）立焊的坡口焊接头；（d）平焊的坡口焊接头

（3）电渣压力焊

现浇钢筋混凝土框架结构中竖向钢筋的连接，宜采用自动或手工电渣压力焊进行焊接。与电弧焊比较，它工效高、节约钢材、成本低，在高层建筑施工中得到广泛应用。

电渣压力焊设备包括电源、控制箱、焊接夹具、焊剂盒。自动电渣压力焊的设备还包括控制系统及操作箱。焊接夹具（图 4-19）应具有一定刚度，要求坚固、灵巧、上下钳口同心，上下钢筋的轴线最大偏移不得超过 $0.1d$（d 为钢筋直径），同时也不得大于 2mm。焊接时，先将钢筋端部约 120mm 范围内的铁锈除尽，将夹具夹牢在下部钢筋上，并将上部钢筋扶直夹牢于活动电极中，上下钢筋间放一小块导电剂（或钢丝小球），装上药盒，装满焊药，接通电路，用手柄使电弧引燃（引弧）。然后稳弧一定时间使之形成渣池并使钢筋熔化（稳弧），随着钢筋的熔化，用手柄使上部钢筋缓缓下送。稳弧

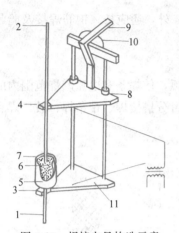

图 4-19 焊接夹具构造示意
1、2—钢筋；3—固定电极；
4—活动电极；5—药盒；6—导电剂；
7—焊药；8—滑动架；9—手柄；
10—支架；11—固定架

时间的长短视电流、电压和钢筋直径而定。如电流850A、工作电压40V左右，$\phi 30$ 及 $\phi 32$ 钢筋的稳弧时间约 50s。当稳弧达到规定时间后，在断电的同时用手柄进行加压顶锻以排除夹渣气泡，形成接头。待冷却一定时间后即拆除药盒，回收焊药，拆除夹具和清除焊渣。引弧、稳弧、顶锻三个过程连续进行。电渣压力焊的参数为焊接电流、渣池电压和焊接通电时间，它们均根据钢筋直径选择。

电渣压力焊的接头，应按规范规定的方法检查外观质量和进行拉力试验。

（4）气压焊

气压焊接钢筋是利用乙炔-氧混合气体燃烧的高温火焰对已有初始压力的两根钢筋端面接合处加热，使钢筋端部产生塑性变形，并促使钢筋端面的金属原子互相扩散，当钢筋加热到约 1250～1350℃（相当于钢材熔点的 0.8～0.9 倍，此时钢筋加热部位呈橘黄色，有白亮闪光出现）时进行加压顶锻，使钢筋内的原子得以再结晶而焊接在一起。

钢筋气压焊接属于热压焊。在焊接加热过程中，加热温度为钢材熔点的 0.8～0.9 倍，钢材未呈熔化液态，且加热时间较短，钢筋的热输入量较少，所以不会出现钢筋材质劣化倾向。另外，它设备轻巧、使用灵活、效率高、节省电能、焊接成本低，可进行全方位（竖向、水平和斜向）焊接，目前已在我国得到推广应用。

气压焊接设备（图 4-20）主要包括加热系统与加压系统两部分。

加热系统中的加热能源是氧和乙炔。系统中的流量计用来控制氧和乙炔的输入量，焊接不同直径的钢筋要求不同的流量。加热器用来将氧和乙炔混合后，从喷火嘴喷出火焰加热钢筋，要求火焰能均匀加热钢筋，有足够的温度和功率并且安全可靠。

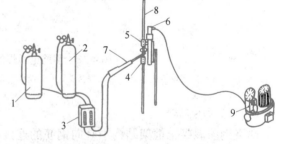

图 4-20 气压焊接设备示意
1—乙炔；2—氧气；3—流量计；4—固定卡具；
5—活动卡具；6—压接器；7—加热器与焊炬；
8—被焊接的钢筋；9—电动油泵

加压系统中的压力源为电动油泵（亦有手动油泵），使加压顶锻时压力平稳。压接器是气压焊的主要设备之一，要求它能准确、方便地将两根钢筋固定在同一轴线上，并将油泵产生的压力均匀地传递给钢筋达到焊接的目的。施工时压接器需反复装拆，要求它重量轻、构造简单和装拆方便。

气压焊接的钢筋要用砂轮切割机断料，不能用钢筋切断机切断，要求端面与钢筋轴线垂直。焊接前应打磨钢筋端面，清除氧化层和污物，使之现出金属光泽，并即喷涂一薄层焊接活化剂保护端面不再氧化。

钢筋加热前先对钢筋施加 30～40MPa 的初始压力，使钢筋端面贴合。当加热到缝隙密合后，上下摆动加热器适当增大钢筋加热范围，促使钢筋端面金属原子互相渗透也便于加压顶锻。加压顶锻的压应力约 34～40MPa，使焊接部位产生塑性变形。直径小于 22mm 的钢筋可以一次顶锻成型，大直径钢筋可以进行二次顶锻。

气压焊的接头，应按规定的方法检查外观质量和进行拉力试验。

2. 钢筋机械连接

钢筋机械连接常用套筒挤压连接、直螺纹套筒连接等形式，是大直径钢筋现场连接的主要方法。

（1）钢筋套筒挤压连接

钢筋套筒挤压连接亦称钢筋套筒冷压连接。它是将需连接的带肋钢筋插入特制钢套筒内，利用液压驱动的挤压机进行侧向加压数道，使钢套筒产生塑性变形，套筒塑性变形后即与带肋钢筋紧密咬合达到连接的效果（图 4-21）。它适用于竖向、横向及其他方向的较大直径带肋钢筋的连接。

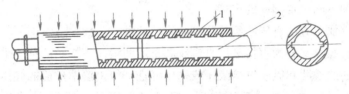

图 4-21　钢筋径向挤压连接原理图
1—钢套筒；2—被连接的钢筋

与焊接相比较，套筒挤压连接的接头强度高，质量稳定可靠，是目前各类钢筋接头中性能最好、质量最稳定的接头形式。挤压连接速度快，一般每台班可挤压 $\phi25$mm 钢筋接头 150～200 个。此外，挤压连接具有节省电能、不受钢筋可焊性能的影响、不受气候影响、无明火、施工简便和接头可靠度高等特点。适用于垂直、水平、倾斜、高空及水下等各方位的钢筋连接，还特别适用于不可焊钢筋及进口钢筋的连接。

采用挤压连接的钢筋必须有资质证明书，性能应符合国际要求。钢套筒必须有材料质量证明书，其技术性能应符合钢套筒质量验收的有关规定。施工前，必须进行现场条件下的挤压连接试验，要求每批材料制作 3 个接头，按照套筒挤压连接质量检验标准规定，合格后，方可进行施工。

钢筋挤压连接的工艺参数，主要是压接顺序、压接力和压接道数。压接顺序从中间逐道向两端压接。压接力要能保证套筒与钢筋紧密咬合，压接力和压接道数取决于钢筋直径、套筒型号和挤压机型号。

钢筋及钢套筒压接之前，要清除钢筋压接部位的铁锈、油污、砂浆等，钢筋端部必须平直，如有弯折扭曲应予以矫直、修磨、锯切，以免影响压接后钢筋接头性能。压接前应在钢筋端部标出能够准确判断钢筋伸入套筒内长度的位置标记。钢套筒必须有明显的压痕位置标记，钢套筒的尺寸必须满足有关标准的要求。压接前应按设备操作说明书有关规定调整设备，检查设备是否正常，调整油浆的压力，根据要压接钢筋的直径，选配相应的压模。如发现设备有异常，必须排除故障后再使用。

（2）钢筋套筒直螺纹连接

钢筋套筒直螺纹连接是将钢筋待连接的端头用滚轧加工工艺滚轧成规整的直螺纹，

图 4-22　钢筋直螺纹连接
1—套筒；2—钢筋

再用相配套的套筒直螺纹将两钢筋相对拧紧，实现连接（图 4-22）。根据钢材冷作硬化的原理，钢筋上滚轧出的直螺纹强度大幅提高，从而使直螺纹接头的抗拉强度一般均可高于母材的抗拉强度。

钢筋套筒直螺纹连接用专用的滚轧螺纹设备加工的钢筋直螺纹质量好，强

度高；钢筋连接操作方便，速度快；钢筋滚丝可在工地的钢筋加工场地预制，不占工期；在施工面上连接钢筋时不用电、不用气、无明火作业，可全天候施工；可用于水平、竖直等各种不同位置钢筋的连接。

钢筋直螺纹加工方法有压肋滚轧和剥肋滚轧两种。

压肋滚轧直螺纹又分为直接滚压直螺纹和挤压肋滚压直螺纹两种。采用专用滚压套丝机，先将钢筋的横肋和纵肋进行滚压或挤压处理，使钢筋滚丝前的柱体达到螺纹加工的圆度尺寸，然后再进行螺纹滚压成型，螺纹经滚压后材质发生硬化，强度约提高 6%～8%，全部直螺纹成型过程由专用滚压套丝机一次完成。

剥肋滚压直螺纹是将钢筋的横肋和纵肋进行剥切处理，使钢筋滚丝前的柱体圆度精度高，达到同一尺寸，然后再进行螺纹滚压成型，从剥肋到滚压直螺纹成型过程由专用套丝机一次完成。剥肋滚压直螺纹的精度高，操作简便，性能稳定，耗材量少。

直螺纹工艺流程为：钢筋平头→钢筋滚压或挤压（剥肋）→螺纹成型→丝头检验→套筒检验→钢筋就位→拧下钢筋保护帽和套筒保护帽→接头拧紧→作标记→施工质量检验。

3. 钢筋绑扎连接

绑扎目前仍为钢筋连接的主要手段之一，尤其是板筋。钢筋绑扎时，应采用铁丝扎牢；板和墙的钢筋网，除外围两行钢筋的相交点全部扎牢外，中间部分交叉点可相隔交错扎牢，保证受力钢筋位置不产生偏移；梁和柱的钢筋应与受力钢筋垂直设置。弯钩叠合处应沿受力钢筋方向错开设置。钢筋绑扎搭接接头的末端与钢筋弯起点的距离，不得小于钢筋直径的 10 倍，接头宜设在构件受力较小处。钢筋搭接处，应在中部和两端用铁丝扎牢。受拉钢筋和受压钢筋的搭接长度及接头位置要符合《混凝土结构工程施工质量验收规范》GB 50204—2015 的规定。

4.2.2　钢筋的配料与代换

1. 钢筋配料

钢筋配料是钢筋工程施工的重要一环，应由识图能力强，熟悉钢筋加工工艺的人员

完成。钢筋加工前应根据设计图纸和会审记录按不同构件编制配料单（表 4-17），然后进行备料加工：

（1）钢筋弯曲调整值计算

钢筋下料长度计算是钢筋配料的关键。设计图中注明的钢筋尺寸是钢筋的外轮廓尺寸（从钢筋外皮到外皮量得的尺寸），称为钢筋的外包尺寸，在钢筋加工时，也按外包尺寸进行验收。钢筋弯曲后的特点是：在钢筋弯曲处，内皮缩短，外皮延伸，而中心线尺寸不变，故钢筋的下料长度即中心线尺寸。钢筋成形后量度尺寸都是沿直线量外皮尺寸；同时弯曲处又成圆弧，因此弯曲钢筋的尺寸大于下料尺寸，两者之间的差值称为"弯曲调整值"，即在下料时，下料长度应用量度尺寸减去弯曲调整值。

钢筋弯曲常用形式及调整值计算简图如图 4-23 所示。

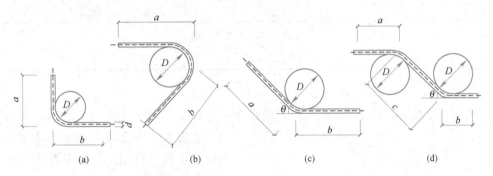

图 4-23 钢筋弯曲常见形式及调整值计算简图

（a）钢筋弯曲 90°；（b）钢筋弯曲 135°；（c）钢筋一次弯曲 30°、45°、60°；（d）钢筋弯起 30°、45°、60°

a、b—量度尺寸

1）钢筋弯曲直径的有关规定

① 受力钢筋的弯钩和弯弧规定：

HPB300 级钢筋末端应作 180°弯钩，弯弧内直径 $D \geq 2.5d$（钢筋直径），弯钩的弯后平直部分长度 $\geq 3d$；当设计要求钢筋末端作 135°弯折时，HRB400 级钢筋的弯弧内直径 $D \geq 4d$，弯钩的弯后的平直部分长度应符合设计要求；钢筋作不大于 90°的弯折时，弯折处的弯弧内直径 $D \geq 5d$。

② 箍筋的弯钩和弯弧规定：除焊接封闭环式箍筋外，箍筋末端应作弯钩，弯钩形式应符合设计要求；当设计无要求时，应符合下面规定：箍筋弯钩的弯弧内直径除应满足上述中的规定外，尚应不小于受力钢筋直径；箍筋弯钩的弯折角度，对一般结构，不应小于 90°；对有抗震要求的结构，应为 135°；箍筋弯后平直部分的长度，对一般结构；不宜小于箍筋直径的 5 倍；对有抗震要求的结构，不应小于箍筋直径的 10 倍。

2）钢筋弯折各种角度时的弯曲调整值计算

① 钢筋弯折各种角度时的弯曲调整值：弯起钢筋弯曲调整值的计算简图见图 4-23（a）、图 4-23（b）、图 4-23（c）；钢筋弯折各种角度时的弯曲调整值计算式及取值见表 4-11。

② 弯起钢筋弯曲 30°、45°、60°的弯曲调整值：弯起钢筋弯曲调整值的计算简图见图 4-23（d）；弯起钢筋弯曲调整值计算式及取值见表 4-12。

钢筋弯折各种角度时的弯曲调整值 表 4-11

弯折角度	钢筋级别	弯曲调整值δ		弯弧直径
		计算式	取值	
30°	HPB300 HRB400	$\delta=0.006D+0.274d$	0.3d	D=5d
45°		$\delta=0.022D+0.436d$	0.55d	
60°		$\delta=0.054D+0.631d$	0.9d	
90°		$\delta=0.215D+1.215d$	2.29d	
135°	HPB300 HRB400	$\delta=0.822D-0.178d$	0.38d 0.11d	D=2.5d D=4d

弯起钢筋弯曲 30°、45°、60°的弯曲调整值 表 4-12

弯折角度	钢筋级别	弯曲调整值δ		弯弧直径
		计算式	取值	
30°	HPB300 HRB400	$\delta=0.012D+0.28d$	0.34d	D=5d
45°		$\delta=0.043D+0.457d$	0.67d	
60°		$\delta=0.108D+0.685d$	1.23d	

③ 钢筋 180°弯钩长度增加值

根据规范规定，HPB300 级钢筋两端作 180°弯钩，其弯曲直径 $D=2.5d$，平直部分长度为 3d，如图 4-24 所示。度量方法为以外包尺寸度量，其每个弯钩长度增加值为 6.25d。

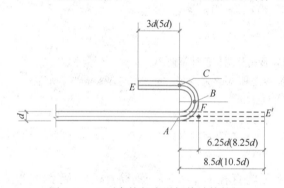

图 4-24　180°弯钩长度增加值计算简图

箍筋作 180°弯钩时，其平直部分长度为 5d，则其每个弯钩增加长度为 8.25d。

（2）钢筋下料长度计算

1）一般钢筋下料长度计算

① 直钢筋下料长度＝构件长度－混凝土保护层厚度＋弯钩增加长度（混凝土保护层厚度按教材规定查用）。

② 弯起钢筋下料长度＝直段长度＋斜段长度－弯曲调整值＋弯钩增加长度

③ 箍筋下料长度＝直段长度＋弯钩增加长度－弯曲调整值

或：箍筋下料长度＝箍筋周长＋箍筋长度调整值

④ 曲线钢筋（环形钢筋、螺旋箍筋、抛物线钢筋等）下料长度＝钢筋长度计算值＋弯钩增加长度

2）箍筋弯钩增加长度计算

由于箍筋弯钩形式较多，下料长度计算比其他类型钢筋较为复杂，常用的箍筋形式见图 4-25，箍筋的弯钩形式有三种，即半圆弯（180°）、直弯钩（90°）、斜弯钩（135°）；

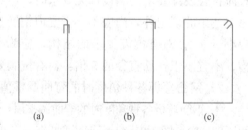

图 4-25　常用的箍筋形式

(a) 90°/180°箍筋；(b) 90°/90°箍筋；

(c) 135°/135°箍筋

图 4-25（a）、图 4-25（b）是一般形式箍筋，图 4-25（c）是有抗震要求和受扭构件的箍筋。不同箍筋形式弯钩长度增加值计算见表 4-13；不同形式箍筋下料长度计算式见表 4-14。

箍筋弯钩增加长度计算 表 4-13

弯钩形式	箍筋弯钩增加长度计算公式 (I_z)	平直段长度 I_p	箍筋弯钩增加长度取值 (I_z)
			HPB300
半圆弯钩(180°)	$I_z=1.071D+$ $0.57D+I_p$	$5d$	$9.1d$
直弯钩(90°)	$I_z=0.285D+$ $0.215D+I_p$	$5d$	$7.5d$
斜弯钩(135°)	$I_z=0.678D+$ $0.178D+I_p$	$10d$	$12d$

注：表中 90°弯钩：HPB300 级钢筋均取 $D=5d$；135°、180°弯钩 HPB300 级钢筋取 $D=2.5d$。

箍筋下料长度计算式 表 4-14

序号	简 图	钢筋级别	弯钩类型	下料长度计算式 l_x
1			180°/180°	$l_x=a+2b+(6-2\times2.29+2\times8.25)d$ 或：$l_x=a+2b+17.9d$
2			90°/180°	$l_x=2a+2b+(8-3\times2.29+8.25+6.2)d$ 或：$l_x=2a+2b+15.6d$
3		HPB300 级	90°/90°	$l_x=2a+2b+(8-3\times2.29+2\times6.2)d$ 或：$l_x=2a+2b+13.5d$
4			135°/135°	$l_x=2a+2b+(8-3\times2.29+2\times12)d$ 或：$l_x=2a+2b+25.1d$
5				$l_x=(a+2b)+(4-2\times2.29)d$ 或：$l_x=a+2b+0.6d$
6			90°/90°	$l_x=(2a+2b)+(8-3\times2.29+2\times6.2)d$ 或：$l_x=2a+2b+13.5d$

（3）钢筋配料单及料牌的填写

1）钢筋配料单的作用及形式

钢筋配料单是根据施工设计图纸标定钢筋的品种、规格及外形尺寸、数量进行编号，并计算下料长度，用表格形式表达的技术文件。

① 钢筋配料单的作用：钢筋配料单是确定钢筋下料加工的依据，是提出材料计划，签发施工任务单和限额领料单的依据，它是钢筋施工的重要工序，合理的配料单，能节约材料、简化施工操作。

② 配料单的形式：钢筋配料单一般用表格的形式反映，其内容由构件名称、钢筋编号、钢筋简图、尺寸、钢号、数量、下料长度及重量等内容组成，见表4-15。

钢筋配料单 表4-15

构件名称	钢筋编号	简 图	直径（mm）	钢筋级别	下料长度（mm）	单位根数	合计根数	重量（kg）
L1梁共5根	①	6190	10	φ	6315	2	10	39.0
	②	250 6190	25	Φ	6575	2	10	253.1
	③	250 265 4560 777	25	Φ	6962	2	10	266.1
	④	550 200	6	φ	1701	32	160	107.5

2）钢筋配料单的编制方法及步骤

① 熟悉构件配筋图，弄清每一编号钢筋的直径、规格、种类、形状和数量，以及在构件中的位置和相互关系。

② 绘制钢筋简图。

③ 计算每种规格的钢筋下料长度。

④ 填写钢筋配料单。

⑤ 填写钢筋料牌。

3）钢筋的标牌与标识

钢筋除填写配料单外，还需将每一编号的钢筋制作相应的标牌与标识，也即料牌，作为钢筋加工的依据，并在安装中作为区别、核实工程项目钢筋的标志。钢筋料牌的形式见图4-26。

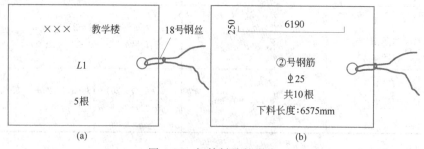

图4-26 钢筋料牌的形式

（a）正面；（b）背面

【例2】 某教学楼第一层楼共有5根L1梁，梁的钢筋如图4-27所示，梁混凝土保护层厚度取25mm，箍筋为135°斜弯钩，试编制该梁的钢筋配料单（HRB300级钢筋未

148

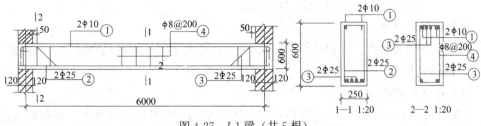

图 4-27 L1梁（共 5 根）

端为 90°弯钩，弯起直段长度 250mm）。

【解】

（1）熟悉构件配筋图，绘出各钢筋简图见表 4-15；

（2）计算各钢筋下料长度：

①号钢筋为 HPB300 级钢筋，两端需作 180°弯钩，每个弯钩长度增加值为 6.25d，端头保护层厚 25mm，则钢筋外包尺寸为：6240－2×25＝6190mm，钢筋下料长度＝构件长－两端保护层厚度＋弯钩增加长度

①号钢筋下料长度＝6190＋2×6.25×10＝6190＋125＝6315mm。

②号钢筋为 HRB300 级钢筋（钢筋下料长度计算式同前），钢筋弯折调整值查表 4-12，弯折 90°时取 2.29d；下料长度为：6240－2×25＋2×250－2×2.29d＝6190＋500－115＝6575mm。

③号钢筋为弯起钢筋，钢筋下料长度计算式为：

弯起钢筋下料长度＝直段长度＋斜段长度－弯曲调整值＋弯钩增加长度

分段计算其长度：

端部平直段长＝240＋50－25＝265mm；

斜段长＝（梁高－2 倍保护层厚度）×1.41＝（600－2×25）×1.41＝550×1.41＝777（mm），（1.414 是钢筋弯 45°斜长增加系数）；

中间直线段长＝6240－2×25－2×265－2×550＝6240－1680＝4560mm。

HRB300 级钢筋锚固长度为 250mm，末端无弯钩，钢筋的弯曲调整值查表 4-14，弯起 45°时取 0.67d；钢筋的弯折调整值查表 4-13，弯折 90°时取 2.29d；钢筋下料长度为：

2×（250＋265＋777）＋4560－4×0.67d－2×2.29d＝7144－182＝6962mm。

④号钢筋为箍筋（按表 4-14，计算式为：l_x＝2a＋2b＋25.1d），钢筋下料长度计算式为：

箍筋下料长度＝直段长度＋弯钩增加长度－弯曲调整值

箍筋两端做 135°斜弯钩，查表 4-16，弯钩增加值取 25.1d，箍筋内包尺寸为：

宽度＝250－2×25＝200mm

高度＝600－2×25＝550mm

④号箍筋的下料长度＝2（200＋550）＋25.1d＝1500＋25.1×8＝1701mm

箍筋数量＝（构件长－两端保护层）÷箍筋间距＋1

＝（6240－2×25）÷200＋1＝6190÷200＋1

149

=30.95＋1＝31.95，取 32 根。

计算结果汇总于表 4-17。

（3）填写钢筋料牌，如图 4-26 所示。图中仅填写了④号钢筋的料牌，其余同此。

2. 钢筋代换

（1）钢筋代换原则

在施工中，已确认工地不可能供应设计图要求的钢筋品种和规格时，在征得设计单位的同意并办理设计变更文件后，才允许根据库存条件进行钢筋代换。代换前，必须充分了解设计意图、构件特征和代换钢筋性能，严格遵守国家现行设计规范和施工验收规范及有关技术规定。代换后，仍能满足各类极限状态的有关计算要求以及配筋构造规定，如：受力钢筋和箍筋的最小直筋、间距、锚固长度、配筋百分率以及混凝土保护层厚度等。一般情况下，代换钢筋还必须满足截面对称的要求。

梁内纵向受力钢筋与弯起钢筋应分别进行代换，以保证正截面与斜截面强度。偏心受压构件或偏心受拉构件（如框架柱、承受吊车荷载的柱、屋架上弦等）钢筋代换时，应按受力方向（受压或受拉）分别代换，不得取整个截面配筋量计算。吊车梁等承受反复荷载作用的构件，必要时，应在钢筋代换后进行疲劳验算。同一截面内配置不同种类和直径的钢筋代换时，每根钢筋拉力差不宜过大（同类型钢筋直径差一般不大于5mm），以免构件受力不匀。钢筋代换应避免出现大材小用，优材劣用，或不符合专料专用等现象。钢筋代换后，其用量不宜大于原设计用量的 5％，也不应低于原设计用量的 2％。

对抗裂性要求高的构件（如吊车梁，薄腹梁、屋架下弦等），不宜 用 HPB300 级钢筋代换 HRB400 级带肋钢筋，以免裂缝开展过宽。当构件受裂缝宽度控制时，代换后应进行裂缝宽度验算。如代换后裂缝宽度有一定增大（但不超过允许的最大裂缝宽度），还应对构件作挠度验算。

进行钢筋代换的效果，除应考虑代换后仍能满足结构各项技术性能要求之外，同时还要保证用料的经济性和加工操作的方便。

（2）钢筋代换方法

1）等强度代换

当结构构件按强度控制时，可按强度相等的原则代换，称"等强度代换"。即代换前后钢筋的"钢筋抗力"不小于施工图纸上原设计配筋的钢筋抗力。

即：

$$A_{s2}f_{y2} \geqslant A_{s1}f_{y1} \tag{4-7}$$

将圆面积公式：$A_s = \dfrac{\pi d^2}{4}$ 代入式（4-7），有：

$$n_2 d_2^2 f_{y1} \geqslant n_1 d_1^2 f_{y1} \tag{4-8}$$

当原设计钢筋与拟代换的钢筋直径相同时（$d_1 = d_2$）：

$$n_2 f_{y1} \geqslant n_1 f_{y1} \tag{4-9}$$

当原设计钢筋与拟代换的钢筋级别相同时（即 $f_{y1} = f_{y2}$）：

$$n_2 d_2^2 \geqslant n_1 d_1^2 \tag{4-10}$$

式中　　f_{y1}、f_{y2}——分别为原设计钢筋和拟代换用钢筋的抗拉强度设计值（N/mm^2）；

　　　　A_{s1}、A_{s2}——分别为原设计钢筋和拟代换钢筋的计算截面面积（mm^2）；

　　　　n_1、n_2——分别为原设计钢筋和拟代换钢筋的根数（根）；

　　　　d_1、d_2——分别为原设计钢筋和拟代换钢筋的直径（mm）；

　$A_{s1}f_{y1}$、$A_{s2}f_{y2}$——分别为原设计钢筋和拟代换钢筋的钢筋抗力（N）。

2）等面积代换

当构件换最小配筋率配筋时，可按钢筋面积相等的原则进行代换，称为"等面积代换"。

即：

$$A_{s1} = A_{s2} \tag{4-11}$$

151

或：

$$n_2 d_2^2 \geqslant n_1 d_1^2$$

式中　A_{s1}、n_1、d_1——分别为原设计钢筋的计算截面面积（mm^2），根数，直径（mm）；

　　　A_{s2}、n_2、d_2——分别为拟代换钢筋的计算截面面积（mm^2），根数，直径（mm）。

3）当构件受裂缝宽度或抗裂性要求控制时，代换后应进行裂缝或抗裂性验算。代换后，还应满足构造方面的要求（如钢筋间距、最少直径、最少根数、锚固长度、对称性等）及设计中提出的其他要求。

4.2.3　钢筋的加工

钢筋的加工包括调直、除锈、切断、接长、弯曲等工作。

钢筋调直宜采用机械方法调直。调直后钢筋的应进行力学性能和重量偏差的检验，其强度应符合有关标准的规定。

钢筋的表面应洁净，油渍、漆污和用锤敲击时能剥落的浮皮、铁锈等应在使用前清除干净。在焊接前，焊点处的水锈应清除干净。钢筋的除锈，宜在钢筋冷拉或钢丝调直过程中进行，这对大量钢筋的除锈较为经济省工。用机械方法除锈，如采用电动除锈机除锈，对钢筋的局部除锈较为方便。手工（用钢丝刷、砂盘）喷砂和酸洗等除锈，由于费工费料，现已很少采用。

钢筋下料时须按下料长度切断。钢筋切断可采用钢筋切断机或手动切断器。手动切断器一般只用于小于$\phi12$的钢筋；钢筋切断机可切断小于$\phi40$的钢筋。切断时根据下料长度统一排料；先断长料，后断短料；减少短头，减少损耗。

钢筋下料之后，应按钢筋配料单进行划线，以便将钢筋准确地加工成所规定的尺寸。当弯曲形状比较复杂的钢筋时，可先放出实样，再进行弯曲。钢筋弯曲宜采用弯曲机，弯曲机可弯$\phi6\sim\phi40$的钢筋。小于$\phi25$的钢筋当无弯曲机时，也可采用板钩弯曲。目前钢筋弯曲机着重承担弯曲粗钢筋。为了提高工效，工地常自制多头弯曲机（一个电动机带动几个钢筋弯曲盘）以弯曲细钢筋。

加工钢筋的允许偏差：受力钢筋顺长度方向全长的净尺寸偏差不应超过±10mm；

弯起筋的弯折位置偏差不应超过±20mm；箍筋外廓尺寸偏差不应超过5mm。

4.2.4 钢筋的绑扎与安装

钢筋绑扎、安装前，应先熟悉图纸，核对钢筋配料单和钢筋加工牌，研究与有关工种的配合，确定施工方法。

钢筋的接长、钢筋骨架或钢筋网的成型应优先采用焊接或机械连接，如不能采用焊接（如缺乏电焊机或焊机功率不够）或骨架过大过重不便于运输安装时，可采用绑扎的方法。钢筋绑扎一般采用20～22号钢丝，钢丝过硬时，可经退火处理。绑扎时应注意钢筋位置是否准确，绑扎是否牢固，搭接长度及绑扎点位置是否符合规范要求。板和墙的钢筋网，除靠近外围两行钢筋的相交点全部扎牢外，中间部分的相交点可相隔交错扎牢，但必须保证受力钢筋不位移。双向受力的钢筋，须全部扎牢；梁和柱的箍筋，除设计有特殊要求时，应与受力钢筋垂直设置。箍筋弯钩迭合处，应沿受力钢筋方向错开设置；柱中的竖向钢筋搭接时，角部钢筋的弯钩应与模板成45°（多边形柱为模板内角的平分角，圆形柱应与模板切线垂直）；弯钩与模板的角度最小不得小于15°。

当受力钢筋采用机械连接接头或焊接接头时，设置在同一构件内的接头宜相互错开。同一构件中相邻纵向受力钢筋的绑扎搭接接头宜相互错开。钢筋搭接处，应在中心和两端用铁丝扎牢。在受拉区域内，HPB300级钢筋绑扎接头的末端应做弯钩。绑扎搭接接头中钢筋的横向净距不应小于钢筋直径，且不应小于25mm；钢筋绑扎搭接接头连接区段的长度为$1.3l_i$（l_i为搭接长度），凡搭接接头中点位于该连接区段长度内的搭接接头均属于同一连接区段。同一连接区段内，纵向钢筋搭接接头面积百分率为该区段内有搭接接头的纵向受力钢筋截面面积与全部纵向受力钢筋截面面积的比值；同一连接区段内，纵向受拉钢筋搭接接头面积百分率应符合规范要求。

钢筋绑扎搭接长度按下列规定确定：

（1）纵向受力钢筋绑扎搭接接头面积百分率不大于25％时，其最小搭接长度应符合表4-16的规定。

纵向受拉钢筋的最小搭接长度 表4-16

钢筋类型		混凝土强度等级			
		C15	C20～C25	C30～C35	≥C40
光圆钢筋	HPB300级	45d	35d	30d	25d
带肋钢筋	HRB400级、RRB400级	—	55d	40d	35d

注：两根直径不同钢筋的搭接长度，以较细钢筋的直径计算。

（2）当纵向受拉钢筋搭接接头面积百分率大于25％，但不大于50％时，其最小搭接长度应按表4-16中的数值乘以系数1.2取用；当接头面积百分率大于50％时，应按

表 4-16 中的数值乘以系数 1.35 取用。

(3) 纵向受拉钢筋的最小搭接长度根据前述 (1)、(2) 条确定后,在下列情况时还应进行修正:带肋钢筋的直径大于 25mm 时,其最小搭接长度应按相应数值乘以系数 1.1 取用;对环氧树脂涂层的带肋钢筋,其最小搭接长度应按相应数值乘以系数 1.25 取用;当在混凝土凝固过程中受力钢筋易受扰动时(如滑模施工),其最小搭接长度应按相应数值乘以系数 1.1 取用;对末端采用机械锚固措施的带肋钢筋,其最小搭接长度可按相应数值乘以系数 0.7 取用;当带肋钢筋的混凝土保护层厚度大于搭接钢筋直径的 3 倍且配有箍筋时,其最小搭接长度可按相应数值乘以系数 0.8 取用;对有抗震设防要求的结构构件,其受力钢筋的最小搭接长度对一、二级抗震等级应按相应数值乘以系数 1.15 采用;对三级抗震等级应按相应数值乘以系数 1.05 采用。

(4) 纵向受压钢筋搭接时,其最小搭接长度应根据 (1)~(3) 条的规定确定相应数值后,乘以系数 0.7 取用。

(5) 在任何情况下,受拉钢筋的搭接长度不应小于 300mm,受压钢筋的搭接长度不应小于 200mm。

在梁、柱类构件的纵向受力钢筋搭接长度范围内,应按设计要求配置箍筋。

钢筋安装或现场绑扎应与模板安装相配合。柱钢筋现场绑扎时,一般在模板安装前进行,柱钢筋采用预制安装时,可先安装钢筋骨架,然后安装柱模板,或先安装三面模板,待钢筋骨架安装后,再钉第四面模板。梁的钢筋一般在梁模板安装后,再安装或绑扎;断面高度较大(>600mm),或跨度较大、钢筋较密的大梁,可留一面侧模,待钢筋安装或绑扎完后再钉。楼板钢筋绑扎应在楼板模板安装后进行,并应按设计先画线,然后摆料、绑扎。

钢筋保护层应按设计或规范的要求正确确定。在钢筋与模板之间常用塑料卡来控制保护层厚度。塑料卡应布置成梅花形,其相互间距不大于 1m。上下双层钢筋之间的尺寸,可绑扎短钢筋或设置撑脚来控制。

4.2.5 植筋施工

植筋技术是在需连接的旧混凝土构件上根据结构的受力特点,确定钢筋的数量、规格、位置,在旧构件上经过钻孔、清孔、注入植筋粘结剂,再插入所需钢筋,使钢筋与混凝土通过结构胶粘结在一起,然后浇筑新混凝土,从而完成新旧钢筋混凝土的有效连接,达到共同作用、整体受力的目的。

由于在钢筋混凝土结构上植筋锚固已不必再进行大量的开凿挖洞,而只需在植筋部位钻孔后,利用化学锚固剂作为钢筋与混凝土的粘合剂就能保证钢筋与混凝土的良好粘接,从而减轻对原有结构构件的损伤,也减少了加固改造工程的工程量,又因植筋胶对钢筋的锚固力,使锚杆与基材有效地锚固在一起,产生的粘接强度与机械咬合力来承受受拉载荷,当植筋达到一定的锚固深度后,植入的钢筋就具有很强的抗拉力,从而保证了锚固强度。作为一种新型的加固技术,植筋方法具有工艺简单、工期短、造价省、操作方便、劳动强度低、质量易保证等优点。适用于竖直孔、水平孔、倒垂孔。因此被广泛应用于建筑结构加固及混凝土的补强工程中。

1. 植筋施工工艺流程

植筋施工工艺流程为：弹线定位→钻孔→清孔→钢筋处理→注胶→植筋→固化养护→检验→绑钢筋浇筑

2. 施工要点

（1）弹线定位　按设计图纸的要求，标示出植筋钻孔的位置、型号，若基体上存在受力钢筋，钻孔位置可适当调整，避免钻孔时钻到原有钢筋；植筋宜植在箍筋内侧（对梁、柱）或分布筋内侧（对板、剪力墙）。

（2）钻孔　钻孔使用配套冲击电钻。钻孔时，如遇不可切断钢筋应调整孔位避开；钻孔直径为所植钢筋直径 $d+(4\sim10)$ mm（小直径钢筋取低值，大直径钢筋取高值）；孔洞间距与孔洞深度应满足设计要求。

（3）清孔　钻孔完毕，检查孔深、孔径合格后先用吹气泵清除孔洞内粉尘等，再用清孔刷清孔，要经多次吹刷完成，直至孔内无灰尘，将孔口临时封闭。若有废孔，清净后用植筋胶填实。清孔时，不能用水冲洗，以免残留在孔中的水分削弱粘合剂的作用。

（4）钢筋处理　用角磨机或钢丝轮片将钢筋锚固长度范围的铁锈应清除干净，并打磨出金属光泽。

（5）注胶

1）植筋用胶的配制　植筋用胶粘剂已把由两个不同化学组分在使用前按一定比例配制而成，配制比例必须严格按产品说明书配制。配胶宜采用机械搅拌，搅拌器可由电锤和搅拌齿组成，搅拌齿可采用电锤钻头端部焊接十字形 φ14 钢筋制成。也可用细钢筋棍人工搅拌。

2）使用植筋注射器从孔底向外均匀地把适量胶粘剂填注孔内，从里到外渐渐填孔并排出空气，注胶量为孔深的 $1/3\sim1/2$，以钢筋植入后有少许胶液溢出为宜。注意勿将空气封入孔内。

（6）植筋　按顺时针方向把钢筋平行于孔洞走向轻轻植入孔中，直至插入孔底，胶粘剂溢出。钢筋也可用手锤击打方式入孔，手锤击打时，一人应扶住钢筋，以避免回弹。锚固胶填充量应保证插入钢筋后周边有少许胶料溢出。

（7）固化养护　将钢筋外露端固定在模架上，使其不受外力作用，直至凝结，并派专人现场保护。凝胶的化学反应时间一般为 15min，固化时间一般为 1h。植筋后夏季12h 内（冬季 24h 内）不得扰动钢筋，若有较大扰动宜重新植。粘接胶的固化时间与环境温度的关系按产品说明书确定。

（8）检验　采用千斤顶、锚具、反力架系统作拉拔试验。一般加载至钢筋强度的标准值。

3. 注意事项

（1）包装桶内结构胶若有沉淀，使用前应搅拌均匀。

（2）锚固构造措施尚宜满足《混凝土结构后锚固技术规程》JGJ 145—2013 的有关规定。

（3）结构胶宜在阴凉处密闭保存，保存期应按使用说明执行。

（4）施工场所温度低于5℃，可采用碘钨灯、红外线灯、电炉或水浴等增温方式对胶使用前预热至20～40℃。施工场所温度低于－5℃，建议对锚固部位也加温5℃以上，并维持2h以上。

（5）结构胶对皮肤有刺激性，个别人员有过敏反应，胶固化后也不易清除，人体直接接触后应用清水冲洗干净；如不慎溅到眼睛里，大量清水冲洗后立刻就医。施工人员注意适当的劳动保护，如配备安全帽、工作服、手套等。

（6）周围环境温度越高，每次配胶量越大，可操作时间越短。预估适用期内的每次配胶量，以避免不必要的浪费。

4.2.6 钢筋工程施工质量检查验收方法

钢筋工程属于隐蔽工程，在浇筑混凝土前应对钢筋及预埋件进行隐蔽工程验收，并按规定记好隐蔽工程记录，以便查验。其内容包括：纵向受力钢筋的品种、规格、数量、位置是否正确，特别是要注意检查负筋的位置；钢筋的连接方式、接头位置、接头数量、接头面积百分率是否符合规定；箍筋、横向钢筋的品种、规格、数量、间距等；预埋件的规格、数量、位置等。检查钢筋绑扎是否牢固，有无变形、松脱和开焊。

钢筋工程的施工质量检验应按主控项目、一般项目按规定的检验方法进行检验。检验批合格质量应符合下列规定：主控项目的质量经抽样检验合格；一般项目的质量经抽样检验合格；当采用计数检验时，除有专门要求外，一般项目的合格点率应达到80%及以上，且不得有严重缺陷；具有完整的施工操作依据和质量验收记录。

1. 主控项目

（1）钢筋进场时，应按国家现行相关标准的规定抽取试件作屈服强度、抗拉强度、伸长率、弯曲性能和重量偏差检验，检验结果应符合相应标准的规定。

检查数量：接进场批次和产品的抽样检验方案确定。

检验方法：检查质量证明文件和抽样检验报告。

（2）成型钢筋进场时，应抽取试件作屈服强度、抗拉强度、伸长率和重量偏差检验，检验结果应符合国家现行有关标准的规定。

对由热轧钢筋制成的成型钢筋，当有施工单位或监理单位的代表驻厂监督生产过程，并提供原材钢筋力学性能第三方检验报告时，可仅进行重量偏差检验。

检查数量：同一厂家、同一类型、同一钢筋来源的成型钢筋，不超过30t为一批，每批中每种钢筋牌号、规格均应至少抽取1个钢筋试件，总数不应少于3个。

检验方法：检查质量证明文件和抽样检验报告。

（3）对按一、二、三级抗震等级设计的框架和斜撑构件（含梯段）中的纵向受力普通钢筋应采用HRB400E、HRB500E、HRBF400E或HRBF500E钢筋，其强度和最大力下总伸长率的实测值应符合下列规定：

抗拉强度实测值与屈服强度实测值的比值不应小于1.25；屈服强度实测值与屈服

强度标准值的比值不应大于 1.30；最大力下总伸长率不应小于 9%。

检查数量：按进场的批次和产品的抽样检验方案确定。

检验方法：检查抽样检验报告。

（4）钢筋弯折的弯弧内直径应符合下列规定：

光圆钢筋，不应小于钢筋直径的 2.5 倍；400MPa 级带肋钢筋，不应小于钢筋直径的 4 倍；500MPa 级带肋钢筋，当直径为 28mm 以下时不应小于钢筋直径的 6 倍，当直径为 28mm 及以上时不应小于钢筋直径的 7 倍；箍筋弯折处尚不应小于纵向受力钢筋的直径。

检查数量：同一设备加工的同一类型钢筋，每工作班抽查不应少于 3 件。

检验方法：尺量。

（5）纵向受力钢筋的弯折后平直段长度应符合设计要求。光圆钢筋末端作 180° 弯钩时，弯钩的平直段长度不应小于钢筋直径的 3 倍。

检查数量：同一设备加工的同一类型钢筋，每工作班抽查不应但少于 3 件。

检验方法：尺量。

（6）箍筋、拉筋的末端应按设计要求做弯钩，并应符合下列规定：

1）对一般结构构件，箍筋弯钩的弯折角度不应小于 90°，弯折后平直段长度不应小于箍筋直径的 5 倍；对有抗震设防要求或设计有专门要求的结构构件，箍筋弯钩的弯折角度不应小于 135°，弯折后平直段长度不应小于箍筋直径的 10 倍；

2）圆形箍筋的搭接长度不应小于其受拉锚固长度，且两末端弯钩的弯折角度不应小于 135°，弯折后平直段长度对一般结构构件不应小于箍筋直径的 5 倍，对有抗震设防要求的结构构件不应小于箍筋直径的 10 倍；

3）梁、柱复合箍筋中的单肢箍筋两端弯钩的弯折角度均不应小于 135°，弯折后平直段长度应符合本条第 1 款对箍筋的有关规定。

检查数量：同一设备加工的同一类型钢筋，每工作班抽查不应少于 3 件。

检验方法：尺量。

（7）盘卷钢筋调直后应进行力学性能和重量偏差检验，其强度应符合国家现行有关标准的规定，其断后伸长率、重量偏差应符合表 4-17 的规定。力学性能和重量偏差检验应符合下列规定：

1）应对 3 个试件先进行重量偏差检验，再取其中 2 个试件进行力学性能检验。

2）重量偏差 Δ 应按下式计算：

$$\Delta = \frac{w_a - w_o}{w_o} \times 100$$

式中　Δ——重量偏差（%）；

w_a——3 个调直钢筋试件的实际重量之和（kg）；

w_o——钢筋理论重量（kg），取每米理论重量（kg/m）与 3 个调直钢筋试件长度之和（m）的乘积。

3）检验重量偏差时，试件切口应平滑并与长度方向垂直，其长度不应小于 500mm；

长度和重量的量测精度分别不应低于1mm和1g。

采用无延伸功能的机械设备调直的钢筋，可不进行本条规定的检验。

检查数量：同一设备加工的同一牌号、同一规格的调直钢筋，重量不大于30t为一批，每批见证抽取3个试件。

检验方法：检查抽样检验报告。

盘卷钢筋调直后的断后伸长率、重量偏差要求 表 4-17

钢筋牌号	断后伸长率 A(%)	不同直径钢筋单位长度重量偏差(%)	
		6～12mm	14～16mm
HPB300	≥21	≥-10	—
HRB400、HRBF400	≥15	≥-8	≥-6
RRB400	≥13		
HRB500、HRBF500	≥14		

注：断后伸长率 A 的量测标距为5倍钢筋直径。

（8）钢筋的连接方式应符合设计要求。

检查数量：全数检查。

检验方法：观察。

（9）钢筋采用机械连接或焊接连接时，钢筋机械连接接头、焊接接头的力学性能、弯曲性能应符合国家现行有关标准的规定。接头试件应从工程实体中截取。

检查数量：按现行行业标准《钢筋机械连接技术规程》JGJ 107 和《钢筋焊接及验收规程》JGJ 18 的规定确定。

检验方法：检查质量证明文件和抽样检验报告。

（10）钢筋采用机械连接时，螺纹接头应检验拧紧扭矩值，挤压接头应量测压痕直径，检验结果应符合现行行业标准《钢筋机械连接技术规程》JGJ 107 的相关规定。

检查数量：按现行行业标准《钢筋机械连接技术规程》JGJ 107 的规定确定。

检验方法：采用专用扭力扳手或专用量规检查。

（11）钢筋安装时，受力钢筋的牌号、规格和数量必须符合设计要求。

检查数量：全数检查。

检验方法：观察，尺量。

（12）钢筋应安装牢固。受力钢筋的安装位置、锚固方式应符合设计要求。

检查数量：全数检查。

检验方法：观察，尺量。

2. 一般项目

（1）钢筋应平直、无损伤，表面不得有裂纹、油污、颗粒状或片状老锈。

检查数量：全数检查。

检验方法：观察。

（2）成型钢筋的外观质量和尺寸偏差应符合国家现行有关标准的规定。

157

检查数量：同一厂家、同一类型的成型钢筋，不超过 30t 为一批，每批随机抽取 3 个成型钢筋。

检验方法：观察，尺量。

（3）钢筋机械连接套筒、钢筋锚固板以及预埋件等的外观质量应符合国家现行有关标准的规定。

检查数量：按国家现行有关标准的规定确定。

检验方法：检查产品质量证明文件；观察，尺量。

（4）钢筋加工的形状、尺寸应符合设计要求，其偏差应符合表 4-18 的规定。

检查数量：同一设备加工的同一类型钢筋，每工作班抽查不应少于 3 件。

检验方法：尺量。

钢筋加工的允许偏差　　　　　　　　　　　　　　表 4-18

项　　目	允许偏差（mm）
受力钢筋沿长度方向的净尺寸	±10
弯起钢筋的弯折位置	±20
箍筋外廓尺寸	±5

（5）钢筋接头的位置应符合设计和施工方案要求。有抗震设防要求的结构中，梁端、柱端箍筋加密区范围内不应进行钢筋搭接。接头末端至钢筋弯起点的距离不应小于钢筋直径的 10 倍。

检查数量：全数检查。

检验方法：观察，尺量。

（6）钢筋机械连接接头、焊接接头的外观质量应符合现行行业标准《钢筋机械连接技术规程》JGJ 107 和《钢筋焊接及验收规程》JGJ 18 的规定。

检查数量：按现行行业标准《钢筋机械连接技术规程》JGJ 107 和《钢筋焊接及验收规程》JGJ 18 的规定确定。

检验方法：观察，尺量。

（7）当纵向受力钢筋采用机械连接接头或焊接接头时，同一连接区段内纵向受力钢筋的接头面积百分率应符合设计要求；当设计无具体要求时，应符合下列规定：

受拉接头，不宜大于 50%；受压接头，可不受限制；直接承受动力荷载的结构构件中，不宜采用焊接；当采用机械连接时，不应超过 50%。

检查数量：在同一检验批内，对梁、柱和独立基础，应抽查构件数量的 10%，且不应少于 3 件；对墙和板，应按有代表性的自然间抽查 10%，且不应少于 3 间；对大空间结构，墙可按相邻轴线间高度 5m 左右划分检查面，板可按纵横轴线划分检查面，抽查 10%，且均不应少于 3 面。

检验方法：观察，尺量。

注：1. 接头连接区段是指长度为 35d 且不小于 500mm 的区段，d 为相互连接两根钢筋的直径较小值。

2. 同一连接区段内纵向受力钢筋接头面积百分率为接头中点位于该连接区段内的纵向受力钢筋截面面积与全部纵向受力钢筋截面面积的比值。

（8）当纵向受力钢筋采用绑扎搭接接头时，接头的设置应符合下列规定：

1）接头的横向净间距不应小于钢筋直径，且不应小于 25mm；

2）同一连接区段内，纵向受拉钢筋的接头面积百分率应符合设计要求；当设计无具体要求时，应符合下列规定：

梁类、板类及墙类构件，不宜超过 25%；基础筏板，不宜超过 50%；柱类构件，不宜超过 50%；当工程中确有必要增大接头面积百分率时，对梁类构件，不应大于 50%。

检查数量：在同一检验批内，对梁、柱和独立基础，应抽查构件数量的 10%，且不应少于 3 件；对墙和板，应按有代表性的自然间抽查 10%，且不应少于 3 间；对大空间结构，墙可按相邻轴线间高度 5m 左右划分检查面，板可按纵横轴线划分检查时，抽查 10%，且均不应少于 3 面。

检验方法：观察，尺量。

注：1. 接头连接区段是指长度为 1.3 倍搭接长度的区段。搭接长度取相互连接两根钢筋中较小直径计算。

2. 同一连接区段内纵向受力钢筋接头面积百分率为接头中点位于该连接区段长度内的纵向受力钢筋截面面积与全部纵向受力钢筋截面面积的比值。

（9）梁、柱类构件的纵向受力钢筋搭接长度范围内箍筋的设置应符合设计要求；当设计无具体要求时，应符合下列规定：

箍筋直径不应小于搭接钢筋较大直径的 1/4；受拉搭接区段的箍筋间距不应大于搭接钢筋较小直径的 5 倍，且不应大于 100mm；受压搭接区段的箍筋间距不应大于搭接钢筋较小直径的 10 倍，且不应大于 200mm；当柱中纵向受力钢筋直径大于 25mm 时，应在搭接接头两个端面外 100mm 范围内各设置二道箍筋，其间距宜为 50mm。

检查数量：在同一检验批内，应抽查构件数量的 10%，且不应少于 3 件。

检验方法：观察，尺量。

（10）钢筋安装偏差及检验方法应符合表 4-19 的规定，受力钢筋保护层厚度的合格点率应达到 90% 及以上，且不得有超过表中数据 1.5 倍的尺寸偏差。

钢筋安装允许偏差和检验方法 表 4-19

项　　目		允许偏差（mm）	检验方法
绑扎钢筋网	长、宽	±10	尺量
	网眼尺寸	±20	尺量连续三档，最大偏差值
绑扎钢筋骨架	长	±10	尺量
	宽、高	±5	尺量
纵向受力钢筋	锚固长度	−20	尺量两端、中间各一点，最大偏差值
	间距	±10	
	排距	±5	

续表

项　目		允许偏差(mm)	检验方法
纵向受力钢筋、箍筋的混凝土保护层厚度	基础	±10	尺量
	梁柱	±5	尺量
	墙、板、壳	±3	尺量
绑扎箍筋、横向钢筋间距		±20	尺量连续三档，取最大偏差值
钢筋弯起点位置		20	尺量
预埋件	中心线位置	5	尺量
	水平高差	+3,0	尺量

注：检查中心线位置时，应沿纵、横两个方向测量，并取其中偏差的较大值。

检查数量：在同一检验批内，对梁、柱和独立基础，应抽查构件数量的 10%，且不少于 3 件；对墙和板，应按有代表性的自然间抽查 10%，且不少于 3 间；对大空间结构，墙可按相邻轴线间高度 5m 左右划分检查面，板可按纵、横轴线划分检查面，抽查 10%，且均不少于 3 面。

4.3　混凝土工程施工

混凝土工程包括混凝土的拌制、运输、浇筑捣实和养护等施工过程。各个施工过程既相互联系又相互影响，在混凝土施工过程中除按有关规定控制混凝土原材料质量外，任一施工过程处理不当都会影响混凝土的最终质量，因此，如何在施工过程中控制每一施工环节，是混凝土工程需要研究的课题。

4.3.1　混凝土制备

1. 混凝土配制强度（$f_{cu,o}$）

（1）当设计强度等级低于 C60 时，配制强度按下式确定：

$$f_{cu,o} \geqslant f_{cu,k} + 1.645\sigma \tag{4-12}$$

式中　$f_{cu,o}$——混凝土的配制强度（MPa）；

　　　$f_{cu,k}$——混凝土立方体抗压强度标准值（MPa）；

　　　σ——混凝土强度标准差（MPa），按下列规定计算确定：

1）当具有近期的同品种混凝土的强度资料时，其混凝土强度标准差 σ 按下式计算：

$$\sigma = \sqrt{\frac{\sum\limits_{i=1}^{n} f_{cu,i}^2 - nm_{f\,cu}^2}{n-1}} \tag{4-13}$$

式中　$f_{cu,i}$——第 i 组的试件强度（MPa）；

m_{fcu}——n 组试件的强度平均值（MPa）；

n——试件组数，$n \geqslant 30$。

2）按式（4-13）计算混凝土强度标准差时：强度等级不高于 C30 的混凝土，计算得到的 $\sigma \geqslant 3.0$MPa 时，应按计算结果取值；计算得到的 $\sigma < 3.0$MPa 时，取 $\sigma = 3.0$MPa。强度等级高于 C30 且低于 C60 的混凝土，计算得到的 $\sigma \geqslant 4.0$MPa 时，按计算结果取值；计算得到的 $\sigma < 4.0$MPa 时，取 $\sigma = 4.0$MPa。

3）当没有近期的同品种混凝土强度资料时，其混凝土强度标准差 σ 可按表 4-20 取用。

混凝土强度标准差 σ 值（MPa）　　　　　　　表 4-20

混凝土强度等级	≤C20	C25～C45	C50～C55
σ	4.0	5.0	6.0

（2）当设计强度等级不低于 C60 时，配制强度按下式计算：

$$f_{cu,o} \geqslant 1.15 f_{cu,k} \qquad (4-14)$$

（3）混凝土施工配合比及施工配料

混凝土的配合比是在实验室根据混凝土的配制强度经过试配和调整而确定的，称为实验室配合比。实验室配合比所用砂、石都是不含水分的。而施工现场砂、石都有一定的含水率，且含水率大小随气温等条件不断变化。为保证混凝土的质量，施工中应按砂、石实际含水率对原配合比进行修正。根据现场砂、石含水率调整后的配合比称为施工配合比。

设实验室配合比为：水泥∶砂∶石＝1∶x∶y，水灰比 W/C，现场砂、石含水率分别为 W_x、W_y，则施工配合比为：

水泥∶砂∶石＝1∶$x(1+W_x)$∶$y(1+W_y)$，水灰比 W/C 不变，但加水量应扣除砂、石中的含水量。

施工配料是确定每拌一次需用的各种原材料量，它根据施工配合比和搅拌机的出料容量计算。

【例3】　某工程混凝土实验室配合比为 1∶2.3∶4.27，水灰比 $W/C = 0.6$，每立方米混凝土水泥用量为 300kg，现场砂石含水率分别为 3%、1%，求施工配合比。若采用 250L 搅拌机，求每拌一次材料用量。

【解】　施工配合比，水泥∶砂∶石为：

1∶$x(1+W_x)$∶$y(1+W_y)$＝1∶2.3(1+0.03)∶4.27(1+0.01)＝1∶2.37∶4.31

用 250L 搅拌机，每拌一次材料用量（施工配料）：

水泥：$300 \times 0.25 = 75$（kg）

砂：$75 \times 2.37 = 177.8$（kg）

石：$75 \times 4.31 = 323.3$（kg）

水：$75 \times 0.6 - 75 \times 2.3 \times 0.03 - 75 \times 4.27 \times 0.01 = 36.6$（kg）

2. 混凝土搅拌

混凝土制备可分为预拌混凝土和现场搅拌混凝土两种方式。现场搅拌混凝土宜采用与混凝土搅拌站相同的搅拌设备，按预拌混凝土的技术要求集中搅拌。当没有条件采用预拌混凝土，且施工现场也没有条件采用具有自动计量装置的搅拌设备进行集中搅拌时，可根据现场条件采用搅拌机搅拌。此时使用的搅拌机应符合现行国家标准《混凝土搅拌机》GB/T 9142—2000 的有关要求，并应配备能够满足要求的计量装置。

（1）搅拌机的选择

混凝土搅拌机按其搅拌原理分为自落式和强制式两类（图 4-28）。

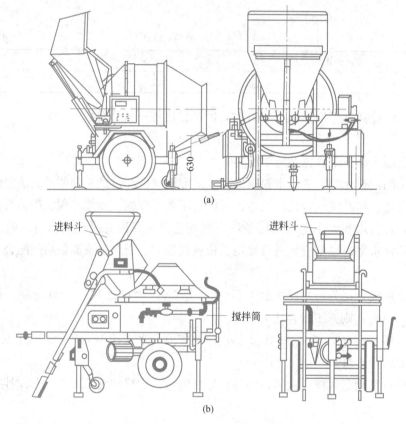

图 4-28　混凝土搅拌机

（a）锥形自落式搅拌；（b）强制式搅拌

自落式搅拌机的搅拌筒内壁焊有弧形叶片，当搅拌筒绕水平轴旋转时，叶片不断将物料提升到一定高度，利用重力的作用，自由落下。由于各物料颗粒下落的时间、速度、落点和滚动距离不同，从而使物料颗粒达到混合的目的。自落式搅拌机宜于搅拌塑性混凝土和低流动性混凝土。

JZ 锥形反转出料搅拌机是自落式搅拌机中较好的一种，由于它的主副叶片分别与拌筒轴线成 45°和 40°夹角，故搅拌时叶片使物料作轴向窜动，所以搅拌运动比较强烈。它正转搅拌，反转出料，功率消耗大。这种搅拌机构造简单，重量轻，搅拌效率高，出料干净，维修保养方便。

强制式搅拌机利用运动着的叶片强迫物料颗粒朝环向、径向和竖向各个方面产生运动，使各物料均匀混合。强制式搅拌机作用比自落式强烈，宜于搅拌干硬性混凝土和轻骨料混凝土。

混凝土搅拌机以其出料容量（m³）×1000 标定规格，现行混凝土搅拌机的系列为：50、150、250、350、500、750、1000、1500 和 3000。

选择搅拌机时，要根据工程量大小、混凝土的坍落度、骨料尺寸等而定，既要满足技术上的要求，也要考虑经济效果和节约能源。

（2）混凝土搅拌

1）混凝土原材料的计量

混凝土搅拌时应对原材料用量准确计量，并应符合下列规定：

计量设备的精度应符合现行国家标准的有关规定，并应定期校准；使用前设备应归零。

原材料的计量应按重量计，水和外加剂溶液可按体积计，其允许偏差应符合表 4-21 的规定。

混凝土原材料计量允许偏差（％）　　　　　　　　　　　表 4-21

原材料品种	水泥	细骨料	粗骨料	水	外加剂	矿物掺合料
每盘计量允许偏差	±2	±3	±3	±1	±2	±1
累计计量允许偏差	±1	±2	±2	±1	±1	±1

注：1. 现场搅拌时原材料计量允许偏差应满足每盘计量允许偏差要求；
　　2. 累计计量允许偏差指每一运输车中各盘混凝土的每种材料累计称量的偏差，该项指标仅适用于采用计算机控制计量的搅拌站；
　　3. 骨料含水率应经常测定，雨、雪天施工应增加测定次数。

2）混凝土投料方法

根据投料顺序不同，常用的投料方法有：先拌水泥净浆法、先拌砂浆法、水泥裹砂法和水泥裹砂石法等。

① 先拌水泥净浆法。先拌水泥净浆法是指先将水泥和水充分搅拌成均匀的水泥净浆后，再加入砂和石搅拌成混凝土。

② 先拌砂浆法。先拌砂浆法是指先将水泥、砂和水投入搅拌筒内进行搅拌，成为均匀的水泥砂浆后，再加入石子搅拌成均匀的混凝土。

③ 水泥裹砂法。水泥裹砂法是指先将全部砂子投入搅拌机中，并加入总拌合水量 70％左右的水（包括砂子的含水量），搅拌 10～15s，再投入水泥搅拌 30～50s，最后投入全部石子、剩余水及外加剂，再搅拌 50～70s 后出罐。

④ 水泥裹砂石法。水泥裹砂石法是指先将全部的石子、砂和 70％拌合水投入搅拌机，拌合 15s，使骨料湿润，再投入全部水泥搅拌 30s 左右，然后加入 30％拌合水再搅拌 60s 左右即可。

3）搅拌时间。混凝土应搅拌均匀，宜采用强制式搅拌机搅拌。混凝土搅拌的最短时间可按表 4-22 采用，当能保证搅拌均匀时可适当缩短搅拌时间。搅拌强度等级≥C60

的混凝土时，搅拌时间应适当延长。

混凝土搅拌的最短时间（s）　　　　　表 4-22

混凝土坍落度(mm)	搅拌机机型	搅拌机出料量(L)		
		<250	250～500	>500
≤40	强制式	60	90	120
>40，且<100	强制式	60	60	90
≥100	强制式	60		

注：1. 混凝土搅拌时间指从全部材料装入搅拌筒中起，到开始卸料时止的时间段；
　　2. 当掺有外加剂与矿物掺合料时，搅拌时间应适当延长；
　　3. 采用自落式搅拌机时，搅拌时间宜延长 30s；
　　4. 当采用其他形式的搅拌设备时，搅拌的最短时间也可按设备说明书的规定或经试验确定。

4）对首次使用的配合比应进行开盘鉴定，开盘鉴定内容应包括：混凝土的原材料与配合比设计所采用原材料的一致性；出机混凝土工作性与配合比设计要求的一致性；混凝土强度；混凝土凝结时间；工程有要求时，尚应包括混凝土耐久性能等。

使用搅拌机时，必须注意安全，在鼓筒正常转动之后，才能装料入筒。在运转时，不得将头、手或工具伸入筒内。在因故（如停电）停机时，要立即设计将筒内的混凝土取出，以免凝结。在搅拌工作结束时，也应立即清洗鼓筒内外。叶片磨损面积如超过 10％左右，就应按原样修补或更换。

4.3.2　混凝土的运输

1. 混凝土拌合物运输的要求

对混凝土拌合物运输的要求是：运输过程中，应保持混凝土的均匀性，避免产生分层离析现象，混凝土运至浇筑地点，应符合浇筑时所规定的坍落度（表 4-23）；混凝土应以最少的中转次数，最短的时间，从搅拌地点运至浇筑地点，保证混凝土从搅拌机卸出后到浇筑完毕的延续时间不超过表 4-24 的规定；运输工作应保证混凝土的浇筑工作连续进行；运送混凝土的容器应严密，其内壁应平整光洁，不吸水，不漏浆，粘附的混凝土残渣应经常清除。

混凝土浇筑时的坍落度　　　　　表 4-23

项　次	结　构　种　类	坍落度(mm)
1	基础或地面等的垫层、无配筋的厚大结构 （挡土墙、基础或厚大的块体等）或配筋稀疏的结构	10～30
2	板、梁和大型及中型截面的柱子等	30～50
3	配筋密列的结构（薄壁、斗仓、筒仓、细柱等）	50～70
4	配筋特密的结构	70～90

注：1. 本表系指采用机械振捣的坍落度，采用人工捣实时可适当增大；
　　2. 需要配制大坍落度混凝土时，应掺用外加剂；
　　3. 曲面或斜面结构的混凝土，其坍落度值，应根据实际需要另行选定；
　　4. 轻骨料混凝土的坍落度，宜比表中数值减少 10～20mm；
　　5. 自密实混凝土的坍落度另行规定。

混凝土运输、输送入模及其间歇总的时间限值（min）　　　　　表 4-24

条件	气温(℃)	
	≤25	>25
不掺外加剂	180	150
掺外加剂	240	210

2. 混凝土地面运输

地面运输如运距较远时，可采用混凝土搅拌运输车或自卸汽车；工地范围内的运输多用载重 1t 的小型机动翻斗车，近距离亦可采用双轮手推车。采用混凝土搅拌运输车运输混凝土时，接料前应用水湿润罐体，但应排净积水；运输途中或等候卸料期间，应保持罐体正常运转，一般为（3～5)r/min，以防止混凝土沉淀、离析和改变混凝土的施工性能；临卸料前先进行快速旋转，可使混凝土拌合物更加均匀。

采用混凝土搅拌运输车运输混凝土时，当因道路堵塞或其他意外情况造成坍落度损失过大，可在罐内加入适量减水剂以改善其工作性，但必须杜绝向混凝土内加水的违规行为，在特殊情况加入适量减水剂的做法，应事先经批准、作出记录，减水剂加入量应经试验确定并加以控制，加入后应搅拌均匀。

采用机动翻斗车运送混凝土，道路应经事先勘察确认通畅，路面应修筑平坦；在坡道或临时支架上运送混凝土，坡道或临时支架应搭设牢固，脚手板接头应铺设平顺，防止因颠簸、振荡造成混凝土离析或撒落。

3. 混凝土现场输送

现场混凝土输送宜采用泵送方式。混凝土泵是一种有效的混凝土运输工具，它以泵为动力，沿管道输送混凝土，可以同时完成水平和垂直运输，将混凝土直接运送至浇筑地点，多层和高层框架建筑、基础、水下工程和隧道等都可以采用混凝土泵输送混凝土。

（1）混凝土输送泵输送

1）混凝土输送泵的选择及布置

输送泵的选型应根据工程特点、混凝土输送高度和距离、混凝土工作性确定；输送泵的数量应根据混凝土浇筑量和施工条件确定，必要时应设置备用泵；输送泵设置的位置应满足施工要求，场地应平整、坚实，道路应畅通；输送泵的作业范围不得有阻碍物；输送泵设置位置应有防范高空坠物的设施。

2）混凝土输送泵管与支架的设置

混凝土输送泵管应根据输送泵的型号、拌合物性能、总输出量、单位输出量、输送距离以及粗骨料粒径等进行选择；混凝土粗骨料最大粒径不大于 25mm 时，可采用内径不小于 125mm 的输送泵管；混凝土粗骨料最大粒径不大于 40mm 时，可采用内径不小于 150mm 的输送泵管；输送泵管安装连接应严密，输送泵管道转向宜平缓；输送泵管应采用支架固定，支架应与结构牢固连接，输送泵管转向处支架应加密；支架应通过计算确定，设置位置的结构应进行验算，必要时应采取加固措施；向上输送混凝土时，

165

地面水平输送泵管的直管和弯管总的折算长度不宜小于竖向输送高度的20%，且不宜小于15m；输送泵管倾斜或垂直向下输送混凝土，且高差大于20m时，应在倾斜或竖向管下端设置直管或弯管，直管或弯管总的折算长度不宜小于高差的1.5倍；输送高度大于100m时，混凝土输送泵出料口处的输送泵管位置应设置截止阀；混凝土输送泵管及其支架应经常进行检查和维护。

　　3）混凝土输送布料设备的设置

　　布料设备的选择应与输送泵相匹配；布料设备的混凝土输送管内径宜与混凝土输送泵管内径相同；布料设备的数量及位置应根据布料设备工作半径、施工作业面大小以及施工要求确定（图4-29）；布料设备应安装牢固，且应采取抗倾覆措施；布料设备安装位置处的结构或专用装置应进行验算，必要时应采取加固措施；应经常对布料设备的弯管壁厚进行检查，磨损较大的弯管应及时更换；布料设备作业范围不得有阻碍物，并应有防范高空坠物的设施。

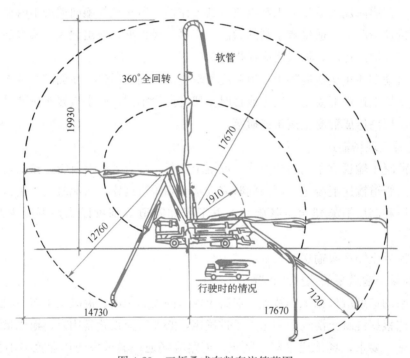

图4-29　三折叠式布料车浇筑范围

　　输送混凝土的管道、容器、溜槽不应吸水、漏浆，并应保证输送通畅。输送混凝土时，应根据工程所处环境条件采取保温、隔热、防雨等措施。

　　4）输送泵输送混凝土的规定：

　　应先进行泵水检查，并应湿润输送泵的料斗、活塞等直接与混凝土接触的部位；泵水检查后，应清除输送泵内积水；输送混凝土前，宜先输送水泥砂浆对输送泵和输送管进行润滑，然后开始输送混凝土；输送混凝土应先慢后快、逐步加速，应在系统运转顺利后再按正常速度输送；输送混凝土过程中，应设置输送泵集料斗网罩，并应保证集料斗有足够的混凝土余量。

（2）吊车配备斗容器输送混凝土

应根据不同结构类型以及混凝土浇筑方法选择不同的斗容器；斗容器的容量应根据吊车吊运能力确定；运输至施工现场的混凝土宜直接装入斗容器进行输送；斗容器宜在浇筑点直接布料。

（3）升降设备配备小车输送混凝土

升降设备和小车的配备数量、小车行走路线及卸料点位置应能满足混凝土浇筑需要；运输至施工现场的混凝土宜直接装入小车进行输送，小车宜在靠近升降设备的位置进行装料。

4.3.3　混凝土浇筑

1. 浇筑要求

浇筑混凝土前，应清除模板内或垫层上的杂物。表面干燥的地基、垫层、模板上应洒水湿润；现场环境温度高于35℃时，宜对金属模板进行洒水降温；洒水后不得留有积水。混凝土浇筑应保证混凝土的均匀性和密实性。混凝土宜一次连续浇筑。

混凝土应分层浇筑，分层厚度应符合表4-25的规定，上层混凝土应在下层混凝土初凝之前浇筑完毕。

混凝土分层振捣的最大厚度　　　　　　　　　　表4-25

振捣方法	混凝土分层振捣最大厚度
振动棒	振动棒作用部分长度的1.25倍
平板振动器	200mm
附着振动器	根据设置方式，通过试验确定

混凝土浇筑的布料点宜接近浇筑位置，应采取减少混凝土下料冲击的措施；浇筑时宜先浇筑竖向结构构件，后浇筑水平结构构件；当浇筑区域结构平面有高差时，宜先浇筑低区部分，再浇筑高区部分。

2. 柱、墙混凝土浇筑

（1）防止离析

柱、墙模板内的混凝土浇筑不得发生离析，倾落高度应符合表4-26的规定；当不能满足要求时，应加设串筒、溜管、溜槽等装置。

柱、墙模板内混凝土浇筑倾落高度限值（m）　　　　表4-26

条　件	浇筑倾落高度限值
粗骨料粒径大于25mm	≤3
粗骨料粒径小于等于25mm	≤6

注：当有可靠措施能保证混凝土不产生离析时，混凝土倾落高度可不受本表限制。

为避免混凝土浇筑后裸露表面产生塑性收缩裂缝，在初凝、终凝前进行抹面处理是非常关键的。每次抹面可采用铁板压光磨平两遍或用木抹子抹平搓毛两遍的工艺方法。

对于梁板结构以及易产生裂缝的结构部位应适当增加抹面次数。

（2）柱、墙混凝土设计强度等级高于梁、板混凝土设计强度等级时，混凝土浇筑应符合：柱、墙混凝土设计强度比梁、板混凝土设计强度高一个等级时，柱、墙位置梁、板高度范围内的混凝土经设计单位确认，可采用与梁、板混凝土设计强度等级相同的混凝土进行浇筑；柱、墙混凝土设计强度比梁、板混凝土设计强度高两个等级及以上时，应在交界区域采取分隔措施；分隔位置应在低强度等级的构件中，且距高强度等级构件边缘不应小于 500mm；宜先浇筑强度等级高的混凝土，后浇筑强度等级低的混凝土。

（3）泵送混凝土浇筑

泵送混凝土浇筑宜根据结构形状及尺寸、混凝土供应、混凝土浇筑设备、场地内外条件等划分每台输送泵的浇筑区域及浇筑顺序；采用输送管浇筑混凝土时，宜由远而近浇筑；采用多根输送管同时浇筑时，其浇筑速度宜保持一致；润滑输送管的水泥砂浆用于湿润结构施工缝时，水泥砂浆应与混凝土浆液成分相同；接浆厚度不应大于 30mm，多余水泥砂浆应收集后运出；混凝土泵送浇筑应连续进行；当混凝土不能及时供应时，应采取间歇泵送方式；混凝土浇筑后，应清洗输送泵和输送管。

（4）施工缝或后浇带处浇筑

混凝土结构多要求整体浇筑，如因技术或组织上的原因不能连续浇筑时，且停顿时间有可能超过混凝土的初凝时间，则应事先确定在适当位置留置施工缝。由于混凝土的抗拉强度约为其抗压强度的 1/10，因而施工缝是结构中的薄弱环节，宜留在结构剪力较小的部位，同时要方便施工。柱子宜留在基础顶面、梁或吊车梁牛腿的下面、吊车梁的上面、无梁楼盖柱帽的下面（图 4-30），和板连成整体的大截面梁应留在板底面以下 20～30mm 处，当板下有梁托时，留置在梁托下部。单向板应留在平行于板短边的任何位置。有主次梁的楼盖宜顺着次梁方向浇筑，施工缝应留在次梁跨度的中间 1/3 长度范围内（图 4-31）。墙可留在门洞口过梁跨中 1/3 范围内，也可留在纵横墙的交接处。双向受力的楼板、大体积混凝土结构、拱、薄壳、多层框架等及其他复杂的结构，应按设计要求留置施工缝。

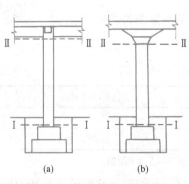

图 4-30　柱子的施工缝位置
(a) 梁板式结构；(b) 无梁楼盖结构

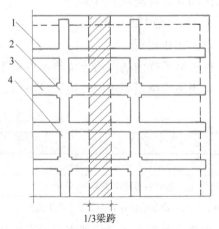

图 4-31　有主次梁楼盖的施工缝位置
1—楼板；2—柱；3—次梁；4—主梁

施工缝或后浇带处混凝土浇筑时，结合面应为粗糙面，并应清除浮浆、松动石子、软弱混凝土层；结合面处应洒水湿润，但不得有积水；施工缝处已浇筑混凝土的强度不应小于1.2MPa；柱、墙水平施工缝水泥砂浆接浆层厚度不应大于30mm，接浆层水泥砂浆应与混凝土浆液成分相同。

后浇带混凝土强度等级及性能应符合设计要求；当设计无具体要求时，后浇带混凝土强度等级宜比两侧混凝土提高一级，并宜采用减少收缩的技术措施。

（5）超长结构混凝土浇筑

超长结构混凝土浇筑时可留设施工缝分仓浇筑，分仓浇筑间隔时间不应少于7d；当留设后浇带时，后浇带封闭时间不得少于14d；超长整体基础中调节沉降的后浇带，混凝土封闭时间应通过监测确定，应在差异沉降稳定后封闭后浇带；后浇带的封闭时间尚应经设计单位确认。

（6）基础大体积混凝土浇筑

1）基础大体积混凝土浇筑方案

基础大体积混凝土结构浇筑时，当采用多条输送泵管浇筑时，输送泵管间距不宜大于10m，并宜由远及近浇筑；采用汽车布料杆输送浇筑时，应根据布料杆工作半径确定布料点数量，各布料点浇筑速度应保持均衡；宜先浇筑深坑部分再浇筑大面积基础部分；宜采用斜面分层浇筑方法，也可采用全面分层、分块分层浇筑方法（图4-32），层与层之间混凝土浇筑的间歇时间应能保证混凝土浇筑连续进行；混凝土分层浇筑应采用自然流淌形成斜坡，并应沿高度均匀上升，分层厚度不宜大于500mm。

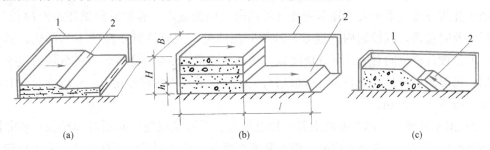

图4-32　大体积混凝土浇筑方案图
(a) 全面分层；(b) 分段分层；(c) 斜面分层
1—模板；2—新浇筑的混凝土

① 斜面分层　当结构的长度超过厚度的3倍时，可采用斜面分层的浇筑方案。这时，振捣工作应从浇筑层斜面下端开始，逐渐上移，且振动器应与斜面垂直。

② 全面分层　当结构平面面积不大时，可将整个结构分为若干层进行浇筑，即第一层全部浇筑完毕后，再浇筑第二层，如此逐层连续浇筑，直到结束。为保证结构的整体性，要求次层混凝土在前层混凝土初凝前浇筑完毕。若结构平面面积为 $A(m^2)$，浇筑分层厚为 $h(m)$，每小时浇筑量为 $Q(m^3/h)$，混凝土从开始浇筑至初凝的延续时间为 T 小时（一般等于混凝土初凝时间减去混凝土运输时间），为保证结构的整体性，则应满足：

$$A \cdot h \leqslant Q \cdot T$$
$$故 A \leqslant Q \cdot T/h \tag{4-15}$$

即采用全面分层时，结构平面面积应满足式（4-15）的条件。

③ 分段分层　当结构平面面积较大时，全面分层已不适应，这时可采用分段分层浇筑方案。即将结构分为若干段，每段又分为若干层，先浇筑第一段各层，然后浇筑第二段各层，如此逐段逐层连续浇筑，直至结束。为保证结构的整体性，要求次段混凝土应在前段混凝土初凝前浇筑并与之捣实成整体。若结构的厚度为 $H(\text{m})$，宽度为 $b(\text{m})$，分段长度为 $l(\text{m})$，为保证结构的整体性，则应满足式（4-16）的条件。

$$l \leqslant Q \cdot T/b(H-h) \tag{4-16}$$

2）早期温度裂缝的预防　厚大钢筋混凝土结构由于体积大，水泥水化热聚积在内部不易散发，内部温度显著升高，外表散热快，形成较大内外温差，内部产生压应力，外表产生拉应力，如内外温差过大（25℃以上），则混凝土表面将产生裂缝。当混凝土内部逐渐散热冷却，产生收缩，由于受到基底或已硬化混凝土的约束，不能自由收缩，而产生拉应力。温差越大，约束程度越高，结构长度越大，则拉应力越大。当拉应力超过混凝土的抗拉强度时即产生裂缝，裂缝从基底向上发展，甚至贯穿整个基础。要防止混凝土早期产生温度裂缝，就要降低混凝土的温度应力。控制混凝土的内外温差，使之不超过 25℃，以防止表面开裂；控制混凝土冷却过程中的总温差和降温速度，以防止基底开裂。早期温度裂缝的预防方法主要有：优先采用水化热低的水泥（如矿渣硅酸盐水泥）；减少水泥用量；掺入适量的粉煤灰或在浇筑时投入适量的毛石；放慢浇筑速度和减少浇筑厚度，采用人工降温措施（拌制时，用低温水，养护时用循环水冷却）；浇筑后应及时覆盖，以控制内外温差，减缓降温速度，尤应注意寒潮的不利影响；必要时，取得设计单位同意后，可分块浇筑，块和块间留 1m 宽后浇带，待各分块混凝土干缩后，再浇筑后浇带。分块长度可根据有关手册计算，当结构厚度在 1m 以内时，分块长度一般为 20～30m。

3）泌水处理　大体积混凝土另一特点是上、下浇筑层施工间隔时间较长，各分层之间易产生泌水层，它将使混凝土强度降低，酥软、脱皮起砂等不良后果。采用自流方式和抽吸方法排除泌水，会带走一部分水泥浆，影响混凝土的质量。泌水处理措施主要有同一结构中使用两种不同坍落度的混凝土，或在混凝土拌合物中掺减水剂，都可减少泌水现象。

4.3.4　混凝土密实成型

混凝土浇入模板以后是较疏松的，里面含有空气与气泡。而混凝土的强度、抗冻性、抗渗性以及耐久性等，都与混凝土的密实程度有关。目前主要是用人工或机械捣实混凝土使混凝土密实。人工捣实是用人力的冲击来使混凝土密实成型，只有在缺乏机械、工程量不大或机械不便工作的部位采用。机械捣实的方法有多种，下面主要介绍振动捣实。

（1）混凝土振动密实原理　振动机械的振动一般是由电动机、内燃机或压缩空气马达带动偏心块转动而产生的简谐振动。产生振动的机械将振动能量通过某种方式传递给混凝土拌合物使其受到强迫振动。在振动力作用下混凝土内部的粘着力和内摩擦力显著减少，使骨料犹如悬浮在液体中，在其自重作用下向新的位置沉落，紧密排列，水泥砂浆均匀分布填充空隙，气泡被排出，游离水被挤压上升，混凝土填满了模板的各个角落并形成密实体积。机械振实混凝土可以大大减轻工人的劳动强度，减少蜂窝麻面的发生，提高混凝土的强度和密实性，加快模板周转，节约水泥 10％～15％。影响振动器的振动质量和生产率的因素是复杂的。当混凝土的配合比、骨料的粒径、水泥的稠度以及钢筋的疏密程度等因素确定之后，振动质量和生产率取决于"振动制度"，也就是振动的频率、振幅和振动时间等。

（2）振动机械的选择　振动机械可分为内部振动器、表面振动器、外部振动器和振动台（图 4-33）。内部振动器又称插入式振动器，是建筑工地应用最多的一种振动器，多用于振实梁、柱、墙、厚板和基础等。其工作部分是一棒状空心圆柱体，内部装有偏心振子，在电动机带动下高速转动而产生高频微幅的振动。根据振动棒激振的原理，内部振动器有偏心式和行星滚锥式（简称行星式）两种，其激振结构的工作原理如图 4-34 所示。

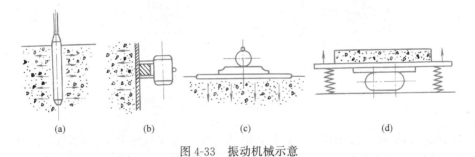

图 4-33　振动机械示意

（a）内部振动器；（b）外部振动器；（c）表面振动器；（d）振动台

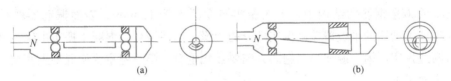

图 4-34　振动棒的激振原理图

（a）偏心轴式；（b）行星滚锥式

偏心轴式内部振动器是利用振动棒中心具有偏心质量的转轴产生高频振动，其振动频率为：5000～6000 次/min。

行星滚锥式内部振动器是利用振动棒中一端空悬的转轴旋转时其下垂端圆锥部分沿棒壳内圆锥面滚动，形成滚动体的行星运动而驱动棒体产生圆振动，其振动频率为12000～15000 次/min，振捣效果好，且构造简单，使用寿命长，是当前常有的内部振动器。其构造如图 4-35 所示。

用插入式振动器振动混凝土时，应垂直插入，并插入下层混凝土 50mm，以促使上

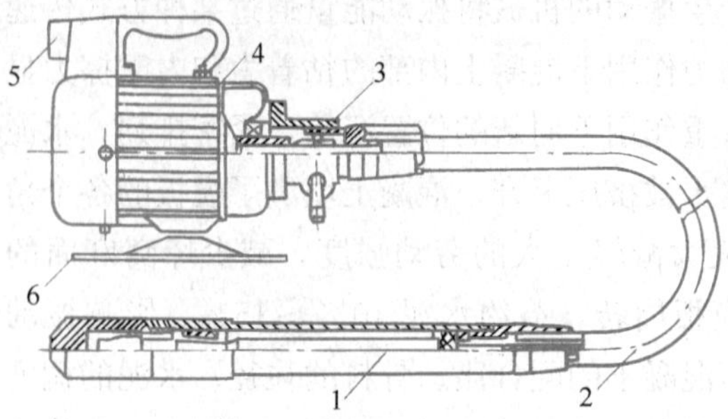

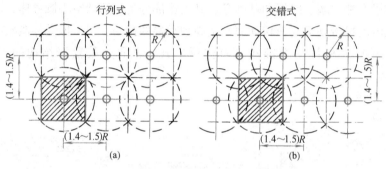

图 4-35　电动软轴行星式内部振动器

1—振动棒；2—软轴；3—防逆装置；

4—电动机；5—电器开关；6—支座

下层混凝土结合成整体。每一振点的振捣延续时间，应使混凝土捣实（即表面呈现浮浆和不再沉落为限）。采用插入式振动器捣实普通混凝土的移动间距，不宜大于作用半径的 1.5 倍。捣实轻骨料混凝土的间距，不宜大于作用半径的 1 倍；振动器与模板的距离不应大于振动器作用半径的 1/2，并应尽量避免碰撞钢筋、模板、预埋件等。插点的分布有行列式和交错式两种，如图 4-36 所示。

图 4-36　插点的分布

（a）行列式；（b）交错式

表面振动器又称平板振动器，它是将电动机装上有左右两个偏心块固定在一块平板上而成，其振动作用可直接传递到混凝土面层上。这种振动器适用于捣实楼板、地面、板形构件和薄壳等薄壁结构。在无筋或单层钢筋结构中，每次振实的厚度不大于 250mm；在双层钢筋的结构中，每次振实厚度不大于 120mm。表面振动器的移动间距，应保证振动器的平板覆盖已振实部分的边缘，以使该处的混凝土振实出浆为准。也可进行两遍振实，第一遍和第二遍的方向要互相垂直，第一遍主要使混凝土密实，第二遍则使表面平整。

附着式振动器又称外部振动器，它通过螺栓或夹钳等固定在模板外侧的横档或竖档上，偏心块旋转所产生的振动力通过模板传给混凝土，使之振实。但模板应有足够的刚度。对于小截面直立构件，插入式振动器的振动棒很难插入，可使用附着式振动器，附着式振动器的设置间距，应通过试验确定，在一般情况下，可每隔 1～1.5m 设置一个。

振动台是混凝土制品厂中的固定生产设备，用于振实预制构件。

4.3.5　水下浇筑混凝土

深基础、地下连续墙、沉井及钻孔灌注桩等常需在水下或泥浆中浇筑混凝土。水下或泥浆中浇筑混凝土时，应保证水或泥浆不混入混凝土内，水泥浆不被水带走，混凝土能借压力挤压密实。水下浇筑混凝土常采用导管法（图 4-37）。导管直径约 200～300mm，且不小于骨料粒径的 8 倍，每节管长 1.5～3m，用法兰密封连接，顶部有漏斗，导管用起重机吊住，可以升降。灌筑前，用铁丝吊住球塞堵住导管下口，然后将管内灌满混凝土，并使导管下口距地基约 300mm，距离太小，容易堵管，距离太大，则开管时冲出的混凝土不能及时封埋管口端处，而导致水或泥浆渗入混凝土内。漏斗及导管内应有足够的混凝土，以保证混凝土下落后能将导管下端埋入混凝土内 0.5～0.8m。剪断铁丝后，混凝土在自重作用下冲出管口，并迅速将管口下端埋住。此后，一面不断灌注混凝土，一面缓缓提起导管，且始终保持导管在混凝土

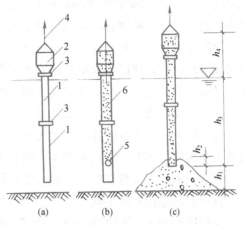

图 4-37　导管法水下浇筑混凝土
(a) 组装导管；(b) 导管内悬吊球口塞并浇入混凝土；(c) 浇混凝土，提管
1—钢导管；2—漏斗；3—密封接头；4—吊索；
5—球塞；6—铁丝或绳子

内有一定的埋深，埋深越大则挤压作用越大，混凝土越密实，但也越不易浇筑，一般埋深 h_2 为 0.5～0.8m。这样，最先浇筑的混凝土始终处于最上层与水接触，且随混凝土的不断挤入不断上升，故水或泥浆不会混入混凝土内，水泥浆不会被带走，而混凝土又能在压力作用下自行挤密。为保证与水接触的表层混凝土能呈塑性状态上升，每一浇筑点应在混凝土初凝前浇至设计标高。混凝土应连续浇筑，导管内应始终注满混凝土，以防空气混入，并应防止堵管，如堵管超过半小时，则应立即换备用管进行浇筑。一般情况下，一根导管浇筑半径以 4m 为限，面积更大时，可用几根导管同时浇筑，或待一浇筑点浇筑完毕后再将导管换插到另一浇筑点进行浇筑，而不应在一浇筑点将导管作水平移动以扩大浇筑范围。浇筑完毕后，应清除与水接触的表层厚约 0.2m 的松软混凝土。

水下浇筑时，混凝土的密实程度取决于混凝土所受的挤压力。为保证混凝土在导管出口处有一定的超压力 P，则应保持导管内混凝土超出水面一定高度 h_4，若导管下口至水面的距离为 h_3，则：

$$P=0.025h_4+0.015h_3$$

故　　　　　　　　　　$$h_4=40P-0.6h_3 \tag{4-17}$$

要求的超压力 P 与导管作用半径有关，当作用半径为 4m 时，P 为 0.25N/mm²，当作用半径为 3.5m 时，P 为 0.15N/mm²；当作用半径为 3.0m 时，P 为 0.1N/mm²。

4.3.6　混凝土养护与拆模

1. 混凝土养护

混凝土浇筑捣实后，逐渐凝固硬化，这个过程主要由水泥的水化作用来实现，而水

化作用必须在适当的温度和湿度条件下才能完成。因此，为了保证混凝土有适宜的硬化条件，使其强度不断增长，必须对混凝土进行养护。

混凝土浇筑后，如气候炎热、空气干燥，不及时进行养护，混凝土中的水分蒸发过快出现脱水现象，使已形成凝胶体的水泥颗粒不能充分水化，不能转化为稳定的结晶，缺乏足够的粘结力，从而会在混凝土表面出现片状或粉状剥落，影响混凝土的强度。此外，在混凝土尚未具备足够的强度时，水分过早地蒸发，还会产生较大的变形，出现干缩裂缝，影响混凝土的整体性和耐久性。因此，混凝土养护绝不是一件可有可无的事，而是一个重要的环节，应按照要求，精心进行。

混凝土养护方法分自然养护和人工养护。

自然养护是指利用平均气温高于 5℃ 的自然条件，用保水材料或草帘等对混凝土加以覆盖后适当浇水，使混凝土在一定的时间内在湿润状态下硬化。当最高气温低于 25℃ 时，混凝土浇筑完后应在 12h 以内加以覆盖和浇水；最高气温高于 25℃ 时，应在 6h 以内开始养护。浇水养护时间的长短视水泥品种定，硅酸盐水泥、普通硅酸盐水泥和矿渣硅酸盐水泥拌制的混凝土，不得少于 7 昼夜；火山灰质硅酸盐水泥和粉煤灰硅酸盐水泥拌制的混凝土或有抗渗性要求的混凝土和强度等级 C60 及以上的混凝土，后浇带混凝土，不得少于 14 昼夜。浇水次数应使混凝土保持具有足够的湿润状态。养护初期，水泥的水化反应较快，需水也较多，所以要特别注意在浇筑以后头几天的养护工作，此外，在气温高，湿度低时，也应增加洒水的次数。混凝土必须养护至其强度达到 1.2MPa 以后，方准在其上踩踏和安装模板及支架。也可在构件表面喷洒养护剂，来养护混凝土，适用于在不易洒水养护的高耸构筑物和大面积混凝土结构。它是将过氯乙烯树脂塑料溶液用喷枪喷洒在混凝土表面上，溶液挥发后在混凝土表面形成一层塑料薄膜，使混凝土与空气隔绝，阻止水分的蒸发以保证水化作用的正常进行。所选薄膜在养护完成后能自行老化脱落。不能自行脱落的薄膜，不宜于喷洒在要做粉刷的混凝土表面上，在夏季，薄膜成型后要防晒，否则易产生裂纹。

人工养护就是用人工来控制混凝土的养护温度和湿度，使混凝土强度增长，如蒸汽养护、热水养护、太阳能养护等。主要用来养护预制构件，现浇构件大多用自然养护。

2. 混凝土的拆模

模板拆除日期取决于混凝土的强度、模板的用途、结构的性质及混凝土硬化时的气温。

不承重的侧模，在混凝土强度能保证其表面棱角不因拆除模板而受损坏时，即可拆除。承重模板，如梁、板等底模，应待混凝土达到规定强度后，方可拆除。结构的类型跨度不同，其拆模时混凝土强度不同。

已拆除承重模板的结构，应在混凝土达到规定的强度等级后，才允许承受全部设计荷载。拆模后应由监理（建设）单位、施工单位对混凝土的外观质量和尺寸偏差进行检查，并做好记录。

现浇结构的外观质量缺陷性质，应由监理（建设）单位、施工单位等各方根据其对结构性能和使用功能影响的严重程度，按表 4-27 确定。

现浇结构外观质量缺陷性质 表 4-27

名称	现象	严重缺陷	一般缺陷
露筋	构件内钢筋未被混凝土包裹而外露	纵向受力钢筋有露筋	其他钢筋有少量露筋
蜂窝	混凝土表面缺少水泥砂浆而形成石子外露	构件主要受力部位有蜂窝	其他部位有少量蜂窝
孔洞	混凝土中孔穴深度和长度均超过保护层厚度	构件主要受力部位有孔洞	其他部位有少量孔洞
夹渣	混凝土中夹有杂物且深度超过保护层厚度	构件主要受力部位有夹渣	其他部位有少量夹渣
疏松	混凝土中局部不密实	构件主要受力部位有疏松	其他部位有少量疏松
裂缝	缝隙从混凝土表面延伸至混凝土内部	构件主要受力部位有影响结构性能或使用功能的裂缝	其他部位有少量不影响结构性能或使用功能的裂缝
连接部位缺陷	构件连接处混凝土缺陷及连接钢筋、连接件松动	连接部位有影响结构传力性能的缺陷	连接部位有基本不影响结构传力性能的缺陷
外形缺陷	缺棱掉角、棱角不直、翘曲不平、飞边凸肋等	清水混凝土构件有影响使用功能或装饰效果的外形缺陷	其他混凝土构件有不影响使用功能的外形缺陷
外表缺陷	构件表面麻面、掉皮、起砂、沾污等	具有重要装饰效果的清水混凝土构件有外表缺陷	其他混凝土构件有不影响使用功能的外表缺陷

如发现缺陷，应进行修补。对面积小、数量不多的蜂窝或露石的混凝土，先用钢丝刷或压力水洗刷基层，然后用 1∶2.5～1∶2 的水泥砂浆抹平；对较大面积的蜂窝、露石、露筋应按其全部深度凿去薄弱的混凝土层，然后用钢丝刷或压力水冲刷，再用比原混凝土强度等级高一个级别的细骨料混凝土填塞，并仔细捣实。对影响结构性能的缺陷，应与设计单位研究处理。

4.3.7 混凝土工程施工质量验收与评定方法

混凝土工程的施工质量检验应按主控项目、一般项目按规定的检验方法进行检验。检验批合格质量应符合下列规定：主控项目的质量经抽样检验合格；一般项目的质量经抽样检验合格；当采用计数检验时，除有专门要求外，一般项目的合格点率应达到80%及以上，且不得有严重缺陷；具有完整的施工操作依据和质量验收记录。

1. 混凝土分项工程

（1）主控项目

1）水泥进场时，应对其品种、代号、强度等级、包装或散装编号、出厂日期等进行检查，并应对水泥的强度、安定性和凝结时间进行检验，检验结果应符合现行国家标准《通用硅酸盐水泥》GB 175 等的相关规定。

检查数量：按同一厂家、同一品种、同一代号、同一强度等级、同一批号且连续进场的水泥，袋装不超过200t为一批，散装不超过500t为一批，每批抽样数量不应少于一次。

检验方法：检查质量证明文件和抽样检验报告。

2）混凝土外加剂进场时，应对其品种、性能、出厂日期等进行检查，并应对外加剂的相关性能指标进行检验，检验结果应符合现行国家标准《混凝土外加剂》GB 8076和《混凝土外加剂应用技术规范》GB 50119 等的规定。

检查数量：按同一厂家、同一品种、同一性能、同一批号且连续进场的混凝土外加剂，不超过 50t 为一批，每批抽样数量不应少于一次。

检验方法：检查质量证明文件和抽样检验报告。

3）预拌混凝土进场时，其质量应符合现行国家标准《预拌混凝土》GB/T 14902 的规定。

检查数量：全数检查。

检验方法：检查质量证明文件。

4）混凝土拌合物不应离析。

检查数量：全数检查。

检验方法：观察。

5）混凝土中氯离子含量和碱总含量应符合现行国家标准《混凝土结构设计规范》GB 50010 的规定和设计要求。

检查数量：同一配合比的混凝土检查不应少于一次。

检验方法：检查原材料试验报告和氯离子、碱的总含量计算书。

6）首次使用的混凝土配合比应进行开盘鉴定，其原材料、强度、凝结时间、稠度等应满足设计配合比的要求。

检查数量：同一配合比的混凝土检查不应少于一次。

检验方法：检查开盘鉴定资料和强度试验报告。

7）混凝土的强度等级必须符合设计要求。用于检验混凝土强度的试件应在浇筑地点随机抽取。

检查数量：对同一配合比混凝土，取样与试件留置应符合下列规定：

每拌制 100 盘且不超过 $100m^3$ 时，取样不得少于一次；每工作班拌制不足 100 盘时，取样不得少于一次；连续浇筑超过 $1000m^3$ 时，每 $200m^3$ 取样不得少于一次；每一楼层取样不得少于一次；每次取样应至少留置一组试件。

检验方法：检查施工记录及混凝土强度试验报告。

（2）一般项目

1）混凝土用矿物掺合料进场时，应对其品种、技术指标、出厂日期等进行检查，并应对矿物掺合料的相关技术指标进行检验，检验结果应符合国家现行有关标准的规定。

检查数量：按同一厂家、同一品种、同一技术指标、同一批号且连续进场的矿物掺合料，粉煤灰、石灰石粉、磷渣粉和钢铁渣粉不超过 200t 为一批，粒化高炉矿渣粉和复合矿物掺合料不超过 500t 为一批，沸石粉不超过 120t 为一批，硅灰不超过 30t 为一批，每批抽样数量不应少于一次。

检验方法：检查质量证明文件和抽样检验报告。

2）混凝土原材料中的粗骨料、细骨料质量应符合现行行业标准《普通混凝土用砂、石质量及检验方法标准》JGJ 52 的规定，使用经过净化处理的海砂应符合现行行业标准《海砂混凝土应用技术规范》JGJ 206 的规定，再生混凝土骨料应符合现行国家标准《混凝土用再生粗骨料》GB/T 25177 和《混凝土和砂浆用再生细骨料》GB/T 25176 的规定。

检查数量：按现行行业标准《普通混凝土用砂、石质量及检验方法标准》JGJ 52 的规定确定。

检验方法：检查抽样检验报告。

3）混凝土拌制及养护用水应符合现行行业标准《混凝土用水标准》JGJ 63 的规定。采用饮用水时，可不检验；采用中水、搅拌站清洗水、施工现场循环水等其他水源时，应对其成分进行检验。

检查数量：同一水源检查不应少于一次。

检验方法：检查水质检验报告。

4）混凝土拌合物稠度应满足施工方案的要求。

检查数量：对同一配合比混凝土，取样应符合下列规定：

每拌制 100 盘且不超过 100m³ 时，取样不得少于一次；每工作班拌制不足 100 盘时，取样不得少于一次；连续浇筑超过 1000m³ 时，每 200m³ 取样不得少于一次；每一楼层取样不得少于一次。

检验方法：检查稠度抽样检验记录。

5）混凝土有耐久性指标要求时，应在施工现场随机抽取试件进行耐久性检验，其检验结果应符合国家现行有关标准的规定和设计要求。

检查数量：同一配合比的混凝土，取样不应少于一次，留置试件数量应符合国家现行标准《普通混凝土长期性能和耐久性能试验方法标准》GB/T 50082 和《混凝土耐久性检验评定标准》JGJ/T 193 的规定。

检验方法：检查试件耐久性试验报告。

6）混凝土有抗冻要求时，应在施工现场进行混凝土含气量检验，其检验结果应符合国家现行有关标准的规定和设计要求。

检查数量：同一配合比的混凝土，取样不应少于一次，取样数量应符合现行国家标准《普通混凝土拌合物性能试验方法标准》GB/T 50080 的规定。

检验方法：检查混凝土含气量试验报告。

7）后浇带的留设位置应符合设计要求。后浇带和施工缝的留设及处理方法应符合施工方案要求。

检查数量：全数检查。

检验方法：观察。

8）混凝土浇筑完毕后应及时进行养护，养护时间以及养护方法应符合施工方案要求。

检查数量：全数检查。

检验方法：观察，检查混凝土养护记录。

2. 现浇混凝土结构分项工程

（1）主控项目

1）现浇结构的外观质量不应有严重缺陷。对已经出现的严重缺陷，应由施工单位提出技术处理方案，并经监理单位认可后进行处理；对裂缝或连接部位的严重缺陷及其他影响结构安全的严重缺陷，技术处理方案尚应经设计单位认可。对经处理的部位应重新验收。

检查数量：全数检查。

检验方法：观察，检查处理记录。

2）现浇结构不应有影响结构性能或使用功能的尺寸偏差；混凝土设备基础不应有影响结构性能或设备安装的尺寸偏差。

对超过尺寸允许偏差且影响结构性能或安装、使用功能的部位，应由施工单位提出技术处理方案，并经监理、设计单位认可后进行处理。对经处理的部位应重新验收。

检查数量：全数检查。

检验方法：量测，检查处理记录。

（2）一般项目

1）现浇结构的外观质量不应有一般缺陷。对已经出现的一般缺陷，应由施工单位按技术处理方案进行处理。对经处理的部位应重新验收。

检查数量：全数检查。

检验方法：观察，检查处理记录。

2）现浇结构的位置和尺寸偏差及检验方法应符合表 4-28 的规定。

检查数量：按楼层、结构缝或施工段划分检验批。在同一检验批内，对梁、柱和独立基础，应抽查构件数量的 10%，且不应少于 3 件；对墙和板，应按有代表性的自然间抽查 10%，且不应少于 3 间；对大空间结构，墙可按相邻轴线间高度 5m 左右划分检查面，板可按纵、横轴线划分检查面，抽查 10%，且均不应少于 3 面；对电梯井，应全数检查。

现浇结构位置和尺寸允许偏差及检验方法   表 4-28

项　　目		允许偏差	检验方法
轴线位移	整体基础	15	经纬仪及尺量
	独立基础	10	
	柱、墙、梁	8	尺量
标高	层高	±10	用水准仪或拉线、尺量
	全高	±30	
截面尺寸	基础	+15，−10	尺量
	柱、梁、板、墙	+10，−5	
	楼梯相邻踏步高差	6	
垂直度	层高	≤6m	10	用经纬仪或吊线、尺量
		>6m	12	
	全高(H)	≤300m	$H/30000+20$	经纬仪、尺量
		>300m	$H/10000$，且≤80	

续表

项　目		允许偏差	检验方法
表面平整度		8	2m靠尺和塞尺量测
预埋件中心线位置	预埋板	10	尺量
	预埋螺栓	5	
	预埋管	5	
	其他	10	
预留洞、孔中心线位置		15	尺量
电梯井	中心位置	10	尺量
	长、宽尺寸	+25,0	

注: 1. 检查柱轴线、中心线位置时,应沿纵、横两个方向量测,并取其中的较大值。

2. H 为全高,单位 mm。

3) 现浇设备基础的位置和尺寸应符合设计和设备安装的要求。其位置和尺寸偏差及检验方法应符合表4-29的规定。

检查数量:全数检查。

现浇设备基础位置和尺寸允许偏差及检验方法　　　　表 4-29

项　目		允许偏差(mm)	检验方法
坐标位置		20	经纬仪及尺量
不同平面的标高		0,−20	水准仪或拉线、尺量
平面外形尺寸		±20	尺量
凸台上平面外形尺寸		0,−20	
凹槽尺寸		+20,0	
平面水平度	每米	5	水平尺,塞尺量测
	全长	10	水准仪或拉线、尺量
垂直度	每米	5	经纬仪或吊线、尺量
	全高	10	
预埋地脚螺栓	中心位置	2	尺量
	顶标高	+20,0	水准仪或拉线、尺量
	中心距	±2	尺量
	垂直度	5	吊线、尺量
预埋地脚螺栓孔	中心线位置	10	尺量
	截面尺寸	+20,0	尺量
	深度	+20,0	尺量
	垂直度	$h/100$ 且≤10	吊线、尺量
预埋活动地脚螺栓锚板	标高	+20,0	水准仪或拉线、尺量
	中心线位置	5	尺量
	带槽锚板平整度	5	直尺,塞尺量测
	带螺纹孔锚板平整度	2	

注: 1. 检查坐标、中心线位置时,应沿纵、横两个方向量测,并取其中的较大值。

2. h 为预埋地脚螺栓孔孔深。

179

3. 混凝土强度的评定

评定混凝土强度的试块，必须按《混凝土强度检验评定标准》GB/T 50107—2010 的规定取样、制作、养护和试验，其强度必须符合下列规定：

（1）用统计方法评定混凝土强度时，其强度应同时符合下列两式的规定：

$$m_{fcu} - \lambda_1 s_{fcu} \geq 0.9 f_{cu,k} \qquad (4\text{-}18)$$

$$f_{cu,min} \geq \lambda_2 f_{cu,k} \qquad (4\text{-}19)$$

（2）用非统计方法评定混凝土强度时，其强度应同时符合下列两式的规定：

$$m_{fcu} \geq 1.15 f_{cu,k} \qquad (4\text{-}20)$$

$$f_{cu,min} \geq 0.95 f_{cu,k} \qquad (4\text{-}21)$$

式中　m_{fcu}——同一验收批混凝土立方体抗压强度的平均值（N/mm²）；

s_{fcu}——同一验收批混凝土强度的标准差（N/mm²）；

当 s_{fcu} 的计算值小于 $0.06 f_{cu,k}$ 时，取 $s_{fcu} = 0.06 f_{cu,k}$；

$f_{cu,k}$——设计的混凝土立方体抗压强度标准值（N/mm²）；

$f_{cu,min}$——同一验收批混凝土立方体抗压强度的最小值（N/mm²）；

λ_1、λ_2——合格判定系数，按表 4-30 取用。

合格判定系数　　　　　　　　表 4-30

合格判定系数	试 块 组 数		
	10～14	15～24	≥25
λ_1	1.70	1.65	1.60
λ_2	0.90	0.85	0.85

注：混凝土强度按单位工程内强度等级、龄期相同及生产工艺条件、配合比基本相同的混凝土为同一验收批评定。但单位工程中仅有一组试块时，其强度不应低于 $1.15 f_{cu,k}$。

4.4　混凝土结构工程冬期、雨期施工

4.4.1　混凝土结构工程冬期施工

根据当地多年气象资料统计，当室外日平均气温连续 5d 稳定低于 5℃时，应采取冬期施工措施；当室外日平均气温连续 5d 稳定高于 5℃时，可解除冬期施工措施。当混凝土未达到受冻临界强度而气温骤降至 0℃以下时，应按冬期施工的要求采取应急防护措施。工程越冬期间，应采取维护保温措施。

试验证明，混凝土的早期冻害是由于内部的水结冰所致。冬期施工时，气温低，水泥水化作用减弱，新浇混凝土强度增长明显地延缓，当温度降至 0℃以下时，水泥水化

作用基本停止，混凝土强度亦停止增长。特别是温度降至混凝土冰点温度以下时，混凝土中的游离水开始结冰，结冰后的水体积膨胀约9%。在混凝土内部产生冰胀应力，使强度尚低的混凝土结构内部产生微裂隙，同时降低了水泥与砂石和钢筋的粘结力，导致结构强度降低。受冻的混凝土在解冻后，其强度虽能继续增长，但已不能达到原设计的强度等级。混凝土在浇筑后立即受冻，抗压强度约损失50%，抗拉强度约损失40%。受冻前混凝土养护时间愈长，所达到的强度越高，水化物生成越多，能结冰的游离水就愈少，强度损失就愈低。试验还证明，混凝土遭受冻结带来的危害与遭冻的时间早晚、水胶比、水泥标号、养护温度等有关。

冬期浇筑的混凝土在受冻以前必须达到的最低强度称为混凝土受冻临界强度。我国现行规范规定：采用蓄热法、暖棚法、加热法等施工的普通混凝土，采用硅酸盐水泥、普通硅酸盐水泥配制时，其受冻临界强度不应小于设计混凝土强度等级值的30%；采用矿渣硅酸盐水泥、粉煤灰硅酸盐水泥、火山灰质硅酸盐水泥、复合硅酸盐水泥时，不应小于设计混凝土强度等级值的40%；当室外最低气温不低于-15℃时，采用综合蓄热法、负温养护法施工的混凝土受冻临界强度不应小于4.0MPa；当室外最低气温不低于-30℃时，采用负温养护法施工的混凝土受冻临界强度不应小于5.0MPa；对强度等级等于或高于C50的混凝土，不宜小于设计混凝土强度等级值的30%；对有抗渗要求的混凝土，不宜小于设计混凝土强度等级值的50%；对有抗冻耐久性要求的混凝土，不宜小于设计混凝土强度等级值的70%；当采用暖棚法施工的混凝土中掺入早强剂时，可按综合蓄热法受冻临界强度取值；当施工需要提高混凝土强度等级时，应按提高后的强度等级确定受冻临界强度。

1. 冬期施工的特点、原则和施工准备

（1）冬期施工的特点

1）冬期施工期是质量事故多发期。在冬期施工中，长时间的持续负低温、大的温差、强风、降雪和反复的冰冻，经常造成建筑施工的质量事故。据资料分析，有三分之二的工程质量事故发生在冬期，尤其是混凝土工程。

2）冬期施工质量事故发现滞后性。冬期发生质量事故往往不易觉察，到春天解冻时，一系列质量问题才暴露出来。这种事故的滞后性给处理解决质量事故带来很大的困难。

3）冬期施工的计划性和准备工作时间性很强。冬期施工时，常由于时间紧促，仓促施工，发生质量事故。

（2）冬期施工的原则

为了保证冬期施工的质量，凡进行冬期施工的工程项目，应编制冬期施工专项方案，冬期施工专项方案应做到技术先进、经济合理、安全适用，在确保工程质量的前提下，做到增加的措施费用最少；所需的热源及技术措施材料有可靠的来源，并使消耗的能源最少；工期能满足规定要求。

（3）冬期施工的准备工作

1）搜集有关气象资料作为选择冬期施工技术措施的依据。

2）进入冬期施工前一定要编制好冬期施工技术文件；它包括：

① 冬期施工方案：冬期施工方案的主要内容有：

（A）冬期施工生产任务安排及部署。根据冬期施工项目、部位，明确冬期施工中前期、中期、后期的重点及进度计划安排。

（B）根据冬期施工项目、部位列出可考虑的冬期施工方法及执行的国家有关技术标准文件。

（C）热源、设备计划及供应部署。

（D）施工材料（保温材料、外加剂等）计划进场数量及供应部署。

（E）劳动力计划。

（F）冬期施工人员的技术培训计划。

（G）工程质量控制要点。

（H）冬期施工安全生产及消防要点。

② 施工组织设计或技术措施

（A）工程任务概况及预期达到的生产指标。

（B）工程项目的实物量和工作量，施工程序，进度安排。

（C）分项工程在各冬期施工阶段的施工方法及施工技术措施。

（D）施工现场准备方案及施工进度计划。

（E）主要材料、设备、机具和仪表等到需用量计划。

（F）工程质量控制要点及检查项目、方法。

（G）冬期安全生产和防火措施。

（H）各项经济技术控制指标及节能、环保等措施。

3）凡进行冬期施工的工程项目，必须会同设计单位复核施工图纸，核对其是否能适应冬期施工要求。如有问题应及时提出并修改设计。

4）根据冬期施工工程量，提前准备好施工的设备、机具、材料及劳动防护用品。

5）冬期施工前对配制外掺剂的人员、测温保温人员、锅炉工等，应专门组织技术培训，经考试合格后方能上岗。

2. 混凝土冬期施工的要求

一般情况下，混凝土冬期施工我们要求在正温下浇筑，正温下养护，使混凝土强度在冰冻前达到受冻临界强度，在冬期施工时对原材料和施工过程均要求有必要的措施，来保证混凝土的施工质量。

（1）对材料的要求及加热

1）冬期施工中配制混凝土用的水泥，应优先选用活性高、水化热大的硅酸盐水泥和普通硅酸盐水泥。最小水泥用量不宜少于 $280kg/m^3$。水胶比不应大于 0.55。使用矿渣硅酸盐水泥时，宜采用蒸汽养护，使用其他品种水泥，应注意其中掺合材料对混凝土抗冻抗渗等性能的影响。冷混凝土法施工宜优先选用含引气成分的外加剂，含气量宜控制在 $3\%\sim5\%$。

2）混凝土所用骨料必须清洁，不得含有冰雪等冰结物及易冻裂的矿物质。冬期骨料所用贮备场地应选择地势较高不积水的地方。

3）冬期施工对组成混凝土材料的加热，应优先考虑加热水，因为水的热容量大，加热方便，但加热温度不得超过表4-34所规定的数值。水的常用加热方法有三种：用锅烧水、用蒸汽加热水、用电极加热水；水泥不得直接加热，使用前宜运入暖棚存放。

冬期施工拌制混凝土的砂、石温度要符合热工计算需要温度。骨料加热的方法有，将骨料放在底下加温的铁板上面直接加热；或者通过蒸汽管、电热线加热等。但不得用火焰直接加热骨料，并应控制加热温度（表4-31）。加热的方法可因地制宜，但以蒸汽加热法为好。其优点是加热温度均匀，热效率高。缺点是骨料中的含水量增加。

拌合水及骨料的最高温度   表 4-31

项 目	水泥品种及强度等级	拌合水（℃）	骨料（℃）
1	小于 42.5 级	80	60
2	42.5、42.5R 以上	60	40

4）钢筋调直冷拉温度不宜低于−20℃；预应力钢筋张拉温度不宜低于−15℃。钢筋的焊接宜在室内进行。如必须在室外焊接，其最低气温不低于−20℃，且应有防雪和防风措施。刚焊接的接头严禁立即碰到冰雪，避免造成冷脆现象。

5）当环境气温低于−20℃时，不得对HRB400级钢筋机械冷弯加工。

（2）混凝土的搅拌

混凝土不宜露天搅拌，应尽量搭设暖棚，优先选用大容量的搅拌机，以减少混凝土的热损失。混凝土搅拌时间应根据各种材料的温度情况，考虑相互间的热平衡过程，可通过试拌确定延长的时间，一般为常温搅拌时间的1.25～1.5倍。拌制混凝土的最短时间应按表4-32采用。搅拌时为防止水泥出现"假凝"现象，应在水、砂、石搅拌一定时间后再加入水泥。搅拌混凝土时，骨料中不得带有冰、雪及冻团。

拌制混凝土的最短时间（s）   表 4-32

混凝土坍落度（mm）	搅拌机容积（L）		
	<250	250～500	>500
≤80	90	135	180
>80	90	90	135

当采用自落式搅拌机时，搅拌时间延长30～60s。

拌制掺用防冻剂的混凝土，当防冻剂为粉剂时，可按要求掺量直接撒在水泥上面和水泥同时投入；当防冻剂为液体时，应先配制成规定浓度溶液，然后再根据使用要求，用规定浓度溶液再配制成施工溶液。各溶液应分别置于明显标志的容器内，不得混淆，每班使用的外加剂溶液应一次配成。

配制与加入防冻剂，应设专人负责并做好记录，应严格按剂量要求掺入。

（3）混凝土的运输

混凝土的运输过程是热损失的关键阶段，应采取必要的措施减少混凝土的热损失，同时应保证混凝土的和易性。常用的主要措施为减少运输时间和距离；使用大容积的运输工具并采取必要的保温措施。保证混凝土入模温度不低于 5℃。

（4）混凝土的浇筑

混凝土在浇筑前，应清除模板和钢筋上的冰雪和污垢，尽量加快混凝土的浇筑速度，防止热量散失过多。当采用加热养护时，混凝土养护前的温度不得低于 2℃。

冬期不得在强冻胀性地基土上浇筑混凝土，当在弱冻胀性地基土上浇筑混凝土时，地基土应进行保温，以免遭冻。对加热养护的现浇混凝土结构，混凝土的浇筑程序和施工缝的位置，应能防止在加热养护时产生较大的温度应力。当分层浇筑厚大的整体结构时，已浇筑层的混凝土温度，在被上一层混凝土覆盖前，不得低于按热工计算的温度，且不得低于 2℃。

冬期施工混凝土振捣应用机械振捣，振捣时间应比常温时有所增加。

3. 混凝土冬期施工养护方法

混凝土工程冬期施工应根据自然气温条件，结构类型、工期要求，拟定混凝土在硬化过程中防止早期受冻的各种措施，确定混凝土工程冬期施工养护方法。

混凝土冬期施工养护方法有两大类：一类是人为地创造一个正温环境，以保证新浇筑的混凝土强度能够正常地不间断地增长，甚至可以加速增长，主要方法有蓄热养护法、综合蓄热养护法、蒸汽加热养护法、暖棚养护法；第二类为混凝土负温养护法，是在拌制混凝土时，加入适量的外加剂，可以降低水的冰点，使混凝土中的水在负温下保持液态，能继续与水泥进行水化作用，使得混凝土强度得以在负温环境中持续地增长。这种方法一般不再对混凝土加热。

在选择混凝土冬期施工方法时，应保证混凝土尽快达到冬期施工临界强度，避免遭受冻害；一个理想的施工方案，首先应当在杜绝混凝土早期受冻的前提下，在最短的施工期限内，用最低的冬期施工费用，获得优良的施工质量。

下面介绍常用的混凝土工程冬期施工养护方法。

（1）蓄热养护法和综合蓄热养护法

蓄热养护法是在混凝土浇筑后，利用原材料加热及水泥水化热的热量，通过适当保温延缓混凝土冷却，使混凝土冷却到 0℃ 以前达到预期要求强度的施工方法。

当室外最低温度不低于 -15℃ 时，地面以下的工程，或表面系数不大于 $5m^{-1}$ 的结构，宜采用蓄热法养护。对结构易受冻的部位，应加强保温措施。当室外最低气温不低于 -15℃ 时，对于表面系数为 $5\sim15m^{-1}$ 的结构，宜采用综合蓄热养护法，围护层散热系数宜控制在 $50\sim200kJ/(m^3 \cdot h \cdot K)$ 之间；综合蓄热法施工的混凝土中应掺入早强剂或早强型复合外加剂，并应具有减水、引气作用。

蓄热养护法和综合蓄热法养护施工时，在混凝土浇筑后应采用塑料布等防水材料对裸露表面覆盖并保温，对边、棱角部位的保温层厚度应增大到面部位的 $2\sim3$ 倍。混凝土在养护期间应防风、防失水。

为了确保原材料的加热温度，正确选择保温材料，使混凝土在冷却到 0℃ 以下时，其强度达到或超过受冻临界强度，施工时必须进行热工计算。热工计算是按热平衡原理进行，即 $1m^3$ 混凝土从浇筑结束的温度降至 0℃ 时，所放出的热量，应等于混凝土拌合物所含热量及水泥的水化热之和。混凝土的热工计法方法见《建筑工程冬期施工规程》JGJ/T 104—2011 附录 A。

（2）混凝土负温养护法

混凝土负温养护法是在混凝土中加入适量的抗冻剂、早强剂、减水剂及加气剂，使混凝土在负温下能继续水化，增长强度。

混凝土负温养护法适用于不易加热保温，且对强度增长要求不高的一般混凝土结构工程；负温养护法施工的混凝土，应以浇筑后 5d 内的预计日最低气温来选用防冻剂，起始养护温度不应低于 5℃。混凝土浇筑后，裸露表面应采取保湿措施；同时，应根据需要采取必要的保温覆盖措施。混凝土负温养护法施工应加强测温，在达到受冻临界强度之前应每隔 2h 测量一次；在混凝土达到受冻临界强度后，可停止测温。当室外最低气温不低于 -15℃ 时，采用负温养护法施工的混凝土受冻临界强度不应小于 4.0MPa；当室外最低气温不低于 -30℃ 时，采用负温养护法施工的混凝土受冻临界强度不应小于 5.0MPa。

1）混凝土冬期施工中常用外加剂的种类：

① 减水剂：能改善混凝土的和易性及拌合用水量，降低水胶比，提高混凝土的强度和耐久性。常用的减水剂有木质素系减水剂、萘磺酸盐系减水剂、水溶性树脂减水剂。

② 早强剂：早强剂是加速混凝土早期强度发展的外加剂，可以在常温、低温或负温（不低于 -5℃）条件下加速混凝土硬化过程。常用的早强剂主要有氯化钠、氯化钙、硫酸钠、亚硝酸钠、三乙醇胺、碳酸钾等。

大部分早强剂同时具有降低水的冰点，使混凝土在负温情况下继续水化，增加强度，起到防冻的作用。

③ 引气剂：引气剂是指在混凝土搅拌过程中，引入无数微小气泡，改善混凝土拌合物的和易性和减少用水量，并显著提高混凝土的抗冻性和耐久性。常用的引气剂有松香热聚物、松香皂、烷基苯磺酸盐等。

④ 阻锈剂：氯盐类外加剂对混凝土中的金属预埋件有锈蚀作用。阻锈剂能在金属表面形成一层氧化膜，阻止金属的锈蚀。常用的阻锈剂有亚硝酸钠、重铬酸钾等。

2）混凝土中外加剂的应用

混凝土冬期施工中外加剂的配用，应满足抗冻、早强的需要；对结构钢筋无锈蚀作用；对混凝土后期强度和其他物理力学性能无不良影响；同时应适应结构工作环境的需要。单一的外加剂常不能完全满足混凝土冬期施工的要求，一般宜采用复合配方。常用的复合配方有下面几种类型：

① 氯盐类外加剂：主要有氯化钠、氯化钙，其价廉、易购买，但对钢筋有锈蚀作用，一般钢筋混凝土中掺量按无水状态计算不得超过水泥重量的 1%；无筋混凝土中，采用热材料拌制的混凝土，氯盐掺量不得大于水泥重量的 3%；采用冷材料拌制时，氯盐掺量不得大于拌合水重量的 15%。掺用氯盐的混凝土必须振捣密实，且不宜采用蒸

汽养护。在下列工作环境中的钢筋混凝土结构中不得掺用氯盐：

（A）在高湿度空气环境中使用的结构；

（B）处于水位升降部位的结构；

（C）露天结构或经常受水淋的结构；

（D）有镀锌钢材或与铝铁相接触部位的结构，以及有外露钢筋、预埋件而无防护措施的结构；

（E）与含有酸、碱和硫酸盐等侵蚀性介质相接触的结构；

（F）使用过程中经常处于环境温度为 $60℃$ 以上的结构；

（G）使用冷拉钢筋或冷拔低碳钢丝的结构；

（H）薄壁结构、中级或重级工作制吊车梁、屋架、落锤或锻锤基础等结构；

（I）电解车间和直接靠近直流电源的结构；

（J）直接靠近高压（发电站、变电所）的结构；

（K）预应力混凝土结构。

② 硫酸钠-氯化钠复合外加剂：当气温在 $-3\sim-5℃$ 时，氯化钠和亚硝酸钠掺量分别为 1%；当气温在 $-5\sim-8℃$ 时，其掺量分别为 2%。这种配方的复合外加剂不能用于高温湿热环境及预应力结构中。

③ 亚硝酸钠-硫酸钠复合外加剂：当气温分别为 $-3℃$、$-5℃$、$-8℃$、$-10℃$ 时，亚酸钠的掺量分别为水泥重量的 2%、4%、6%、8%。亚硝酸钠-硫酸钠复合外加剂在负温下有较好的促凝作用，能使混凝土强度较快增长，且对混凝土有塑化作用，对钢筋无锈蚀作用。

使用硫酸钠复合外加剂时，宜先将其溶解在 $30\sim50℃$ 的温水中，配成浓度不大于 20% 的溶液。施工时混凝土的出机温度不宜低于 $10℃$，浇筑成型后的温度不宜低于 $5℃$，在有条件时，应尽量提高混凝土的温度，浇筑成型后应立即覆盖保温，尽量延长混凝土的正温养护时间。

④ 三乙醇胺复合外加剂：当气温低于 $-15℃$ 时，还可掺入适量的氯化钙。三乙醇胺在早期正温条件下起早强作用，当混凝土内部温度下降到 $0℃$ 以下时，氯盐又在其中起抗冻作用使混凝土继续硬化。混凝土浇筑入仓温度应保持在 $15℃$ 以上，浇筑成型后应马上覆盖保温，使混凝土在 $0℃$ 以上温度达 $72h$ 以上。

混凝土冬期掺外加剂法施工时，混凝土的搅拌、浇筑及外加剂的配制必须设专人负责，其掺量和使用方法严格按产品说明执行。搅拌时间应与常温条件下适当延长，按外加剂的种类及要求严格控制混凝土的出机温度，混凝土的搅拌、运输、浇筑、振捣、覆盖保温应连续作业，减少施工过程中的热量损失。

（3）蒸汽养护法

蒸汽养护法是用低压饱和蒸汽养护新浇筑的混凝土，在混凝土周围造成湿热环境来加速混凝土硬化的方法。

1）蒸汽养护混凝土的要求

蒸汽养护法应采用低压饱和蒸汽对新浇筑的混凝土构件进行加热养护，蒸汽养护混凝土的温度：采用（P·O）水泥时最高养护温度不超过80℃，采用（P·S）水泥时可提高到85℃。但采用内部通汽法时，最高加热温度不应超过60℃。蒸汽养护应包括升温—恒温—降温三个阶段，各阶段加热延续时间可根据养护终了要求的强度确定。采用蒸汽养护的混凝土，可掺入早强剂或无引气型减水剂。

2）蒸汽加热法的种类及适用范围

蒸汽加热法除采用预制构件厂用的蒸汽养护窑之外，还有棚罩法、蒸汽套法、热模法和构件内部通汽法。混凝土蒸汽养护法的适用范围见表4-33。使用较多的为内部通汽法。

混凝土蒸汽养护法的适用范围　　　　　　　　　　　　　表4-33

方法	简述	特点	适用范围
棚罩法	用帆布或其他罩子扣罩，内部通蒸汽养护混凝土	设施灵活、施工简便、费用低，但耗汽量大，温度不易均匀	预制梁、板、地下基础、沟道等
蒸汽套法	制作密封保温外套，分段送汽养护混凝土	温度能适当控制，加热效果取决于保温构造，设施复杂	现浇梁、板、框架结构、墙、柱等
热模法	制作外侧配置蒸汽管，加热模板养护	加热均匀、温度易控制，养护时间短，设备费用大	墙、柱及框架结构
内部通汽法	结构内部留孔道，通蒸汽加热养护	节省蒸汽，费用较低，入汽端易过热，需处理冷凝水	预制梁、柱、桁架，现浇梁、柱、框架单梁

3）内部通汽法的施工

① 蒸汽孔道的留设：内部通汽法留孔的方法与后张法预应力筋埋管留孔法相似。混凝土终凝后抽出预埋管，形成通气孔洞，再用短管连接蒸汽管道。管道布置的原则是使加热温度均匀，埋设施工方便，留孔位置应在受力最小的部位，孔道的总截面面积不应超过结构截面面积的2.5%（梁、柱留孔方法如图4-38所示）。

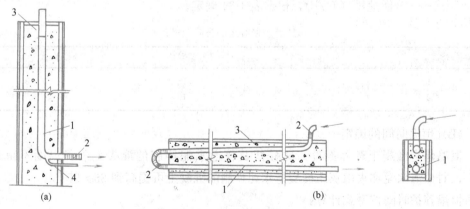

图4-38　柱梁留孔形式

（a）柱留孔形式；（b）梁留孔形式

1—蒸汽管；2—胶皮连接管；3—湿锯末；4—冷凝水排出管

② 留孔数量的计算：通气孔道的数量，主要取决于加热混凝土时孔壁传热表面积和孔道直径，常用下式计算：

孔壁面积
$$F_r=\frac{F_p \cdot K_p (t_d-t_a)}{a_n (t_k-t_d)}$$
(4-22)

式中　F_r——在每米长的构件内孔壁面积的总和（m^2）；

　　　F_p——在每米长的构件混凝土的外围面积（m^2）；

　　　K_p——混凝土围护层（模板及保温层）的传热系数 [$W/(m^2 \cdot K)$]；

　　　a_n——孔壁表面传热系数 [取 $8.72W/(m^2 \cdot K)$]；

　　　t_d——混凝土等温加热的温度（℃）；

　　　t_k——蒸汽温度（℃）；

　　　t_a——室外大气温度（℃）。

留孔数量
$$n=\frac{F_r}{\pi \cdot d}$$
(4-23)

式中　n——每米长留孔数量；

　　　d——孔道直径（m）。

③ 蒸汽加热法的热工计算

蒸汽加蒸法的热工计算，包括确定升温、恒温和降温养护时间和计算蒸汽用量。

（A）升温时间的确定

升温时间是指混凝土由预养温度升到预定养护温度的时间。

$$X_1=\frac{t-t_q}{t_v}$$
(4-24)

式中　X_1——升温时间（h）；

　　　t——恒温养护时的混凝土养护温度（℃）；

　　　t_q——混凝土养护时的初温（℃）；

　　　t_v——升温速度（℃/h），根据表 4-34 确定。

加热养护混凝土的升降温速度　　　　表 4-34

项　次	表面系数	升温速度（℃/h）	降温速度（℃/h）
1	≥6	15	10
2	<6	10	5

（B）恒温时间的确定

恒温是指混凝土蒸养温度。硅酸盐及普通水泥拌制的混凝土蒸养温度不得超过 80℃，对矿渣水泥和火山灰质硅酸盐水泥拌制的混凝土可提高到 85～95℃。

恒温养护时间按下式计算：

$$X_2=\frac{X_0-P_1X_1-P_3X_3}{P_2}$$
(4-25)

式中　X_2——恒温时间（h）；

　　　X_0——在 15℃条件下，混凝土达到要求强度时所需时间（h），可按图 4-39 确定；

P_1、P_2、P_3——升温、恒温、降温阶段的当
　　　　　　　量系数，由图 4-39 确定；

　　　　X_3——降温时间（h）。

（C）降温时间的确定

降温是指混凝土停止蒸汽养护阶段。在降
温阶段会引起混凝土失水，表面干缩。如降温
过快，内外温差会使混凝土表面产生裂缝，因
此降温速度应符合表 4-34 的规定。

降温时间按下式计算：

$$X_3 = \frac{t - t_c}{t_p} \qquad (4-26)$$

式中　X_3——降温时间（h）；

　　　t——混凝土恒温养护时的温度（℃）；

　　　t_c——混凝土降温终了时的温度（℃）；

　　　t_p——规定降温速度（℃/h）。

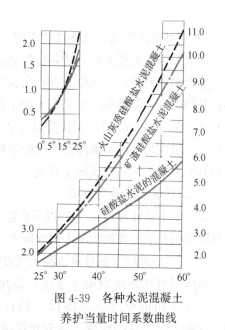

图 4-39　各种水泥混凝土
养护当量时间系数曲线

4）蒸汽用量计算

蒸汽需用量按下式计算：

$$W = \frac{Q}{i}(1 + \alpha) \qquad (4-27)$$

式中　W——混凝土养护蒸汽总需要量（kg）；

　　　Q——总热量（kJ）；

　　　i——蒸汽发热量，取 2500kJ/kg；

　　　α——损失系数，取 0.2～0.3。

蒸汽加热时应采用低压饱和蒸汽，加热应均匀，混凝土达到强度后，应排除冷凝
水，把砂浆灌入孔内，将预留孔堵死。

对掺用引气型外加剂的混凝土，不宜采用蒸汽养护。

4. 混凝土的拆模和成熟度

（1）混凝土的拆模

混凝土养护到规定时间，应根据同条件养护的试块试压。证明混凝土达到规定拆模
强度后方可拆模。对加热法施工的构件模板和保温层，应在混凝土冷却到 5℃后方可拆
模。当混凝土和外界温差大于 20℃时，拆模后的混凝土应注意覆盖，使其缓慢冷却。

在拆除模板过程中发现混凝土有冻害现象，应暂停拆模，经处理后方可拆模。

（2）混凝土的成熟度

混凝土冬期施工时，由于同条件养护的试块置于与结构相同条件下进行养护，结构
构件的表面散热情况，和小试块的散热情况有较大的差异，内部温度状况明显不同，所
以同条件养护的试块强度不能够切实反映结构的实际强度，利用结构的实际测温数据为
依据的"成熟度"法估算混凝土强度，由于方法简便，实用性强，易于被接受并逐渐推

广应用。

1）成熟度的概念：成熟度即混凝土在养护期间养护温度和养护时间的乘积。也就是说混凝土强度的增长和"成熟度"之间有一定的规律。混凝土强度增长快慢和养护温度，养护时间有关，当混凝土在一定温度条件下进行养护时，混凝土的强度增长只取决养护时间长短，即龄期。但是当混凝土在养护温度变化的条件下进行养护时，强度的增长并不完全取决于龄期，而且受温度变化的影响而有波动。由于混凝土在冬期养护期间，养护温度是一个不断降温变化的过程，所以其强度增长不是简单的和龄期有关，而是和养护期间所达到的成熟度有关。

2）成熟度法的适用范围

适用于不掺外加剂在 50℃ 以下正温养护和掺外加剂在 30℃ 以下养护的混凝土，或掺有防冻剂在负温养护法施工的混凝土，来预估混凝土强度标准值 60% 以内的强度值。

3）用"成熟度"法计算混凝土强度需具备的条件

用成熟度法预估混凝土强度，需用实际工程使用的混凝土原材料和配合比，制作不少于 5 组混凝土立方体标准试件在标准条件下养护，得出 1d、2d、3d、7d、28d 的强度值；并需取得现场养护混凝土的温度实测资料（温度、时间）。

4）采用蓄热法或综合蓄热法养护时，混凝土强度的计算公式：

用标准养护试件各龄期强度数据，经回归分析拟合成成熟度—强度曲线方程：

$$f = a \cdot e^{-\frac{b}{M}} \tag{4-28}$$

式中　f——混凝土抗压强度（N/mm^2）

　a、b——参数；

　　e——自然对数底；可取 e=2.72；

　M——混凝土养护的成熟度（℃·h），可按下式计算：

$$M = \sum (T+15)t \tag{4-29}$$

式中　T——在时间段 t 内混凝土平均温度（℃）；

　　t——温度为 T 的持续时间（h）。

M 值由现场养护构件的实测温度、时间资料求得。参数 a、b 是由混凝土标准养护试件的各龄期强度数据，经回归分析拟合成的曲线方程。因此要求数据记录应按测温记录规则进行记录，且要准确、连续，不得中断。

M、a、b 算出后，直接代入式（4-28），即可算出混凝土经 t 时段后的强度值，将该强度乘以综合蓄热法调整系数 0.8，即得混凝土经 t 时段后达到的强度。

【例 4】　某混凝土采用综合蓄热法养护，浇筑后混凝土测温记录见表 4-35。用该混凝土成型的试件，在标准条件下养护各龄期强度见表 4-36。求混凝土养护到 80h 的强度。

【解】

1）根据标准养护试件的龄期和强度资料算出成熟度，见表 4-36。

2）按成熟度-强度数据，经回归分析拟合成如下曲线方程：

$$f=20.627\mathrm{e}^{-\frac{2310.668}{M}}$$

3) 根据养护测温资料，按公式 $M=\sum(T+15)t$ 计算成熟度，见表4-36。

4) 将成熟度 M 值代入上式即求出 f 值。

$$f=20.627\times2.72^{-\frac{2310.668}{1370}}=3.8\mathrm{N/mm}^2$$

将所得的 f 值乘以系数0.8，得 $3.8\times0.8=3.04\mathrm{N/mm}^2$，即为经80h养护后的混凝土达到的强度。

混凝土浇筑后测温记录及计算　　　　　　　　　　表4-35

从浇筑起算养护时间 (h)	实测养护温度 (℃)	间隔的时间 t (h)	平均温度 T (℃)	$(T+15)t$
0	15			
4	12	4	13.5	114
8	10	4	11.0	104
12	9	4	9.5	98
16	8	4	8.5	94
20	6	4	7.0	88
24	4	4	5.0	80
32	2	8	3.0	144
40	0	8	1.0	128
60	−2	20	−1.0	280
80	−4	20	−3.0	240
$\sum(T+15)t$				1370

标准养护各龄期混凝土强度　　　　　　　　　　表4-36

龄期(d)	1	2	3	7
强度(N/mm²)	1.3	5.4	8.2	13.7
成熟度(℃·h)	840	1680	252	5880

5. 混凝土冬期施工质量控制及检查

(1) 混凝土的温度测量

冬期施工测温的项目与次数为：室外气温及环境温度每昼夜不少于4次；搅拌机棚温度，水、水泥、矿物掺合料、砂、石及外加剂溶液温度，混凝土出罐、浇筑、入模温度每一工作班不少于4次；在冬期施工期间，还需测量每天的室外最高、最低气温。

混凝土养护期间的温度应进行定点定时测量：蓄热法或综合蓄热法养护从混凝土入模开始至混凝土达到受冻临界强度，或混凝土温度降到0℃或设计温度以前，应至少每隔6h测量一次。掺防冻剂的混凝土强度在未达到受冻临界强度前（当室外最低气温不低于−15℃时不得小于 $4.0\mathrm{N/mm}^2$，当室外最低气温不低于−30℃时不得小于 $5.0\mathrm{N/mm}^2$）的要求之前应每隔2h测量一次，达到受冻临界强度以后每隔6h测量一次。采用加热法养护混凝土时，升温和降温阶段应每隔1h测量一次，恒温阶段每隔2h测量一次。测温时，全部测温孔均应编号，并绘制布置图。测温孔应设在有代表性的结构部位和温度变化大易冷却的部位，测温时，测温元件应采取措施与外界气温隔离；测温元件测量位置应处于结构表面下 20mm 处，留置在测温孔内的时间不应少于 3min。

（2）混凝土的质量检查

冬期施工时，混凝土的质量检查除应按现行国家标准《混凝土结构工程施工质量验收规范》GB 50204—2015 规定留置试块外，尚应检查混凝土表面是否受冻、粘连、收缩裂缝，边角是否脱落，施工缝处有无受冻痕迹；检查同条件养护试块的养护条件是否与施工现场结构养护条件相一致；采用成熟度法检验混凝土强度时，应检查测温记录与计算公式要求是否相符。

混凝土试件的试块留置应较常规施工增加不少于两组与结构同条件养护的试件，分别用于检验受冻前的混凝土强度和转入常温养护 28d 的混凝土强度。与结构构件同条件养护的受冻混凝土试件，解冻后方可试压。

所有各项测量及检验结果，均应填写"混凝土工程施工记录"和"混凝土冬期施工日报"。

4.4.2 混凝土工程雨期施工

雨期施工以防雨、防台风、防汛为对象，做好各项准备工作。

1. 雨期施工特点

（1）雨期施工的开始具有突然性。由于暴雨山洪等恶劣气象往往不期而至，这就需要雨期施工的准备和防范措施及早进行。

（2）雨期施工带有突击性。因为雨水对建筑结构和地基基础的冲刷或浸泡具有严重的破坏性，必须迅速及时地防护，才能避免给工程造成损失。

2. 雨期施工的要求

（1）编制施工组织计划时，要根据雨期施工的特点，将不宜在雨期施工的分项工程提前或拖后安排。对必须在雨期施工的工程应制定有效的措施，进行突击施工。

（2）合理进行施工安排。做到晴天抓紧室外工作，雨天安排室内工作，尽量缩小雨天室外作业时间和工作面。

（3）密切注意气象预报，做好抗台防汛等准备工作，必要时应及时加固在建的工作。

（4）做好建筑材料防雨防潮工作。

3. 雨期施工准备

（1）现场排水。施工现场的道路、设施必须做到排水畅通，尽量做到雨停水干。要防止地面水排入地下室、基础、地沟内。要做好对危石的处理，防止滑坡和塌方。

（2）应做好原材料、成品、半成品的防雨工作。水泥应按"先收先用""后收后用"的原则，避免久存受潮而影响水泥的性能。木门窗等易受潮变形的半成品应在室内堆放，其他材料也应注意防雨及材料堆放场地四周排水。

（3）在雨期前应做好施工现场房屋、设备的排水防雨措施。

（4）备足排水需用的水泵及有关器材，准备适量的塑料布、油毡等防雨材料。

4.混凝土工程雨期施工注意事项：

（1）模板隔离层在涂刷前要及时掌握天气预报，以防隔离层被雨水冲掉。

（2）应加强对混凝土粗细骨料含水量的测定，及时调整混凝土的施工配合比。

（3）模板支撑下部回填土要夯实，并加好垫板，雨后及时检查有无下沉。

4.5 混凝土结构工程施工的安全技术

混凝土结构工程在建筑施工中，工程量大、工期较长，且需要的设备、工具多，施工中稍有不慎，就会造成质量安全事故。因此必须根据工程的建筑特征、场地条件、施工条件、技术要求和安全生产的需要，拟定施工安全的技术措施。明确施工的技术要求和制定安全技术措施，预防可能发生的质量安全事故。

为了科学地评价建筑施工安全生产情况，提高安全生产工作的管理水平，预防事故的发生，实现安全检查工作的标准化，规模化，住房和城乡建设部发布了《建筑施工安全检查评分标准》JGJ 59。该标准主要采用安全系统工程原理，结合建筑施工中伤亡事故规律，依据国家有关安全法规、条例、标准和规程而编制。详细可参考有关施工规范。混凝土结构工程施工安全，一般可从以下几方面考虑：

4.5.1 钢筋加工安全技术

1.钢筋加工使用的夹具、台座、机械应符合以下要求：

（1）机械的安装必须坚实稳固，保持水平位置。固定式机械应有可靠的基础，移动式机械作业时应楔紧行走轮。

（2）室外作业应设置机棚，机旁应有堆放原料、半成品的场地。

（3）加工较长的钢筋时，应有专人帮扶，并听从操作人员指挥，不得随意推拉。

（4）作业后，应堆放好成品、清理场地、切断电源、锁好电闸。

对钢筋进行冷拉、冷拔及预应力筋加工，还应严格地遵守有关规定。

2.焊接必须遵循以下规定：

（1）焊机必须接地，以保证操作人员安全，对于焊接导线及焊钳接导处，都应可靠的绝缘。

（2）大量焊接时，焊接变压器不得超负荷，变压器升温不得超过60℃。

（3）点焊、对焊时，必须开放冷却水，焊机出水温度不得超过40℃，排水量应符合要求。天冷时应放尽焊机内存水，以免冻塞。

（4）对焊机闪光区域，须设铁皮隔挡。焊接时禁止其他人员停留在闪光区范围内，以防火花烫伤。焊机工作范围内严禁堆放易燃物品，以免引起火灾。

（5）室内电弧焊时，应有排气装置。焊工操作地点相互之间应设挡板，以防弧光刺伤眼睛。

4.5.2 模板施工安全技术

（1）进入施工现场人员必须戴好安全帽，高空作业人员必须佩戴安全带，并应系牢。

（2）经医生检查认为不适宜高空作业的人员，不得进行高空作业。

（3）工作前应先检查使用的工具是否牢固，扳手等工具必须用绳链系挂在身上，以免掉落伤人。工作时要思想集中，防止钉子扎脚和空中滑落。

（4）安装与拆除 5m 以上的模板，应搭脚手架，并设防护栏，防止上下在同一垂直面操作。

（5）高空、复杂结构模板的安装与拆除，事先应有切实的安全措施。

（6）遇六级以上大风时，应暂停室外的高空作业，雪、霜、雨后应先清扫施工现场，略干后不滑时再进行工作。

（7）二人抬运模板时要互相配合、协同工作。传递模板、工具应用运输工具或绳子系牢后升降，不得乱扔。装拆时，上下应有人接应，钢模板及配件应随装随拆运送，严禁从高处掷下。高空拆模时，应有专人指挥，并在下面标出工作区，用绳子和红白旗加以围栏，暂停人员过往。

（8）不得在脚手架上堆放大批模板等材料。

（9）支撑、牵杠等不得搭在门框架和脚手架上。通路中间的斜撑、拉杠等应设在 1.8m 高以上。

（10）支模过程中，如需中途停歇，应将支撑、搭头、柱头板等钉牢。拆模间歇应将已活动的模板、牵杠等运走或妥善堆放，防止因扶空、踏空而坠落。

（11）模板上有预留洞者，应在安装后将空洞口盖好。混凝土板上的预留洞，应在模板拆除后随即将洞口盖好。

（12）拆除模板一般用长撬棍。人不许站在正在拆除的模板上。在拆除楼板模板时，要注意整块模板掉下，尤其是用定型模板做平台模板时，更要注意，拆模人员要站在门窗洞口外拉支撑，防止模板突然全部掉落伤人。

（13）在组合钢模板上架设的电线和使用电动工具，应用 36V 低压电源或采取其他有效措施。

4.5.3 混凝土施工安全技术

1. 垂直运输设备的规定

（1）垂直运输设备，应有完善可靠的安全保护装置（如起重量及提升高度的限制、制动、防滑、信号等装置及紧急开关等），严禁使用安全保护装置不完善的垂直运输设备。

（2）垂直运输设备安装完毕后，应按出厂说明书要求进行无负荷、静负荷、动负荷试验及安全保护装置的可靠性试验。

（3）对垂直运输设备应建立定期检修和保养责任制。

（4）操作垂直运输设备的司机，必须通过专业培训。考核合格后持证上岗，严禁无证人员操作垂直运输设备。

（5）操作垂直运输设备，在有下列情况之一时，不得操作设备。

1）司机与起重机之间视线不清、夜间照明不足，而又无可靠的信号和自动停车、限位等安全装置。

2）设备的传动机构、制动机构、安全保护装置有故障，问题不清，动作不灵。

3）电气设备无接地或接地不良、电气线路有漏电。

4）超负荷或超定员。

5）无明确统一信号和操作规程。

2. 混凝土机械

（1）混凝土搅拌机的安全规定

1）进料时，严禁将头或手伸入料斗与机架之间察看或探摸进料情况，运转中不得用手或工具等物伸入搅拌筒内扒料出料。

2）料斗升起时，严禁在其下方工作或穿行。料坑底部要设料斗枕垫，清理料坑时必须将料斗用链条扣牢。

3）向搅拌筒内加料应在运转中进行；添加新料必须先将搅拌机内原有的混凝土全部卸出来才能进行。不得中途停机或在满载荷时启动搅拌机，反转出料者除外。

4）作业中，如发生故障不能继续运转时，应立即切断电源、将筒内的混凝土清除干净，然后进行检修。

（2）混凝土泵送设备作业的安全事项

1）支腿应全部伸出并支固，未支固前不得启动布料杆。布料杆升离支架后方可回转。布料杆伸出时应按顺序进行。严禁用布料杆起吊或拖拉物件。

2）当布料杆处于全伸状态时，严禁移动车身。作业中需要移动时，应将上段布料杆折叠固定，移动速度不超过10km/h。布料杆不得使用超过规定直径的配管，装接的软管应系防脱安全绳带。

3）应随时监视各种仪表和指示灯，发现不正常应及时调整或处理。如出现输送管道堵塞时，应进行逆向运转使混凝土返回料斗，必要时应拆管排除堵塞。

4）泵送工作应连续作业，必须暂停时应每隔5～10min（冬季3～5min）泵送一次。若停止较长时间后泵送时，应逆向运转一至二个行程，然后顺向泵送。泵送时料斗内应保持一定量的混凝土，不得吸空。

5）应保持储满清水，发现水质混浊并有较多砂粒时应及时检查处理。

6）泵送系统受压力时，不得开启任何输送管道和液压管道。液压系统的安全阀不得任意调整，蓄能器只能充入氮气。

（3）混凝土振捣器的使用规定

1）使用前应检查各部件是否连接牢固，旋转方向是否正确。

195

2）振捣器不得放在初凝的混凝土、地板、脚手架、道路和干硬的地面上进行试振。维修或作业间断时，应切断电源。

3）插入式振捣器软轴的弯曲半径不得小于 50cm，并不多于两个弯，操作时振动棒应自然垂直地沉入混凝土，不得用力硬插、斜推或使钢筋夹住棒头，也不得全部插入混凝土中。

4）振捣器应保持清洁，不得有混凝土粘接在电动机外壳上妨碍散热。

5）作业转移时，电动机的导线应保持有足够的长度和松度。严禁用电源线拖拉振捣器。

6）用绳拉平板振捣器时，绳应干燥绝缘，移动或转向时不得用脚踢电动机。

7）振捣器与平板应保持紧固，电源线必须固定在平板上，电器开关应装在手把上。

8）在一个构件上同时使用几台附着式振捣器工作时，所有振捣器的频率必须相同。

9）操作人员必须穿戴绝缘手套。

10）作业后，必须做好清洗、保养工作。振捣器要放在干燥处。

复习思考题

1. 试述模板的作用。对模板及其支架的基本要求有哪些？模板有哪些类型？各有何特点？适用范围怎样？

2. 基础、柱、梁、楼板结构的模板构造及安装要求有哪些？

3. 试述定型组合钢模特点、组成及组合钢模配板原则。

4. 模板支架、顶撑承载能力怎样计算？

5. 钢筋闪光对焊工艺有几种？如何选用？

6. 钢筋闪光对焊接头质量检查包括哪些内容？

7. 电弧焊接头有哪几种形式？如何选用？

8. 如何计算钢筋下料长度及编制钢筋配料单？

9. 钢筋加工工序和绑扎、安装有何要求。绑扎接头有何规定？

10. 钢筋工程检查验收内容包括哪几方面？

11. 混凝土工程施工包括哪几个施工过程？

12. 混凝土施工配合比怎样根据实验室配合比求得？

13. 混凝土运输有哪些要求？有哪些运输工具机械？各适用于何种情况？

14. 混凝土采用泵送时，对混凝土有哪些要求？

15. 混凝土浇筑前对模板钢筋应做哪些检查？

16. 混凝土浇筑基本要求有哪些？怎样防止离析？

17. 施工缝留设有何要求？继续浇筑混凝土时，对施工缝有何要求？如何处理？

18. 什么是混凝土的自然养护？自然养护有哪些方法？

19. 混凝土质量检查包括哪些内容？

习　题

4-1　计算图 4-40 所示钢筋的下料长度。

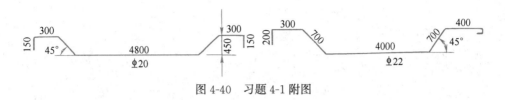

图 4-40 习题 4-1 附图

4-2 某混凝土实验室配合比为 $1:2.12:4.37$，$W/C=0.62$，每立方米混凝土水泥用量为 290kg，实测现场砂含水率 3%，石含水率 1%。

试求：（1）施工配合比是多少？

（2）当用 250L（出料容量）搅拌机搅拌时，每拌一次投料水泥、砂、石、水各多少？

4-3 某高层建筑基础钢筋混凝土底板长×宽×高＝25m×14m×1.2m，要求连续浇筑混凝土，不留施工缝，搅拌站设三台 250L 搅拌机，每台实际生产率为 5m³/h，混凝土运输时间为 25min，气温为 25℃。混凝土 C20，浇筑分层厚 300mm。

试求：（1）混凝土浇筑方案；

（2）完成浇筑工作所需时间。

教学单元5

预应力混凝土工程施工

【教学目标】　通过本单元学习，使学生掌握预应力混凝土的施工工艺及质量控制方法；掌握预应力混凝土的施工质量验收标准及检测方法；掌握预应力混凝土结构施工的安全技术。能编制预应力混凝土工程施工专项方案；能进行施工技术交底；能进行预应力混凝土工程施工质量检查。

普通钢筋混凝土构件的抗拉极限应变值只有 0.0001～0.00015，即相当于每米只允许拉长 0.1～0.15mm，超过此值，混凝土就会开裂。如果混凝土不开裂，构件内的受拉钢筋应力只能达到 20～30N/mm²。如果允许构件开裂，裂缝宽度限制在 0.2～0.3mm 时，构件内的受拉钢筋应力也只能达到 150～250N/mm²。因此，在普通混凝土构件中采用高强钢材达到节约钢材的目的受到限制。采用预应力混凝土才是解决这一矛盾的有效办法。所谓预应力混凝结构（构件），就是在结构（构件）受拉区预先施加压力产生预压应力，从而使结构（构件）在使用阶段产生的拉应力首先抵消预压应力，从而推迟了裂缝的出现和限制裂缝的开展，提高了结构（构件）的抗裂度和刚度。这种施加预应力的混凝土，叫做预应力混凝土。

与普通混凝土相比，预应力混凝土除了提高构件的抗裂度和刚度外，还具有减轻自重、增加构件的耐久性、降低造价等优点。

预应力混凝土按施工方法的不同可分为先张法和后张法两大类；按钢筋张拉方式不同可分为机械张拉、电热张拉与自应力张拉法等。

5.1　先张法预应力混凝土工程施工

先张法是在浇筑混凝土之前，先张拉预应力钢筋，并将预应力筋临时固定在台座或钢模上，待混凝土达到一定强度（一般不低于混凝土设计强度标准值的 75%），混凝土与预应力筋具有一定的粘结力时，放松预应力筋，使混凝土在预应力筋的反弹力作用下，使构件受拉区的混凝土承受预压应力。预应力筋的张拉力，主要是由预应力筋与混凝土之间的粘结力传递给混凝土。图 5-1 为预应力混凝土构件先张法（台座）生产示意图。

先张法生产可采用台座法和机组流水法。

台座法是构件在台座上生产，即预应筋的张拉、固定、混凝土浇筑、养护和预应力筋的放松等工序均在台座上进行。采用机组流水法是利用钢模板作为固定预应力筋的承力架，构件连同模板通过固定的机组，按流水方式完成其生产过程。先张法适用于生产定型的中小型构件，如空心板、屋面板、吊车梁、檩条等。先张法施工中常用的预应力筋有钢丝和钢筋两类。

5.1.1　台座

台座是先张法施工张拉和临时固定预应力筋的支撑结构，它承受预应力筋的全部张拉力，因此要求台座具有足够的强度、刚度和稳定性。台座按构造形式分为：墩式台座和槽式台座。

1. 墩式台座

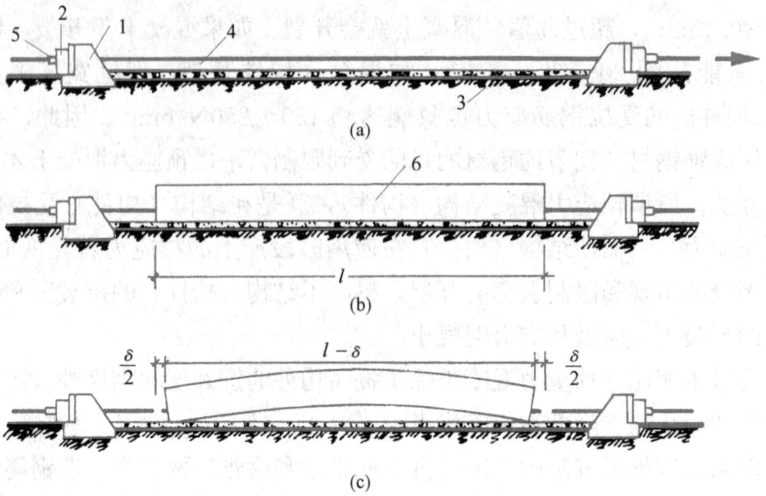

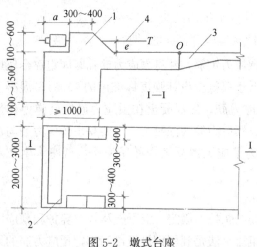

图 5-1　先张法台座示意

（a）预应力筋张拉；（b）混凝土灌筑与养护；（c）放松预应力筋

1—台座承力结构；2—横梁；3—台面；4—预应力筋；5—锚固夹具；6—混凝土构件

图 5-2　墩式台座

1—台墩；2—横梁；3—台面；4—预应力筋

墩式台座由承力台墩、台面和横梁组成，如图 5-2 所示。目前常用的是现浇钢筋混凝土制成的由承力台墩与台面共同受力的台座。

台座的长度和宽度由场地大小、构件类型和产量而定，一般长度宜为 100～150m，宽度为 2～4m，这样既可利用钢丝长的特点，张拉一次可生产多根（块）构件，又可以减少因钢丝滑动或台座横梁变形引起的预应力损失。

台座稍有变形，滑移或倾角，均会引起较大的应力损失。台座设计时，应进行稳定性和强度验算。稳定性验算包括台座的抗倾覆验算和抗滑移验算。

抗倾覆验算的计算简图如图 5-3 所示。

钢筋混凝土台墩绕台面 O 点倾覆，其埋深较小，当气温变化土质干缩时，土与台墩分离，土压力小而不稳定，故忽略土压力对 O 点产生的平衡力矩。台墩抗倾覆按下式验算：

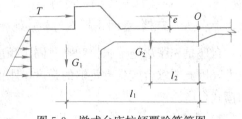

图 5-3　墩式台座抗倾覆验算简图

$$K_1 = \frac{M'}{M} = \frac{G_1 l_1 + G_2 l_2}{Te} \geqslant 1.50 \tag{5-1}$$

式中　　K_1——台座的抗倾覆安全系数；

$\quad\quad M$——由张拉力产生的倾覆力矩（kN·m）；

$\quad\quad M'$——抗倾覆力矩，如忽略土压力，则 $M' = G_1 l_1 + G_2 l_2$（kN·m）；

$\quad\quad T$——预应力筋张拉力（kN）；

$\quad\quad e$——张拉力合力 T 的作用点到倾覆点的力臂（m）；

$\quad\quad G_1$——承台墩的自重（kN）；

$\quad\quad l_1$——承台台墩重心至倾覆转动点 O 的力臂（m）；

$\quad\quad G_2$——承台墩外伸台面局部加厚部分的自重（kN）；

$\quad\quad l_2$——承力台墩外伸台面局部加厚部分的重心至倾覆转动 O 的力臂（m）。

抗滑移验算可按下式进行：

$$K_2 = \frac{T_1}{T} \geqslant 1.3 \tag{5-2}$$

式中　　K_2——抗滑移安全系数；

$\quad\quad T$——张拉力合力（kN）；

$\quad\quad T_1$——抗滑移的力（kN）。对独立的台墩，由侧壁上压力和底部摩阻力等产生，对与台面共同工作的台墩，其水平推力几乎全部传给台面，不存在滑移问题，可不作抗滑移计算，此时应验算台面的强度。

台座强度验算时，支承横梁的牛腿，按柱子牛腿的计算方法计算其配筋；墩式台座与台面接触的外伸部分，按偏心受压构件计算；台面按轴心受压杆件计算；横梁按承受均布荷载的简支梁计算，挠度不应大于 2mm，并不得产生翘曲。预应力筋的定位板必须安装准确，其挠度不大于 1mm。

台面一般是先夯铺一层碎石后浇一层 60~100mm 厚的混凝土，其承载力按下式计算：

$$P = \frac{\psi A f_c}{\gamma_0 \gamma_Q K'} \tag{5-3}$$

式中　　ψ——轴心受压纵向弯曲系数，取 $\psi = 1$；

$\quad\quad A$——台面截面面积；

$\quad\quad f_c$——混凝土轴心抗压强度设计值；

$\quad\quad \gamma_0$——构件重要性系数，按二级考虑取 $\gamma_0 = 1.0$；

$\quad\quad \gamma_Q$——荷载分项系数，取 $\gamma_Q = 1.4$；

$\quad\quad K'$——考虑台面面积不均匀和其他影响因素的附加安全系数，取 $K' = 1.5$。

台面伸缩缝可根据当地温度和经验设置，一般约 10m 设置一条。

【例1】　某墩式钢筋混凝土台座，截面如图5-4所示，台面宽度为4m，预应力张拉力共为1000kN，台面混凝土为C20，厚度80mm，试作抗倾覆验算及台面承载力验算（取混凝土的重力密度为 25kN/m³，倾覆力矩矩心在台面厚度的中点）。

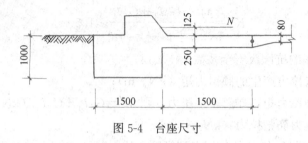

图 5-4　台座尺寸

【解】　由于埋深仅为 1m，故忽略土压力作用，只考虑混凝土墩自重及悬臂部分自重（牛腿部分较小可忽略）。

抗倾覆力矩为：$M' = G_1 l_1 + G_2 l_2 = 1.5 \times 1 \times 4 \times 25000 \times \left(1.5 + \dfrac{1.5}{2}\right) +$

$$0.25 \times 4 \times 1.5 \times 25000 \times \dfrac{1.5}{2}$$

$$= 337500 + 28125 = 365.63 \text{kN} \cdot \text{m}$$

倾覆力矩为：$M = 1000 \times (0.125 + 0.04) = 165.00 \text{kN} \cdot \text{m}$

$$K = \dfrac{365.63}{165.00} = 2.21 > 1.5 \quad \text{满足要求。}$$

混凝土为 C20，$f_c = 10 \text{N/mm}^2$，其承载力为

$$P = \dfrac{1.0 \times 80 \times 4000 \times 10}{1 \times 1.4 \times 1.5} = 1523.8 \text{kN} > 1000 \text{kN}$$

满足要求。

2. 槽式台座

槽式台座是由端柱，传力柱和上、下横梁及砖墙组成的，如图 5-5 所示。端柱和传

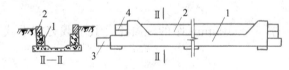

图 5-5　槽式台座

1—传力柱；2—砖墙；3—下横梁；4—上横梁

力柱是槽式台座的主要受力结构，采用钢筋混凝土结构。砖墙一般为一砖厚，起挡土作用，同时又是蒸汽养护的保温侧墙。

槽式台座适用于张拉吨位较大的构件，如吊车梁、屋架、薄腹梁等。

5.1.2　夹具

夹具是预应力筋张拉和临时固定的锚固装置，用在先张法施工中。按其用途不同，可分为锚固夹具和张拉夹具。

1. 夹具的要求

夹具的静载锚固性能，应由预应力筋夹具组装件静载试验测定的夹具效率系数确定。夹具效率系数 η_s 按下式计算：

$$\eta_s = \dfrac{F_{spu}}{\eta_p F_{spu}^0} \tag{5-4}$$

式中 F_{spu}——预应力夹具组装件的实测极限拉力；

F_{spu}^0——预应力夹具组装件中各根预应力钢材计算极限拉力之和；

η_p——预应力筋的效率系数。预应力筋为消除应力钢丝、钢绞线或热处理钢筋时，η_p取 0.97。

夹具的静载锚固性能应满足：$\eta_s \geqslant 0.95$。

夹具除满足上述要求外，尚应具有下列性能：

（1）当预应力夹具组装件达到实际极限拉力时，全部零件不应出现肉眼可见的裂缝和破坏；

（2）有良好的自锚性能；

（3）有良好的松锚性能；

（4）能多次重复使用。

2. 锚固夹具

（1）钢质锥形夹具

钢质锥形夹具主要用来锚固直径为 3～5mm 的单根钢丝夹具。如图 5-6 所示。

（2）墩头夹具

墩头夹具适用于预应力钢丝固定端的锚固，如图 5-7 所示。

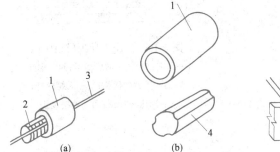

图 5-6 钢质锥形夹具

（a）圆锥齿板式；（b）圆锥式

1—套筒；2—齿板；3—钢丝；4—锥塞

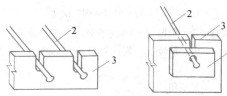

图 5-7 固定端墩头夹具

1—垫片；2—墩头钢丝；3—承力板

3. 张拉夹具

张拉夹具是将预应力筋与张拉机械连接起来进行预应力张拉的工具，常用的张拉夹具有月牙形夹具、偏心式夹具和楔形夹具等，如图 5-8 所示。

5.1.3 张拉设备

张拉设备要求工作可靠，控制应力准确，能以稳定的速率加大拉力。常用的张拉设备有油压千斤顶、卷扬机、电动螺杆张拉机等。

1. 油压千斤顶

油压千斤顶可用来张拉单根或多根成组的预应力筋。可直接从油压表的读数求得张拉应力值，图 5-9 为 YC-20 型穿心式千斤顶张拉过程示意图。成组张拉时，由于拉力较

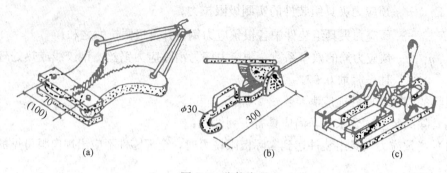

图 5-8　张拉夹具

（a）月牙形夹具；（b）偏心式夹具；（c）楔形夹具

大，一般用油压千斤顶张拉，如图 5-10 所示。

204

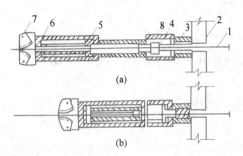

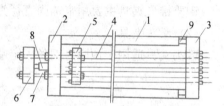

图 5-9　YC-20 型穿心式千斤顶张拉过程示意

（a）张拉；（b）暂时锚固，回油

1—钢筋；2—台座；3—穿心式夹具；4—弹性顶压头；

5、6—油嘴；7—偏心式夹具；8—弹簧

图 5-10　油压千斤顶成组张拉

1—台座；2、3—前后横梁；4—钢筋；

5、6—拉力架横梁；7—大螺丝杆；

8—油压千斤顶；9—放松装置

2. 卷扬机

在长线台座上张拉钢筋时，由于千斤顶行程不能满足要求，小直径钢筋可采用卷扬机张拉，用杠杆或弹簧测力。弹簧测力时，宜设行程开关，在张拉到规定的应力时，能自行停机，如图 5-11 所示。

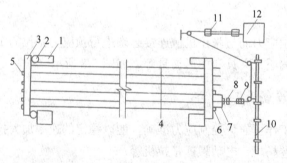

图 5-11　用卷扬机张拉预应力筋

1—台座；2—放松装置；3—横梁；4—钢筋；5—镦头；6—垫块；7—销片夹具；

8—张拉夹具；9—弹簧测力计；10—固定梁；11—滑轮组；12—卷扬机

3. 电动螺杆张拉机

电动螺杆张拉机由螺杆、电动机、变速箱、测力计及顶杆等组成。可单根张拉预应力钢丝或钢筋。张拉时，顶杆支于台座横梁上，用张拉夹具夹紧钢筋后，开动电动机，由皮带、齿轮传动系统使螺杆作直线运动，从而张拉钢筋。这种张拉的特点是运行稳定，螺杆有自锁性能，故张拉机恒载性能好，速度快，张拉行程大。如图 5-12 所示。

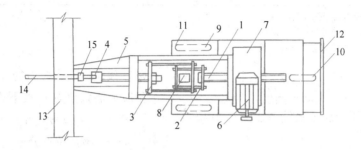

图 5-12　电动螺杆张拉机

1—螺杆；2、3—拉力架；4—张拉夹具；5—顶杆；6—电动机；7—齿轮减速箱；
8—测力计；9、10—车轮；11—底盘；12—手把；13—横梁；14—钢筋；15—锚固夹具

5.1.4　先张法施工工艺

先张法施工工艺流程如图 5-13 所示。

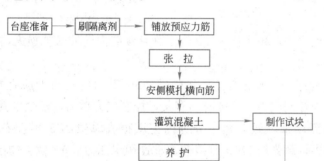

图 5-13　先张法施工工艺流程图

1. 预应力筋的铺设、张拉

（1）预应力筋铺设前先做好台面的隔离层，应选用非油类模板隔离剂，隔离剂不得使预应力筋受污，以免影响预应力筋与混凝土的粘结。

碳素钢丝强度高、表面光滑、与混凝土粘结力较差，因此必要时可采取表面刻痕和压波措施，以提高钢丝与混凝土的粘结力。

钢丝接长可借助钢丝拼接器用 20～22 号钢丝密排绑扎，如图 5-14 所示。

（2）预应力筋张拉应力的确定

预应力筋的张拉控制应力，应符合设计要求。施工如采用超张拉，可比设计要求提

高 5%，但其最大张拉控制应力不得超过表 5-1 的规定。

张拉控制应力值

表 5-1

钢种	张拉控制应力值 σ_{con}	钢种	张拉控制应力值 σ_{con}
消除应力钢丝、钢绞线	$\leqslant 0.8 f_{ptk}$	预应力螺纹钢筋	$\leqslant 0.90 f_{pyk}$
刻痕钢丝、中强度预应力钢丝	$\leqslant 0.75 f_{ptk}$		

注：σ_{con}：预应力筋张拉控制应力；
　　f_{ptk}：预应力筋极限强度标准值；
　　f_{pyk}：预应力筋屈服强度标准值。

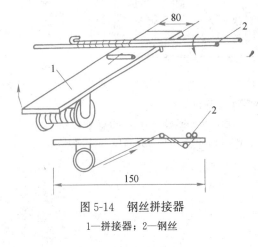

图 5-14　钢丝拼接器
1—拼接器；2—钢丝

（3）预应力筋张拉力的计算

预应力筋张拉力 P 按下式计算：

$$P = (1+m)\sigma_{con}A_p \quad (kN)$$

式中　m——超张拉百分率（%）；

　　　σ_{con}——张拉控制应力；

　　　A_p——预应力筋截面面积。

（4）张拉程序

预应力筋的张拉程序可按下列程序之一进行：

$$0 \longrightarrow 103\% \, \sigma_{con};$$

$$或 \ 0 \longrightarrow 105\% \, \sigma_{con} \xrightarrow{持荷 2min} \sigma_{con}$$

第一种张拉程序中，超张拉 3% 是为了弥补预应力筋的松弛损失，这种张拉程序施工简便，一般多采用。

第二种张拉程序中，超张拉 5% 并持荷 2min 其目的是减少预应力筋的松弛损失。钢筋松弛的数值与控制应力、延续时间有关，控制应力越高，松弛也就越大，同时还随着时间的延续不断增加，但在第一分钟内完成损失总值的 50% 左右，24h 则完成 80%。上述程序中，超张拉 5% σ_{con} 持荷 2min，可以减少 50% 以上的松弛损失。

（5）预应力筋伸长值与应力的测定

预应力筋张拉后，一般应校核预应力筋的伸长值。如实际伸长值与计算伸长值的偏差超过 ±6% 时，应暂停张拉，查明原因并采取措施予以调整后，方可继续张拉。预应力筋的伸长值 ΔL 按下式计算：

$$\Delta L = \frac{F_p \cdot l}{A_p \cdot E_s} \tag{5-5}$$

式中　F_p——预应力筋张拉力；

　　　l——预应力筋长度；

　　　A_p——预应力筋截面面积；

　　　E_s——预应力筋的弹性模量。

预应力筋的实际伸长值，宜在初应力约为 10% σ_{con} 时开始测量，但必须加上初应力以下的推算伸长值。

预应力筋的位置不允许有过大偏差，对设计位置的偏差不得大于5mm，也不得大于构件截面最短边长的4%。

采用钢丝作为预应力筋时，不做伸长值校核，但应在钢丝锚固后，用钢丝测力计或半导体频率记数测力计测定其钢丝应力。其偏差不得大于或小于按一个构件全部钢丝预应力总值的5%。

多根钢丝同时张拉时，必须事先调整初应力使其相互间的应力一致。断丝和滑脱钢丝的数量不得大于钢丝总数的3%，一束钢丝中只允许断丝一根。构件在浇筑混凝土前发生断丝或滑脱的预应力钢丝必须予以更换。

2. 混凝土浇筑与养护

为了减少预应力损失，在设计配合比时应考虑减少混凝土的收缩和徐变。应采用低水灰比，控制水泥用量，采用良好的骨料级配并振捣密实。

振捣混凝土时，振动器不得碰撞预应力钢筋。混凝土未达到一定强度前也不允许碰撞和踩动预应力筋，以保证预应力筋与混凝土有良好的粘结力。

预应力混凝土可采用自然养护和湿热养护。当采用湿热养护时应采取正确的养护制度，减少由于温差引起的预应力损失。在台座生产的构件采用湿热法养护时，由于温度升高后，预应力筋膨胀而台座长度并无变化，因而预应力筋的应力减少。在这种情况下混凝土逐渐硬结，则在混凝土硬化前预应力筋由于温度升高而引起的应力降低将无法恢复，形成温差应力损失。因此，为了减少温差应力损失，应使混凝土达到一定强度（$100N/mm^2$）前，将温度升高限制在一定范围内（一般不超过20℃）。用机组流水法钢模制作预应力构件，因湿热养护时钢模与预应筋同样伸缩，所以不存在因温差引起的预应力损失。

3. 预应力筋的放张

（1）放张要求

放张预应力筋时，混凝土应达到设计要求的强度。如设计无要求时，应不得低于设计混凝土强度等级的75%。

放张预应力筋前应拆除构件的侧模使放张时构件能自由压缩，以免模板损坏或造成构件开裂。对有横肋的构件（如大型屋面板），其横肋断面应有适宜的斜度，也可以采用活动模板以免放张时构件端肋开裂。

（2）放张方法

配筋不多的中小型构件，钢丝可用砂轮锯或切断机等方法放张。配筋多的钢筋混凝土构件，钢丝应同时放张，如逐根放张，最后几根钢丝将由于承受过大的拉力而突然断裂，使得构件端部容易开裂。

对钢丝、热处理钢筋不得用电弧切割，宜用砂轮锯或切断机切断。预应力钢筋数量较多时，可用千斤顶、砂箱、楔块等装置同时放张，如图5-15所示。

（3）放张顺序

预应力筋的放张顺序，应满足设计要求，如设计无要求时应满足下列规定：

1）宜采取缓慢放张工艺进行逐根或整体放张。

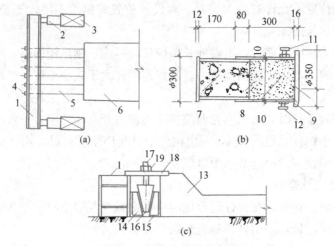

图 5-15 预应力筋放张装置

（a）千斤顶放张装置；（b）砂箱放张装置；（c）楔块放张装置

1—横梁；2—千斤顶；3—承力架；4—夹具；5—钢丝；6—构件；7—活塞；8—套箱；

9—套箱底板；10—砂；11—进砂口；12—出砂口；13—台座；14、15—固定楔块；

16—滑动楔块；17—螺杆；18—承力板；19—螺母

2）对轴心受预压构件（如压杆、桩等）所有预应力筋宜同时放张。

3）对偏心受预压构件（如梁等）先同时放张预压力较小区域的预应力筋，再同时放张预压力较大区域的预应力筋。

4）如不能按上述规定放张时，应分阶段、对称、相互交错的放张，以防止在放张过程中构件发生翘曲、裂纹及预应力筋断裂等现象。

5）放张后，预应力筋的切断顺序，宜从张拉端开始依次切向另一端。

5.2 后张法预应力混凝土工程施工

后张法是先制作构件，预留孔道，待构件混凝土强度达到设计规定的数值后，在孔道内穿入预应力筋进行张拉，并用锚具在构件端部将预应力筋锚固，最后进行孔道灌浆。预应力筋的张拉力主要是靠构件端部的锚具传递给混凝土，使混凝土产生预压应力。图 5-16 为预应力混凝土后张法生产示意图。

5.2.1 锚具及张拉设备

1. 锚具的要求

锚具是预应力筋张拉和永久固定在预应力混凝土构件上的传递预应力的工具。按锚固性能不同，可分为Ⅰ类锚具和Ⅱ类锚具。Ⅰ类锚具适用于承受动载、静载的预应力混

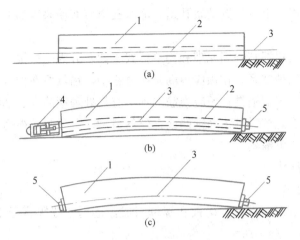

图 5-16　后张法施工顺序

(a) 制作构件，预留孔道；(b) 穿入预应力钢筋进行张拉并锚固；(c) 孔道灌浆

1—混凝土构件；2—预留孔道；3—预应力筋；4—千斤顶；5—锚具

凝土结构；Ⅱ类锚具仅适用于有粘结预应力混凝土结构，且锚具只能处于预应力筋应力变化不大的部位。

锚具的静载锚固性能，应由预应力锚具组装件静载试验测定的锚具效率系数 η_a 和达到实测极限拉力时的总应变 ε_{apu} 确定，其值应符合表 5-2 规定。

锚具效率系数与总应变　　　　　　　　　　　　　　　　表 5-2

锚具类型	锚具效率系数 η_a	实测极限拉力时的总应变 ε_{apu}（%）
Ⅰ	≥0.95	≥2.0
Ⅱ	≥0.90	≥1.7

锚具效率系数 η_a 按下式计算：

$$\eta_a = \frac{F_{apu}}{\eta_p \cdot F_{apu}^c} \tag{5-6}$$

式中　F_{apu}——预应力筋锚具组装件的实测极限拉力（kN）；

F_{apu}^c——预应力筋锚具组装件中各根预应力钢材计算极限拉力之和（kN）；

η_p——预应力筋的效率系数。

对于重要预应力混凝土结构工程使用的锚具，预应筋的效率系数 η_p 应按国家现行标准《预应力筋用锚具、夹具和连接器》GB/T 14370—2015 的规定进行计算。

对于一般预应力混凝土结构工程使用的锚具，当预应力筋为钢丝、钢绞线或热处理钢筋时，预应力筋的效率系数 η_p 取 0.97。

除满足上述要求，锚具尚应满足下列规定：

(1) 当预应力筋锚具组装件达到实测极限拉力时，除锚具设计允许的现象外，全部零件均不得出现肉眼可见的裂缝或破坏。

(2) 除能满足分级张拉及补张拉工艺外，宜具有能放松预应力筋的性能。

（3）锚具或其附件上宜设置灌浆孔道，灌浆孔道应有使浆液通畅的截面积。

2. 锚具的种类

后张法所用锚具根据其锚固原理和构造形式不同，分为螺杆锚具、夹片锚具、锥销式锚具和镦头锚具四种体系；在预应力筋张拉过程中，锚具所在位置与作用不同，又可分为张拉端锚具和固定端锚具；预应力筋的种类有热处理钢筋束、消除应力钢筋束或钢绞线束、钢丝束。因此按锚具锚固钢筋或钢丝的数量，可分为单根粗钢筋锚具、钢丝锚具和钢筋束、钢绞线束锚具。

（1）单根粗钢筋锚具

1）螺栓端杆锚具

螺栓端杆锚具由螺栓端杆、垫板和螺母组成，适用于锚固直径不大于 36mm 的热处理钢筋，如图 5-17（a）所示。

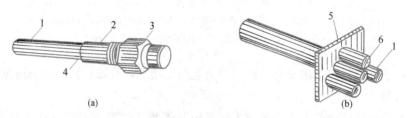

(a) (b)

图 5-17 单根粗钢筋锚具

(a) 螺栓端杆锚具；(b) 帮条锚具

1—钢筋；2—螺栓端杆；3—螺母；4—焊接接头；5—衬板；6—帮条

螺栓端杆可用同类热处理钢筋或热处理 45 号钢制作。

螺栓端杆锚具与预应力筋对焊，用张拉设备张拉螺栓端杆，然后用螺母锚固。

2）帮条锚具

帮条锚具由一块方形衬板与三根帮条组成（图 5-17b）。衬板采用普通低碳钢板，帮条采用与预应力筋同类型的钢筋。帮条安装时，三根帮条与衬板相接触的截面应在一个垂直平面上，以免受力时产生扭曲。

帮条锚具一般用在单根粗钢筋作预应力筋的固定端。

（2）钢筋束、钢绞线束锚具

钢筋束和钢绞线束目前使用的锚具有 JM 型、KT-Z 型、XM 型、QM 型和镦头锚具等。

1）JM 型锚具

JM 型锚具由锚环与夹片组成，如图 5-18 所示，夹片呈扇形，靠两侧的半圆槽锚固预应力钢筋。为增加夹片与预应力筋之间的摩擦力，在半圆槽内刻有截面为梯形的齿痕，夹片背面的坡度与锚环一致。

JM 型锚具可用于锚固 3～6 根直径为 12mm 的光圆或螺纹钢筋束。也可以用于锚固 5～6 根 12mm 的钢绞线束。它可以作为张拉端或固定端锚具，也可作重复使用的工具锚。

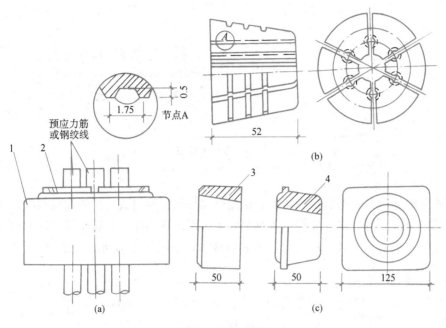

图 5-18　JM 型锚具

（a）JM 型锚具；（b）JM 型锚具的夹片；（c）JM 型锚具的锚环

1—锚环；2—夹片；3—圆锚环；4—方锚环

2）KT-Z 型锚具

KT-Z 型锚具为可锻铸铁锥形锚具，由锚环和锚塞组成。如图 5-19 所示，分为 A 型和 B 型两种，当预应力筋的最大张拉力超过 450kN 时采用 A 型，不超过 450kN 时，采用 B 型。KT-Z 型锚具适用锚固 3～6 根直径为 12mm 的钢筋束或钢绞线束。该锚具为半埋式，使用时先将锚环小头嵌入承压钢板中，并用断续焊缝焊牢，然后共同预埋在构件端部。预应力筋的锚固需借千斤顶将锚塞顶入锚环，其顶压力为预应力筋张拉力的 50%～60%。使用 KT-Z 型锚具时，预应

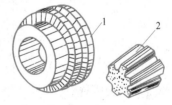

图 5-19　KT-Z 型锚具

1—锚环；2—锚塞

力筋在锚环小口处形成弯折，因而产生摩擦损失。预应力筋的损失值为：钢筋束约 4‰σ_{con}；钢绞线约 2‰σ_{con}。

3）XM 型锚具

XM 型锚具属新型大吨位群锚体系锚具。它由锚环和夹片组成。三个夹片为一组夹持一根预应力筋形成一锚固单元。由一个锚固单元组成的锚具称单孔锚具，由两个或两个以上的锚固单元组成的锚具称为多孔锚具，如图 5-20 所示。

XM 型锚具的夹片为斜开缝，以确保夹片能夹紧钢绞线或钢丝束中每一根外围钢丝，形成可靠的锚固。夹片开缝宽度一般平均为 1.5mm。

XM 型锚具既可作为工作锚，又可兼作工具锚。

4）QM 型锚具

图 5-20　XM 型锚具

1—喇叭管；2—锚环；3—灌浆孔；4—圆锥孔；5—夹片；6—钢绞线；7—波纹管

QM 型锚具与 XM 型锚具相似，它也是由锚板和夹片组成。但锚孔是直的，锚板顶面是平的，夹片垂直开缝。此外，备有配套喇叭形铸铁垫板与弹簧圈等。这种锚具适用于锚固 4～31 根 ϕ^j 12 和 3～9 根 ϕ^j 15 钢绞线束，如图 5-21 所示。

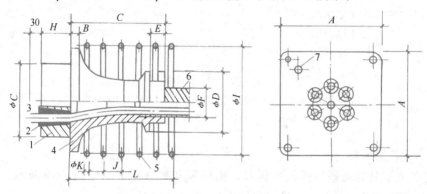

图 5-21　QM 型锚具及配件

1—锚板；2—夹片；3—钢绞线；4—喇叭形铸铁垫板；

5—弹簧圈；6—预留孔道用的波纹管；7—灌浆孔

5）镦头锚具

镦头锚用于固定端，如图 5-22 所示，它由锚固板和带镦头的预应力筋组成。

（3）钢丝束锚具

钢丝束所用锚具目前国内常用的有钢质锥形锚具、锥形螺杆锚具、钢丝束镦头锚具、XM 型锚具和 QM 型锚具。

1）钢质锥形锚具

钢质锥形锚具由锚环和锚塞组成，如图 5-23 所示。

用于锚固以锥锚式双作用千斤顶张拉的钢丝束。钢丝分布在锚环锥孔内侧，由锚塞塞紧锚固。锚环内孔的锥度应与锚塞的锥度一致，锚塞上刻有细齿槽，夹紧钢丝防止滑移。

锥形锚具的缺点是当钢丝直径误差较大时，易产生单根滑丝现象，且很难补救。如用加大顶锚力的办法来防止滑丝，又易使钢丝被咬伤。此外，钢丝锚固时呈辐射状态，弯折处受力较大。目前已较少采用。

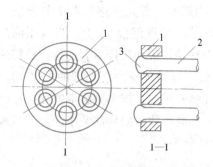

图 5-22　固定端用镦头锚具
1—锚固板；2—预应力筋；3—镦头

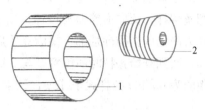

图 5-23　钢质锥形锚具
1—锚环；2—锚塞

2）锥形螺杆锚具

锥形螺杆锚具适用于锚固 14～28 根 ϕ^s5 组成的钢丝束。由锥形螺杆、套筒、螺母、垫板组成，如图 5-24 所示。

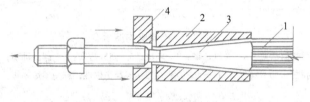

图 5-24　锥形螺杆锚具
1—钢丝；2—套筒；3—锥形螺杆；4—垫板

3）钢丝束镦头锚具

钢丝束镦头锚具用于锚固 12～54 根 ϕ^s5 碳素钢丝束，分 DM5A 型和 DM5B 型两种。A 型用于张拉端，由锚环和螺母组成，B 型用于固定端。仅有一块锚板，如图 5-25 所示。

锚环的内外壁均有丝扣，内丝扣用于连接张拉螺杆，外丝扣用拧紧螺母锚固钢丝束。锚环和锚板四周钻孔，以固定镦头的钢丝。孔数和间距

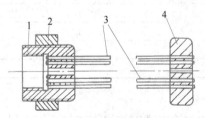

图 5-25　钢丝束镦头锚具
1—A 型锚环；2—螺母；3—钢丝束；4—锚板

由钢丝根数确定。钢丝可用液压冷镦器进行镦头。钢丝束一端可在制束时将头镦好，另一端则待穿束后镦头，但构件孔道端部要设置扩孔。

张拉时，张拉螺丝杆一端与锚环内丝扣连接，另一端与拉杆式千斤顶的拉头连接，当张拉到控制应力时，锚环被拉出，则拧紧锚环外丝扣上的螺母加以锚固。

3．张拉设备

后张法主要张拉设备有千斤顶和高压油泵。

（1）拉杆式千斤顶（YL 型）

拉杆式千斤顶主要用于张拉带有螺丝端杆锚具的粗钢筋，锥形螺杆锚具钢丝束及镦头锚具钢丝束。

拉杆式千斤顶构造如图 5-26 所示。张拉预应力筋时，首先使连接器 7 与预应力筋 11 的螺丝端杆 14 连接，并使顶杆 8 支承在构件端部的预埋钢板 13 上。当高压油泵将油液从主缸油嘴 3 进入主缸时，推动主缸活塞向左移动，带动拉杆 9 和连接在拉杆末端的螺丝端杆，预应力筋即被拉伸，当达到张拉力后，拧紧预应力筋端部的螺母 10，使预应力筋锚固在构件端部。锚固完毕后，改用副油嘴 6 进油，推动副缸活塞和拉杆向右移动，回到开始张拉时的位置，与此同时，主缸 1 的高压油也回到油泵中。目前工地上常用的为 600kN 拉杆式千斤顶，其主要技术性能见表 5-3。

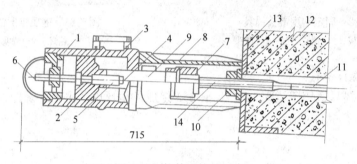

图 5-26　拉伸机构造示意

1—主缸；2—主缸活塞；3—主缸油嘴；4—副缸；5—副缸活塞；6—副缸油嘴；7—连接器；
8—顶杆；9—拉杆；10—螺母；11—预应力筋；12—混凝土构件；13—预埋钢板；14—螺栓端杆

拉杆式千斤顶主要性能　　　　　　　　　　　　　　　　表 5-3

项　目	单　位	技　术　性　能
最大张拉力	kN	600
张拉行程	mm	150
主缸活塞面积	cm^2	152
最大工作油压	MPa	40
质　量	kg	68

（2）锥锚式千斤顶（YZ 型）

锥锚式千斤顶主要用于张拉 KT-Z 型锚具锚固的钢筋束或钢绞线束和使用锥形锚具的预应力钢丝束。其张拉油缸用以张拉预应力筋，顶压油缸用以顶压锥塞，因此又称双作用千斤顶，如图 5-27 所示。

张拉预应力筋时，主缸进油，主缸被压移，使固定在其上的钢筋被张拉。钢筋张拉后，改由副缸进油，随即由副缸活塞将锚塞顶入锚圈中。主、副缸的回油则是借助设置在主缸和副缸中弹簧作用来进行的。

（3）穿心式千斤顶（YC 型）

穿心式千斤顶适用性很强，它适用于张拉采用 JM12 型、QM 型、XM 型的预应力钢丝束、钢筋束和钢绞线束。配置撑脚和拉杆等附件后，又可作为拉杆式千斤顶使用。在千斤顶前端装上分束顶压器，并在千斤顶与撑套之间用钢管接长后可作为 YZ 型千斤顶使用，张拉钢质锥形锚具，穿心式千斤顶的特点是千斤顶中心有穿通的孔道，以便预应力筋或拉杆穿过后用工具锚临时固定在千斤顶的顶部进行张拉。根据张拉力和构造不

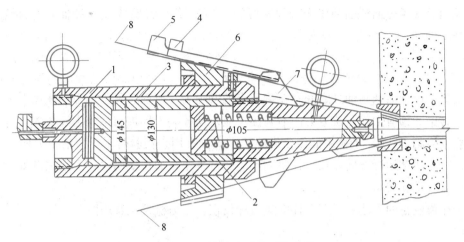

图 5-27 锥锚式千斤顶构造图

1—主缸；2—副缸；3—退楔缸；4—楔块（张拉时位置）；5—楔块
（退出时位置）；6—锥形卡环；7—退楔翼片；8—预应力筋

同，有 YC60、YC20D、YCD120、YCD200 和无顶压机构的 YCQ 型千斤顶，其构造如图 5-28 所示。

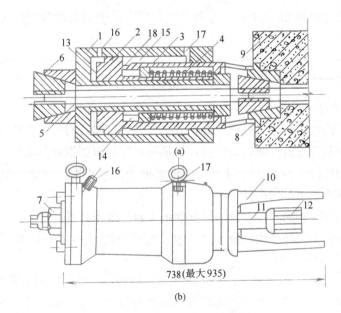

图 5-28 YC60 型千斤顶

（a）构造与工作原理图；（b）加撑脚后的外貌图

1—张拉油缸；2—顶压油缸（即张拉活塞）；3—顶压活塞；4—弹簧；5—预应力筋；6—工具锚；7—螺母；
8—锚环；9—构件；10—撑脚；11—张拉杆；12—连接器；13—张拉工作油室；14—顶压工作油室；
15—张拉回程油室；16—张拉缸油嘴；17—顶压缸油嘴；18—油孔

（4）千斤顶的校正

采用千斤顶张拉预应力筋，预应力的大小是通过油压表的读数表达，油压表读数表

示千斤顶活塞单位面积的油压力。如张拉力为 N，活塞面积是 F，则油压表的相应读数为 P，即

$$P = \frac{N}{F} \tag{5-7}$$

由于千斤顶活塞与油缸之间存在着一定的摩阻力，所以实际张拉力往往比上式计算的小。为保证预应力筋张拉应力的准确性，应定期校验千斤顶与油压表读数的关系，制成表格或绘制 P 与 N 的关系曲线，供施工中直接查用。校验时千斤顶活塞方向应与实际张拉时的活塞运行方向一致，校验期不应超过半年。如在使用过程中张拉设备出现反常现象，应重新校验。

千斤顶校正的方法主要有：标准测力计校正、压力机校正及用两台千斤顶互相校正等方法。

（5）高压油泵

高压油泵与液压千斤顶配套使用，它的作用是向液压千斤顶各个油缸供油，使其活塞按照一定速度，伸出或回缩。

高压油泵按驱动方式分为手动和电动两种。一般采用电动高压油泵。油泵型号有：$ZB_{0.8}/500$、$ZB_{0.6}/630$、$ZB_4/500$、$ZB_{10}/500$（分数线上数字表示每分钟的流量，分数线下数字表示工作油压 kg/cm^2）等数种。选用时，应使油泵的额定压力等于或大于千斤顶的额定压力。

5.2.2 预应力筋的制作

1. 单根预应力筋制作

单根预应力钢筋一般用热处理钢筋，其制作包括配料、对焊、冷拉等工序。为保证质量，宜采用控制应力的方法进行冷拉；钢筋配料时应根据钢筋的品种测定冷拉率，如果在一批钢筋中冷拉率变化较大时，应尽可能把冷拉率相近的钢筋对焊在一起进行冷拉，以保证钢筋冷拉力的均匀性。

钢筋对焊接长在钢筋冷拉前进行。钢筋的下料长度由计算确定。

当构件两端均采用螺丝端杆锚具时（图5-29），预应力筋下料长度为：

$$L = \frac{l + 2l_2 - 2l_1}{1 + \gamma - \delta} + n\Delta \tag{5-8}$$

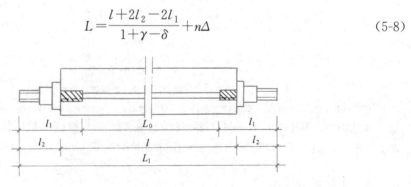

图 5-29 预应力筋下料长度计算图

当一端采用螺丝端杆锚具，另一端采用帮条锚具或镦头锚具时，预应力筋下料长度为：

$$L=\frac{l+l_2+l_3-l_1}{1+\gamma-\delta}+n\Delta \qquad (5-9)$$

式中　l——构件的孔道长度；

l_1——螺丝端杆长度，一般为 320mm；

l_2——螺丝端杆伸出构件外的长度，一般为 120～150mm 或按下式计算：

张拉端：$l_2=2H+h+5mm$；

锚固端：$l_2=H+h+10mm$；

l_3——帮条或镦头锚具所需钢筋长度；

γ——预应力筋的冷拉率（由试验定）；

δ——预应力筋的冷拉回弹率一般为 0.4%～0.6%；

n——对焊接头数量；

Δ——每个对焊接头的压缩量，取一个钢筋直径；

H——螺母高度；

h——垫板厚度。

2. 钢筋束及钢绞线束制作

钢筋束由直径为 10mm 的热处理钢筋编束而成，钢绞线束由直径为 12mm 或 15mm 的钢绞线束编束而成。预应力筋的制作一般包括开盘冷拉、下料和编束等工序。每束 3～6 根，一般不需对焊接长，下料是在钢筋冷拉后进行。钢绞线下料前应在切割口两侧各 50mm 处用铁丝绑扎，切割后对切割口应立即焊牢，以免松散。

为了保证构件孔道穿入筋和张拉时不发生扭结，应对预应力筋进行编束。编束时一般把预应力筋理顺后，用 18～22 号钢丝，每隔 1m 左右绑扎一道，形成束状。

预应力钢筋束或钢绞线束的下料长度 L 可按下式计算：

一端张拉时：$L=l+a+b$ $\qquad$ (5-10)

两端张拉时：$L=l+2a$ $\qquad$ (5-11)

式中　l——构件孔道长度；

a——张拉端留量，与锚具和张拉千斤顶尺寸有关；

b——固定端留量，一般为 80mm。

3. 钢丝束制作

钢丝束制作随锚具的不同而异，一般需经调直、下料、编束和安装锚具等工序。

当采用 XM 型锚具、QM 型锚具、钢质锥形锚具时，预应力钢丝束的制作和下料长度计算基本与预应力钢筋束、钢绞线束相同。

当采用镦头锚具时，一端张拉，应考虑钢丝束张拉锚固后螺母位于锚环中部，钢丝下料长度 L，可按图 5-30 所示，用下式计算：

$$L=L_0+2a+2b-0.5(H-H_1)-\Delta L-C \qquad (5-12)$$

式中　L_0——孔道长度；

    a——锚板厚度；

    b——钢丝镦头留量，取钢丝直径 2 倍；

    H——锚杯高度；

    H_1——螺母高度；

    ΔL——张拉时钢丝伸长值；

    C——混凝土弹性压缩（若很小时可略不计）。

为了保证张拉时各钢丝应力均匀，用锥形螺杆锚具和镦头锚具的钢丝束，要求钢丝每根长度要相等。下料长度相对误差要控制在 $L/5000$ 以内且不大于 5mm。因此下料时应在应力状态下切断下料，下料的控制应力为 300MPa。

为了保证钢丝不发生扭结，必须进行编束。编束前应对钢丝直径进行测量，直径相对误差不得超过 0.1mm，以保证成束钢丝与锚具可靠连接。采用锥形螺杆锚具时，编束工作在平整的场地上把钢丝理顺放平，用 22 号铁丝将钢丝每隔 1m 编成帘子状，然后每隔 1m 放置 1 个螺旋衬圈，再将编好的钢丝帘绕衬圈围成圆束，用钢丝绑扎牢固，如图 5-31 所示。

图 5-30　用镦头锚具时钢丝
下料长度计算简图

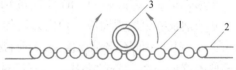

图 5-31　钢丝束的编束
1—钢丝；2—22 号编束钢丝；3—衬圈

当采用镦头锚具时，根据钢丝分圈布置的特点，编束时首先将内圈和外圈钢丝分别用铁丝顺序编扎，然后将内圈钢丝放在外圈钢丝内扎牢。编束好后，先在一端安装锚杯并完成镦头工作，另一端钢丝的镦头，待钢丝束穿过孔道安装上锚板后再进行。

5.2.3　后张法施工工艺

后张法施工工艺与预应力施工有关的主要是孔道留设、预应力筋张拉和孔道灌浆三部分，图 5-32 为后张法工艺流程图。

1. 孔道留设

后张法构件中孔道留设一般采用钢管抽芯法、胶管抽芯法、预埋管法。预应力筋的孔道形状有直线、曲线和折线三种。钢管抽芯法只用于直线孔道，胶管抽芯法和预埋管法则适用于直线、曲线和折线孔道。

孔道的留设是后张法构件制作的关键工序之一。所留孔道的尺寸与位置应正确，孔道要平顺，端部的预埋钢板应垂直于孔中心线。孔道直径一般应比预应力筋的接头外径

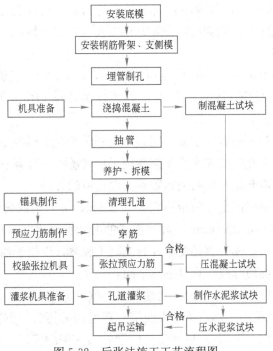

图 5-32   后张法施工工艺流程图

或需穿入孔道锚具外径大 10～15mm，以利于穿入预应力筋。

（1）钢管抽芯法

将钢管预先埋设在模板内孔道位置，在混凝土浇筑和养护过程中，每隔一定时间要慢慢转动钢管一次，以防止混凝土与钢管粘结。在混凝土初凝后、终凝前抽出钢管，即在构件中形成孔道。为保证预留孔道质量，施工中应注意以下几点：

1）钢管要平直，表面光滑，安放位置准确。钢管不直，在转动及拔管时易将混凝土管壁挤裂。钢管预埋前应除锈、刷油，以便抽管。钢管的位置固定一般用钢筋井字架，井字架间距一般为 1～2m。在灌筑混凝土时，应防止振动器直接接触钢管，以免产生位移。

2）钢管每根长度最好不超过 15m，以便旋转和抽管。钢管两端应各伸出构件 500mm 左右。较长构件可用两根钢管接长，两根钢管接头处可用 0.5mm 厚铁皮做成的套管连接，如图 5-33 所示。套管内表面要与钢管外表面紧密结合，以防漏浆堵塞孔道。

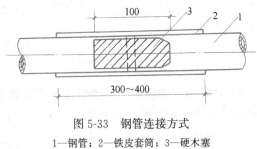

图 5-33   钢管连接方式
1—钢管；2—铁皮套筒；3—硬木塞

3）恰当地掌握抽管时间。抽管时间与水泥品种、气温和养护条件有关。抽管宜在混凝土终凝前、初凝后进行，以用手指按压混凝土表面不显指纹时为宜。常温下抽管时间约在混凝土浇筑后 3～6h。抽管时间过早，会造成坍孔事故；太晚，混凝土与钢管粘结牢固，抽管困难，甚至抽不出来。

4）抽管顺序和方法。抽管顺序宜先上后下进行。抽管时速度要均匀。边抽边转，并与孔道保持在一直线上。抽管后，应及时检查孔道，并做好孔道清理工作，以免增加以后穿筋的困难。

5）灌浆孔和排气孔的留设。由于孔道灌浆需要，每个构件与孔道垂直的方向应留设若干个灌浆孔和排气孔，孔距一般不大于 12m，孔径为 20mm，可用木塞或白铁皮管成孔。

（2）胶管抽芯法

留设孔道用的胶管一般有五层或七层夹布管和供预应力混凝土专用的钢丝网橡皮管两种。前者必须在管内充气或充水后才能使用。后者质硬，且有一定弹性，预留孔道时与钢管一样使用。下面介绍常用的夹布胶管留设孔道的方法。

胶管采用钢筋井字架固定，间距不宜大于 0.5m，并与钢筋骨架绑扎牢。然后充水（或充气）加压到 $0.5 \sim 0.8 \text{N/mm}^2$，此时胶管直径可增大约 3mm。待混凝土初凝后，放出压缩空气或压力水，胶管直径变小并与混凝土脱离，以便于抽出形成的孔道。为了保证留设孔道质量，使用时应注意以下几个问题：

1）胶管必须有良好的密封装置，勿使漏水、漏气。密封的方法是将胶管一端外表面削去 $1 \sim 3$ 层胶皮及帆布，然后将外表面带有粗丝扣的钢管（钢管一端用铁板密封焊牢）插入胶管端头孔内，再用 20 号钢丝与胶管外表面密缠牢固，铅丝头用锡焊牢。胶管另一端接上阀门，其方法与密封端基本相同。

2）胶管接头处理，图 5-34 所示为胶管接头方法。图中 1mm 厚钢管用无缝钢管加工而成。其内径等于或略小于胶管外径，以便于打入硬木塞后起到密封作用。铁皮套管与胶管外径相等或稍大（在 0.5mm 左右），以防止在振捣混凝土时胶管受振外移。

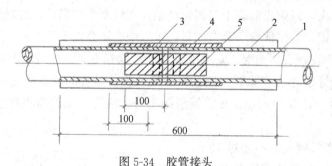

图 5-34　胶管接头

1—胶管；2—白铁皮套筒；3—钉子；4—厚 1mm 的钢管；5—硬木塞

3）抽管时间和顺序。抽管时间比钢管略迟。一般可参照气温和浇筑后的小时数的乘积达 200 度小时左右。抽管顺序一般为先上后下，先曲后直。

（3）预埋管法

预埋管法是将与孔道直径相同的金属波纹管埋在构件中无需抽出形成孔道，埋管一般采用黑铁皮管、薄钢管或镀锌双波纹金属软管制作。预埋管法因省去抽管工序，且孔道留设的位置，形状也易保证，故目前应用较为普遍。金属波纹管重量轻、刚度好、弯折方便且与混凝土粘结好。金属波纹管每根长 $4 \sim 6m$，也可根据需要，现场制作，其长度不限。波纹管在 1kN 径向力作用下不变形，使用前应作灌水试验，检查有无渗漏现象。

波纹管的固定，采用钢筋井字架，间距不宜大于 0.8m，曲线孔道时应加密，并用铁丝绑扎牢。波纹管的连接，可采用大一号同型波纹管，接头管长度应大于 200mm，用密封胶带或塑料热塑管封口。

2. 预应力筋张拉

用后张法张拉预应力筋时，混凝土强度应符合设计要求，如设计无规定时，不应低于设计强度等级的 75%。

（1）张拉控制应力

张拉控制应力越高，建立的预应力值就越大，构件抗裂性越好。但是张拉控制应力过高，构件使用过程经常处于高应力状态，构件出现裂缝的荷载与破坏荷载很接近，往往构件破坏前没有明显预兆，而且当控制应力过高，构件混凝土预压应力过大而导致混凝土的徐变应力损失增加。因此控制应力应符合设计规定。在施工中预应力筋需要超张拉时，可比设计要求提高 5%，但其最大张拉控制应力不得超过表 5-1 的规定。

为了减少预应力筋的松弛损失，预应力筋的张拉程序可为

$$0 \longrightarrow 1.05\sigma_{con} \xrightarrow{\text{持荷 2min}} \sigma_{con};$$

或 $0 \longrightarrow 1.03\sigma_{con}$

（2）张拉顺序

张拉顺序应使构件不扭转与侧弯，不产生过大偏心力，预应力筋一般应对称张拉。对配有多根预应力筋构件，不可能同时张拉时，应分批、分阶段对称张拉，张拉顺序应符合设计要求。

分批张拉时，由于后批张拉的作用力，使混凝土再次产生弹性压缩导致先批预应力筋应力下降。此应力损失可按下式计算后加到先批预应力筋的张拉应力中去。分批张拉的损失也可以采取对先批预应力筋逐根复位补足的办法处理。

$$\Delta\sigma = \frac{E_s(\sigma_{con} - \sigma_1)A_p}{E_c A_n} \tag{5-13}$$

式中　$\Delta\sigma$——先批张拉钢筋应增加的应力；

E_s——预应力筋弹性模量；

σ_{con}——控制应力；

σ_1——后批张拉预应力筋的第一批预应力损失（包括锚具变形后和摩擦损失）；

E_c——混凝土弹性模量；

A_p——后批张拉的预应力筋面积；

A_n——构件混凝土净截面积（包括构造钢筋折算面积）。

【例2】　某屋架下弦截面积尺寸为 240mm×220mm，有 4 根预应力筋；预应力筋采用 HRB 335 级钢筋，直径为 25mm，张拉控制应力 $\sigma_{con} = 0.85f_{pyk} = 0.85 \times 500 = 425\text{N/mm}^2$。采用 $0 \longrightarrow 1.03\sigma_{con}$ 张拉程序，沿对角线分两批对称张拉，屋架下弦杆构造配筋为 4ϕ10，孔道直径为 $D = 48\text{mm}$，试计算第一批预应力筋张拉应力增加值 $\Delta\sigma$。

【解】 采用两台 YL60 千斤顶，考虑到第二批张拉对第一批预应力筋的影响，则第一批预应力筋张拉应力应增加 $\Delta\sigma$。

$$\Delta\sigma = \frac{E_s(\sigma_{con} - \sigma_1)A_p}{E_c \cdot A_n}$$

式中

$E_s = 180000\text{N/mm}^2$，$E_c = 32500\text{N/mm}^2$，$\sigma_{con} = 425\text{N/mm}^2$，

$\sigma_1 = 28\text{N/mm}^2$（计算略去），$A_p = 491 \times 2 = 982\text{mm}^2$，

$A_n = 240 \times 220 - 4 \times \dfrac{\pi \times 48^2}{4} + 4 \times 78.5 \times \dfrac{200000}{32500} = 47498\text{mm}^2$

代入计算公式：

$$\Delta\sigma = \frac{180000 \times (425 - 28) \times 982}{32500 \times 47498} = 45.4\text{N/mm}^2$$

则第一批预应力筋张拉应力为：

$$(425 + 45.4) \times 1.03 = 485 > 0.9f_{pyk} = 450\text{N/mm}^2$$

上述计算表明，分批张拉的影响若计算补加到先批预应力筋张拉应力中，将使张拉应力过大，超过了规范规定，故采取重复张拉补足的办法。

【例3】 上例中，若 $\Delta\sigma = 12\text{N/mm}^2$ 试计算第一批、第二批预应力筋的张拉力及油压表读数。

【解】 当采用超张拉 $\Delta\sigma$ 时钢筋的应力为：

$$1.03 \times (425 + 12) = 450\text{N/mm}^2 = 0.9f_{pyk}$$

故第一批筋可超张拉 $\Delta\sigma$

第一批的张拉力为：

$$N = 1.03 \times (425 + 12) \times 491 = 221\text{kN}$$

油压表读数为：

$$P = \frac{221000}{16200} = 13.64\text{N/mm}^2 \quad \text{（活塞面积 16200mm}^2\text{）}$$

第二批筋的张拉力为：

$$N = 1.03 \times 425 \times 491 = 214.9\text{kN}$$

油压表读数为：

$$P = \frac{214900}{16200} = 13.3\text{N/mm}^2$$

（3）叠层构件的张拉

对叠浇生产的预应力混凝土构件，上层构件产生的水平摩阻力会阻止下层构件预应力筋张拉时混凝土弹性压缩的自由变形，当上层构件吊起后，由于摩阻力影响消失，将增加混凝土弹性压缩变形，因而引起预应力损失。该损失值与构件形式、隔离层和张拉方式有关。为了减少和弥补该项预应力损失，可自上而下逐层加大张拉力，底层张拉力不宜比顶层张拉力大 5%（钢丝、钢绞线、热处理钢筋）且不得超过表 5-1 规定。

为了使逐层加大的张拉力符合实际情况，最好在正式张拉前对某叠层第一、二层构件的张拉压缩量进行实测，然后按下式计算各层应增加的张拉力。

$$\Delta N = (n-1)\frac{\Delta_1 - \Delta_2}{L}E_s A_p \tag{5-14}$$

式中　ΔN——层间摩阻力；

$\quad\quad n$——构件所在层数（自上而下计）；

$\quad\quad \Delta_1$——第一层构件张拉压缩值；

$\quad\quad \Delta_2$——第二层构件张拉压缩值；

$\quad\quad L$——构件长度；

$\quad\quad E_s$——预应力筋弹性模量；

$\quad\quad A_p$——预应力筋截面面积。

此外，为了减少叠层摩阻应力损失，应进一步改善隔离层的性能，并应限制重叠层数，一般以 3~4 层为宜。

【例4】　例 2 中的预应力屋架下弦孔道长度为 23800mm，4 榀屋架叠加生产，经实测第一榀屋架压缩变形值为 12mm，第二榀屋架压缩变形值为 11mm，计算摩阻力 ΔN。

【解】　层间摩阻力 ΔN 为

$$\Delta N = (n-1)\frac{\Delta_1 - \Delta_2}{L}E_s A_p$$

$$= (2-1)\frac{12-11}{23800}\times 180000 \times 982 = 7427 \text{（N）}$$

则第二榀屋架张拉应力为：

$$\sigma_{con} + \frac{7427}{982} = 0.85\times 500 + 7.6 = 433 \text{（N/mm}^2\text{）}$$

第三榀屋架张拉应力为：

$$433 + 7.6 = 440.6 \text{（N/mm}^2\text{）}$$

第四榀屋架张拉应力为：

$$440.6 + 7.6 = 448.2 \text{（N/mm}^2\text{）}$$

上面各榀屋架预应力的张拉力都满足不超过 $0.90f_{pyk}$（450N/mm²）的要求。

（4）张拉端设置的要求

为了减少预应力筋与预留孔壁摩擦引起的预应力损失，后张预应力筋应根据设计和专项施工方案的要求采用一端或两端张拉。采用两端张拉时，宜两端同时张拉，也可一端先张拉锚固，另一端补张拉。当设计对张拉端设置无具体要求时，可按下列规定设置：

有粘结预应力筋长度不大于 20m 时，可一端张拉，大于 20m 时，宜两端张拉；预应力筋为直线形时，一端张拉的长度可延长至 35m。

（5）预应力值的校核和伸长值的测定

为了了解预应力值建立的可靠性，需对预应力筋的应力及损失进行检验和测定，以便使张拉时补足和调整预应力值。检验应力损失最方便的办法是，在预应力筋张拉 24h 后孔道灌浆前重拉一次，测读前后两次应力值之差，即为钢筋预应力损失（并非应力损失全部，但已完成很大部分）。预应力筋张拉锚固后，实际预应力值与工程设计规定检验值的相对允许偏差为±5%。

在测定预应力筋伸长值时，须先建立 10%σ_{con} 的初应力，预应力筋的伸长值，也应从建立初应力后开始测量，但须加上初应力的推算伸长值，推算伸长值可根据预应力弹性变形呈直线变化的规律求得。例如某筋应力自 0.2σ_{con} 增至 0.3σ_{con} 时，其变形为 4mm，即应力每增加 0.1σ_{con} 变形增加 4mm，故该筋初应力 10%σ_{con} 时的伸长值为 4mm。对后张法尚应扣除混凝土构件在张拉过程中的弹性压缩值。预应力筋在张拉时，通过伸长值的校核，可以综合反映出张拉应力是否满足，孔道摩阻损失是否偏大，以及预应力筋是否有异常现象等。如实际伸长值与计算伸长值的偏差超过±6%时，应暂停张拉，分析原因后采取措施。

3. 孔道灌浆

后张法有粘结预应力筋张拉完毕并经检查合格后，应尽早进行孔道灌浆，防止钢筋锈蚀，增加结构的整体性和耐久性，提高结构抗裂性和承载力。

灌浆前，应将后张法预应力筋锚固后的外露多余长度采用机械方法切割（或用氧—乙炔焰切割），其外露长度不宜小于预应力筋直径的 1.5 倍，且不应小于 30mm。

孔道灌浆前应确认孔道、排气兼泌水管及灌浆孔畅通；对预埋管成型孔道，可采用压缩空气清孔；并应采用水泥浆、水泥砂浆等材料封闭端部锚具缝隙，也可采用封锚罩封闭外露锚具；对采用真空灌浆工艺时，应确认孔道系统的密封性。

配制水泥浆用的水泥宜采用普通硅酸盐水泥或硅酸盐水泥；拌合用水和掺加的外加剂中不应含有对预应力筋或水泥有害的成分；外加剂应与水泥作配合比试验并确定掺量。其配制材料同时应符合国家现行有关标准的规定。

采用普通灌浆工艺时，灌浆用水泥浆稠度宜控制在 12~20s，采用真空灌浆工艺时，稠度宜控制在 18~25s；水泥浆的水灰比不应大于 0.45，3h 自由泌水率宜为 0，且不应大于 1%，泌水应在 24h 内全部被水泥浆吸收。

灌浆用水泥浆的 24h 自由膨胀率，采用普通灌浆工艺时不应大于 6%；采用真空灌浆工艺时不应大于 3%；水泥浆中氯离子含量不应超过水泥重量的 0.06%；28d 标准养护的边长为 70.7mm 的立方体水泥浆试块抗压强度不应低于 30MPa。

灌浆用水泥浆的水泥浆宜采用高速搅拌机进行搅拌，搅拌时间不应超过 5min；水泥浆使用前应经筛孔尺寸不大于 1.2mm×1.2mm 的筛网过滤；搅拌后不能在短时间内灌入孔道的水泥浆，应保持缓慢搅动；水泥浆应在初凝前灌入孔道，搅拌后至灌浆完毕的时间不宜超过 30min。

灌浆施工时宜先灌注下层孔道，后灌注上层孔道；灌浆应连续进行，直至排气管排除的浆体稠度与注浆孔处相同且无气泡后，再顺浆体流动方向依次封闭排气孔；全部出浆口封闭后，宜继续加压 0.5~0.7MPa，并应稳压 1~2min 后封闭灌浆口；孔道内水泥浆应饱满、密实。

当泌水较大时，宜进行二次灌浆和对泌水孔进行重力补浆；因故中途停止灌浆时，应用压力水将未灌注完孔道内已注入的水泥浆冲洗干净。

真空辅助灌浆时，孔道抽真空负压宜稳定保持为 0.08～0.10MPa。

孔道灌浆应填写灌浆记录。外露锚具及预应力筋应按设计要求采取可靠的保护措施。

当灰浆强度达到 15N/mm² 时，方能移动构件，灰浆强度达到 100% 设计强度时，才允许吊装。

5.3　无粘结预应力混凝土工程施工

无粘结预应力是指在预应力构件中的预应力筋与混凝土没有粘结力，预应力筋张拉力完全靠构件两端的锚具传递给构件。具体做法是预应力筋表面刷涂料并包塑料布（管）后，将其铺设在支好的构件模板内，并浇筑混凝土，待混凝土达到规定强度后进行张拉锚固。它属于后张法施工。

无粘结预应力具有不需要预留孔道、穿筋、灌浆等复杂工序，施工程序简单，加快了施工速度。同时摩擦力小，且易弯成多跨曲线型，特别适用于大跨度的单、双向连续多跨曲线配筋梁板结构和屋盖。

5.3.1　无粘结预应力筋制作

1. 无粘结预应力筋的组成及要求

无粘结预应力筋主要有预应力钢材、涂料层、外包层和锚具组成，如图 5-35 所示。

无粘结预应力筋所用钢材主要有消除应力钢丝和钢绞线。钢丝和钢绞线不得有死弯，有死弯时必须切断，每根钢丝必须通长，严禁有接头。预应力筋的下料长度，应考虑构件长度、千斤顶长度、镦头的预留量、弹性回弹值、张拉伸长值、钢材品种和施工方法等因素。具体计算方法与有粘结预应力筋计算方法基本相同。

预应力筋下料时，宜采用砂轮锯或切断机切断，不得采用电弧切割。钢丝束的钢丝下料应采用等长下料。钢绞线下料时，应在切口两侧用 20号或 22号钢丝预先绑扎牢固，以免切割后松散。

涂料层的作用是使预应力筋与混凝土隔离，减少张拉时的摩擦损失，防止预应力筋

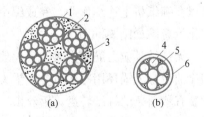

图 5-35　无粘结筋横截面示意图

(a) 无粘结钢绞线束；

(b) 无粘结钢丝束或单根钢绞线

1—钢绞线；2—沥青涂料；3—塑料布外包层；

4—钢丝；5—油脂涂料；6—塑料管、外包层

腐蚀等。常用的涂料主要有防腐沥青和防腐油脂。涂料应有较好的化学稳定性和韧性；在-20～+70℃温度范围内应不开裂、不变脆、不流淌，能较好地粘附在钢筋上；涂料层应不透水、不吸湿、润滑性好、摩阻力小。

外包层主要由塑料带或高压聚乙烯塑料管制作而成。外包层应具有在-20～+70℃温度范围内不脆化、化学稳定性高，具有抗破损性强和足够的韧性，防水性好且对周围材料无侵蚀作用。塑料使用前必须烘干或晒干，避免成型过程中由于气泡引起塑料表面开裂。

单根无粘结筋制作时，宜优先选用防腐油脂作涂料层，外包层应用塑料注塑机注塑成形。防腐油脂应充足饱满，外包层与涂油预应力筋之间有一定的间隙，使预应力筋能在塑料套管中任意滑动。成束无粘结预应力筋可用防腐沥青或防腐油脂作涂料层。当使用防腐沥青时，应用密缠塑料带作外包层，塑料带各圈之间的搭接宽度应不小于带宽的1/2，缠绕层数不小于四层。

制作好的预应力筋可以直线或盘圆运输、堆放。存放地点应设有遮盖棚，以免日晒雨淋。装卸堆放时，应采用软钢绳绑扎并在吊点处垫上橡胶衬垫，避免塑料套管外包层遭到损坏。

2. 锚具

无粘结预应力构件中，预应力筋的张拉力主要是靠锚具传递给混凝土的。因此，无粘结预应力筋的锚具不仅受力比有粘结预应力筋的锚具大，而且承受的是重复荷载。无粘结筋的锚具性能应符合Ⅰ类锚具的规定。

预应力筋为高强钢丝时，主要是采用镦头锚具。预应筋为钢绞线时，可采用 XM 型锚具和 QM 型锚具，XM 型和 QM 型锚具可夹持多根 $\phi15$ 或 $\phi12$ 钢绞线，或 7mm×5mm、7mm×4mm 平行钢丝束，以适应不同的结构要求。

3. 成型工艺

（1）涂包成型工艺

涂包成型工艺可以采用手工操作完成内涂刷防腐沥青或防腐油脂，外包塑料布。也可以在缠纸机上连续作业，完成编束、涂油、镦头、缠塑料布和切断等工序。缠纸机的工作示意图如图 5-36 所示。

无粘结预应力筋制作时，钢丝放在放线盘上，穿过梳子板汇成钢丝束，通过油枪均匀涂油后穿入锚环用冷镦机冷镦锚头，带有锚环的成束钢丝用牵引机向前牵引，同时开动装有塑料条的缠纸转盘，钢丝束一边前进一边进行缠绕塑料布条工作。当钢丝束达到需要长度后，进行切割，成为一完整的无粘结预应力筋。

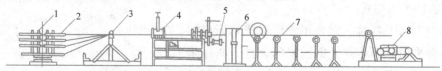

图 5-36　无粘结预应力筋缠纸工艺流程图

1—放线盘；2—盘圆钢丝；3—梳子板；4—油枪；
5—塑料布卷；6—切断机；7—滚道台；8—牵引装置

（2）挤压涂塑工艺

挤压涂塑工艺主要是钢丝通过涂油装置涂油，涂油钢丝束通过塑料挤压机涂刷聚乙烯或聚丙烯塑料薄膜，再经冷却筒模成型塑料套管。此法涂包质量好，生产效率高，适用于大规模生产的单根钢绞线和7根钢丝束。挤压涂塑流水工艺如图5-37所示。

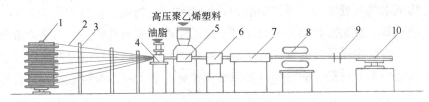

图5-37 挤压涂层工艺流水线

1—放线盘；2—钢丝；3—梳子板；4—给油装置；5—塑料挤压机机头；
6—风冷装置；7—水冷装置；8—牵引机；9—定位支架；10—收线盘

5.3.2 无粘结预应力施工工艺

下面主要叙述无粘结预应力构件制作工艺中的几个主要问题。

1. 预应力筋的铺设

无粘结预应力筋铺设前应检查外包层完好程度，对有轻微破损者，用塑料带补包好，对破损严重者应予以报废。双向预应力筋铺设时，应先铺设下面的预应力筋，再铺设上面的预应力筋，以免预应力筋相互穿插。

无粘结预应力筋应严格按设计要求的曲线形状就位固定牢固。可用短钢筋或混凝土垫块等架起控制标高，再用钢丝绑扎在非预应力筋上。绑扎点间距不大于1m，钢丝束的曲率控制可用铁马凳控制，马凳间距不宜大于2m。

2. 预应力筋的张拉

预应力筋张拉时，混凝土强度应符合设计要求，当设计无要求时，混凝土的强度应达到设计强度的75%方可开始张拉。

张拉程序一般采用 $0 \sim 103\% \sigma_{con}$ 以减少无粘结预应力筋的松弛损失。

张拉顺序应根据预应力筋的铺设顺序进行，先铺设的先张拉，后铺设的后张拉。

当预应力筋的长度超过40m时，宜采用两端张拉；长度超过60m时，宜采取分段张拉。

预应力平板结构中，预应力筋往往很长，如何减少其摩阻损失值是一个重要的问题。

影响摩阻损失值的主要因素是润滑介质、外包层和预应力筋截面形式。其中润滑介质和外包层的摩阻损失值，对一定的预应力束而言是个定值，相对稳定。而截面形式则影响较大，不同截面形式其离散性不同，但如能保证截面形状在全长内一致，则其摩阻损失值就能在很小范围内波动。否则，因局部阻塞就可能导致其损失值无法测定。摩阻损失值，可用标准测力计或传感器等测力装置进行测定。施工时，为降低摩阻损失值，宜采用多次重复张拉工艺。成束无粘结筋正式张拉前，一般先用千斤顶往复抽动1~2

次。张拉过程中，严防钢丝被拉断，要控制同一截面的断裂根数不得大于 2%。

预应力筋的张拉伸长值应按设计要求进行控制。

3. 预应力筋端部处理

（1）张拉端处理

预应力筋端部处理取决于无粘结筋和锚具种类。

锚具的位置通常从混凝土的端面缩进一定的距离，前面做成一个凹槽，待预应力筋张拉锚固后，将伸在锚具外的钢绞线切割到规定的长度，然后在槽内壁涂以环氧树脂类粘结剂，以加强新老材料间的粘结，再用后浇膨胀混凝土或低收缩防水砂浆或环氧砂浆密封。

在对凹槽填砂浆或混凝土前，应预先对无粘结筋端部和锚具夹持部分进行防潮、防腐封闭处理。

无粘结预应力筋采用钢丝束镦头锚具时，其张拉端头如图 5-38 所示，其中塑料套筒供钢丝束张拉时锚环从混凝土中拉出来用，软塑料管是用来保护无粘结钢丝末端因穿锚具而损坏的塑料管。无粘结钢丝的锚头防腐处理，应特别重视。当锚环被拉出后，塑料套筒内产生空隙，必须用油枪通过锚环的注油孔向套筒内注满防腐油脂，灌油后将外露锚具封闭好，避免长期与大气接触造成锈蚀。

采用无粘结钢绞线夹片式锚具时，张拉端头构造简单，无须另加设施。张拉端头钢绞线预留长度不小于 150mm，多余割掉，然后在锚具及承压板表面涂以防水涂料，再进行封闭。锚固区可以用后浇的钢筋混凝土圈梁封闭，将锚具外伸的钢绞线散开打弯，埋在圈梁内加强锚固，如图 5-39 所示。

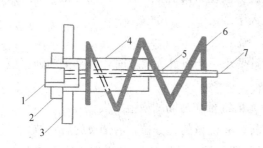

图 5-38　镦头锚固系统张拉端

1—锚环；2—螺母；3—承压板；4—塑料套筒；
5—软塑料管；6—螺旋筋；7—无粘结筋

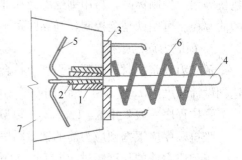

图 5-39　夹片式锚具张拉端处理

1—锚环；2—夹片；3—承压板；4—无粘结筋；
5—散开打弯钢丝；6—螺旋筋；7—后浇混凝土

（2）固定端处理

无粘结筋的固定端可设置在构件内。当采用无粘结钢丝束时固定端可采用扩大的镦头锚板，并用螺旋筋加强，如图 5-40（a）所示。施工中如端头无结构配筋时，需要配置构造钢筋，使固定端板与混凝土之间有可靠锚固性能。当采用无粘结钢绞线时，锚固端可采用压花成型，如图 5-40（b）所示。这种做法的关键是张拉前锚固端的混凝土强度等级必须达到设计强度（≥C30）才能形成可靠的粘结式锚头。

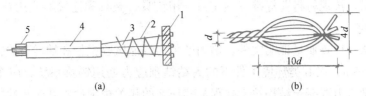

图 5-40 无粘结筋固定端构造

（a）无粘结钢丝束固定端；（b）钢绞线固定端

1—锚板；2—钢丝；3—螺旋筋；4—软塑料管；5—无粘结钢丝束

5.4 预应力混凝土施工质量检查与安全措施

5.4.1 预应力混凝土工程施工质量检测与验收

浇筑混凝土之前，应进行预应力隐蔽工程验收。隐蔽工程验收主要内容包括：预应力筋的品种、规格、级别、数量和位置；成孔管道的规格、数量、位置、形状、连接以及灌浆孔、排气兼泌水孔；局部加强钢筋的牌号、规格、数量和位置；预应力筋锚具和连接器及锚垫板的品种、规格、数量和位置。

1. 预应力筋材料的检测与验收

（1）主控项目

1）预应力筋进场时，应按国家现行相关标准的规定抽取试件作抗拉强度、伸长率检验，其检验结果应符合相应标准的规定。

检查数量：按进场的批次和产品的抽样检验方案确定。

检验方法：检查质量证明文件和抽样检验报告。

2）无粘结预应力钢绞线进场时，应进行防腐润滑脂量和护套厚度的检验，检验结果应符合现行行业标准《无粘结预应力钢绞线》JG 161 的规定。

经观察认为涂包质量有保证时，无粘结预应力筋可不作油脂量和护套厚度的抽样检验。

检查数量：按现行行业标准《无粘结预应力钢绞线》JG 161 的规定确定。

检验方法：观察，检查质量证明文件和抽样检验报告。

3）预应力筋用锚具应和锚垫板、局部加强钢筋配套使用，锚具、夹具和连接器进场时，应按现行行业标准《预应力筋用锚具、夹具和连接器应用技术规程》JGJ 85 的相关规定对其性能进行检验，检验结果应符合该标准的规定。

锚具、夹具和连接器用量不足检验批规定数量的 50%，且供货方提供有效的检验报告时，可不作静载锚固性能检验。

检查数量：按现行行业标准《预应力筋用锚具、夹具和连接器应用技术规程》JGJ 85 的规定确定。

检验方法：检查质量证明文件、锚固区传力性能试验报告和抽样检验报告。

4）处于三a、三b类环境条件下的无粘结预应力筋用锚具系统，应按现行行业标准《无粘结预应力混凝土结构技术规程》JGJ 92 的相关规定检验其防水性能，检验结果应符合该标准的规定。

检查数量：同一品种、同一规格的锚具系统为一批，每批抽取三套。

检验方法：检查质量证明文件和抽样检验报告。

5）孔道灌浆用水泥应采用硅酸盐水泥或普通硅酸盐水泥，水泥、外加剂的质量应分别符合相关规范的规定；成品灌浆材料的质量应符合现行国家标准《水泥基灌浆材料应用技术规范》GB/T 50448 的规定。

检查数量：按进场批次和产品的抽样检验方案确定。

检验方法：检查质量证明文件和抽样检验报告。

（2）一般项目

1）预应力筋进场时，应进行外观检查，其外观质量应符合下列规定：

① 有粘结预应力筋的表面不应有裂纹、小刺、机械损伤、氧化铁皮和油污等，展开后应平顺、不应有弯折；

② 无粘结预应力钢绞线护套应光滑、无裂缝，无明显褶皱；轻微破损处应外包防水塑料胶带修补，严重破损者不得使用。

检查数量：全数检查。

检验方法：观察。

2）预应力筋用锚具、夹具和连接器进场时，应进行外观检查，其表面应无污物、锈蚀、机械损伤和裂纹。

检查数量：全数检查。

检验方法：观察。

3）预应力成孔管道进场时，应进行管道外观质量检查、径向刚度和抗渗漏性能检验，其检验结果应符合下列规定：

① 金属管道外观应清洁，内外表面应无锈蚀、油污、附着物、孔洞，金属波纹管不应有不规则褶皱，咬口应无开裂、脱扣，钢管焊缝应连续；

② 塑料波纹管的外观应光滑、色泽均匀，内外壁不应有气泡、裂口、硬块、油污、附着物、孔洞及影响使用的划伤；

③ 径向刚度和抗渗漏性能应符合现行行业标准《预应力混凝土桥梁用塑料波纹管》JT/T 529 和《预应力混凝土用金属波纹管》JG 225 的规定。

检查数量：外观应全数检查；径向刚度和抗渗漏性能的检查检查数量应按进场的批次和产品的抽样检验方案确定。

检验方法：观察，检查质量证明文件和抽样检验报告。

2. 预应力筋制作与安装质量的检测与验收

（1）主控项目

1）预应力筋安装时，其品种、规格、级别和数量必须符合设计要求。

检查数量：全数检查。

检验方法：观察，尺量。

2）应力筋的安装位置应符合设计要求。

检查数量：全数检查。

检验方法：观察，尺量。

（2）一般项目

1）应力筋端部锚具的制作质量应符合下列规定：

① 钢绞线挤压锚具挤压完成后，预应力筋外端露出挤压套筒的长度不应小于 1mm；

② 钢绞线压花锚具的梨形头尺寸和直线锚固段长度不应小于设计值；

③ 钢丝墩头不应出现横向裂纹，墩头的强度不得低于钢丝强度标准值的 98%。

检查数量：对挤压锚，每工作班抽查 5%，且不应少于 5 件；对压花锚，每工作班抽查 3 件；对钢丝墩头强度，每批钢丝检查 6 个墩头试件。

检验方法：观察，尺量，检查墩头强度试验报告。

2）预应力筋或成孔管道的安装质量应符合下列规定：

① 成孔管道的连接应密封；

② 预应力筋或成孔管道应平顺，并应与定位支撑钢筋绑扎牢固；

③ 当后张有粘结预应力筋曲线孔道波峰和波谷的高差大于 300mm，且采用普通灌浆工艺时，应在孔道波峰设置排气孔；

④ 锚垫板的承压面应与预应力筋或孔道曲线末端垂直，预应力筋或孔道曲线末端直线段长度应符合表 5-4 的规定。

检查数量：第 1～3 款应全数检查；第 4 款应抽查预应力束总数的 10%，且不少于 5 束。

检验方法：观察，尺量。

预应力筋曲线起始点与张拉锚固点之间直线段最小长度　　　　　表 5-4

预应力筋张拉控制力 N（kN）	N≤1500	1500＜N≤6000	N＞6000
直线段最小长度（mm）	400	500	600

3）预应力筋或成孔管道定位控制点的竖向位置偏差应符合表 5-5 的规定，其合格点率应达到 90% 及以上，且不得有超过表中数值 1.5 倍的尺寸偏差。

检查数量：在同一检验批内，应抽查各类型构件总数的 10%，且不少于 3 个构件，每个构件不应少于 5 处。

检验方法：尺量。

预应力筋或成孔管道定位控制点的竖向位置允许偏差　　　　　表 5-5

构件截面高（厚）度 h（mm）	h≤300	300＜h≤1500	h＞1500
允许偏差（mm）	±5	±10	±15

3. 预应力筋张拉和放张质量的检测与验收

（1）主控项目

1）预应力筋张拉或放张前，应对构件混凝土强度进行检验。同条件养护的混凝土立方体试件抗压强度应符合设计要求，当设计无具体要求时应符合下列规定：

① 应达到配套锚固产品技术要求的混凝土最低强度且不应低于设计混凝土强度等级值的 75%；

② 对采用消除应力钢丝或钢绞线作为预应力筋的先张法构件，不应低于 30MPa。

检查数量：全数检查。

检验方法：检查同条件养护试件抗压强度试验报告。

2）对后张法预应力结构构件，钢绞线出现断裂或滑脱的数量不应超过同一截面钢绞线总根数的 3%，且每根断裂的钢绞线断丝不得超过一丝；对多跨双向连续板，其同一截面应按每跨计算。

检查数量：全数检查。

检验方法：观察，检查张拉记录。

3）先张法预应力筋张拉锚固后，实际建立的预应力值与工程设计规定检验值的相对允许偏差为 ±5%。

检查数量：每工作班抽查预应力筋总数的 1%，且不应少于 3 根。

检验方法：检查预应力筋应力检测记录。

（2）一般项目

1）预应力筋张拉质量应符合下列规定：

① 采用应力控制方法张拉时，张拉力下预应力筋的实测伸长值与计算伸长值的相对允许偏差为 ±6%；

② 最大张拉应力应符合现行国家标准《混凝土结构工程施工规范》GB 50666 的规定。

检查数量：全数检查。

检验方法：检查张拉记录。

2）先张法预应力构件，应检查预应力筋张拉后的位置偏差，张拉后预应力筋的位置与设计位置的偏差不应大于 5mm，且不应大于构件截面短边边长的 4%。

检查数量：每工作班抽查预应力筋总数的 3%，且不应少于 3 束。

检验方法：尺量。

3）锚固阶段张拉端预应力筋的内缩量应符合设计要求；当设计无具体要求时，应符合表 5-6 的规定。

检查数量：每工作班抽查预应力筋总数的 3%，且不少于 3 束。

检验方法：尺量。

4. 预应力筋灌浆及封锚质量的检测与验收

（1）主控项目

1）预留孔道灌浆后，孔道内水泥浆应饱满、密实。

张拉端预应力筋的内缩量限值　　　　　　　　　　　　　表 5-6

锚具类别		内缩量限值（mm）
支承式锚具（镦头锚具等）	螺母缝隙	1
	每块后加垫板的缝隙	1
锥塞式锚具		5
夹片式锚具	有顶压	5
	无顶压	6～8

检查数量：全数检查。

检验方法：观察，检查灌浆记录。

2）灌浆用水泥浆的性能应符合下列规定：

① 3h 自由泌水率宜为 0，且不应大于 1%，泌水应在 24h 内全部被水泥浆吸收；

② 水泥浆中氯离子含量不应超过水泥重量的 0.06%；

③ 当采用普通灌浆工艺时，24h 自由膨胀率不应大于 6%；当采用真空灌浆工艺时，24h 自由膨胀率不应大于 3%。

检查数量：同一配合比检查一次。

检验方法：检查水泥浆性能试验报告。

3）现场留置的灌浆用水泥浆试件的抗压强度不应低于 30MPa。

试件抗压强度检验应符合下列规定：

① 每组应留取 6 个边长为 70.7mm 的立方体试件，并应标准养护 28d；

② 试件抗压强度应取 6 个试件的平均值；当一组试件中抗压强度最大值或最小值与平均值相差超过 20% 时，应取中间 4 个强度的平均值。

检查数量：每工作班留置一组。

检验方法：检查试件强度试验报告。

4）锚具的封闭保护措施应符合设计要求。当设计无具体要求时，外露锚具和预应力筋的混凝土保护层厚度不应小于：一类环境时 20mm，二 a、二 b 类环境时 50mm，三 a、三 b 类环境时 80mm。

检查数量：在同一检验批内，抽查预应力筋总数的 5%，且不应少于 5 处。

检验方法：观察，尺量。

（2）一般项目

后张法预应力筋锚固后，锚具外预应力筋的外露长度不应小于其直径的 1.5 倍，且不应小于 30mm。

检查数量：在同一检验批内，抽查预应力筋总数的 3%，且不应少于 5 束。

检验方法：观察，尺量。

5.4.2　安全措施

（1）所用张拉设备仪表，应由专人负责使用与管理，并定期进行维护与检验，设备的测定期不超过半年，否则必须及时重新测定。施工时，根据预应力筋种类等合理选择张拉设备，预应力筋的张拉力不应大于设备额定张拉力，严禁在负荷时拆换油管或压力表。接电源时，机壳必须接地，经检查绝缘可靠后，才可试运转。

（2）先张法施工中，张拉机具与预应力筋应在一条直线上；顶紧锚塞时，用力不要过猛，以防钢丝折断。台座法生产，其两端应设有防护设施，并在张拉预应力筋时，沿台座长度方向每隔 4～5m 设置一个防护架，两端严禁站人，更不准进入台座。

（3）后张法施工中，张拉预应力筋时，任何人不得站在预应力筋两端，同时在千斤顶后面设立防护装置。操作千斤顶的人员应严格遵守操作规程，应站在千斤顶侧面工作。在油泵开动过程中，不得擅自离开岗位，如需离开，应将油阀全部松开或切断电路。

复习思考题

1. 什么叫先张法？什么叫后张法？比较它们的异同点。

2. 先张法对所用夹具有何要求？

3. 先张法的张拉程序如何？

4. 超张拉的作用是什么？

5. 先张法的张拉设备有哪些？

6. 预应力筋放张的条件是什么？

7. 后张法常用的锚具有哪些？

8. 后张法孔道留设方法有哪几种？各适用于什么情况？

9. 后张法的张拉设备有哪些？

10. 后张法的张拉顺序是如何确定的？

11. 预应力筋伸长值如何校核？

12. 分批张拉时，如何弥补混凝土弹性压缩造成的预应力损失？

13. 叠层生产的预应力损失是如何产生的？怎样弥补？

14. 孔道灌浆的作用是什么？对灌浆材料有何要求？

15. 有粘结预应力与无粘结预应力施工工艺有何区别？

16. 如何制作无粘结预应力筋？

习　题

5-1　某预应力混凝土屋架，采用机械后张法施工，两端采用螺丝端杆锚具，端杆长度为 320mm，端杆外露出构件端部长度为 120mm，孔道尺寸为 23.80m，预应力筋为冷拉 HRB 335 级钢筋，直径为 25mm，冷拉率 4%，弹性回缩率 0.5%，每根钢筋长度为 8m，张拉控制应力 $\sigma_{con}=0.85f_{pyk}$（$f_{pyk}=500N/mm^2$），张拉程序为 $0\rightarrow1.03\sigma_{con}$，用 YC-60 穿心式千斤顶张拉，试计算（1）钢筋的下料长度。（2）张拉时压力表读数。

5-2　上例中，若一端张拉，固定端采用帮条锚具，长度 70mm，冷拉钢筋控制应力为 $500N/mm^2$。

试计算（1）钢筋的下料长度；（2）预应力的冷拉力及冷拉伸长值。

5-3　预应力吊车梁，孔道尺寸为 6m，采用热处理钢筋束，6 根 $\phi^{HT}6$，采用 YC60 型千斤顶张拉，一端张拉，张拉程序为 $0\rightarrow1.03\sigma_{con}$，张拉控制应力为 $0.70f_{pyk}$（$f_{pyk}=1400N/mm^2$）试计算钢筋的下料长度和最大张拉力。

教学单元6

结构安装工程施工

【教学目标】 通过本单元学习，使学生掌握单层工业厂房结构吊装的施工方法、工艺标准及质量检验要求。掌握钢结构构件制作、安装施工方法、工艺标准及质量检验要求。能编制结构吊装工程施工专项方案；能进行施工技术交底；能进行结构吊装工程施工质量检查。

结构安装工程就是用起重机械将在现场（或预制厂）制作的钢构件或混凝土构件，按照设计图纸的要求，安装成一幢建筑物或构筑物。

6.1　结构吊装的起重机械

结构安装常用的起重机械主要有桅杆式起重机，自行起重机以及塔式起重机。

6.1.1　桅杆式起重机

桅杆式起重机可分为独脚拔杆、人字拔杆、悬臂拔杆和牵缆式桅杆起重机等。这种机械的特点是制作简单，装拆方便，起重量可达 100t 以上，但起重半径小，移动较困难，需要设置较多的缆风绳。它适用于安装工程量集中，结构重量大，安装高度大以及施工现场狭窄的情况。

6.1.2　自行式起重机

自行式起重机主要有履带式起重机、汽车式起重机和轮胎式起重机等。

1. 履带式起重机

履带式起重机主要由动力装置、传动机构、行走机构（履带）、工作机构（起重杆、滑轮组、卷扬机）以及平衡重等组成，如图 6-1 所示。是一种 360°全回转的起重机，它操作灵活，行走方便，能负载行驶。缺点是稳定性较差，行走时对路面破坏较大，行走速度慢，在城市中和长距离转移时，需用拖车进行运输。目前它是结构吊装工程中常用的机械之一。

履带式起重机的起重能力常用起重量、起重高度和起重半径三个参数表示。三者的相互关系见表 6-1。

履带式起重机性能表　　　　　　　　　　　　　　　　表 6-1

参　　　数		单位	型　　　号							
			W_1-50			W_1-100		W_1-200		
起重臂长度		m	10	18	18 带鸟嘴	13	23	15	30	40
起重半径	最大工作幅度时	m	10.0	17.0	10.0	12.5	17.0	15.5	22.5	30.0
	最小工作幅度时	m	3.7	4.5	6.0	4.23	6.5	4.5	8.0	10.0
起重量	最小工作幅度时	t	10.0	7.5	2.0	15.0	8.0	50.0	20.0	8.0
	最大工作幅度时	t	2.6	1.0	1.0	3.5	1.7	8.2	4.3	1.5

续表

参　　　数		单　位	型　　　　号							
			W₁-50			W₁-100		W₁-200		
起升高度	最小工作幅度时	m	9.2	17.2	17.2	11.0	19.0	12.0	26.8	36.0
	最大工作幅度时	m	3.7	7.6	14.0	5.8	16.0	3.0	19.0	25.0

注：表中数据所对应的起重臂倾角为：$\alpha_{min}=30°$，$\alpha_{max}=77°$。

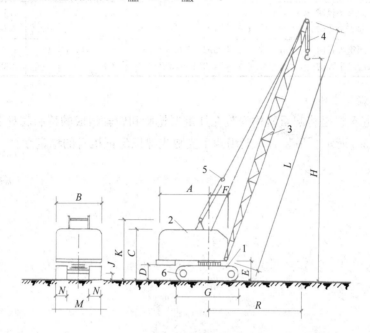

图 6-1　履带式起重机

1—底盘；2—机棚；3—起重臂；4—起重滑轮组；5—变幅滑轮组；6—履带

A、B……—外形尺寸符号；L—起重臂长度；H—起升高度；R—工作幅度

　　起重量、起重半径、起重高度三个工作参数存在着相互制约的关系，其取值大小取决于起重臂长度及其仰角。当起重臂长度一定时，随着仰角增大，起重量和起重高度增加，而起重半径减小；当起重臂的仰角不变时，随着起重臂长度的增加，起重半径和起重高度增加，而起重量减小。

　　2. 汽车式起重机

　　汽车式起重机是将起重机构安装在普通载重汽车或专用汽车底盘上的一种自行式回转起重机，如图 6-2 所示。它具有行驶速度快，能迅速转移，对路面破坏性很小。缺点是吊重物时必须支腿，因而不能负荷行驶。部分汽车式起重机型号性能见表 6-2。

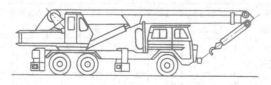

图 6-2　汽车式起重机

汽车式起重机性能　　　　　　　　　　　　　　表 6-2

参　数		单位	型　号									
			Q$_2$-8				Q$_2$-12			Q$_2$-16		
起重臂长度		m	6.95	8.50	10.15	11.70	8.5	10.8	13.2	8.80	14.40	20.0
起重半径	最大起重半径时	m	3.2	3.4	4.2	4.9	3.6	4.6	5.5	3.8	5.0	7.4
	最小起重半径时	m	5.5	7.5	9.0	10.5	6.4	7.8	10.4	7.4	12	14
起重量	最小起重半径时	t	6.7	6.7	4.2	3.2	12	7	5	16	8	4
	最大起重半径时	t	1.5	1.5	1.0	0.8	4	3	2	4.0	1.0	0.5
起重高度	最小起重半径时	m	9.2	9.2	10.6	12.0	8.4	10.4	12.8	8.4	14.1	19
	最大起重半径时	m	4.2	4.2	4.8	5.2	5.8	8	8.0	4.0	7.4	14.2

3. 轮胎式起重机

轮胎式起重机是将起重机构安装在加重型轮胎和轮轴组成的特制底盘上的全回转起重机，如图 6-3 所示。吊装时一般用四个支腿支撑以保证机身的稳定性。

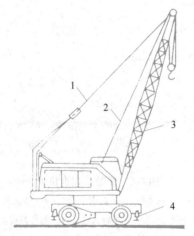

图 6-3　轮胎式起重机

1—起重杆；2—起重索；3—变幅索；4—支腿

部分轮胎式起重机性能见表 6-3。

轮胎式起重机性能　　　　　　　　　　　　表 6-3

参　数			单位	型　号									
				QL$_3$-16			QL$_3$-25					QL$_1$-16	
起重臂长度			m	10	15	20	12	17	22	27	32	10	15
起重半径	最大起重量时		m	4	4.7	8	4.5	6	7	8.5	10	4	4.7
	最小起重量时		m	11.0	15.5	20.0	11.5	14.5	19	21	21	11	15.5
起重量	最小起重半径时	用支腿	t	16	11	8	25	14.5	10.6	7.2	5	16	11
		不用支腿	t	7.5	6	—	6	3.5	3.4	—	—	7.5	6
	最大起重半径时	用支腿	t	2.8	1.5	0.8	4.6	2.8	1.4	0.8	0.6	2.8	1.5
		不用支腿	t	—	—	—	—	—	—	0.5	—	—	—
起重高度	最小起重半径时		m	8.3	13.2	17.95					8.3	8.3	13.2
	最大起重半径时		m	5.3	4.6	6.85						5.0	4.6

6.1.3　塔式起重机

塔式起重机按构造性能可分为轨道式、爬升式和附着式、固定式四种。

1. 轨道式塔式起重机

轨道式塔式起重机型号是可在轨道上行走的起重机械，其工作范围大，适用于工业与民用建筑的结构吊装或材料仓库装卸工作。

2. 爬升式塔式起重机

爬升式塔式起重机又称内爬式塔式起重机，主要安装在建筑物内部框架或电梯间结构上，每隔1～2层楼爬升一次。其特点是机身体积小，安装简单，适用于现场狭窄的高层建筑结构安装。

爬升式塔式起重机由底座、塔身、塔顶、行走式起重臂、平衡臂等部分组成，如图6-4所示。起重机的爬升过程如图6-5所示，即固定下支座——提升套架——下支座脱空——提升塔身——固定下支座。

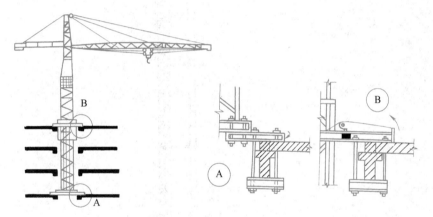

图 6-4　爬升式塔式起重机

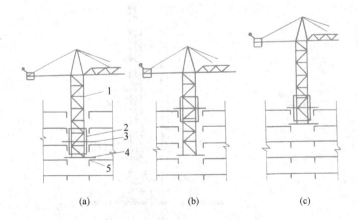

图 6-5　爬升过程示意

（a）工作位置；（b）爬升套架；（c）提升塔身

1—塔身；2—套架；3—套架梁；4—塔身底座梁；5—建筑物楼盖梁

3. 附着式塔式起重机

附着式塔式起重机是固定在建筑物近旁钢筋混凝土基础上的起重机，它随建筑物的升高，利用液压自升系统逐步将塔顶顶升，塔身接高。为了减少塔身的计算长度应每隔20m 左右将塔身与建筑物用锚固装置联结起来，如图 6-6 所示。

常见附着式塔式起重机的主要性能见表 6-4。

附着式塔式起重机的液压顶升系统主要包括：顶升套架、长行程液压千斤顶、支承座、顶升横梁及定位销等。液压千斤顶的缸体装在塔式起重机上部结构的底端支承座上。活塞杆通过顶升横梁支承在塔身顶部，其爬升过程如图 6-7 所示。

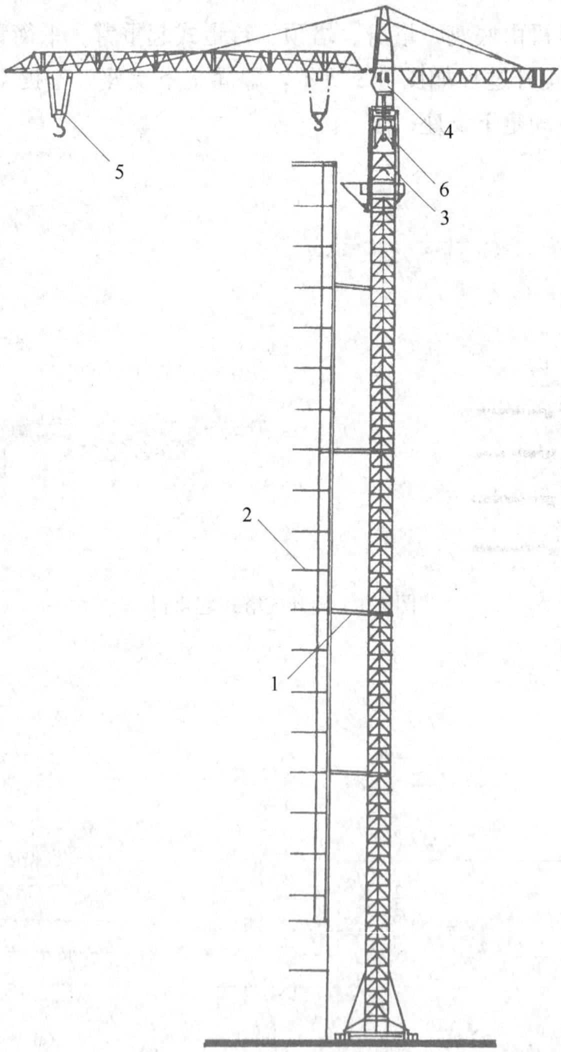

图 6-6 附着式塔式起重机

1—撑杆；2—建筑物；3—标准节；4—操纵室；5—起重小车；6—顶升套架

附着式塔式起重机主要技术性能 表 6-4

型 号		QTZ20	QTZ40	QTZ80	QT₄-10
起重力矩(kN·m)		200	400	800	1600
工作幅度 (m)	最大	30/33	48	56	35.0
	最小		2.5		3.0
起重量 (t)	最大工作幅度时		0.7	1.3	3.0
	最大起重量	2.0	4.0	8.0	10.0
起升高度 (m)	独立工作	26.5	29	45	
	附着式	50	120	180	160.0
起升速度(m/min)			60/40/7	64/32/7	80/160
回转速度(r/min)			0~0.73	0~0.6	0.47
变幅速度(m/min)			33/22	0~42	18.0

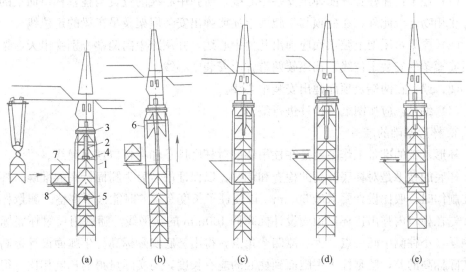

图 6-7 附着式塔式起重机爬升过程

1—顶升套架；2—液压千斤顶；3—承座；4—顶升横梁；

5—定位销；6—过渡节；7—标准节；8—摆渡小车

6.2 钢筋混凝土排架结构单层工业厂房结构吊装

6.2.1 准备工作

准备工作的内容包括场地清理、道路修筑、基础准备、构件运输、堆放、拼装加固、检查清理、弹线编号以及吊装机具的准备等。

1. 构件的检查与清理

为保证施工质量，在结构吊装前，应对所有构件作全面检查。

（1）构件强度检查。构件吊装时混凝土强度不低于设计强度标准值的75%，对一些大跨度构件，如屋架则应达到100%。

（2）检查构件的外形尺寸、预埋件的位置及大小。

（3）检查构件的表面，有无损伤、缺陷、变形、裂缝等。预埋件如有污物，应加以清除，以免影响构件的拼装和焊接。

（4）检查吊环的位置，吊环有无变形损伤。

2. 构件的弹线与编号

在每个构件上弹出安装的定位墨线和校正所用墨线，作为构件安装、对位、校正的依据，具体做法如下：

（1）柱子：在柱身三面弹出安装中心线，所弹中心线的位置与柱基杯口面上的安装中心线相吻合。此外，在柱顶与牛腿面上还要弹出安装屋架及吊车梁的定位线。

（2）屋架：屋架上弦顶面应弹出几何中心线，并从跨中向两端分别弹出天窗架、屋面板或檩条的安装定位线，在屋架两端弹出安装中心线。

（3）梁：在两端及顶面弹出安装中心线。

（4）编号：应按图纸将构件进行编号。

3. 杯形基础的准备

杯形基础的准备工作主要是在柱吊装前对杯底抄平和在杯口顶面弹线。

杯底的抄平是对杯底标高的检查和调整，以保证吊装后牛腿面标高的准确。杯底标高在制作时一般比设计要求低50mm，以便柱子长度有误差时能抄平调整。测量杯底标高，先在杯口内弹出比杯口顶面设计标高低100mm的水平线，随后用尺对杯底标高进行测量，小柱测中间一点，大柱测四个角点，得出杯底实际标高。牛腿面设计标高与杯底实际标高的差，就是柱子牛腿面到柱底的应有长度，与实际量得的长度相比，得到制作误差，再结合柱底平面的平整度，用水泥砂浆或细石混凝土将杯底抹平，垫至所需标高。例如，实测杯底标高-1.20m，柱牛腿面设计标高+7.80m，量得柱底至牛腿面的实际长度为8.95m，则杯底标高的调整值（抄平厚度）为 $\Delta h=(7.80+1.20)-8.95=+0.05m$。

基础顶面弹线要根据厂房的定位轴线测出，并与柱的安装中心线相对应。一般在基础顶面弹十字交叉的安装中心线，并画上红三角。

4. 构件的运输

一些重量不大而数量很多的构件，可在预制厂制作，用汽车运到工地。

构件的运输要保证构件不变形、不损坏。构件的混凝土强度达到设计强度的75%时方可运输。构件的支垫位置要正确，要符合受力情况，上下垫木要在同一垂直线上。

构件的运输顺序及卸车位置应按施工组织设计的规定进行，以免造成构件二次就位。

5. 构件的堆放

构件的堆放场地应平整压实，并按设计的受力情况搁置在垫木或支架上。重叠堆放时一般梁可堆叠 2~3 层；大型屋面板不超过 6 块；空心板不宜超过 8 块。构件吊环要向上，标志要向外。

6.2.2 构件的吊升方法及技术要求

单层工业厂房结构的主要构件有柱子、吊车梁、屋架、天窗架、屋面板、连系梁等。其吊装过程主要有绑扎、吊升、就位、临时固定、校正、最后固定等工序。

1. 柱子的吊装

（1）绑扎

绑扎柱子的吊具有吊索、卡环等。为了在高空中脱钩方便，应尽量用活络式卡环。为了避免起吊时吊索磨损柱子表面，一般在吊索和柱子之间垫以麻袋等物。柱子的绑扎按起吊后柱身是否垂直，可分斜吊绑扎法和直吊绑扎法。按绑扎点及牛腿的数量可分为一点绑扎法、两点绑扎法以及三面牛腿绑扎法等。柱子的绑扎位置和点数，要根据柱子的形状、断面、长度、配筋和起重机性能等确定。中小型柱子可一点绑扎，重型柱子或配筋少而细长的柱子（如抗风柱），需两点绑扎，且吊索合力点应偏向柱重心上部。一点绑扎时，绑扎点位置常选在牛腿下 200mm 处。工字形截面和双肢柱的绑扎点选在实心处，否则应在绑扎位置用方木垫平。

1）一点绑扎斜吊法。如图 6-8 所示。这种方法不需要翻动柱子，但柱子平放起吊时抗弯强度要符合要求。柱吊起后呈倾斜状态，由于吊索歪在柱的一边，起重钩低于柱顶，因此起重臂可以短些。

2）一点绑扎直吊法。当柱子的宽度方向抗弯不足时，可在吊装前，先将柱子翻身后再起吊，如图 6-9 所示。起吊后，铁扁担跨在柱顶上，柱身呈直立状态，便于插入杯口。但需要较大的起吊高度。

3）两点绑扎法。当柱身较长，一点绑扎时柱的抗弯能力不足时可采用两点绑扎起吊，如图 6-10 所示。

4）柱子有三面牛腿时的绑扎法。采用直吊绑扎法，用两根吊索分别沿柱角吊起，如图 6-11 所示。

（2）吊升

柱子的吊升方法，根据柱子重量、长度、起重机性能和现场施工条件而定。根据柱子吊升过程中的运动特点分为旋转法和滑行法。根据起重机的数量又可分为单机吊升和双机吊升两种。

1）单机旋转法吊升。如图 6-12 所示，柱的绑扎点、柱脚、杯基中心三者宜位于起重机的同一工作幅度的圆弧上，即三点共弧。起吊时，起重臂边升钩，边回转，柱顶随起重钩的运动，也边升起边回转，绕柱脚旋转起吊。当柱子呈直立状态后，起重机将柱吊离地面插入杯口。旋转法吊升柱受振动小，生产效率高，但对起重机的机动性要求高。当采用履带式、汽车式、轮胎式等起重机时，宜采用此法。

244

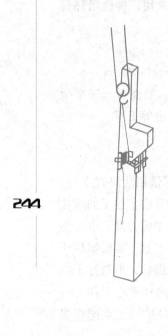

图 6-8　一点绑扎斜吊法

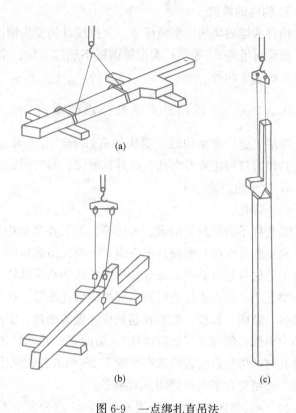

图 6-9　一点绑扎直吊法

（a）柱翻身时绑扎法；（b）柱直吊时绑扎方法；（c）柱的吊升

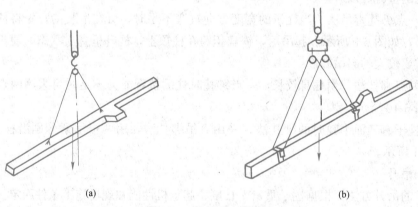

图 6-10　柱的两点绑扎法

（a）斜吊；（b）直吊

2）单机滑行法吊升。柱的绑扎点宜靠近基础，绑扎点与杯口中心均位于起重机的同一起重半径的圆弧上，即两点共圆弧。柱子吊升时，起重机只升钩，起重臂不转动，使柱脚沿地面滑行逐渐直立，然后插入杯口，如图 6-13 所示。滑行法吊升时，柱在滑行过程中受振动，但起吊过程中起重机只需升钩一个动作。当采用独脚拔杆，人字拔杆吊升柱时常采用此法。另外对一些长而重的柱，为便于构件布置和吊升，也常采用此法。

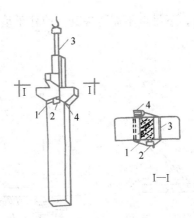

图 6-11　三面牛腿绑扎法

1—短吊绳；2—活络卡环；3—长吊绳；4—普通卡环

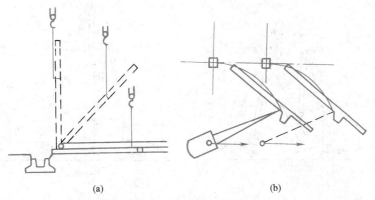

(a)　　　　　　　　　　(b)

图 6-12　单机旋转法吊装柱

（a）柱吊升过程；（b）柱平面布置

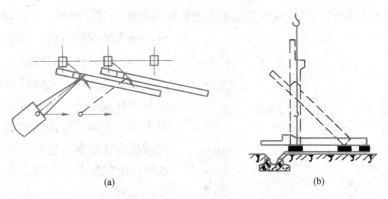

(a)　　　　　　　　　　(b)

图 6-13　单机滑行法吊柱

（a）平面布置；（b）滑行过程

3）双机抬吊旋转法。对于重型柱子，一台起重机吊不起来，可采用两台起重机抬吊。采用旋转法双机抬吊时，应两点绑扎，一台起重机抬上吊点，另一台起重机抬下吊点。当双机将柱子抬至离地面一定距离（为下吊点到柱脚距离＋300mm）时，上吊点的起重机将柱上部逐渐提升，下吊点不需再提升，使柱子呈直立状态后旋转起重臂使柱脚插入杯口，如图 6-14 所示。

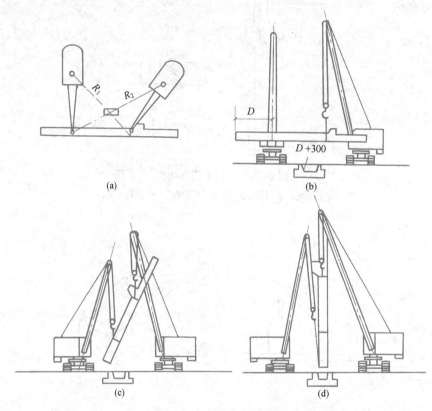

(a)

(b)

(c)

(d)

图 6-14　双机抬吊旋转法

4）双机抬吊滑行法。柱为一点绑扎，且绑扎点靠近基础。起重机在柱基础的两侧，两台起重机在柱的同一绑扎点吊升抬吊，使柱脚沿地面向基础滑行，呈直立状态后，将柱脚插入基础杯口内，如图 6-15 所示。

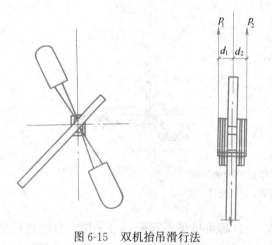

图 6-15　双机抬吊滑行法

（3）就位和临时固定

柱子就位时，一般柱脚插入杯口后应悬离杯底 30～50mm 处。对位时用八只木楔或钢楔从柱的四边放入杯口，并用撬棍撬动柱脚，使柱的安装中心线对准杯口上的安装中心线，并使柱子基本保持垂直。

柱对位后，应先把楔块略打紧，再放松吊钩，检查柱沉至杯底的对中情况，若符合要求，即将楔块打紧，将柱临时固定。

吊装重型柱或细长柱时，除按上述方法进行临时固定外，必要时应增设缆绳拉锚。

（4）校正和最后固定

柱子的校正包括平面位置校正和垂直校正。平面位置校正一般在临时固定时已校正好。垂直度偏差检查是用两台经纬仪从柱相邻两面观察柱的安装中心线是否垂直。垂直度偏差要在规范允许范围内。

若超过允许偏差值，可采用钢管撑杆校正法、千斤顶校正法等进行校正，如图6-16所示。

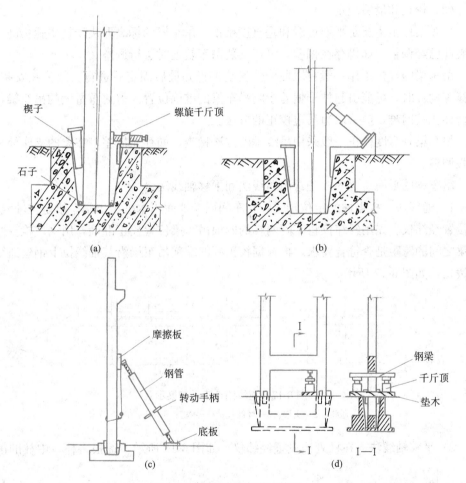

图6-16　柱垂直度的校正方法

（a）螺旋千斤顶平顶法；（b）千斤顶斜顶法；（c）钢管支撑斜顶法；（d）千斤顶立顶法

柱子的最后固定，是在柱子与杯口的空隙用细石混凝土浇灌密实。所用的细石混凝土应比柱子混凝土强度提高一级，分二次浇筑。第一次浇至楔块底面，待混凝土强度达到25％时拔去楔块，再浇第二次混凝土，直到灌满杯口为止。

2. 吊车梁的吊装

吊车梁的吊装应在柱子杯口第二次浇灌混凝土强度达到设计强度的75％时方可进行。

（1）绑扎、吊升、就位与临时固定

吊车梁的绑扎应采用两点绑扎，对称起吊，吊钩应对称梁的重心，以便使梁起吊后保持水平，梁的两端用溜绳控制，以免在吊升过程中碰撞柱子。

吊车梁对位后，不宜用撬棍在纵轴方向撬动，因为柱在此方向刚度较差，过分撬动会使柱身弯曲产生偏差。

吊车梁对位后，由于梁本身稳定性较好，仅用垫铁垫平即可，不需采取临时固定措施。但当梁的高宽比大于 4 时，宜用铁丝将吊车梁临时绑在柱上。

（2）校正和最后固定

吊车梁校正主要是平面位置和垂直度校正。吊车梁的标高取决于柱牛腿标高，在柱吊装前已经调整。如仍存在偏差，可待安装吊车轨道时进行调整。

吊车梁的校正工作一般在屋面构件安装校正并最后固定后进行。因为在安装屋架、支撑等构件时，可能引起柱子偏差影响吊车梁的准确位置。但对重量大的吊车梁，脱钩后撬动比较困难，应采取边吊边校正的方法。

吊车梁垂直度校正一般采用吊线锤的方法检查，如存在偏差，在梁的支座处垫上薄钢板调整。

吊车梁的平面位置的校正常用通线法和平移轴线法。

1）通线法。根据柱的定位轴线，在车间两端地面用木桩定出吊车梁定位轴线位置，并设置经纬仪。先用经纬仪将车间两端的四根吊车梁位置校正准确，用钢尺检查两列吊车梁之间的跨距是否符合要求，再根据校正好的端部吊车梁沿其轴线拉上钢丝通线，逐根拨正，如图 6-17 所示。

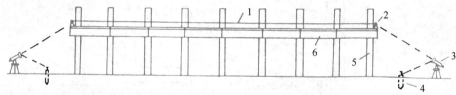

图 6-17　通线法校正吊车梁示意

1—通线；2—支架；3—经纬仪；4—木桩；5—柱；6—吊车梁

2）平移轴线法。在柱列边设置经纬仪，如图 6-18 所示。逐根将杯口中柱的吊装准

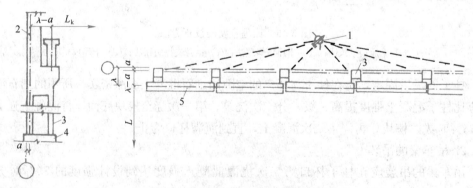

图 6-18　平移轴线法校正吊车梁

1—经纬仪；2—标志；3—柱；4—柱基础；5—吊车梁

线投影到吊车梁顶面处的柱身上，并作出标志。若安装准线到柱定位轴线的距离为 a，则标志距吊车梁定位轴线应为 $\lambda-a$（一般 $\lambda=750\mathrm{mm}$），据此逐根拨正吊车梁安装中心线。

吊车梁的最后固定是将吊车梁用钢板与柱侧面、吊车梁顶面预埋铁件焊牢，并在接头处、吊车梁与柱的空隙处支模浇筑细石混凝土。

3. 屋架的吊装

钢筋混凝土预应力屋架一般在施工现场平卧叠浇生产，吊装前应将屋架扶直、就位。屋架安装的主要工序有绑扎、扶直与就位、吊升、对位、校正、最后固定等。

（1）屋架的绑扎

屋架的绑扎点应选在屋架上弦节点处，左右对称于屋架的重心。一般屋架跨度小于18m时两点绑扎；大于18m时四点绑扎；大于30m时，应考虑使用铁扁担，以减少绑扎高度；对刚性较差的组合屋架，因下弦不能承受压力，也采用铁扁担四点绑扎。屋架绑扎时吊索与水平面夹角不宜小于45°，否则应采用铁扁担，以减少屋架的起重高度或减少屋架所承受的压力。屋架的绑扎方法如图6-19所示。

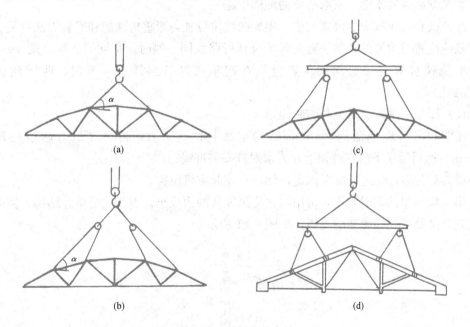

图 6-19 屋架绑扎方法

（a）跨度小于或等于18m时；（b）跨度大于18m时；（c）跨度大于30m时；（d）三角形组合屋架

（2）屋架的扶直与就位

按照起重机与屋架预制时相对位置不同，屋架扶直有正向扶直和反向扶直两种。

1）正向扶直。起重机位于屋架下弦杆一边，吊钩对准上弦中点，收紧吊钩后略起臂使屋架脱模，然后升钩并起臂使屋架绕下弦旋转呈直立状态，如图6-20（a）所示。

2）反向扶直。起重机位于屋架上弦一边，吊钩对准上弦中点，收紧吊钩，接着升钩并降臂，使屋架绕下弦旋转呈直立状态，如图6-20（b）所示。

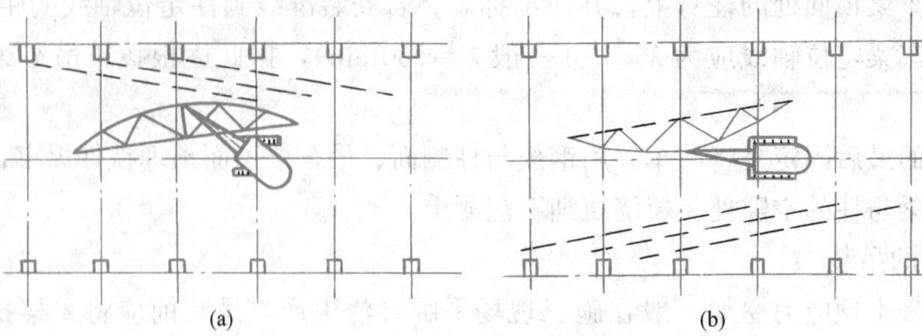

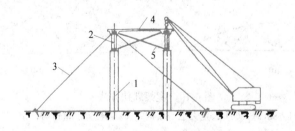

图 6-20　屋架的扶直与就位
(a) 正向扶直；(b) 反向扶直

正向扶直与反向扶直不同之处在于前者升臂，后者降臂。升臂比降臂易于操作且比较安全，故应尽可能采用正向扶直。

钢筋混凝土屋架的侧向刚度差，扶直时由于自重作用使屋架产生平面弯曲，部分杆件将改变应力情况，特别是下弦杆极易扭曲造成屋架损伤。因此吊前应进行吊装应力验算，如果截面强度不够，采取必要的加固措施。

屋架扶直后应按规定位置就位。屋架的就位位置与起重机性能和安装方法有关。当屋架就位位置与屋架的预制位置在起重机开行路线同一侧时，称同侧就位（图 6-20a）。当屋架就位位置与屋架预制位置分别在起重机开行路线各一侧时，叫异侧就位（图 6-20b）。

（3）屋架的吊升、对位与临时固定

屋架起吊后离地面约 300mm 处转至吊装位置下方，再将其吊升超过柱顶约 300mm，然后缓缓下落在柱顶上，力求对准安装准线。

屋架对位后，先进行临时固定，然后再使起重机脱钩。

第一榀屋架的临时固定，可用四根缆风绳从两边拉牢。因为它是单片结构，侧向稳定性差，又是第二榀屋架的支撑，如图 6-21 所示。

图 6-21　屋架的临时固定
1—柱子；2—屋架；3—缆风绳；4—工具式支撑；5—屋架垂直支撑

第二榀屋架以及以后各榀屋架可用工具式支撑临时固定到前一榀屋架上，如图 6-22 所示。

（4）校正、最后固定

屋架校正是用经纬仪或垂球检查屋架垂直度。施工规范规定屋架上弦中部对通过两

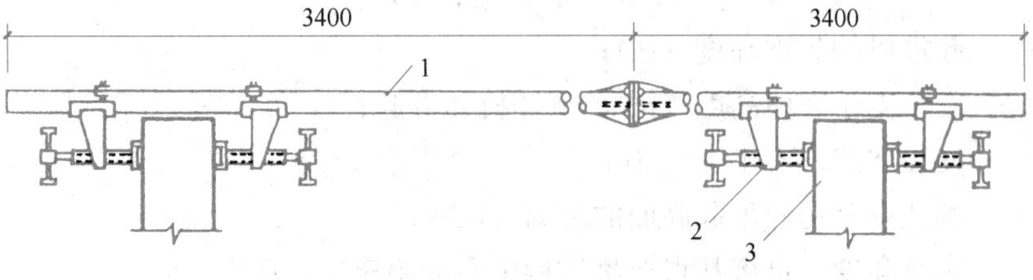

图 6-22　工具式支撑的构造
1—钢管；2—撑脚；3—屋架上弦

支座中心的垂直面偏差不得大于 $h/250$（h 为屋架高度）。如超过偏差允许值，应用工具式支撑加以纠正，并在屋架端部支承面垫入薄钢片。校正无误后，立即用电焊焊牢作为最后固定。

4. 屋面板的吊装

屋面板四个角一般埋有吊环。用四根带吊钩的吊索吊升。吊索应等长且拉力相等，屋面板保持水平。屋面板的吊装顺序应从两边檐口对称地铺向屋脊，以免屋架承受半边荷载的作用。

屋面板就位后应立即用电焊固定，每块屋面板可焊三点，最后一块只能焊两点。

6.2.3　结构吊装方案

结构吊装方案着重解决起重机的选择、结构吊装方法、起重机开行路线。

1. 起重机的选择

（1）起重机类型选择原则

1）对于中小型厂房结构采用自行式起重机安装比较合理。

2）当厂房结构高度和长度较大时，可选用塔式起重机安装屋盖结构。

3）在缺乏自行式起重机的地方，可采用桅杆式起重机安装。

4）大跨度的重型工业厂房，应结合设备安装来选择起重机类型。

5）当一台起重机无法吊装时，可选用两台起重机抬吊。

（2）起重机型号和起重臂长度的选择

所选的起重机三个主要参数必须满足结构吊装的要求。

1）起重量

起重机的起重量必须满足下式要求：

$$Q \geqslant Q_1 + Q_2 \tag{6-1}$$

式中　Q——起重机的起重量（t）；

　　Q_1——构件重量（t）；

　　Q_2——吊索重量（t）。

2）起重高度

起重机的起重高度必须满足构件吊装的要求，如图 6-23 所示。

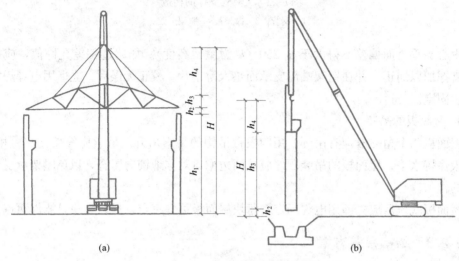

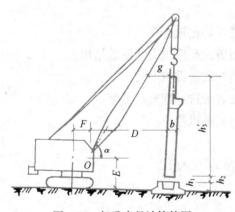

$$H \geqslant h_1 + h_2 + h_3 + h_4 \tag{6-2}$$

式中　H——起重机的起重高度（m）；

　　　h_1——安装支座表面高度（m），从停机面算起；

　　　h_2——安装空隙，不小于 0.3m；

　　　h_3——绑扎点至构件吊起底面的距离（m）；

　　　h_4——索具高度，自绑扎点至吊钩钩中心的距离（m）。

图 6-23　履带式起重机起吊高度计算简图

（a）屋架吊装；（b）柱子吊装

3）起重半径

当起重机可以不受限制地开到所吊构件附近去吊装构件时，可不验算起重半径。当起重机受限制不能靠近安装位置去吊装构件时，则应验算。当起重机的起重半径为一定值时，起重量和起重半径是否满足吊装构件的要求，一般根据所需的起重量、起重高度值、选择起重机型号，再按下式进行计算，如图 6-24 所示。

图 6-24　起重半径计算简图

$$R_{min} = F + D + 0.5b \tag{6-3}$$

式中　F——起重机枢轴中心距回转中心距离（m）；

　　　b——构件宽度（m）；

　　　D——起重机枢轴中心距所吊构件边缘距离（m）；

可按下式计算：

$$D = g + (h_1 + h_2 + h_3' - E)\cot\alpha \tag{6-4}$$

式中　g——构件上口边缘与起重臂的水平间隙，不小于 0.5m；

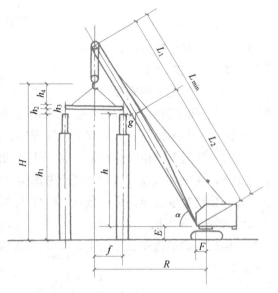

E——吊杆枢轴心距地面高度（m）；

α——起重臂的倾角；

h_1、h_2——含义同前；

h_3'——所吊构件的高度（m）。

同一种型号的起重机有几种不同长度的起重臂，应选择能同时满足三个吊装工作参数的起重臂。当各种构件吊装工作参数相差较大时，可以选择几种起重臂。

4）最小起重臂长度的确定

当起重机的起重臂需跨过屋架去安装屋面板时，为了不碰动屋架，需求出起重臂的最小臂杆长度。

最小起重臂长度 $L_{\min}$ 可按下式计算，如图 6-25 所示。

图 6-25　用数解法求最小起重臂长

$$L_{\min} \geqslant L_1 + L_2 = \frac{h}{\sin\alpha} + \frac{f+g}{\cos\alpha} \tag{6-5}$$

式中　$L_{\min}$——起重臂最小长度（m）；

h——起重臂下铰至屋面板吊装支座的高度（m）；

$$h = h_1 - E \tag{6-6}$$

h_1——停机面至屋面板吊装支座的高度（m）；

f——吊钩需跨过已安装好结构的距离（m）；

g——起重臂轴线与已安装好结构间的水平距离，至少取 1m。

为了使起重臂长度最小，需对式（6-5）进行一次微分，并令 $\dfrac{\mathrm{d}L}{\mathrm{d}\alpha}=0$，即可求出 α 的值。

$$\frac{\mathrm{d}L}{\mathrm{d}\alpha} = -\frac{h\cos\alpha}{\sin^2\alpha} + \frac{(f+g)\sin\alpha}{\cos^2\alpha} = 0$$

得：

$$\frac{\sin^3\alpha}{\cos^3\alpha} = \frac{h}{f+g}$$

$$\tan^3\alpha = \frac{h}{f+g}$$

所以：

$$\alpha = \arctan\sqrt[3]{\frac{h}{f+g}} \tag{6-7}$$

将 α 值代入式（6-5）即可求得 $L_{\min}$ 的理论值。

5）起重机数量的确定

起重机数量可按下式计算：

$$N = \frac{1}{TCK} \sum \frac{Q_i}{P_i} \qquad (6\text{-}8)$$

式中　N——起重机台数；

　　　T——工期（d）；

　　　C——每天工作班数；

　　　K——时间利用系数，一般取 0.8～0.9；

　　　Q_i——每种构件安装工程量（件或 t）；

　　　P_i——起重机相应的产量定额（件/台班）或（t/台班）。

此外，在决定起重机数量时还应考虑构件装卸和就位工作的需要。

如起重机数量已定，也可按式（6-8）计算所需工期或每天工作班数。

2. 结构安装方法

单层厂房的结构安装方法主要有分件安装法和综合安装法两种。

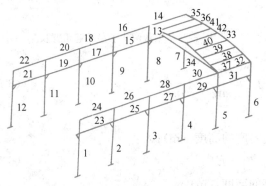

图 6-26　分件吊装时的构件吊装顺序

图中数字表示构件吊装顺序，其中：

1～12—柱；13～32—单数是吊车梁，双数是连系梁；

33、34—屋架；35～42—屋面板

（1）分件安装法

分件安装法是指起重机在车间内每开行一次仅安装一种或两种构件，通常分三次开行。

第一次开行——安装全部柱子，并对柱子校正和最后固定；

第二次开行——安装全部吊车梁、连系梁以及柱间支撑；

第三次开行——分节间安装屋架、天窗架、屋面板及屋面支撑等。如图 6-26 所示，为安装时构件的安装顺序。

分件安装法的优点是每次吊装同类构件，不需经常更换索具，操作程序基本相同，所以安装速度快，并且有充分时间校正。构件可分批进场，供应单一，平面布置比较容易，现场不致拥挤。缺点是不能为后续工程及早提供工作面，起重机开行路线长，装配式钢筋混凝土单层工业厂房多采用分件安装法。

（2）综合安装法

综合安装法是指起重机在车间内的一次开行中，分节间安装所有各种类型的构件。具体做法是先安装 4～6 根柱子，立即加以校正和最后固定，接着安装吊车梁、连系梁、屋架、屋面板等构件。安装完一个节间所有构件后，转入安装下一个节间。

综合安装法的优点是开行路线短，起重机停机点少，可为后期工程及早提供工作面，使各工种能交叉平行流水作业。其缺点是一种机械同时吊装多类型构件，现场拥挤，校正困难。

3. 起重机开行路线及停机位置

起重机的开行路线和停机位置与起重机的性能、构件尺寸及重量、构件的平面布置、构件的供应方式、安装方法等许多因素有关。

采用分件安装时，起重机的开行路线如下：

（1）柱子吊装时应视跨度大小、柱的尺寸、重量及起重机性能，可沿跨中开行或跨边开行，如图 6-27 所示。

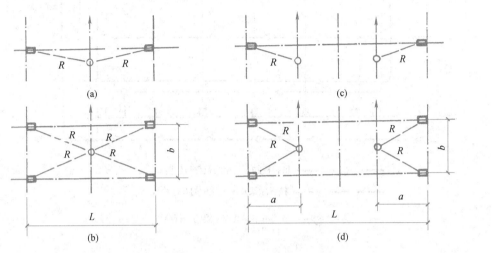

图 6-27　起重机吊装柱时的开行路线及停机位置
(a)、(b) 跨中开行；(c)、(d) 跨边开行

当起重半径 $R \geqslant L/2$（L 为厂房跨度）时，起重机在跨中开行，每个停机点吊两根柱子，如图 6-27 (a) 所示。

当起重半径 $R \geqslant \sqrt{(L/2)^2 + (b/2)^2}$（$b$ 为柱距）时，起重机跨中开行，每个停机点安装四根柱子，如图 6-27 (b) 所示。

当 $R < \dfrac{L}{2}$ 时，起重机沿跨边开行，每个停机点，安装一根柱子，如图 6-27 (c) 所示。

当 $R \geqslant \sqrt{a^2 + (b/2)^2}$ 时，（a 为开行路线到跨边距离），起重机在跨内靠边开行，每个停机点可吊两根柱子，如图 6-27 (d) 所示。

柱子布置在跨外时，起重机在跨外开行，每个停机点可吊 1～2 根柱子。

（2）屋架扶直就位及屋盖系统吊装时，起重机在跨中开行。

图 6-28 所示是单跨厂房采用分件吊装法时起重机开行路线及停机位置图。起重机从Ⓐ轴线进场，沿跨外开行吊装Ⓐ 列柱，再沿Ⓑ轴线跨内开行吊装Ⓑ轴列柱，然后转到Ⓐ轴线扶直屋架并将其就位，再转到Ⓑ轴线吊装Ⓑ列吊车梁、连系梁，随后转到Ⓐ轴线吊装Ⓐ列吊车梁、连系梁，最后转到跨中吊装屋盖系统。

当单层厂房面积大或具有多跨结构时，为加快进度，可将建筑物划分为若干段，选用多台起重机同时作业。每台起重机可以独立作业，完成一个区段的全部吊装工作，也可以选用不同性能的起重机协同作业，有的专门吊柱，有的专门吊屋盖系统结构，组织大流水施工。

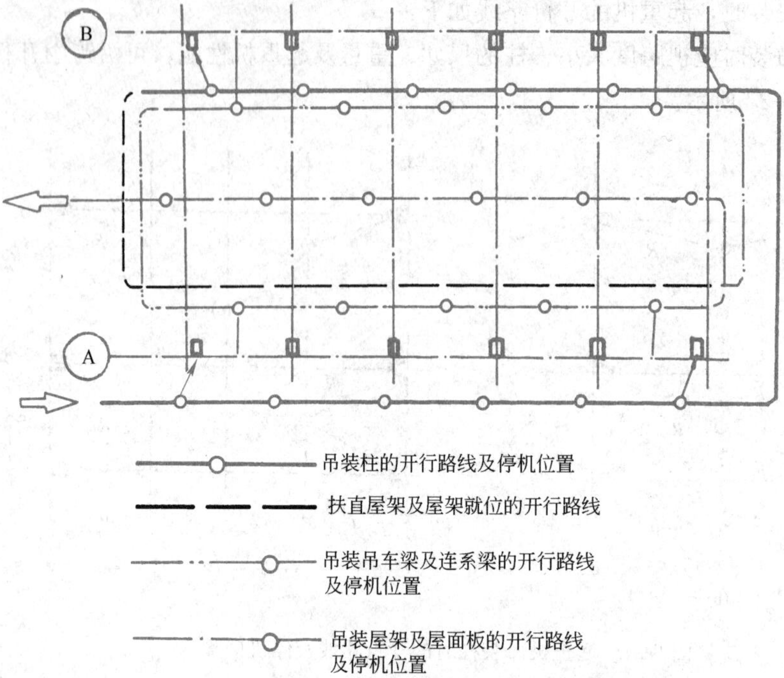

图 6-28 起重机的开行路线及停机位置

6.2.4　构件的平面布置

构件的平面布置和起重机的性能、安装方法、构件的制作方法有关。在选定起重机型号，确定施工方案后，可根据施工现场实际情况制定。

1. 构件的平面布置原则

（1）每跨的构件宜布置在本跨内，如场地狭窄，布置有困难时，也可布置在跨外便于安装的地方。

（2）构件的布置应便于支模和浇筑混凝土。对预应力构件应留有抽管，穿筋的操作场地。

（3）构件的布置要满足安装工艺的要求，尽可能在起重机的工作半径内，减少起重机"跑吊"的距离及起伏起重杆的次数。

（4）构件的布置应保证起重机、运输车辆的道路畅通。起重机回转时，机身不得与构件相碰。

（5）构件的布置要注意安装时的朝向，以免在空中调向，影响进度和安全。

（6）构件应布置在坚实地基上。在新填土上布置时，土要夯实，并采取一定措施防止下沉影响构件质量。

2. 预制阶段的构件平面布置

（1）柱子的布置

柱子的布置方式与场地大小、安装方法有关，一般有斜向布置、纵向布置、横向布置三种。

1）柱的斜向布置：采用旋转法吊装时，可按三点共弧斜向布置，其预制位置可采用作图法（图6-29），其作图步骤如下：

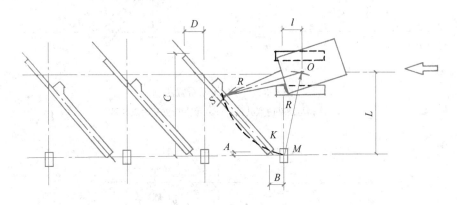

图 6-29　柱子的斜向布置

① 确定起重机开行路线到柱基中线的距离 L，这段距离 L 和起重机吊装柱子时与起重机相应的起重半径 R，起重机的最小起重半径 R_{min} 有关，要求：

$$R_{min} < L \leqslant R \tag{6-9}$$

同时，开行路线不要通过回填土地段，不要过分靠近构件，防止起重机回转时碰撞构件。

② 确定起重机的停机位置。以柱基中心点 M 为圆心，所选的起重半径 R 为半径，画弧交开行路线于 O 点，O 点即为安装该柱的停机点。

③ 确定柱预制位置。以停机点 O 为圆心，OM 为半径画弧，在靠近柱基的弧上选点 K 作为柱脚中心点，再以 K 点为圆心，柱脚到吊点的长度为半径画弧，与 OM 半径所画的弧相交于 S，连 KS 线。得出柱中心线，即可画出柱子的模板图。同时量出柱顶，柱脚中心点到柱列纵横轴线的距离 A、B、C、D，作为支模时的参考。

柱的布置应注意牛腿的朝向，避免安装时在空中调头，当柱布置在跨内时，牛腿应面向起重机；布置在跨外时，牛腿应背向起重机。

若场地限制或柱过长，难于做到三点共弧时，可按两点共弧布置。一种是将杯口、柱脚中心点共弧，吊点放在起重半径 R 之外，如图6-30（a）所示，安装时，先用较大的工作幅度 R' 吊起柱子，并抬升起重臂，当工作幅度变为 R 后，停止升臂，随后用旋转法吊装。另一种是将吊点与柱基中心共弧，柱脚可斜向任意方向，如图6-30（b）所示，吊装时，可用旋转法也可用滑行法。

2）柱的纵向布置：对一些较轻的柱起重机能力有富余，考虑到节约场地，方便构件制作，可顺柱列纵向布置，如图6-31所示。

柱纵向布置时，起重机的停机点应安排在两柱基的中点，使 $OM_1 = OM_2$，这样每

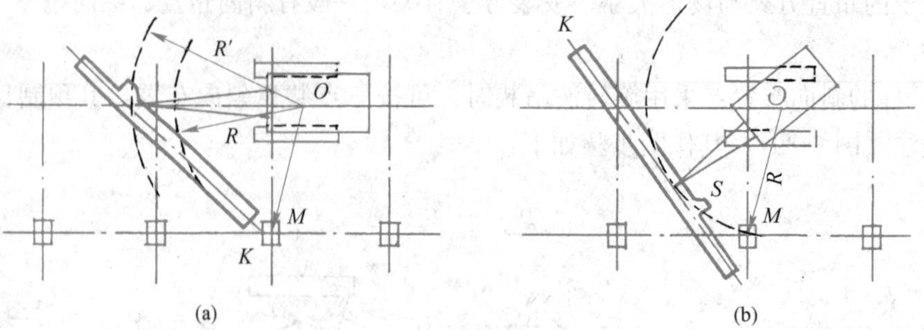

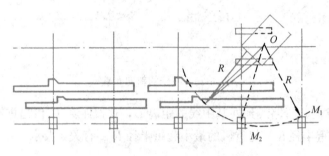

图 6-30　两点共弧布置法

(a) 柱脚与柱基两点共弧；(b) 吊点与桩基两点共弧

图 6-31　柱子的纵向布置

停机点可吊两根柱子。

　　柱可两根叠浇生产，层间应涂刷隔离剂，上层柱在吊点处需预埋吊环；下层柱则在底模预留砂孔，便于起吊时穿钢丝绳。

　　（2）屋架的布置

　　屋架一般在跨内平卧叠浇预制，每叠 3~4 榀，布置方式主要有：正面斜向布置，正反斜向布置，正反纵向布置等三种（图 6-32）。其中优先采用正面斜向布置，它便于屋架扶直就位，只有当场地限制时，才采用其他方式。

　　屋架正面斜向布置时，下弦与厂房纵轴线的夹角 $\alpha=10°~20°$；预应力屋架的两端应留出 $(L/2)+3m$ 的距离（L 为屋架跨度）。如用胶皮管预留孔道时，距离可适当缩短。

　　屋架之间的间隙可取 1m 左右以便支模及浇筑混凝土。

　　在布置屋架的预制位置时，还应考虑到屋架的扶直排放要求及屋架扶直的先后次序，先扶直的放在上层。对屋架两端朝向及预埋件位置，也要注意作出标记。

　　（3）吊车梁的位置

　　当吊车梁安排在现场预制时，可靠近柱基顺纵向轴线或略作倾斜布置。也可插在柱子的空档中预制，如具有运输条件，也可在场外集中预制。

　　3. 安装阶段构件的就位布置及运输堆放

　　安装阶段的就位布置，是指柱子安装完毕后，其他构件的就位位置，包括屋架的扶

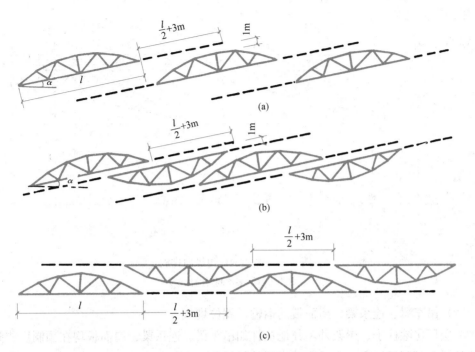

图 6-32　屋架预制时的几种布置方式

(a) 正面斜向布置；(b) 正反斜向布置；(c) 正反纵向布置

直就位，吊车梁、屋面板的运输就位等。

（1）屋架的扶直就位

屋架的就位方式有两种：一种是靠柱边斜向就位；另一种是靠柱边成组纵向就位。

1）屋架的斜向就位。屋架的斜向就位见图 6-33。

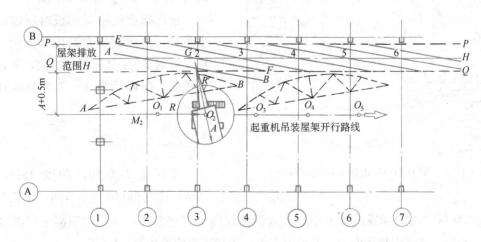

图 6-33　屋架同侧斜向就位

（虚线表示屋架预制时位置）

2）屋架纵向就位。屋架纵向就位，如图 6-34 所示。

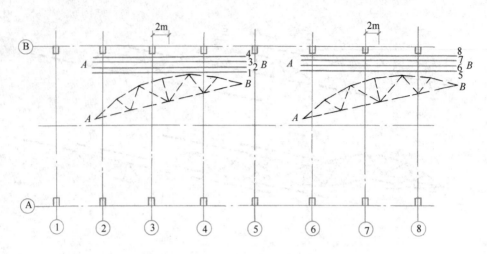

图 6-34　屋架的成组纵向排放

（虚线表示屋架预制时的位置）

（2）吊车梁、连系梁、屋面板的运输、就位堆放

单层厂房除柱子、屋架外，其他构件如吊车梁、连系梁、屋面板均在预制厂或附近工地的露天预制场制作，然后运至工地就位吊装。

构件运至工地后，应按施工组织设计所规定的位置，按编号及构件吊装顺序进行集中堆放。

吊车梁、连系梁的就位位置，一般在其吊装位置的柱列附近，跨内跨外均可。也可以从运输车上直接吊装，不需在现场排放。屋面板的就位位置，跨内跨外均可（图 6-35）。

根据起重机吊屋面板时所需的起重半径，当屋面板在跨内排放时，大约应后退 3~4 节间开始排放；若在跨外排放，应向后退 1~2 个节间开始排放。

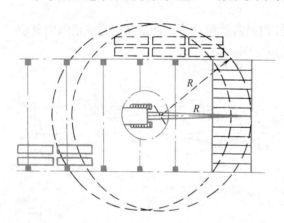

图 6-35　屋面板吊装就位布置

6.2.5　案例

某厂金工车间，跨度 18m，长 54m，柱距 6m 共 9 个节间，建筑面积 1002.36m² 。主要承重结构采用装配式钢筋混凝土工字形柱，预应力混凝土折线形屋架，1.5m×6m 大型屋面板，T 形吊车梁，车间平面位置如图 6-36 所示。

车间的结构平面图、剖面图如图 6-37 所示，杯基杯底标高为 -1.25m。

制定安装方案前，应先熟悉施工图，了解设计意图，将主要构件数量、重量、长度、安装标高分别算出，并列表 6-5 以便计算时查阅。

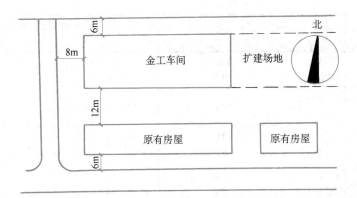

图 6-36 金工车间平面位置图

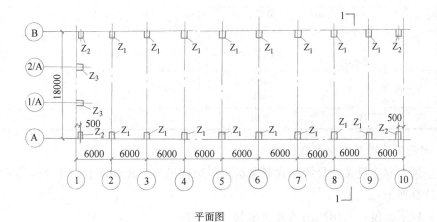

平面图

图 6-37 某厂金工车间结构平面图及剖面图

主要承重结构一览表 表 6-5

项 次	跨 度	轴 线	构件名称及编号	构件数量	构件重量 (t)	构件长度 (m)	安装标高 (m)
1	Ⓐ~Ⓑ	Ⓐ、Ⓑ	基础梁 YJL	18	1.13	5.97	

项 次	跨 度	轴 线	构件名称及编号	构件数量	构件重量（t）	构件长度（m）	安装标高（m）
2	Ⓐ～Ⓑ	Ⓐ、Ⓑ ②～⑨	连系梁 YLL₁	42	0.79	5.97	+3.90
		①～② ⑨～⑩ }	YLL₂	12	0.73	5.97	+7.80 +10.78
3	Ⓐ～Ⓑ	Ⓐ、Ⓑ ②～⑨	柱 Z₁	16	6.00	12.25	−1.25
		①、⑩	Z₂	4	6.00	12.25	−1.25
		ⓛ/Ⓐ、②/Ⓐ	Z₃	2	5.4	14.4	
4	Ⓐ～Ⓑ		屋架 YWY₁₈₋₁	10	4.28	17.70	+11.00
5	Ⓐ～Ⓑ	Ⓐ、Ⓑ ②～⑨	吊车梁 DCL₆₋₄Z	14	3.38	5.97	+7.80
		①～② ⑨～⑩ }	DCL₆₋₄B	4	3.38	5.97	+7.80
6	Ⓐ～Ⓑ	Ⓐ、Ⓑ	屋面板 YWB₁	108	1.10	5.97	+13.90
7	Ⓐ～Ⓑ	Ⓐ、Ⓑ	天沟	18	0.653	5.97	+11.00

1. 起重机选择及工作参数计算

根据现有起重设备选择履带式起重机进行结构吊装，现将该工程各种构件所需的工作参数计算如下：

（1）柱子安装：采用斜吊绑扎法吊装（图6-38）

Z_1 柱起重量 $Q_{min} = Q_1 + Q_2 = 6.0 + 0.2 = 6.2t$

起重高度 $H_{min} = h_1 + h_2 + h_3 + h_4 = 0 + 0.3 + 8.55 + 2.00 = 10.85m$

Z_3 柱起重量 $Q_{min} = Q_1 + Q_2 = 5.4 + 0.2 = 5.6t$

起重高度 $H_{min} = h_1 + h_2 + h_3 + h_4 = 0 + 0.3 + 11.0 + 2.0 = 13.30m$

（2）屋架安装（图6-39）

起重量 $Q_{min} = Q_1 + Q_2 = 4.28 + 0.2 = 4.48t$

起重高度 $H_{min} = 11.3 + 0.3 + 1.14 + 6.0 = 18.74m$

（3）屋面板安装

起重量 $Q_{min} = 1.1 + 0.2 = 1.3t$

起重高度 $H_{min} = (11.30 + 2.64) + 0.3 + 0.24 + 2.50 = 16.98m$

安装屋面板时起重机吊钩需跨过已安装的屋架3m，且起重臂轴线与已安装的屋架上弦中线最少需保持1m的水平间隙。所需最小杆长 L_{min} 的仰角，可按式（6-14）。

$$\alpha = \arctan \sqrt[3]{\frac{h}{f+g}} = arctg$$

$$\sqrt[3]{\frac{11.30 + 2.64 - 1.70}{3+1}} = 55°25'$$

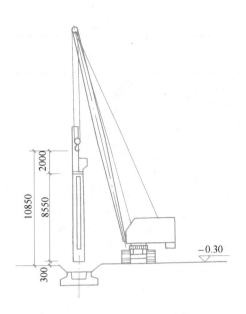

图 6-38 Z_1 柱起重高度计算简图

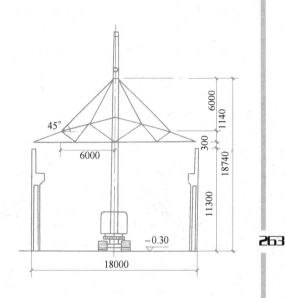

图 6-39 屋架起重高度计算简图

代入式（6-5）可得

$$L_{\min}=\frac{h}{\sin\alpha}+\frac{f+g}{\cos\alpha}=\frac{12.24}{\sin55°25'}+\frac{4.00}{\cos55°25'}=21.95（\text{m}）$$

选用 W_1-100 型起重机，采用杆长 $L=23\text{m}$，设 $\alpha=55°$，再对起重高度进行核算：

假定起重杆顶端至吊钩的距离 $d=3.5\text{m}$，则实际的起重高度为：

$$H=L\sin55°+E-d=23\sin55°+1.7-3.5=17.04\text{m}>16.98\text{m}$$

即 $d=23\sin55°+1.7-16.98=3.56\text{m}$，满足要求。

此时起重机吊板的起重半径为：

$$R=F+L\cos\alpha=1.3+23\cos55°=14.49（\text{m}）$$

屋面板吊装工作参数计算及屋面板的就位布置图如图 6-40 所示。

根据以上各种吊装工作参数计算，确定选用 23m 长度的起重臂，并查 W_1-100 型起重机性能曲线，列出表 6-6，再根据合适的起重半径 R，作为制定构件平面布置图的依据。

结构吊装工作参数表　　　　　　　　　　　　　　　　　　　　　表 6-6

构件名称	Z_1 柱			Z_3 柱			屋 架			屋 面 板		
吊装工作参数	Q (t)	H (m)	R (m)	Q (t)	H (m)	R (m)	Q (t)	H (m)	R (m)	Q (t)	H (m)	R (m)
计算所需工作参数	6.2	10.85		5.6	13.3		4.48	18.74		1.3	16.94	
采用数值	7.2	19.0	7.0	6.0	19.0	8.0	4.9	19.0	9.0	2.3	17.30	14.49

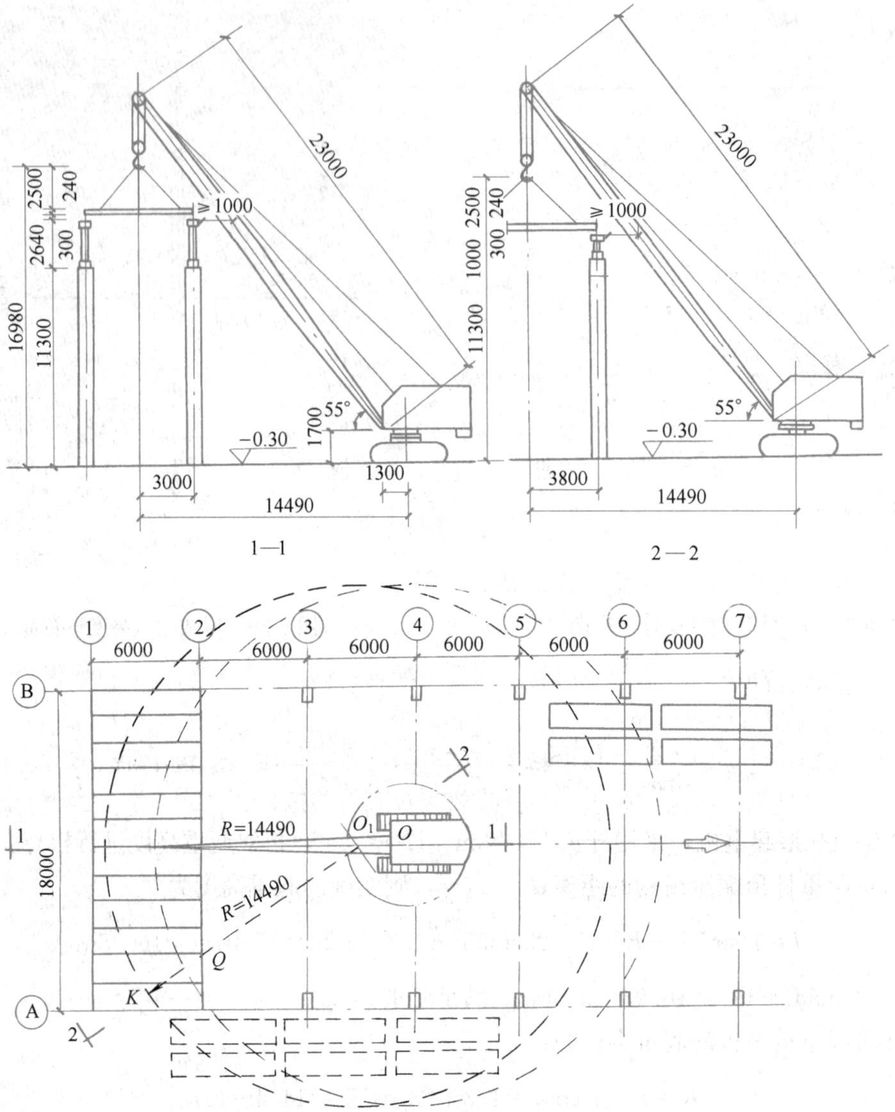

图 6-40　屋面板吊装工作参数计算简图及屋面板的排放布置图

（虚线表示当屋面板跨外布置时之位置）

2. 结构安装方法及起重机的开行路线

采用分件安装法进行安装。吊柱时采用 $R=7m$，故须跨边开行，每一停机点安装一根柱子。屋盖吊装则沿跨中开行。具体布图如图 6-41 所示。

起重机自Ⓐ轴线跨外进场，自西向东逐根安装Ⓐ轴柱列，开行路线距Ⓐ轴 6.5m，距原有房屋 5.5m，大于起重机回转中心至尾部距离 3.2m，回转时不会碰墙。Ⓐ轴柱列安装完毕后，转入跨内，自东向西安装Ⓑ轴柱列，由于柱子在跨内预制，场地狭窄，安装时，应适当缩小回转半径，取 $R=6.5m$；开行路线距Ⓑ轴线 5m，距跨中 4m，均大于 3.2m，回转时起重机尾部不会碰撞叠浇的屋架，屋架的预制均布置在跨中轴线以南。吊完Ⓑ轴柱列后，起重机自西向东扶直屋架及屋架就位；再转向安装Ⓐ轴吊车梁、

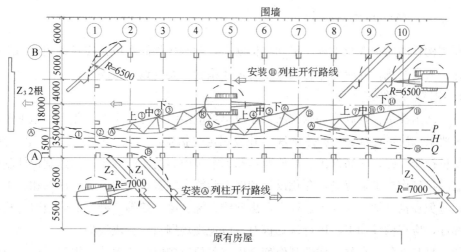

图 6-41　金工车间预制构件平面布置图

连系梁，接着安装Ⓑ轴吊车梁、连系梁。

起重机自东向西沿跨中开行、安装屋架、屋面板及屋面支撑等。在安装①轴线的屋架前，应先安装西端头的两根抗风柱，安装屋面板，起重机即可拆除起重杆退场。

3. 现场预制构件平面布置

（1）Ⓐ轴柱列，由于跨外场地较宽，采取跨外预制，用三点共弧的安装方法布置。

（2）Ⓑ轴柱列，距围墙较近，只能在跨内预制，因场地狭窄，不能用三点共弧斜向布置，用两点共弧的方法布置。

（3）屋架采用正面斜向布置，每 3～4 榀为一叠，靠Ⓐ轴线斜向就位。

6.3　多层预制装配式混凝土结构施工

预制混凝土装配式建筑是将整栋建筑物的各部分分解成为单个预制构件，如柱、梁、墙、楼板、楼梯、阳台等，利用工厂工业化的生产方式，制作成各类钢筋混凝土构件，通过运输工具将成品构件运输至施工现场，再在工地现场进行装配化施工的建筑。

装配式建筑有装配整体式剪力墙结构、框架-剪力墙结构和框架结构等多种常用结构体系。在地震设防烈度为 7 度的情况下，装配整体式剪力墙结构最大适用高度达 110m，框架-剪力墙结构最大适用高度达 120m，框架结构最大适用高度达 50m。

预制装配式建筑具有将设计先行转为设计集成，将手工作业转为装配施工作业的特点；将建筑设计以标准单元为基础、产品生产以工厂制作为条件、现场施工以建造工法为核心的先进建筑建造理念。下面介绍其施工方法。

6.3.1 构件制作与运输

预制构件的质量涉及工程质量和结构安全，预制构件制作单位应具备相应的生产工艺设施、人员配置，并应有完善的质量管理体系和必要的试验检测手段。

1. 构件制作准备

（1）技术准备：预制构件制作前，建设单位应组织设计、生产、监理、施工单位对其技术要求和质量标准进行技术交底，并应制定包括生产工艺、模具方案、生产计划、技术质量控制措施、成品保护、堆放及运输方案等内容的生产方案；如预制构件制作详图无法满足制作要求，应进行深化设计和施工验算，完善预制构件制作详图和施工装配详图，避免在构件加工和施工过程中，出现错、漏、碰、缺等问题。对应预留的孔洞及预埋部件，应在构件加工前进行认真核对，以免现场剔凿，造成损失。

（2）材料准备：在预制构件制作前，生产单位应按照相关规范、规程要求，根据预制构件的混凝土强度等级、生产工艺等选择制备混凝土的原材料，并进行混凝土配合比设计。预制构件生产前，对钢筋套筒除检验其外观质量、尺寸偏差、出厂提供的材质报告、接头型式检验报告等，还应按要求制作钢筋套筒灌浆连接接头试件进行验证性试验。

预制构件制作前，对带饰面砖或饰面板的构件，应绘制排砖图或排板图；对夹心外墙板，应绘制内外叶墙板的拉结件布置图及保温板排板图，以利工厂根据图纸要求对饰面材料、保温材料等进行裁切、制版等加工处理。

（3）模板准备：预制构件模具一般采用能多次重复使用的工具式模板（图 6-42），要求模板除应满足承载力、刚度和整体稳定性要求外，还应满足预制构件质量、生产工艺、模具组装与拆卸、周转次数等要求；满足预制构件预留孔洞、插筋、预埋件的安装定位要求；预应力构件跨度超过 6m 时，模具应根据设计要求起拱。

(a)　　　　　　　　　　(b)

图 6-42　预制混凝土梯段模板

(a) 预制混凝土梯段模板；(b) 脱模后的预制混凝土梯段

（4）模具尺寸的允许偏差：当设计有要求时按设计要求确定；当设计无要求时其允许偏差和检验方法应符合表 6-7 的规定，预埋件加工的允许偏差应符合表 6-8 的规定，固定在模具上的预埋件、预留孔洞中心位置的允许偏差应符合表 6-9 的规定。

预制构件模具尺寸的允许偏差和检验方法   表 6-7

项次	检验项目及内容		允许偏差（mm）	检 验 方 法
1	长度	≤6m	1，−2	用钢尺量平行构件高度方向，取其中偏差绝对值较大处
		>6m 且≤12m	2，−4	
		>12m	3，−5	
2	截面尺寸	墙板	1，−2	用钢尺测量两端或中部，取其中偏差绝对值较大处
3		其他构件	2，−4	
4	对角线差		3	用钢尺量纵、横两个方向对角线
5	侧向弯曲		$l/1500$ 且≤5	拉线，用钢尺量侧向弯曲最大处
6	翘曲		$l/1500$	对角拉线测量交点间距离值的 2 倍
7	底模表面平整度		2	用 2m 靠尺和塞尺量
8	组装缝隙		1	用塞片或塞尺量
9	端模与侧模高低差		1	用钢尺量

注：l 为模具与混凝土接触面中最长边的尺寸。

预埋件加工允许偏差   表 6-8

项次	检验项目及内容		允许偏差（mm）	检验方法
1	预埋件锚板的边长		0，−5	用钢尺量
2	预埋件锚板的平整度		1	用直尺和塞尺量
3	锚筋	长度	10，−5	用钢尺量
		间距偏差	±10	用钢尺量

模具预留孔洞中心位置的允许偏差   表 6-9

项次	检验项目及内容	允许偏差（mm）	检验方法
1	预埋件、插筋、吊环、预留孔洞中心线位置	3	用钢尺量
2	预埋螺栓、螺母中心线位置	2	用钢尺量
3	灌浆套筒中心线位置	1	用钢尺量

注：检查中心线位置时，应描纵、横两个方向量测，并取其中的较大值。

2. 构件制作

构件模具大多采用定型钢模进行生产，要求模具应具有足够的强度、刚度和整体稳定性，并应能满足预制构件预留孔、插筋、预埋吊件及其他预埋件的定位要求；模具设计应满足预制构件质量、生产工艺、模具组装与拆卸、周转次数等要求。跨度较大的预制构件的模具应根据设计要求预设反拱。预制墙板工程生产系统如图 6-43 所示。

（1）隐蔽工程检查：预制构件在混凝土浇筑前应进行隐蔽工程检查，检查内容包括：钢筋的牌号、规格、数量、位置、间距等；纵向受力钢筋的连接方式、接头位置、

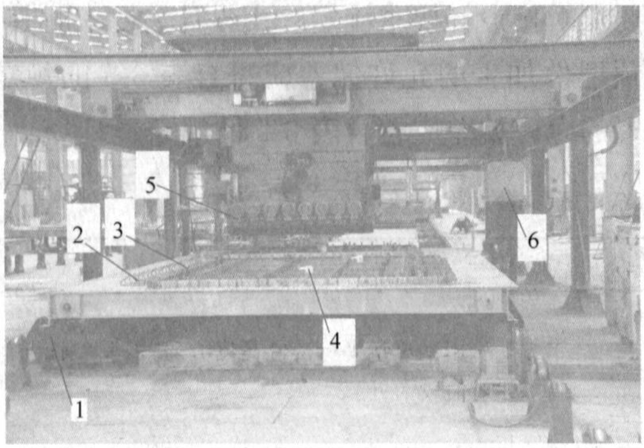

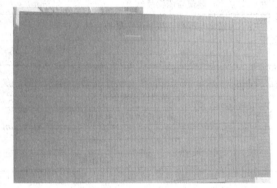

图 6-43　预制墙板工厂生产

1—振动台；2—工具式模板；3—墙板钢筋；
4—预埋线盒；5—混凝土浇筑系统；6—操作控制箱

268

接头质量、接头面积百分率、搭接长度等；箍筋、横向钢筋的牌号、规格、数量、位置、间距，箍筋弯钩的弯折角度及平直段长度；预埋件、吊环、插筋的规格、数量、位置等；灌浆套筒、预留孔洞的规格、数量、位置等；钢筋的混凝土保护层厚度；夹心外墙板的保温层位置、厚度，拉结件的规格、数量、位置等；预埋管线、线盒的规格、数量、位置及固定措施等，以保证预制构件满足结构性能质量控制环节的要求。

（2）带饰面构件反打一次成型工艺制作：反打一次成型是指将饰面面层先铺放于模板内，然后直接在面砖上浇筑混凝土，用振动器振捣成型的工艺。采用反打一次成型工艺，取消了砂浆层，使混凝土直接与面砖背面凹槽粘结，从而有效提高了二者之间的粘结强度，避免了面砖脱落引发的不安全因素和给修复工作带来的不便，而且可做到饰面平整、光洁，砖缝清晰、平直，整体效果较好。

工艺流程：支模→安装饰面层→绑扎墙板钢筋→浇筑墙板混凝土层→养护→拆模→内层装饰。

当构件饰面层采用面砖时，在模具中铺设面砖前，应根据排砖图的要求进行配砖和加工（图 6-44）；饰面砖应采用背面带有燕尾槽或粘结性能可靠的产品；当构件饰面层采用石材时，石材背

图 6-44　反打一次成型外墙板

面应做涂覆防水处理，并宜采用不锈钢卡件与混凝土进行机械连接。在模具中铺设石材前，应根据排板图的要求进行配板和加工并按设计要求在石材背面钻孔、安装不锈钢卡钩、涂覆隔离层。饰面材料应采用具有抗裂性和柔韧性、收缩小且不污染饰面的材料嵌填面砖或石材之间的接缝，并应采取防止面砖或石材在安装钢筋、浇筑混凝土等生产过程中发生位移的措施。

（3）夹心外墙板制作：带保温材料夹心外墙板生产工艺有平模生产和立模生产两种方法。平模水平浇筑方式有利于保温材料在预制构件中的定位（图 6-45）。如采用立模竖直浇筑方式成型，保温材料可在浇筑前放置并固定。

平模生产工艺流程：支模→安装外墙饰面层→绑扎外叶墙板钢筋→浇筑外叶墙板混凝土层→安装保温材料和拉结件→绑扎内叶墙板钢筋→浇筑内叶墙板混凝土层→养护→拆模→内层装饰。

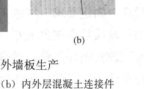

图 6-45　保温材料夹心外墙板生产

(a) 外叶混凝土墙板上安装保温材料；(b) 内外层混凝土连接件

1—外叶混凝土墙板；2—保温板；3—FRP拉结件；4—U形拉结件；5—吊环

立模生产工艺流程：外侧支模→安装外墙饰面层→绑扎外叶墙板钢筋→安装保温材料和拉结件→绑扎内叶墙板钢筋→同步浇筑内外叶墙板混凝土层→养护→拆模→内层装饰。

夹心外墙板制作时应采取措施固定保温材料，要确保拉结件的位置和间距满足要求，保证墙板的保温性能和结构性能满足设计要求，应加强生产过程的质量控制。平模工艺生产较立模生产工艺容易控制质量，应优先采用。为了保证墙板混凝土的均匀性、密实性，应采用强制式搅拌机搅拌，并用机械振捣。

采用夹心保温的预制构件，需要采取可靠连接措施保证保温材料外的两层混凝土可靠连接，宜采用专用连接件连接内外两层混凝土，专用连接件热工性能较好，可以完全达到热工"断桥"的作用。连接措施的数量和位置需要进行专项设计，必要时在构件制作前应进行专项试验，检验连接措施的定位和锚固性能。

为了加速混凝土凝结硬化，缩短脱模时间，加快模板的周转，提高生产效率，预制构件宜采用加热养护。为了有效避免构件的温差收缩裂缝，在加热养护时应对静停、升温、恒温和降温时间进行控制。在常温下宜静停 2～6h，升温、降温速度不应超过 20℃/h，最高养护温度不宜超过 70℃，预制构件出池的表面温度与环境温度的差值不宜超过 25℃。当气温较高时，构件混凝土可采用洒水、覆盖保湿的自然养护方法。

预制构件脱模强度应满足设计要求，当设计无要求时，为防止过早脱模造成构件出现过大变形或开裂，脱模起吊时，预制构件的混凝土立方体抗压强度不应小于 15MPa。为了保证预制构件与后浇混凝土实现可靠连接，可以采用连接钢筋、键槽及粗糙面等方法。粗糙面可采用拉毛或凿毛处理方法，也可采用化学处理方法。采用化学方法处理时可在模板上或需要露骨料的部位涂刷缓凝剂，脱模后用清水冲洗干净，避免残留物对混凝土及其结合面造成影响。

3. 预制构件检查

预制构件应按设计要求和现行国家标准的有关规定进行结构性能检验；陶瓷类装饰面砖与构件基面的粘结强度应符合《建筑工程饰面砖粘结强度检验标准》JGJ 110 和《外墙面砖工程施工及验收规范》JGJ 126 等的规定；夹心外墙板的内外叶墙板之间的拉结件类别、数量及使用位置应符合设计要求。预制构件检查合格后，应在构件上设置表面标识，标识内容宜包括构件编号、制作日期、合格状态、生产单位等信息。

4. 构件运输

构件运输时应制定预制构件的运输与堆放方案，其内容应包括运输时间、次序、堆放场地、运输线路、固定要求、堆放支垫及成品保护措施等。

预制构件的运输线路应根据道路、桥梁的荷重限值及限高、限宽、转弯半径等条件确定，场内运输宜设置循环线路；运输车辆应满足构件尺寸和载重要求。装卸构件过程中，应采取保证车体平衡、防止车体倾覆的措施；运输过程中，应采取防止构件移动、倾倒、变形等的固定措施；运输细长构件时应根据需要设置水平支架；构件边角部或运输捆绑链索接触处的混凝土，宜采用垫衬加以保护，防止构件损坏。

5. 构件堆放

预制构件的堆放场地应平整、坚实，并应采取良好的排水措施。重叠堆放时应保证最下层构件垫实，预埋吊件宜向上，标识宜朝向堆垛间的通道；垫木或垫块在构件下的位置宜与脱模、吊装时的起吊位置一致（图 6-46a），每层构件间的垫木或垫块应在同一垂直线上。堆垛的安全、稳定特别重要。堆垛层数应根据构件与垫木或垫块的承载力及堆垛的稳定性确定，必要时应设置防止构件倾覆的支架；施工现场堆放的构件，宜按安装顺序分类堆放，堆垛宜布置在吊车工作范围内且不受其他工序施工作业影响的区域。

墙板类构件应根据施工要求选择堆放方法，对外形复杂墙板宜采用插放架或靠放架直立堆放；插放架、靠放架应安全可靠，满足强度、刚度及稳定性的要求。当采用靠放架堆放构件时，采用靠放架直立堆放的墙板宜对称靠放、饰面朝外，靠放架与地面倾斜角度宜大于 80°（图 6-46b）；如受运输路线等因素限制而无法直立运输时，也可平放运输，但需采取保护措施，如在运输车上放置使构件均匀受力的平台等。

6.3.2 预制装配式混凝土结构安装施工

1. 安装施工准备

（1）制定施工组织设计

装配式结构安装施工前应制定施工组织设计和专项施工方案；施工组织设计的内容应符合《建筑施工组织设计规范》GB/T 50502 的规定；专项施工方案的内容应包括构件安装及节点施工方案、构件安装的质量管理及安全措施等，并应结合结构深化设计、构件制作、运输和安装全过程进行各工况的验算，以及施工吊装与支撑体系的验算等进行策划与制定，充分反映装配式结构施工的特点和工艺流程的特殊要求。

并根据安装构件的形状、尺寸、重量和特点选择吊装机械、吊具，并对吊具按规定

(a)　　　　　　　　　　　　　　　　(b)

图 6-46　预制构件堆放

(a) 构件平放；(b) 靠架立放

1—预制叠合梁；2—垫木；3—靠放架；4—预制墙板

进行设计、验算或试验检验。所选用的吊具应根据预制构件形状、尺寸及重量等参数进行配置，吊索与构件水平夹角不宜大于 60°，且不应小于 45°；对尺寸较大或形状复杂的预制构件，宜采用有分配梁或分配桁架的吊具。

装配式结构的后浇混凝土部位在浇筑前应进行隐蔽工程验收。

(2) 构件安装前，应合理规划构件运输通道和临时堆放场地，并应采取成品堆放保护措施。对施工完成结构的混凝土强度、外观质量、尺寸偏差及预制构件的混凝土强度及预制构件和配件的型号、规格、数量进行检查，并对相关资料检查核对。

(3) 安装施工前，应进行测量放线并设置构件安装定位标识。预制构件的放线包括构件中心线、水平线、构件安装定位点等。对已施工完成结构，一般根据控制轴线和控制水平线依次放出纵横轴线、柱中心线、墙板两侧边线、节点线、楼板的标高线、楼梯位置及标高线、异形构件位置线及必要的编号，以便于装配施工。

(4) 安装施工前，应复核构件装配位置、节点连接构造及临时支撑方案等；还应检查复核吊装设备及吊具处于安全操作状态。

(5) 装配式结构施工前，宜选择有代表性的单元进行预制构件试安装，并应根据试安装结果及时调整完善施工方案和施工工艺。

2. 构件吊装

预制构件的安装顺序、构件安装后的校准定位及临时固定是装配式结构施工的关键，装配式结构施工应严格按照批准的施工组织设计和专项施工方案进行吊装。

(1) 构件的绑扎和吊升

吊装时绑扎方法及吊升方法应严格按照批准的专项施工方案进行。吊索与构件水平夹角不宜大于 60°，且不应小于 45°；吊升时应采取保证起重设备的主钩位置、吊具及构件重心在竖直方向上重合的措施；吊运过程应平稳，不应有大幅度摆动，且不应长时间悬停；吊装过程中，应设专人指挥，操作人员应位于安全位置。

（2）预制构件的安装顺序

装配式结构安装时，应按设计文件、专项施工方案要求的顺序进行，应尽可能地组织立体交叉、均衡有效的施工流水作业。

（3）构件安装的校准定位

安放预制构件时，其搁置长度应满足设计要求；构件下部应铺设厚度不大于20mm的水泥砂浆进行坐浆，以保证接触平整，受力均匀；预制构件安装过程中应根据水准点和轴线校正其高程和平面位置；构件安装应水平，其水平度可在预制构件与其支承构件间设置垫片（铁片）进行调整；构件竖向位置和垂直度可通过临时支撑加以调整。

（4）构件定位后的临时固定

安装就位后应及时采取临时固定措施。装配式结构工程施工过程中，当预制构件或整个结构自身不能承受施工荷载时，需要通过设置临时支撑来保证施工定位、施工安全及工程质量。临时支撑包括水平构件下方的临时竖向支撑，在水平构件两端支承构件上设置的临时牛腿，竖向构件的临时斜撑（如可调式钢管支撑或型钢支撑）等。

对于预制墙板，临时斜撑一般安放在其背面，且一般不少于2道；对于宽度比较小的墙板也可仅设置1道斜撑。当墙板底没有水平约束时，墙板的每道临时支撑包括上部斜撑和下部支撑（图6-47），下部支撑可做成水平支撑或斜向支撑。对于预制柱，由于其底部纵向钢筋可以起到水平约束的作用，故一般仅设置上部斜撑。柱子的斜撑也最少要设置2道，且要设置在两个相邻的侧面上，水平投影相互垂直。

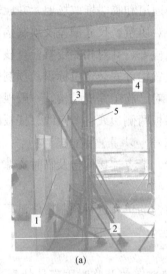 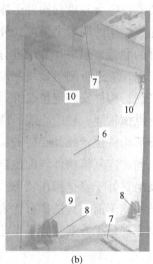

(a)   (b)

图6-47　墙板临时固定

（a）外墙板及楼板临时固定；（b）内墙板临时固定

1—预制外墙板；2—下部可调式钢管斜撑；3—上部可调式钢管斜撑；4—预制楼板；5—垂直可调式钢管支撑；
6—预制内墙板；7—现浇梁；8—墙板水平微调螺栓；9—下部固定铁件；10—上部固定铁件

　　临时斜撑与预制构件一般做成铰接，并通过预埋件进行连接。考虑到临时斜撑主要承受的是水平荷载，为充分发挥其作用，上部斜撑的支撑点距离板底的距离不宜大于板高的 2/3，且不应小于板高的 1/2。

　　预制构件与吊具的分离应在校准定位及临时固定措施安装完成后进行。

　　临时固定措施可以在不影响结构承载力、刚度及稳定性前提下分阶段拆除，对拆除方法、时间及顺序，可事先通过验算制定方案。

6.3.3　预制装配式混凝土结构构件的连接

　　接头钢筋连接方法有连接钢筋套筒灌浆连接、浆锚搭接连接、焊接连接和预焊钢板焊接连接等。本章节重点介绍连接钢筋套筒灌浆连接、浆锚搭接连接施工，钢筋套筒灌浆连接接头和浆锚搭接接头灌浆作业是装配整体式结构工程施工质量控制的关键环节之一。

　　1. 钢筋套筒灌浆连接和浆锚搭接连接构造

　　(1) 钢筋套筒灌浆连接构造：钢筋套筒灌浆连接是用球墨铸铁或钢套筒和高强灌浆料将套筒内的钢筋进行连接，其构造做法如图 6-48 所示；剪力墙安装构造做法如图 6-49 所示。其特点是连接可靠、施工方便，但造价较高。

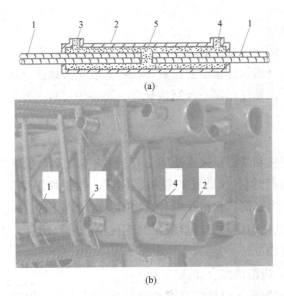

图 6-48　钢筋套筒灌浆连接

(a) 钢筋套筒灌浆连接构造示意；(b) 钢筋套筒灌浆连接

1—连接钢筋；2—套筒；3—灌浆孔；4—出浆孔；5—灌浆料

　　(2) 钢筋浆锚连接构造：钢筋搭接浆锚灌浆连接是在构件接头处预留孔 (或外包内置套筒)，在钢筋搭接处用高强灌浆料将其连接。其特点是造价较低，但连接可靠性较差，多用在剪力墙安装时钢筋连接。

　　剪力墙安装时连接钢筋采用浆锚搭接连接 (图 6-50) 时，可在下层预制剪力墙中设置竖向连接钢筋与上层预制剪力墙内的连接钢筋通过浆锚搭接连接；连接钢筋可在预制剪力墙中通长设置，或在预制剪力墙中可靠锚固。

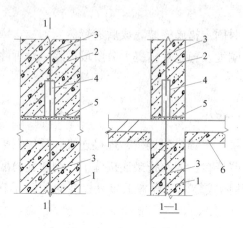 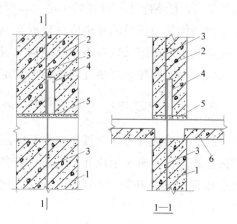

图 6-49　剪力墙安装钢筋套筒灌浆连接构造
1—已安装下部剪力墙；2—待安装上部剪力墙；
3—连接钢筋；4—连接灌浆套筒；
5—坐浆层；6—楼板

图 6-50　剪力墙安装钢筋搭接浆锚灌浆连接构造
1—已安装下部剪力墙；2—待安装上部剪力墙；
3—连接钢筋；4—预留孔；
5—坐浆层；6—楼板

（3）施工工艺流程

以钢筋混凝土框架结构柱安装为例，其施工工艺流程如下：

弹出构件控制线→确认连接钢筋位置→预埋高度调节螺栓→预制框架柱安装→预制框架柱垂直度调整→预制柱固定→预制柱封仓→制备灌浆料→灌浆连接→封堵出浆口→灌浆后节点保护。

（4）施工要点

钢筋套筒灌浆连接和浆锚搭接连接施工有很多相似之处，施工要点综合叙述如下：

1）连接前应检查套筒、预留孔的规格、位置、数量和深度；被连接钢筋的规格、数量、位置和长度；当套筒、预留孔内有杂物时，应清理干净。

2）在预制构件就位前应对有倾斜现象的连接钢筋进行校直。连接钢筋偏离套筒或孔洞中心线不宜超过 5mm。

3）构件安装前，应清洁结合面。

4）构件底部应设置可调整接缝厚度和底部标高的垫片。预制柱安装时，下方配置的垫片不宜少于 4 处，垫片可采用正方形薄铁板，调整垂直度后，可在柱子四角加塞垫片增加稳定性；多层预制剪力墙底部采用坐浆材料时，其厚度不宜大于 20mm。

5）钢筋套筒灌浆连接接头、钢筋浆锚搭接连接接头灌浆前，应对接缝周围进行封堵，封堵措施应符合结合面承载力设计要求。

6）钢筋套筒灌浆连接接头、钢筋浆锚搭接连接接头应按检验批划分要求及时灌浆。

7）灌浆施工时，环境温度不应低于 5℃；当连接部位养护温度低于 10℃时，应采取加热保温措施。

8）灌浆料配合比应准确，搅拌应均匀，搅拌时间不宜少于3min；搅拌后，宜静置2min以消除气泡；其流动度应满足规定。

9）灌浆作业应采用压浆法从下口灌注，灌浆压力应达到1.0MPa，待其他套筒的出浆口或注浆口流出圆柱状浆液后对其封堵；当出现无法出浆的情况时，应立即停止灌浆作业，查明原因并及时排除障碍。

10）灌浆料拌合物应在制备后30min内用完。

11）后浇混凝土在施工时预制构件结合面疏松部分的混凝土应剔除并清理干净；模板应保证后浇混凝土的形状、尺寸和位置准确，并应防止漏浆；在浇筑混凝土前应洒水润湿结合面，混凝土应振捣密实。

12）连接处应采取措施保温养护不少于7d；构件连接部位后浇混凝土及灌浆料的强度达到设计要求后，方可拆除预制构件的临时支撑并进行上部结构吊装与施工。

13）受弯叠合构件在装配施工时应根据设计要求或施工方案设置临时支撑；施工荷载宜均匀布置，并不应超过设计规定；在混凝土浇筑前，应按设计要求检查结合面的粗糙度及预制构件的外露钢筋；叠合构件应在后浇混凝土强度达到设计要求后，方可拆除临时支撑。

14）外挂墙板的连接节点及接缝构造应符合设计要求；外挂墙板是自承重构件，不能通过板缝进行传力，墙板安装完成后，应及时移除临时支承支座、墙板接缝内的传力垫块。外墙板接缝防水施工前，应将板缝空腔清理干净；应按设计要求填塞背衬材料；密封材料嵌填应饱满、密实、均匀、顺直、表面平滑，其厚度应符合设计要求。

15）施工人员应经专业培训合格后持证上岗操作，灌浆操作全过程应有专职检验人员负责旁站监督并及时形成施工质量检查记录。

2. 剪力墙钢筋焊接连接施工

（1）剪力墙钢筋焊接连接构造：剪力墙钢筋焊接连接构造做法如图6-51所示。连接钢筋可在预制剪力墙中通长设置，或在预制剪力墙中可靠锚固。当下层预制剪力墙中的连接钢筋兼作吊环使用时，尚应符合现行国家有关标准的规定。

（2）施工要点

1）连接钢筋采用焊接连接时，可在下层预制剪力墙中设置竖向连接钢筋，与上层预制剪力墙底部的预留钢筋焊接连接，焊接长度不应小于10d（d为连接钢筋直径）；

2）连接部位预留键槽的尺寸，应满足焊接施工的空间要求；

3）预留键槽应用后浇细石混凝土填实。

3. 剪力墙预焊钢板焊接连接

（1）剪力墙预焊钢板焊接连接构

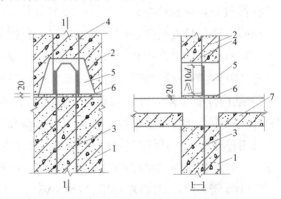

图6-51　剪力墙钢筋焊接连接构造

1—已安装下部剪力墙；2—待安装上部剪力墙；
3—下部连接钢筋；4—上部连接钢筋；
5—预留后浇细石混凝土键槽；6—坐浆层；7—楼板

造：剪力墙预焊钢板焊接连接构造做法见图 6-52。连接钢筋应在预制剪力墙中通长设置，或在预制剪力墙中可靠锚固。当下层预制剪力墙体中的连接钢筋兼作吊环使用时，尚应符合现行国家有关标准的规定。

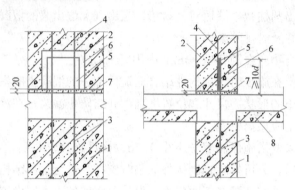

图 6-52　剪力墙预焊钢板焊接连接构造

1—已安装下部剪力墙；2—待安装上部剪力墙；3—下部连接钢筋；4—上部连接钢筋；
5—预焊钢板；6—预留后浇细石混凝土键槽；7—坐浆层；8—楼板

（2）施工要点：

1）连接钢筋采用预焊钢板焊接连接时，应在下层预制剪力墙中设置竖向连接钢筋，与在上层预制剪力墙中设置的连接钢筋底部预焊的连接用钢板焊接连接，焊接长度不应小于 10d（d 为连接钢筋直径）；

2）连接部位预留键槽的尺寸，应满足焊接施工的空间要求；

3）预留键槽应采用后浇细石混凝土填实。

6.3.4　预制构件质量的检查与验收

1. 主控项目

（1）预制构件的质量应符合本规范、国家现行有关标准的规定和设计的要求。

检查数量：全数检查。

检验方法：检查质量证明文件或质量验收记录。

（2）专业企业生产的预制构件进场时，预制构件结构性能检验应符合下列规定：

1）梁板类简支受弯预制构件进场时应进行结构性能检验，并应符合下列规定：

① 结构性能检验应符合国家现行有关标准的有关规定及设计的要求，检验要求和试验方法应符合《混凝土结构工程施工质量验收规范》GB 50204—2015 附录 B 的规定。

② 钢筋混凝土构件和允许出现裂缝的预应力混凝土构件应进行承载力、挠度和裂缝宽度检验；不允许出现裂缝的预应力混凝土构件应进行承载力、挠度和抗裂检验。

③ 对大型构件及有可靠应用经验的构件，可只进行裂缝宽度、抗裂和挠度检验。

④ 对使用数量较少的构件，当能提供可靠依据时，可不进行结构性能检验。

2）对其他预制构件，除设计有专门要求外，进场时可不做结构性能检验。

3）对进场时不做结构性能检验的预制构件，应采取下列措施：

① 施工单位或监理单位代表应驻厂监督生产过程。

② 当无驻厂监督时，预制构件进场时应对其主要受力钢筋数量、规格、间距、保护层厚度及混凝土强度等进行实体检验。

检验数量：同一类型预制构件不超过 1000 个为一批，每批随机抽取 1 个构件进行结构性能检验。

检验方法：检查结构性能检验报告或实体检验报告。

注："同类型"是指同一钢种、同一混凝土强度等级、同一生产工艺和同一结构形式。抽取预制构件时，宜从设计荷载最大、受力最不利或生产数量最多的预制构件中抽取。

（3）预制构件的外观质量不应有严重缺陷，且不应有影响结构性能和安装、使用功能的尺寸偏差。

检查数量：全数检查。

检验方法：观察，尺量；检查处理记录。

（4）预制构件上的预埋件、预留插筋、预埋管线等的规格和数量以及预留孔、预留洞的数量应符合设计要求。

检查数量：全数检查。

检验方法：观察。

2. 一般项目

（1）预制构件应有标识。

检查数量：全数检查。

检验方法：观察。

（2）预制构件的外观质量不应有一般缺陷。

检查数量：全数检查。

检验方法：观察，检查处理记录。

（3）预制构件尺寸偏差及检验方法应符合表 6-10 的规定；设计有专门规定时，尚应符合设计要求。施工过程中临时使用的预埋件，其中心线位置允许偏差可取表 6-10 中规定数值的 2 倍。

检查数量：同一类型的构件，不超过 100 个为一批，每批应抽查构件数量的 5%，且不应少于 3 个。

（4）预制构件的粗糙面的质量及键槽的数量应符合设计要求。

检查数量：全数检查。

检验方法：观察。

预制构件尺寸允许偏差及检验方法　　　　　　　　　　　表 6-10

项　　　目		允许偏差(mm)	检 验 方 法
长度	楼板、梁、柱、桁架 ＜12m	±5	尺量
	≥12m 且＜18m	±10	
	≥18m	±20	
	墙板	±4	

项　　目		允许偏差(mm)	检验方法
宽度、高(厚)度	楼板、梁、柱、桁架	±5	尺量一端及中部,取其中偏差绝对值较大处
	墙板	±4	
表面平整度	楼板、梁、柱、墙板内表面	5	2m靠尺和塞尺量测
	墙板外表面	3	
侧向弯曲	楼板、梁、柱	$l/750$且≤20	拉线、钢尺量最大侧向弯曲处
	墙板、桁架	$l/1000$且≤20	
翘曲	楼板	$l/750$	调平尺在两端量测
	墙板	$l/1000$	
对角线	楼板	10	尺量两个对角线
	墙板	5	
预留孔	中心线位置	5	尺量
	孔尺寸	±5	
预留洞	中心线位置	10	尺量
	洞口尺寸、深度	±10	
预埋件	预埋板中心线位置	5	尺量
	预埋板与混凝土面平面高差	0,-5	
	预埋螺栓	2	
	预埋螺栓外露长度	+10,-5	
	预埋套筒、螺母中心线位置	2	
	预埋套筒、螺母与混凝土面平面高差	±5	
预留插筋	中心线位置	3	尺量
	外露长度	+10,-5	
键槽	中心线位置	5	尺量
	长度、宽度	±5	
	深度	±10	

注：1. l 为构件长度（mm）；

2. 检查中心线、螺栓和孔道位置偏差时，应沿纵横两个方向量测，并取其中偏差较大值。

6.3.5　预制装配式结构安装与连接质量的检查与验收

装配式结构连接部位及叠合构件浇筑混凝土之前，应进行隐蔽工程验收。隐蔽工程验收主要内容包括：混凝土粗糙面的质量，键槽的尺寸、数量、位置；钢筋的牌号、规格、数量、位置、间距，箍筋弯钩的弯折角度及平直段长度；钢筋的连接方式、接头位置、接头数量、接头面积百分率、搭接长度、锚固方式及锚固长度；预埋件、预留管线的规格、数量、位置。

同时要求装配式结构的接缝施工质量及防水性能应符合设计要求和国家现行有关标准的规定。

1. 主控项目

(1) 预制构件临时固定措施应符合施工方案的要求。

检查数量：全数检查。

检验方法：观察。

(2) 钢筋采用套筒灌浆连接时，灌浆应饱满、密实，其材料及连接质量应符合现行行业标准《钢筋套筒灌浆连接应用技术规程》JGJ 355 的规定。

检查数量：按现行行业标准《钢筋套筒灌浆连接应用技术规程》JGJ 355 的规定确定。

检验方法：检查质量证明文件、灌浆记录及相关检验报告。

(3) 钢筋采用焊接连接时，其接头质量应符合现行行业标准《钢筋焊接及验收规程》JGJ 18 的规定。

检查数量：按现行行业标准《钢筋焊接及验收规程》JGJ 18 的有关规定确定。

检验方法：检查质量证明文件及平行加工试件的检验报告。

(4) 钢筋采用机械连接时，其接头质量应符合现行行业标准《钢筋机械连接技术规程》JGJ 107 的规定。

检查数量：按现行行业标准《钢筋机械连接技术规程》JGJ 107 的规定确定。

检验方法：检查质量证明文件、施工记录及平行加工试件的检验报告。

(5) 预制构件采用焊接、螺栓连接等连接方式时，其材料性能及施工质量应符合国家现行标准《钢结构工程施工质量验收标准》GB 50205 和《钢筋焊接及验收规程》JGJ 18 的相关规定。

检查数量：按国家现行标准《钢结构工程施工质量验收规范》GB 50205 和《钢筋焊接及验收规程》JGJ 18 的规定确定。

检验方法：检查施工记录及平行加工试件的检验报告。

(6) 装配式结构采用现浇混凝土连接构件时，构件连接处后浇混凝土的强度应符合设计要求。

检查数量：按相关规范的规定确定。

检验方法：检查混凝土强度试验报告。

(7) 装配式结构施工后，其外观质量不应有严重缺陷，且不应有影响结构性能和安装、使用功能的尺寸偏差。

检查数量：全数检查。

检验方法：观察，量测；检查处理记录。

2. 一般项目

(1) 装配式结构施工后，其外观质量不应有一般缺陷。

检查数量：全数检查。

检验方法：观察，检查处理记录。

(2) 装配式结构施工后，预制构件位置、尺寸偏差及检验方法应符合建筑行业设计要求；当设计无具体要求时，应符合表6-11 的规定。预制构件与现浇结构连接部位的表面平整度应符合表 6-11 的规定。

检查数量：按楼层、结构缝或施工段划分检验批。在同一检验批内，对梁、柱和独立基础，应抽查构件数量的 10%，且不应少于 3 件；对墙和板，应按有代表性的自然间抽查 10%，且不应少于 3 间；对大空间结构，墙可按相邻轴线间高度 5m 左右划分检查面，板可按纵、横轴线划分检查面，抽查 10%，且均不应少于 3 面。

装配式结构构件位置和尺寸允许偏差及检验方法　　　　　　　　表 6-11

项　　目		允许偏差(mm)	检 验 方 法
构件轴线位置	竖向构件(柱、墙、桁架)	8	经纬仪及尺量
	水平构件(梁、楼板)	5	
标高	梁、柱、墙板、楼板底面或顶面	±5	水准仪或拉线、尺量
构件垂直度	柱、墙、板安装后的高度 ≤6m	5	经纬仪或吊线、尺量
	>6m	10	
构件倾斜度	梁、桁架	5	经纬仪或吊线、尺量
相邻构件平整度	梁、楼板底面 外露	3	2m 靠尺和塞尺量测
	不外露	5	
	柱、墙板 外露	5	
	不外露	8	
构件搁置长度	梁、板	±10	尺量
支座、支垫中心位置	板、梁、柱、墙板、桁架	10	尺量
墙板接缝宽度		±5	尺量

（3）外墙板接缝的防水性能应符合设计要求。

检查数量：按批检验。每 1000m² 外墙面积应划分为一个检验批，不足 1000m² 时也应划分为一个检验批；每个检验批每 1000m² 应至少抽查一处，每处不得少于 10m²。

检验方法：检查现场淋水试验报告。

6.4　钢结构单层工业厂房的制作安装

6.4.1　钢结构的特点

钢结构是由钢构件制成的工程结构，所用钢材主要为型钢和钢板。和其他结构相比，它具有强度高，材质均匀，自重小，抗震性能好，施工速度快，工期短，密闭性好，拆迁方便等优点；但其造价较高，耐腐蚀性和耐火性较差。

目前，钢结构在工业与民用建筑中使用越来越广泛，主要用于如下结构：

(1) 重型厂房结构及受动力荷载作用的厂房结构；

(2) 大跨度结构；

(3) 多层、高层、超高层结构；

(4) 塔桅式结构；

(5) 可拆卸、装配式房屋；

(6) 容器、储罐、管道；

(7) 构筑物。

6.4.2　钢结构构件的制作

钢结构的加工制作一般是在工厂或施工现场进行，加工前应在熟悉图纸、了解设计意图的基础上进行加工详图设计，按详图准备材料、编制工艺流程，确保构件加工制作的质量。

钢结构加工制作的主要工艺流程有：加工详图的绘制→制作样杆、样板→号料→放线→切割→坡口加工→开制孔→组装（包括矫正）→焊接→摩擦面的处理→涂装与编号。

1. 样杆、样板的制作

样杆、样板是按 1∶1 的比例制作大样，样杆一般用薄钢板或扁钢制作，当长度较短时可用木尺杆。样板可采用厚度 0.50～0.75mm 的薄钢板或塑料板制作。样杆、样板应注明工号、图号、零件号、数量及加工边、坡口部位、弯折线和弯折方向、孔径和滚圆半径等。制作的样杆、样板应妥善保存，直至工程结束后方可销毁。

2. 号料

号料方法有集中号料法、套料法、统计计算法、余料统一号料法四种。号料前应先核对钢材规格、材质、批号，并应清除钢板表面油污、泥土及脏物。

3. 画线

利用加工制作图、样杆、样板及钢卷尺进行画线。目前已有一些先进的钢结构加工厂采用程控自动画线机，不仅效率高，而且精确、省料。

4. 切割

钢材的切割包括气割、等离子切割等方法，也可使用剪切、切削等机械力的方法。主要根据切割能力、切割精度、切剖面的质量及经济性来选择切割方法。

5. 边缘加工和端部加工

加工方法主要有：铲边、刨边、铣边、碳弧气刨、气割和坡口机加工等方法。

6. 制孔

制孔要掌握制孔的时间和方法。

(1) 制孔时间：结构在焊接时不可避免地将会产生焊接收缩和变形，在制作过程中，把握好制孔时间将在很大程度上影响产品精度。制孔时间一般有四种方案：①在构件加工时先画孔位，待拼装、焊接及变形矫正完成后，再画线确认并打孔加工；②在构件一端先进行打孔加工，待拼装、焊接及变形矫正完成后，再对另一端进行打孔加工；

③待构件焊接及变形矫正后，对端面进行精加工，然后以精加工面为基准画线打孔；

④在画线时，先考虑焊接收缩量、变形的余量、允许公差等，再直接进行打孔。

（2）制孔方法：常用的打孔方法有机械打孔、气体开孔、钻模和板叠套钻制孔和数控钻孔四大类。

7. 组装

钢结构组装的方法包括地样法、仿形复制装配法、立装法、卧装法、胎模装配法等。拼装必须按工艺要求的次序进行。当有隐蔽焊缝时，必须先施焊，经检验合格方可覆盖。为减少变形，尽量采用小件组焊，经矫正后再大件组装。钢构件组装的允许偏差符合规范规定。

8. 焊接

焊接是钢结构加工制作中的关键步骤，应按有关操作规程进行。焊接后的变形矫正应注意部件或构件焊接后，均因焊接而产生大弯曲、头部弯曲及局部变形等。

9. 摩擦面的处理

高强度螺栓摩擦面处理后的抗滑移系数值应符合设计的要求。摩擦面的处理可采用喷砂、喷丸、酸洗、砂轮打磨等方法，一般应按设计要求进行，设计无要求时施工单位可采用适当的方法进行施工。

10. 涂装、编号

涂装前应对钢构件表面进行除锈处理，构件表面除锈方法和除锈等级应与设计采用的涂料相适应，并应符合规范规定。涂料、涂装遍数、涂层厚度均应符合设计的要求。涂装环境温度应在5～38℃之间，相对湿度不应大于85%，构件表面没有结露和油污等，涂装后4h内应保护免受雨淋。施工图中注明不涂装的部位和安装焊缝处的30～50mm宽范围内以及高强度螺栓摩擦连接面不得涂装。

构件涂装后，应按设计图纸进行编号，编号的位置应符合便于堆放、安装、检查的原则。对于大型或重要的构件还应标注重量、吊装位置和定位标记等记号。编号的汇总资料与运输文件、施工组织设计的文件、质检文件等统一起来，编号可在竣工验收后加以复涂。

6.4.3 钢结构构件的验收、运输、堆放

1. 钢结构构件的验收

钢构件加工制作完成后，应按照施工图和国家标准《钢结构工程施工质量验收标准》GB 50205—2020 的规定进行验收，钢构件出厂时，应提供下列技术资料：

（1）产品合格证及技术文件；

（2）施工图和设计变更文件；

（3）制作中技术问题处理的协议文件；

（4）钢材、连接材料、涂装材料的质量证明或试验报告；

（5）焊接工艺评定报告；

（6）高强度螺栓摩擦面抗滑移系数试验报告，焊缝无损检验报告及涂层检测资料；

（7）主要构件检验记录；

（8）预拼装记录，由于受运输、吊装条件的限制及构件设计的复杂性，有时构件要分两段或若干段出厂，为了保证工地安装的顺利进行，有预拼装要求的构件在出厂前应进行预拼装；

（9）构件发运和包装清单。

2. 构件的运输

（1）大型或重型构件的运输应根据行车路线、运输车辆的性能、码头状况、运输船只的情况编制运输方案。在运输方案中要着重考虑吊装工程的堆放条件、工期要求编制构件的运输顺序。

（2）发运的构件重量单件超过3t的，宜在易见部位用油漆标上重量及重心位置的标志，避免在装、卸车和起吊过程中损坏构件；节点板、高强度螺栓连接面等重要部分要有适当的保护措施，零星的部件等都要按同一类别用螺栓和钢丝紧固成束或包装发运。

（3）构件运输时，应根据构件的长度、重量、断面形状选用车辆；构件在运输车辆上的支点、两端伸长的长度及绑扎方法均应保证构件不产生永久变形、不损伤涂层。构件起吊必须按设计吊点起吊。

（4）公路运输装运的高度极限4.5m，如需通过隧道时，则高度极限4m，构件长出车身不得超过2m。

3. 构件的堆放

（1）构件一般要堆放在工厂的堆放场和现场的堆放场。构件堆放场地应平整坚实，无水坑、冰层、地面平整干燥，并应排水通畅，有较好的排水设施，同时有车辆进出的回路。

（2）构件应按种类、型号、安装顺序划分区域，插竖标志牌。构件底层垫块要有足够的支承面，不允许垫块有大的沉降量，堆放的高度应有计算依据，以最下面的构件不产生永久变形为准，不得随意堆高。钢结构产品不得直接置于地上，要垫高200mm。

（3）在堆放中，发现有变形不合格的构件，则严格检查，进行矫正，然后再堆放。不得把不合格的变形构件堆放在合格的构件中，否则会大大地影响安装进度。

（4）对于已堆放好的构件，要派专人汇总资料，建立完善的进出厂的动态管理，严禁乱翻、乱移。同时对已堆放好的构件进行适当保护，避免风吹雨打、日晒夜露。

（5）不同类型的钢构件一般不堆放在一起。同一工程的钢构件应分类堆放在同一地区，以便装车发运。

6.4.4　钢结构的连接

钢结构的连接是采用一定方式将各杆件连接成整体，钢结构的连接方法有焊接、普通螺栓连接、高强螺栓连接、铆接等。目前应用较多的是焊接和高强螺栓连接。

1. 钢结构的焊接

（1）钢结构构件的焊接方法

结构构件主要的焊接方法有手工电弧焊、气体保护焊、自保护电弧焊、埋弧焊、电渣焊、等离子焊、激光焊、电子束焊、栓焊等。

在钢结构制作和安装领域中，广泛使用的是电弧焊。在电弧焊中又以药皮焊条手工电弧焊、自动埋弧焊、半自动与自动 CO_2 气体保护焊和自保护电弧焊为主。在某些特殊应用场合，则必须使用电渣焊和栓焊。

（2）焊接残余应力和变形的控制

在钢结构设计和施工时，不仅要考虑到强度、稳定性、经济性，而且必须要考虑焊缝的设置将产生的应力变形对结构的影响。通常有以下几点经验：

1）在保证结构具有足够强度的前提下，尽量减少焊缝的尺寸和长度，合理选取坡口形状，避免集中设置焊缝。

2）尽量对称布置焊缝，将焊缝安排在近中心区域，如近中性轴、焊缝中心、焊缝塑性变形区中心。

3）在钢结构施焊中考虑夹具以减少焊接变形的可能性。

4）钢结构设计人员在设计时应考虑焊接工艺措施。

（3）焊接工艺

1）施焊电源的电压波动值应在 $\pm5\%$ 范围内，超过时应增设专用变压器或稳压装置。

2）根据焊接工艺评定编制工艺指导书，焊接过程中应严格执行。

3）对接接头、T 形接头、角接接头、十字接头等对接焊缝及组合焊缝应在焊缝的两端设置引弧和引出板；其材料和坡口形式应与焊件相同。

引弧和引出的焊缝长度：埋弧焊应大于 50mm，手弧焊及气体保护焊应大于 20mm。焊接完毕应采用气割切除引弧和引出板，不得用锤击落，并修磨平整。

4）角焊缝转角处宜连续绕角施焊，起落弧点距焊缝端部宜大于 10mm；角焊缝端都不设引弧和引出板的连续焊缝，起落弧点距焊缝端部宜大于 10mm，弧坑应填满。

5）不得在焊道以外的母材表面引弧、熄弧。在吊车梁、吊车桁架及设计上有特殊要求的重要受力构件其承受拉应力区域内，不得焊接临时支架、卡具及吊环等。

6）多层焊接宜连续施焊，每一层焊道焊完后应及时清理并检查，如发现焊接缺陷应清除后再施焊，焊道层间接头应平缓过渡并错开。

7）焊缝同一部位返修次数，不宜超过 2 次，超过 2 次时，应经焊接技术负责人核准后再进行。

8）焊缝坡口和间隙超差时，不得采用添加金属块或焊条的方法处理。

9）对接和 T 形接头要求熔透的组合焊缝，当采用手弧焊封底，自动焊盖面时，反面应进行清根。

10）T 形接头要求熔透的组合焊缝，应采用船形埋弧焊或双丝埋弧自动焊，宜选用直流电流；厚度 $t<5mm$ 的薄壁构件宜采用二氧化碳气体保护焊。厚度 $t>5mm$ 板的对接立焊缝宜采用电渣焊。

11）栓钉焊接前应用角向磨光机对焊接部位进行打磨，焊接后焊处未完全冷却之前，不得打碎瓷环。栓钉的穿透焊，应使压型钢板与钢梁上翼缘紧密相贴其间障不得＞1mm。

12）轨道间采用手弧焊焊接时应符合下列规定，轨道焊接宜采用厚度≥12mm，宽≥100mm 的紫铜板弯制成与轨道外形相吻合的垫模，焊接的顺序由下向上，先焊轨底，后焊轨腰、轨头，最后修补四周；施焊轨底的第一层焊道时电流应稍大些以保证焊透和便于排渣。每层焊完后要清理，前后两层焊道的施焊方向应相反；采取预热、保温和缓冷措施，预热温度为 200～300℃，保温可采用石棉灰等。焊条选用氢型焊条。

13）当压轨器的轨板与吊车梁采用焊接时，应采用小直径焊条，小电流跳焊法施焊。

14）柱与柱，柱与梁的焊接接头，当采用大间隙加垫板的接头形式时，第一层焊道应熔透。

15）焊接前预热及层间温度控制，宜采用测温器具测量（点温计、热电偶温度计等）。预热区在焊道两侧，其宽度应各为焊件厚度的 2 倍以上，且不少于 100mm，环境温度低于 0℃时，预热温度应通过工艺试验确定。

16）焊接 H 型钢，其翼缘板和腹板应采用半自动或自动气割机进行切割，翼缘板只允许在长度方向拼接；腹板在长度和宽度方向均可拼接，拼接缝可为"十"字形或"T"形，翼缘板的拼接缝与腹板的错开 200mm 以上，拼接焊接应在 H 型钢组装前进行。

17）对需要进行后热处理的焊缝，应焊接后钢材没有完全冷却时立即进行，后热温度为 200～300℃，保温时间可按板厚每 30mm/h 计，但不得少于 2h。

18）下雪或下雨时不得露天施焊，构件焊区表面潮湿或冰雪没有清除前不得施焊，风速≥8m/s（CO_2 保护焊风速＞2m/s）时应采取挡风措施，操作焊工应有焊工上岗证。

（4）焊接的质量检验

焊接质量检验包括焊前检验、焊接生产中检验和成品检验。

1）焊前检验

焊前检验的主要内容有：相关技术文件（图纸、标准工艺规程等）是否齐备；焊接材料（焊条、焊丝、焊剂、气体等）和钢材原材料的质量检验；构件装配和焊接件边缘质量检验；焊接设备（焊机和专用胎、模具等）是否完善；焊工应经过考试取得合格证，停焊时间达 6 个月及以上，必须重新考核方可上岗操作。

2）焊接生产中的检验

主要是对焊接设备运行情况、焊接规范和焊接工艺的执行情况，以及多层焊接过程中夹渣、焊透等缺陷的自检等，目的是防止焊接过程中缺陷的形成，及时发现缺陷，采取整改措施。

3）焊接成品的检验

全部焊接工作结束，焊缝清理干净后进行成品检验。成品检验方法有很多种，通常可分为无损检验和破坏性检验两大类。

① 无损检验：可分为外观检查、致密性检验、无损探伤等。

（A）外观检查：是一种简单而应用广泛的检查方法，焊缝的外观用肉眼或低倍放大镜进行检查表面气孔废渣、裂纹、弧坑、焊瘤等，并用测量工具检查焊缝尺寸是否符合。《钢结构焊接规范》GB 50661—2011 的规定。

（B）致密性检验：主要用水（气）压试验、煤油渗漏、渗氨试验、真空试验、氦气探漏等方法，这些方法对于管道工程、压力容器等是很重要的方法。

（C）无损探伤：无损探伤就是利用放射线、超声波、电磁辐射、磁性、涡流、渗透性等物理现象，在不损伤被检产品的情况下，发现和检查内部或表面缺陷的方法。

② 破坏性检验

焊接质量的破坏性检验包括焊接接头的机械性能试验、焊缝化学成分分析、金相组织测定、扩散含量测定、接头的耐腐蚀性能试验等，主要用于测定接头或焊缝性能是否能满足使用要求。

（A）机械性能试验：包括测定焊接接头的强度、延伸率、断面收缩率、拉伸试验、冷弯试验、冲击试验等。

（B）化学成分分析：焊缝的化学成分分析，是测定熔敷金属化学成分，我国的焊条标准中对此做出了专门的规定。

（C）金相组织测定，是为了了解焊接接头各区域的组织，晶粒度大小和氧化物夹杂，氢白点等缺陷的分布情况，通常有宏观和微观之分。

（D）扩散氢测定：国家标准《熔敷金属中扩散氢测定方法》GB 3965 适用于手工电弧焊药皮焊条熔敷金属中扩散氢含量的测定。

（E）耐腐蚀试验方法：国家标准《金属和合金的腐蚀 奥氏体及铁素体-奥氏体（双相）不锈钢晶间腐蚀试验方法》GB/T 4334 等规定不同腐蚀试验方法，不同的原理和评定判断法。

2. 普通螺栓连接施工

（1）一般要求

普通螺栓作为永久性连接螺栓时，应符合下列要求：

1）为增大承压面积，螺栓头和螺母下面应放置平垫圈；

2）螺栓头下面放置垫圈不得多于 2 个，螺母下放置垫圈不应多于 1 个；

3）对设计要求防松动的螺栓，应采用有防松装置的螺母或弹簧垫圈或用人工方法采取防松措施；

4）对工字钢、槽钢类型钢应尽量使用斜垫圈，使螺母和螺栓头部的支承面垂直于螺杆；

5）螺杆规格选择、连接形式、螺栓的布置、螺栓孔尺寸符合设计要求及有关规定。

（2）螺栓的紧固及检验

普通螺栓连接对螺栓紧固力没有具体要求。以施工人员紧固螺栓时的手感及连接接头的外形控制为准，即施工人员使用普通扳手靠自己的力量拧紧螺母即可，能保证被连接面密贴，无明显的间隙。为了保证连接接头中各螺栓受力均匀，螺栓的紧固次序宜从中间对称向两侧进行；对大型接头宜采用复拧方式，即两次紧固。

普通螺栓连接螺栓紧固检验比较简单，一般采用锤击法，即用 0.3kg 小锤，一手扶螺栓（或螺母）头，另一手用锤敲击，如螺栓头（螺母）不偏移、不颤动、不转动，锤声比较干脆，说明螺栓紧固质量良好。否则需重新紧固。永久性普通螺栓紧固应牢固、可靠、外露丝扣不应少于 2 扣。检查数量，按连接点数抽查 10%，且不应少于 3 个。

3. 高强度螺栓连接施工

高强度螺栓从外形上可分为大六角头高强度螺栓和抗剪型高强度螺栓两种类型。按性能等级分为 8.8 级、10.9 级、12.9 级，目前我国使用的大六角头高强度螺栓有 8.8 级和 10.9 级两种，扭剪型高强度螺栓只有 10.9 级一种，见图 6-53。

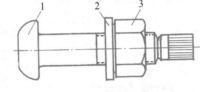

图 6-53　高强度螺栓连接副
1—螺栓；2—垫圈；3—螺母

（1）一般规定

高强度螺栓连接施工时，应符合下列要求：

1）高强度螺栓连接副应有质量保证书，由制造厂按批配套供货。

2）高强度螺栓连接施工前，应对连接副和连接件进行检查和复验，合格后再进行施工。

3）高强度螺栓连接安装时，在每个节点上应穿入的临时螺栓和冲钉数量，由安装时可能承担的荷载计算确定，并应符合下列规定：①不得少于安装总数的 1/3；②不得少于两个临时螺栓；③冲钉穿入数量不宜多于临时螺栓的 30%。

4）不得用高强度螺栓兼做临时螺栓，以防损伤螺纹。

5）高强度螺栓的安装应能自由穿入，严禁强行穿入。如不能自由穿入时，应用铰刀进行修整，修整后的孔径不应超过螺栓直径的 1.2 倍。

6）高强度螺栓的安装应在结构构件中心位置调整后进行。其穿入方向应以施工方便为准，并力求一致。安装时注意垫圈的正反面。

7）高强度螺栓孔应采取钻孔成形的方法。孔边应无飞边和毛刺。螺栓孔径应符合设计要求。孔径允许偏差见表 6-12。

高强度螺栓连接构件制孔允许偏差　表 6-12

名　称		直径及允许偏差(mm)						
螺栓	直径	12	16	20	22	24	27	30
	允许偏差	±0.43		±0.52			±0.84	
螺栓孔	直径	13.5	17.5	22	(24)	26	(30)	33
	允许偏差	+0.43 0		+0.52 0			+0.84 0	

续表

名　称	直径及允许偏差(mm)	
圆度(最大和最小直径之差)	1.00	1.50
中心线倾斜度	应不大于板厚的 3%，且单层板不得大于 2.0mm，多层板组合不得大于 3.0mm	

8）高强度螺栓连接构件螺栓孔的孔距及边距应符合表 6-13 要求。还应考虑专用施工机具的可操作空间。

高强度螺栓的孔距和边距值表　　　表 6-13

名　称	位　置　和　方　向		最大值(取两者的较小值)	最小值
中心间距	外　排		$8d_0$ 或 $12t$	$3d_0$
	中间排	构件受压力	$12d_0$ 或 $18t$	
		构件受拉力	$16d_0$ 或 $24t$	
中心至构件边缘的距离	顺内力方向		$4d_0$ 或 $8t$	$2d_0$
	垂直内力方向	切割边		$1.5d_0$
		轧制边		$1.5d_0$

注：1. d_0 为高强度螺栓的孔径；t 为外层较薄板件的厚度。
　　2. 钢板边缘与刚性构件（如角钢、槽钢等）相连的高强度螺栓的最大间距，可按中间排数值采用。

9）高强度螺栓连接构件的孔距允许偏差符合表 6-14 的规定。

高强度螺栓连接构件的孔距允许偏差　　　表 6-14

项次	项　　目		螺栓孔距(mm)			
			<500	500~1200	1200~3000	>3000
1	同一组内任意两孔间	允许	±1.0	±1.2	—	—
2	相邻两组的端孔间	偏差	±1.2	±1.5	+2.0	±3.0

注：孔的分组规定：
1. 在节点中连接板与一根杆件相连的所有连接孔划为一组。
2. 接头处的孔：通用接头半个拼接板上的孔为一组。
3. 在两相邻节点或接头间的连接孔为一组，但不包括 1、2 所指的孔。
4. 受弯构件翼缘上，每 1m 长度内的孔为一组。

（2）大六角头高强度螺栓连接施工

大六角头高强度螺栓连接施工一般采用的紧固方法有扭矩法和转角法。

扭矩法施工时，一般先用普通扳手进行初拧，初拧扭矩可取为施工扭矩的 50% 左右。目的是使连接件密贴。在实际操作中，可以让一个操作工使用普通扳手拧紧即可。然后使用扭矩扳手，按施工扭矩值进行终拧。对于较大的连接接点，可以按初拧、复拧及终拧的次序进行，复拧扭矩等于初拧扭矩。一般拧紧的顺序从中间向两边或四周进行。初拧和终拧的螺栓均应做不同的标记，避免漏拧、超拧发生，且便于检查。此法在我国应用广泛。

转角法是用控制螺栓应变即控制螺母的转角来获得规定的预拉力，因不需专用扳手，故简单有效。终拧角度可预先测定。高强度螺栓转角法施工分初拧和终拧两步（必要时可增加复拧），初拧的目的是消除板缝影响，给终拧创造一个大体一致的基础。初拧扭矩一般取终拧扭矩的50%为宜。原则是以板缝密贴为准。转角法施工工艺顺序见图6-54。

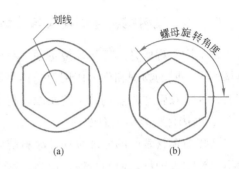

划线

螺母旋转角度

(a)　　　(b)

图6-54　转角施工方法

（3）扭剪型高强度螺栓连接施工

扭剪型高强度螺栓施工相对于大六角头高强度螺栓连接施工简单得多。它是采用专用的电动扳手进行终拧，梅花头拧掉则终拧结束。

扭剪型高强度螺栓的拧紧可分为初拧、终拧，对于大型节点分为初拧、复拧，终拧。初拧采用手动扳手或专用定扭矩电动扳手，初拧值为预拉力标准值的50%左右。复拧扭矩等于初拧扭矩值。初拧或复拧后的高强度螺栓应用颜色在螺母上涂上标记。然后用专用电动扳手进行终拧，直至拧掉螺栓尾部梅花头。读出预拉力值。见图6-55。

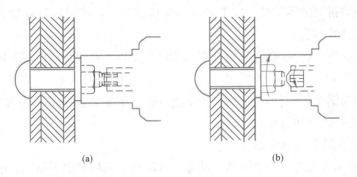

(a)　　　　　　　　　　　(b)

图6-55　扭剪型高强度螺栓连接副终拧示意

（4）高强度螺栓连接副的施工质量检查与验收

高强度螺栓施工质量应有下列原始检查验收记录：高强度螺栓连接副复验数据、抗滑移系数试验数据、初拧扭矩、终拧扭矩、扭矩扳手检查数据和施工质量检查验收记录等。

对大六角头高强度螺栓应进行如下检查：

1）用小锤（0.3kg）敲击法对高强度螺栓进行检查，以防漏拧。

2）终拧完成1h后，48h内应进行终拧扭矩检查。按节点数抽查10%，且不应少于10个；每个被抽查节点按螺栓数抽查10%，且不应少于2个。检查时在螺尾端头和螺母相对位置划线，然后将螺母退回60°左右，再用扭矩扳手重新拧紧，使两线重合，测得此时的扭矩值与施工扭矩值的偏差在10%以内为合格。

对扭剪型高强度螺栓连接副终拧后检查以目测尾部梅花头拧掉为合格。对于因构造原因不能在终拧中拧掉梅花头的螺栓数不应大于该节点螺栓数的5%。并应按大六角头高强度螺栓规定进行终拧扭矩检查。

6.4.5　钢结构构件的防腐与涂装

钢结构工程所处的工作环境不同，自然界中酸雨介质或温度、湿度的作用可能使钢结构产生不同的物理和化学作用而受到腐蚀破坏，严重的将影响其强度、安全性和使用年限，为了减轻并防止钢结构的腐蚀，目前国内外主要采用涂装方法进行防腐。

1. 钢构件涂装前表面处理

涂装前钢材表面的处理是保证涂料防腐效果和钢构件使用寿命的关键。因此，涂装前不但要除去钢材表面的污垢、油脂、铁锈、氧化皮、焊渣和已失效的旧漆膜，还要使钢材表面形成一定的粗糙度。

结构的防腐与除锈采用的工艺、技术要求及质量控制，均应符合以下要求。

（1）钢结构的除锈是构件在施涂之前的一道关键工序，除锈干净可提高防锈涂料的附着力，确保构件的防腐质量。

1）除锈及施涂工序要协调一致。金属表面经除锈处理后应及时施涂防锈涂料，一般应在 6h 以内施涂完毕。如金属表面经磷化处理，需经确认钢材表面生成稳定的磷化膜后，方可施涂防腐涂料。

2）施工现场拼装的零部件，在下料切割及矫正之后，均可进行除锈；并应严格控制施涂防锈涂料的涂层。

对于拼装的组合（包括拼合和箱合空间构件）零件，在组装前应对其内面进行除锈并施涂防腐涂料。

3）拼装后的钢结构构件，经质量检查合格后，除安装连接部位不准涂刷涂料外，其余部位均可进行除锈和施涂。

（2）钢材表面除锈处理方法

钢材表面除锈方法有：手工除锈、动力工具除锈、喷射或抛射除锈、酸洗除锈等。

（3）钢结构防腐的除锈等级

钢结构防腐的除锈等级应符合设计要求或表 6-15。

钢结构防腐的除锈最低等级　　　　　　　　　　　　表 6-15

涂 料 品 种	除锈最低等级
油性酚醛、醇酸等底漆或防锈漆	St2
高氯化聚乙烯、氯化橡胶、氯磺化聚乙烯、环氧树脂、聚氨酯等底漆或防锈漆	Sa2
无机富锌、有机硅、过氯乙烯等底漆	Sa2.5

2. 涂装施工

涂装施工前，钢结构制作、安装、校正已完成并验收合格。

涂装施工环境应通风良好、清洁和干燥，施工环境温度一般宜为 15～30℃，具体应按涂料产品说明书的规定执行；施工环境相对湿度宜不大于 85%；钢材表面的温度应高于空气露点温度 3℃以上。

（1）施涂方法及顺序

钢结构涂装工序主要有：刷防锈漆、局部刮腻子、涂装施工、漆膜质量检查。

涂装施工方法有刷涂法、滚涂法、浸涂法、空气喷涂法、无气喷涂法。

1）刷涂法

刷涂法是一种传统施工方法，它具有工具简单、施工方法简单、施工费用少、易于掌握、适应性强、节约涂料和溶剂等优点。但劳动强度大、生产效率低、施工质量取决于操作者的技能等。

2）滚涂法

滚涂法是用多孔吸附材料制成的滚子进行涂料施工的方法。该方法施工用具简单，操作方便，施工效率高，但劳动强度大，生产效率较低。只适合用于较大面积的构件。

3）浸涂法

浸涂法是将被涂物放入漆槽内浸渍，经过一段时间后取出，滴净多余涂料再晾干或烘干。其优点是效率高，操作简单，涂料损失少。适用于形状复杂构件，及烘烤型涂料。

4）空气喷涂法

空气喷涂法是利用压缩空气的气流将涂料带入喷枪，经喷嘴吹散成雾状，并喷涂到物体表面上的涂装方法。其优点是可获得均匀、光滑的漆膜，施工效率高，缺点是消耗溶剂量大，污染现场，对施工人员有毒害。

5）无气喷涂法

无气喷涂法是利用特殊的液压泵，将涂料增至高压，当涂料经喷嘴喷出时，高速分散在被涂物表面上形成漆膜。其优点是喷涂效率高，对涂料适应性强，能获得厚涂层。缺点是如要改变喷雾幅度和喷出量必须更换喷嘴，也会损失涂料，对环境有一定污染。

（2）涂膜的遍数及厚度

涂装遍数、涂层厚度均应符合设计要求。当设计对涂层厚度无要求时，涂层干漆膜总厚度应为：室外 $150\mu m$，室内 $125\mu m$；其允许偏差为 $-25\mu m$。每遍涂层干漆膜厚度的合格质量偏差为 $-5\mu m$。抽查数量按构件数抽查 10％。且同类构件不应少于 3 件。

（3）钢结构防火涂料涂装施工

钢结构防火涂料按所用粘结剂的不同分为有机类、无机类；钢结构防火涂料按涂层的厚度分为薄涂型（厚度一般 2～7mm）、厚涂型（厚度一般 8～50mm）两类；按施工环境不同分为室内、露天两类；按涂层受热后的状态分为膨胀型和非膨胀型两类。

钢结构防火涂料的生产厂家、检验机构、涂装施工单位均应具有相应的资质，并通过公安消防部门的认证。钢结构涂装时，钢构件宜安装就位完毕并经验收合格。如提前涂装，然后吊装，安装后应进行补喷。钢结构涂装前表面杂物应清理干净并应除锈，其连接处的缝隙应用防火涂料或其他防火材料填补堵平。喷涂前应检查防火涂料，防火涂料品名、质量是否满足要求，是否有厂方的合格证，检测机构的耐火性能检测报告和理化性能检测报告。防火涂料中的底层和面层涂料应相互配套，且底层涂料不得腐蚀钢材。涂料施工及涂层干燥前，环境温度宜在 5～38℃ 之间，相对湿度不宜大于 90%。当风速大于 5m/s，雨天和构件表面有结露时，不宜施工。

钢结构防火涂料施工前应搅拌均匀，方可施工。双组分涂料应按说明书规定的配比配制，随用随配。配制的涂料应在规定的时间内用完。

① 薄涂型钢结构防火涂料施工

底层涂料宜喷涂；面层涂料可采用刷涂，喷涂或滚涂；局部修补及小面积施工可采用抹灰刀等工具手工抹涂。

底层涂料一般喷 2～3 遍，每遍间隔 4～24h，待前遍干燥后再喷后一遍，二三遍每遍喷涂厚度不宜超过 2.5mm；底层涂料厚度应符合设计规定，基本干燥后施工面层，面层涂料一般涂饰 1～2 遍，第一遍从左至右，第二遍则从右至左，保证全部覆盖底涂层。喷涂时，喷枪要稳，喷嘴与构件宜垂直或成 70°，喷口距构件宜为 40～60cm。涂层应厚薄均匀，不漏喷、不流淌，接槎平整，颜色均匀一致。喷涂过程中宜随时检测涂层厚度，保证达到实际规定要求。

② 厚涂型钢结构防火涂料施工

厚涂型钢结构防火涂料一般采用喷涂施工。

喷涂应分几遍完成，第一遍以基本盖住钢结构表面即可，以后每遍喷涂为 5～10mm 厚度。必须在前遍基本干燥或固化后进行下一遍施工。喷涂保护方式，喷涂遍数与涂层厚度应根据设计要求确定。施工过程中应随时检测涂层厚度，直至符合设计厚度方可停止施工。

6.4.6　钢结构单层工业厂房安装

1. 吊装前的准备工作

（1）施工组织设计

在吊装前应进行钢结构工程的施工组织设计，其内容包括：计算钢结构构件和连接件数量；选择起重机械；确定构件吊装方法；确定吊装流水程序；编制进度计划；确定劳动组织；构件的平面布置；确定质量保证措施、安全措施等。

（2）基础的准备

钢柱基础的顶面通常设计为一平面，通过地脚螺栓将钢柱与基础连成整体。施工时应保证基础顶面标高及地脚螺栓位置准确。其允许偏差为：基础顶面高差为 ±2mm，倾斜度 1/1000；地脚螺栓位置允许偏差，在支座范围内为 5mm。施工时可用角钢做成固定架，将地脚螺栓安置在与基础模板分开的固定架上。

为保证基础顶面标高的准确，施工时可采用一次浇筑法或二次浇筑法进行。

1）一次浇筑法

先将基础混凝土浇灌到低于设计标高约 40～60mm 处，然后用细石混凝土精确找平至设计标高，以保证基础顶面标高的准确。这种方法要求钢柱制作尺寸十分准确，且要保证细石混凝土与下层混凝土的紧密粘结，如图 6-56 所示。

2）二次浇筑法

钢柱基础分两次浇筑。第一次浇筑到比设计标高低 40～60mm 处，待混凝土有一定强度后，上面放钢垫板，精确校正钢板标高，然后吊装钢柱。当钢柱校正完毕后，在柱脚钢板下浇灌细石混凝土，如图 6-57 所示。这种方法校正柱子比较容易，多用于重型钢柱吊装。

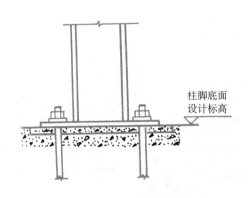

图 6-56　钢柱基础的一次浇筑法

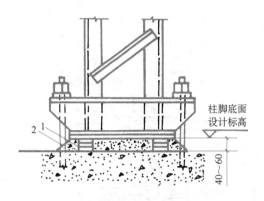

图 6-57　钢柱基础的二次浇筑法
1—调整柱子用的钢垫板；
2—柱子安装后浇筑的细石混凝土

当基础采用二次浇筑混凝土施工时，钢柱脚应采用钢垫板或坐浆垫板作支承。垫板应设置在靠近地脚栓的柱脚底板加劲板或柱脚下，每根地脚螺栓侧应设 1～2 组垫块，每组垫板不得多于 5 块。垫板与基础面和柱底面的接触应平整、紧密。当采用成对斜垫板时，其叠合长度不应小于垫板长度的 2/3。采用坐浆垫板时，应采用无收缩砂浆。柱子吊装前砂浆试块强度应高于基础混凝土强度一个等级。

（3）构件的检查与弹线

在吊装钢构件之前，应检查构件的外形和几何尺寸，如有偏差应在吊装前设法消除。

在钢柱的下部和上部标出两个方向的轴线，在柱下部适当高度标出标高准线，以便校正钢柱的平面位置、垂直度、屋架和吊车梁的标高等。

对不易辨别上下、左右的构件，应在构件上加以标明，以免吊装时搞错。

（4）构件的运输、堆放

钢构件应根据施工组织设计要求的施工顺序，分单元成套供应。运输时，应根据构件的长度、重量选择车辆；钢构件在运输车辆上的支点、两端伸出的长度及绑扎方法均应保证构件不产生变形，不损伤涂层。

钢构件堆放的场地应平整坚实，无积水。堆放时应按构件的种类、型号、安装顺序分区存放。钢结构底层应设有垫枕，并且应有足够的支承面，以防支点下沉。相同型号的钢构件叠放时，各层钢构件的支点应在同一垂直线上，并应防止钢构件被压坏和变形。

2. 构件的吊装工艺

（1）钢柱的吊装

1）钢柱的吊升

钢柱的吊升可采用自行式或塔式起重机，用旋转法或滑行法吊升。当钢柱较重时，可采用双机抬吊，用一台起重机抬柱的上吊点，一台起重机抬下吊点，采用双机并立相对旋转法进行吊装，如图 6-58 所示。

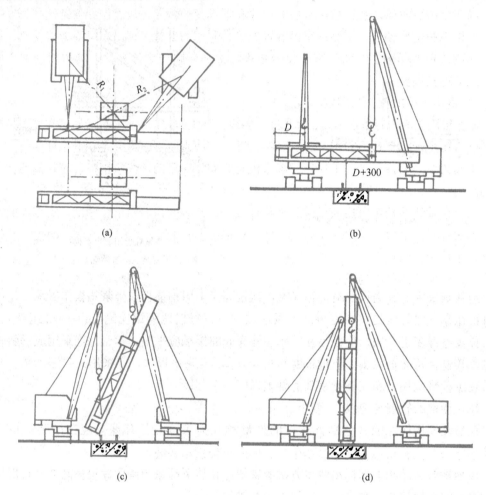

图 6-58　两点抬吊吊装重型柱

(a) 柱的平面布置及起重机就位图；(b) 两机同时将柱吊升；

(c) 两机协调旋转并将柱吊直；(d) 将柱脚底板孔插入螺栓

2）钢柱的校正与固定

钢柱的校正包括平面位置、标高、垂直度的校正。平面位置的校正应用经纬仪从两个方向检查钢柱的安装准线。在吊升前应安放标高控制块以控制钢柱底部标高。垂直度的校正用经纬仪检验，如超过允许偏差，用千斤顶进行校正。在校正过程中，随时观察柱底部和标高控制块之间是否脱空，以防校正过程中造成水平标高的误差。

为防止钢柱校正后的轴线位移，应在柱底板四边用 10mm 厚钢板定位，并电焊牢固。钢柱复校后，紧固地脚螺栓，并将承重垫块上下点焊固定，防止移动。

（2）钢吊车梁的吊装

1）吊车梁的吊升

钢吊车梁可用自行式起重机吊装，也可以用塔式起重机、桅杆式起重机等进行吊装，对重量很大的吊车梁，可用双机抬吊。

吊车梁吊装时应注意钢柱吊装后的位移和垂直度的偏差，认真做好临时标高垫块工作，严格控制定位轴线，实测吊车梁搁置处梁高制作的误差。钢吊车梁均为简支梁，梁端之间应留有 10mm 左右的间隙并设钢垫板，梁和牛腿用螺栓连接，梁与制动架之间用高强度螺栓连接。

2）钢吊车梁的校正与固定

吊车梁校正的内容包括标高、垂直度、轴线、跨距的校正。标高的校正可在屋盖吊装前进行，其他项目校正可在屋盖安装完成后进行，因为屋盖的吊装可能引起钢柱变位。

吊车梁标高的校正，用千斤顶或起重机对梁作竖向移动，并垫钢板，使其偏差在允许范围内。

吊车梁轴线的校正可用通线法和平移轴线法，跨距的检验用钢尺测量，跨度大的车间用弹簧秤拉测（拉力一般为 100～200N），如超过允许偏差，可用撬棍、钢楔、花篮螺栓、千斤顶等纠正。

（3）钢屋架的吊装与校正

钢屋架的翻身扶直，吊升时由于侧向刚度较差，必要时应绑扎几道杉木杆，作为临时加固措施。

屋架吊装可采用自行式起重机、塔式起重机或桅杆式起重机等。根据屋架的跨度、重量和安装高度不同，选用不同的起重机械和吊装方法。

屋架的临时固定可用临时螺栓和冲钉。

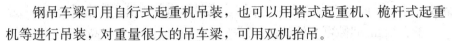

钢屋架的侧向稳定性差，如果起重机的起重量、起重臂的长度允许时，应先拼装两榀屋架及其上部的天窗架、檩条、支撑等成为整体，然后再一次吊装。这样可以保证吊装稳定性，同时也提高吊装效率。

钢屋架的校正内容主要包括垂直度和弦杆的正直度，垂直度用垂球检验，弦杆的正直度用拉紧的测绳进行检验。

屋架的最后固定，用电焊或高强度螺栓进行固定。

3. 连接与固定

钢结构连接方法通常有三种：焊接、铆接和螺栓连接等。钢构件的连接接头应经检查合格后方可紧固或焊接。焊接和高强度螺栓并用的连接，当设计无特殊要求时，应按先栓后焊的顺序施工。下面主要介绍高强度螺栓的施工方法。

（1）摩擦面的处理

高强度螺栓连接，必须对构件摩擦面进行加工处理，在制造厂进行处理可用喷砂、喷（抛）丸、酸洗或砂轮打磨等。处理好的摩擦面应有保护措施，不得涂油漆或污损。制造厂处理好的摩擦面，安装前应逐个复验所附试件的抗滑移系数，合格后方可安装、抗滑移系数应符合设计要求。

（2）连接板安装

连接板不能有挠曲变形，安装前应认真检查，对变形的连接板应矫正平整。高强度螺栓板面接触要平整。因被连接构件的厚度不同，或制作和安装偏差等原因造成连接面之间的间隙，小于 1.0mm 间隙可不处理；1.0～3.0mm 的间隙，应将高出的一侧磨成 1：10 的斜面，打磨方向应与受力方向垂直；大于 3.0mm 的间隙应加垫板，垫板两面的处理方法应与构件相同。

（3）高强度螺栓安装

1）安装要求

① 钢结构拼装前，应清除飞边、毛刺、焊接飞溅物。摩擦面应保持干燥、整洁、不得在雨中作业。

② 高强度螺栓连接副应按批号分别存放，并应在同批内配套使用。在储存、运输、施工过程中不得混放，要防止锈蚀、沾污和碰伤螺纹等可能导致扭矩系数变化的情况发生。

③ 选用的高强度螺栓的形式、规格应符合设计要求。施工前，高强度大六角头螺栓连接副应按出厂批号复验扭矩系数；扭剪高强度螺栓连接副应按出厂批号复验预拉力。复验合格后方可使用。

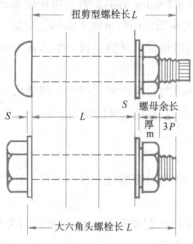

图 6-59　高强度螺栓长度

选用螺栓长度应考虑构件的被连接厚度、螺母厚度、垫圈厚度和紧固后要露出三扣螺纹的余长，如图 6-59 所示。一般螺栓长度 L 按下式计算：

$$L = L' + ns + m + 3p \tag{6-10}$$

式中　L'——构件被连接厚度；

　　n——垫圈个数，扭剪型螺栓为 1，大六角螺栓为 2；

　　s——垫圈厚度（mm）；

　　m——螺母厚度（mm）；

　　p——螺纹的螺距（mm），见表 6-16。

按上式计算所得数值应调整为 5 的倍数。

高强度螺栓螺纹的螺距　　　　表 6-16

螺纹直径	M12	M16	M20	M22	M24	M27	M30
螺距（mm）	1.75	2	2.5	2.5	3	3	3.5

④ 高强度螺栓连接面的抗滑移系数试验结果应符合设计要求，构件连接面与试件连接面表面状态相符。

2）安装方法

① 高强度螺栓接头应采用冲钉和临时螺栓连接，临时螺栓的数量应为接头上螺栓

总数的 1/3，并不少于 2 个，冲钉使用数量不宜超过临时螺栓数量的 30%。安装冲钉时不得因强行击打而使螺孔变形造成飞边。严禁使用高强度螺栓代替临时螺栓以防因损伤螺纹造成扭矩系数增大。

对错位的螺栓孔应用铰刀或粗锉刀进行处理规整，处理时应先紧固临时螺栓主板至板间无间隙，以防切屑落入。螺栓孔也不得采用气割扩孔。

钢结构应在临时螺栓连接状态下进行安装精度校正。

② 钢结构安装精度调整达到校准规定后便可安装高强螺栓。首先安装接头中那些未装临时螺栓和冲钉的螺孔，螺栓应能自由垂直穿入螺栓和冲钉的螺孔，穿入方向应该一致。每个螺栓一端不得垫 2 个及以上的垫圈，不得采用大螺母代替垫圈。

在这些安装上的高强度螺栓用普通扳手充分拧紧后，再逐个用高强度螺栓换下冲钉和临时螺栓。

要安装过程中，连接后的表面如果涂有过多的润滑剂或防锈剂应使用干净的布轻轻揩拭掉多余的涂脂，防止其安装后流到连接面中，不得用清洗剂清洗，否则会造成扭矩系数变化。

（4）高强度螺栓的紧固

为了使每个螺栓的预拉力均匀相等，高强度螺栓拧紧可分为初拧和终拧。对于大型节点应分初拧，复拧和终拧，复拧扭矩应等于初拧扭矩。

初拧扭矩值不得小于终拧扭矩值的 30%，一般为终拧扭矩的 60%~80%。

高强度螺栓终拧扭矩值按下式计算：

$$T_c = K(P + \Delta P)d \tag{6-11}$$

式中　T_c——终拧扭矩（N·m）；

　　　P——高强度螺栓设计预拉力（kN）；

　　　ΔP——预拉力损失值（kN），取设计预拉力的 10%；

　　　d——高强度螺栓螺纹直径（mm）；

　　　K——扭矩系数，扭剪型螺栓取 $K=0.13$。

高强度螺栓的安装应按一定顺序施拧，宜由螺栓群中央顺序向外拧紧。并应在当天终拧完毕，其外露丝扣不得少于 3 扣。

高强度螺栓多用电动扳手进行紧固。

电动扳手不能使用的场合，用测力扳手进行紧固。紧固用鲜明色彩的涂料在螺栓尾部涂上终拧标记备查。

对已紧固的高强度螺栓，应逐个检查验收。对终拧用电动扳手紧固的扭剪型高强度螺栓，应以目测尾部梅花头拧掉为合格。对于用测力扳手紧固的高强度螺栓，仍用测力扳手检查是否紧固到规定的终拧扭矩值。采用转角法施工，初拧结束后应在螺母与螺杆端面同一处刻划出终拧角的起始线和终止线以待检查。大六角头高强度螺栓采用扭矩法施工，检查时应将螺母回退 30°~50°再拧至原位，测定终拧扭矩值其偏差不得大于 ±10%。欠拧漏拧者应及时补拧，超拧者应予更换。欠拧，漏拧宜用 0.3~0.5kg 重的小锤逐个敲检。

6.5 结构安装工程质量要求及安全措施

6.5.1 单、多层混凝土结构安装质量要求

（1）当混凝土强度达到设计强度 75% 以上时，预应力构件孔道灌浆的强度达到 15MPa 以上时，方可进行构件吊装。

（2）安装构件前，应对构件进行弹线和编号，并对结构及预制件进行平面位置、标高、垂直度等校正工作。

（3）构件在吊装就位后，应进行临时固定，保证构件的稳定。

（4）构件的安装，力求准确，保证构件的偏差在允许范围内，见表 6-17。

构件安装时的允许偏差　　　　　　　　　　　　　　　　表 6-17

项目	名　　称			允许偏差(mm)
1	杯形基础	中心线对轴线位移		10
		杯底标高		—10
2	柱	中心线对轴线的位移		5
		上下柱连接中心线位移		3
		垂直度	≤5m	5
			>5m	10
			≥10m 且多节	高度的 1‰
		牛腿顶面和柱顶标高	≤5m	—5
			>5m	—8
3	梁或吊车梁	中心线对轴线位移		5
		梁顶标高		—5
4	屋架	下弦中心线对轴线位移		5
		垂直度	桁架	屋架高的 1/250
			薄腹梁	5
5	天窗架	构件中心线对定位轴线位移		5
		垂直度（天窗架高）		1/300
6	板	相邻两板板底平整	抹灰	5
			不抹灰	3
7	墙板	中心线对轴线位移		3
		垂直度		3
		每层山墙倾斜		2
		整个高度垂直度		10

6.5.2 单层钢结构安装质量要求

（1）钢结构基础施工时，应注意保证基础顶面标高及地脚螺栓位置的准确。其偏差值应在允许偏差范围内。

（2）钢结构安装应按施工组织设计进行。安装程序必须保持结构的稳定性且不导致永久性变形。

（3）钢结构安装前，应按构件明细表核对进场的构件，查验产品合格证和设计文件；工厂预拼装过的构件在现场拼装时，应根据预拼装记录进行。

（4）钢结构安装偏差的检测，应在结构形成空间刚度单元并连接固定后进行，其偏差在允许偏差范围内。钢柱、吊车梁和轨道以及墙架、檩条安装的允许偏差分别见表6-18～表6-20。

单层钢结构柱子安装的允许偏差　　　　　　　　　　　　　　表6-18

项　　目		允许偏差（mm）	检验方法	图　　例
柱脚底座中心线对定位轴线的偏移		5.0	用吊线和钢尺检查	
柱基准点标高	有吊车梁的柱	+3.0 −5.0	用水准仪检查	
	无吊车梁的柱	+5.0 −8.0		
弯曲矢高		$H/1200$，且$\leqslant 15.0$	用经纬仪或拉线和钢尺检查	
柱轴线垂直度	单层柱 $H \leqslant 10\text{m}$	$H/1000$	用经纬仪或吊线和钢尺检查	
	单层柱 $H > 10\text{m}$	$H/1000$，且$\leqslant 25.0$		
	多层柱 单节柱	$H/1000$，且$\leqslant 10.0$		
	多层柱 柱全高	35.0		

钢吊车梁安装的允许偏差　　　　　　　　　　　　　　表6-19

项　　目	允许偏差（mm）	检验方法	图　　例
梁的跨中垂直度 △	$H/500$	用吊线和钢尺检查	

项　目		允许偏差（mm）	检验方法	图　例
侧向弯曲矢高		$l/1500$，且≤10.0		
垂直上拱矢高		10.0		
两端支座中心位移 Δ	安装在钢柱上时，对牛腿中心的偏移	5.0	用拉线和钢尺检查	
	安装在混凝土柱上时，对定位轴线的偏移	5.0		
吊车梁支座加劲板中心与柱子承压加劲板中心的偏差 Δ		$t/2$	用吊线和钢尺检查	
同跨间内同一横截面吊车梁顶面高差 Δ	支座处	10.0	用经纬仪、水准仪和钢尺检查	
	其他处	15.0		
同跨间同一横截面下挂式吊车梁底面高差 Δ		10.0		
同列相邻两柱间吊车梁顶面高差 Δ		$l/1500$，且≤10.0	用水准仪和钢尺检查	
相邻两吊车梁接头部位 Δ	中心错位	3.0	用钢尺检查	
	上承式顶面高差	1.0		
	下承式底面高差	1.0		
同跨间任一截面的吊车梁中心跨距 Δ		±10.0	用经纬仪和光电测距仪检查，跨度小时，可用钢尺检查	

300

续表

项　　目	允许偏差(mm)	检验方法	图　　例
轨道中心对吊车梁腹板轴线的偏移 △	$t/2$	用吊线和钢尺检查	

墙架、檩条等次要构件安装的允许偏差　　　　表 6-20

项　　　目		允　许　偏　差(mm)	检验方法
墙架立柱	中心线对定位轴线的偏移	10.0	用钢尺检查
	垂直度	$H/1000$,且不应大于 10.0	用经纬仪或吊线和钢尺检查
	弯曲矢高	$H/1000$,且不应大于 15.0	用经纬仪或吊线和钢尺检查
抗风桁架的垂直度		$H/250$,且不应大于 15.0	用吊线和钢尺检查
檩条、墙梁的间距		±5.0	用钢尺检查
檩条的弯曲矢高		$L/750$,且不应大于 12.0	用拉线和钢尺检查
墙梁的弯曲矢高		$L/750$,且不应大于 10.0	用拉线和钢尺检查

注：1. H 为墙架立柱的高度。
　　2. h 为抗风桁架的高度。
　　3. L 为檩条或墙梁的长度。

6.5.3　安全措施

1. 使用机械的安全要求

（1）吊装所用的钢丝绳，事先必须认真检查，表面磨损，若腐蚀达钢丝绳直径 10% 时，不准使用。

（2）起重机负重开行时，应缓慢行驶，且构件离地不得超过 500mm。起重机在接近满荷时，不得同时进行两种操作动作。

（3）起重机工作时，严禁碰触高压电线。起重臂、钢丝绳、重物等与架空电线要保持一定的安全距离，见表 6-21、表 6-22。

起重机吊杆最高点与电线之间应保持的垂直距离　　　　表 6-21

线路电压(kV)	距离不小于(m)	线路电压(kV)	距离不小于(m)
1以下	1	20以上	2.5
20以下	1.5		

起重机与电线之间应保持的水平距离 表 6-22

线路电压(kV)	距离不小于(m)	线路电压(kV)	距离不小于(m)
1 以下	1.5	110 以下	4
20 以下	2	220 以下	6

（4）发现吊钩、卡环出现变形或裂纹时，不得再使用。

（5）起吊构件时，吊钩的升降要平稳，避免紧急制动和冲击。

（6）对新到、修复或改装的起重机在使用前必须进行检查、试吊；要进行静、动负荷试验。试验时，所吊重物为最大起重量的 125%，且离地面 1m，悬空 10min。

（7）起重机停止工作时，起动装置要关闭上锁。吊钩必须升高，防止摆动伤人，并不得悬挂物件。

2. 操作人员的安全要求

（1）从事安装工作人员要进行体格检查，对心脏病或高血压患者，不得进行高空作业。

（2）操作人员进入现场时，必须戴安全帽、手套，高空作业时还要系好安全带，所带的工具，要用绳子扎牢或放入工具包内。

（3）在高空进行电焊焊接，要系安全带，着防护罩；潮湿地点作业，要穿绝缘胶鞋。

（4）进行结构安装时，要统一用哨声、红绿旗、手势等指挥，所有作业人员，均应熟悉各种信号。

3. 现场安全设施

（1）吊装现场的周围，应设置临时栏杆，禁止非工作人员入内。地面操作人员，应尽量避免在高空作业面的正下方停留或通过，也不得在起重机的起重臂或正在吊装的构件下停留或通过。

（2）配备悬挂或斜靠的轻便爬梯，供人上下。

（3）如需在悬空的屋架上弦行走时，应在其上设置安全栏杆。

（4）在雨期或冬期里，必须采取防滑措施。如扫除构件上的冰雪、在屋架上捆绑麻袋、在屋面板上铺垫草袋等。

复习思考题

1. 起重机械的种类有哪些？试说明其优缺点及适用范围。

2. 试述履带式起重机的起重高度、起重半径与起重量之间的关系。

3. 柱子吊装前应进行哪些准备工作？

4. 试说明旋转法和滑行法吊装时特点及适用范围。

5. 试述柱按三点共弧进行斜向布置的方法。

6. 怎样对柱进行临时固定和最后固定？

7. 怎样校正吊车梁的安装位置？

8. 屋架的排放有哪些方法？要注意哪些问题？

9. 构件的平面布置应遵守哪些原则?

10. 分件安装法和综合安装法各有什么特点?

11. 预制阶段柱的布置方式有几种?各有什么特点?

12. 屋架在预制阶段布置的方式有几种?

13. 屋架在安装阶段的扶直有几种方法?如何确定屋架的就位范围和就位位置?

14. 高强度螺栓安装前的准备工作与技术要求是什么?

15. 试述高强度螺栓的安装方法。

16. 试出装配式框架结构施工要点。

习　　题

6-1　某单层工业厂房,跨度为 24m ,柱距 6m,采用 W_1-100 型履带式起重机安装柱子,起重半径为 7.5m,起重机分别沿纵轴线跨内和跨外开行,距离为 6m,试对柱子作三点共弧斜向布置,并确定停机点位置。

6-2　某单层工业厂房跨度 21m,柱距 6m,10 个节间,选用 W_1-100 型履带式起重机进行结构安装,吊装屋架时起重半径为 8m,试分别绘制屋架斜向就位图和纵向就位图。

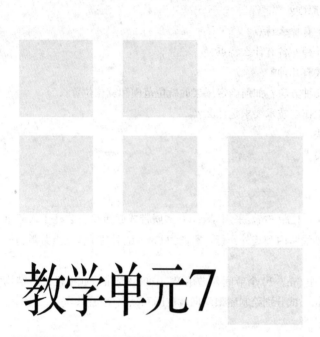

教学单元7

屋面及防水工程施工

【教学目标】 通过本单元学习，使学生掌握防水施工对材料的要求；掌握防水施工的施工方法、质量标准和质量控制方法；掌握防水工程施工中质量通病的防治措施；能按照防水工程施工工艺及质量要求工作；能进行屋面及防水工程施工质量检查。

建筑防水技术在房屋建筑中发挥功能保障作用。防水工程质量的优劣，不仅关系到建（构）筑物的使用寿命，而且直接影响到人们生产、生活环境和卫生条件。因此，建筑防水工程质量除了考虑设计的合理性、防水材料的正确选择外，还更要注意其施工工艺及施工质量。

建筑工程防水按其部位可分为屋面防水、地下防水、卫生间防水等。按其构造做法又可分为结构构件的刚性自防水和用各种防水卷材、防水涂料作为防水层的柔性防水。

7.1 屋面防水工程施工

屋面防水工程是房屋建筑的一项重要工程。根据建筑物的性质、重要程度、使用功能要求及防水层耐用年限等，将屋面防水分为四个等级，并按不同等级进行设防（表7-1）。防水屋面的常用种类有卷材防水屋面、涂膜防水屋面和复合防水屋面等。

屋面防水等级和设防要求 表7-1

项 目	屋 面 防 水 等 级			
	I	II	III	IV
建筑物类别	特别重要或对防水有特殊要求的建筑	重要的建筑和高层建筑	一般的建筑	非永久性的建筑
防水层合理使用年限	25年	15年	10年	5年
防水层选用材料	宜选用合成高分子防水卷材、高聚物改性沥青防水卷材、金属板材、合成高分子防水涂料、细石混凝土等材料	宜选用高聚物改性沥青防水卷材、合成高分子防水卷材、金属板材、合成高分子防水涂料、高聚物改性沥青防水涂料、细石混凝土、平瓦、油毡瓦等材料	宜选用三毡四油沥青防水卷材、高聚物改性沥青防水卷材、合成高分子防水卷材、金属板材、高聚物改性沥青防水涂料、合成高分子防水涂料、细石混凝土、平瓦、油毡瓦等材料	可选用二毡三油沥青防水卷材、高聚物改性沥青防水涂料等材料
设防要求	三道或三道以上防水设防	二道防水设防	一道防水设防	一道防水设防

屋面工程所采用的防水、保温隔热材料应有产品合格证书和性能检测报告，材料的品种、规格、性能等应符合现行国家产品标准和设计要求。屋面工程施工前，要编制施工方案，应建立"三检"制度，并有完整的检查记录。伸出屋面的管道、设备或预埋件应在防水层施工前安设好。施工时每道工序完成后，要经监理单位检查验收合格后，才可进行下道工序的施工。

屋面的保温层和防水层严禁在雨天、雪天和五级以上大风下施工，温度过低也不宜施工。屋面工程完工后，应对屋面细部构造、接缝、保护层等进行外观检验，并用淋水或蓄水进行检验。

防水层不得有渗漏或积水现象。

7.1.1 卷材防水屋面

卷材防水屋面是用胶结材料粘贴卷材进行防水的屋面。这种屋面具有重量轻、防水性能好的优点，其防水层的柔韧性好，能适应一定程度的结构振动和胀缩变形。所用卷材主要有高聚物改性沥青防水卷材和合成高分子防水卷材等。

1. 卷材屋面构造

卷材防水屋面的构造如图 7-1 所示。

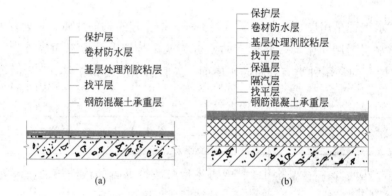

图 7-1　卷材屋面构造层次示意

（a）不保温卷材屋面；（b）保温卷材屋面

2. 对基层的要求

基层施工质量将直接影响屋面工程的防水。基层应有足够的强度和刚度，承受荷载时不致产生显著变形。基层一般采用水泥砂浆、细石混凝土或沥青砂浆找平，做到平整、坚实、清洁、无凹凸形及尖锐颗粒。其平整度为：用 2m 长的直尺检查，基层与直尺间的最大空隙不应超过 5mm，空隙仅允许平缓变化，每米长度内不得多于一处。铺设屋面隔汽层和防水层以前，基层必须清扫干净。

屋面及檐口、檐沟、天沟找平层的排水坡度，必须符合设计要求，平屋面采用结构找坡应不小于 3%，采用材料找坡宜为 2%，天沟、檐沟纵向找坡不应小于 1%，沟底落水差不大于 200mm，在与突出屋面结构的连接处以及在基层的转角处均应做成圆弧，其圆弧半径应符合要求：高聚物改性沥青防水卷材为 50mm，合成高分子防水卷材为 20mm。

为防止由于温差及混凝土构件收缩而使防水屋面开裂，找平层应留分格缝，缝宽一般为 5～20mm。缝应留在预制板支承边的拼缝处，其纵横向最大间距，不宜大于 6m。分格缝处应附加 200～300mm 宽的油毡，用沥青胶结材料单边点贴覆盖。

采用水泥砂浆或沥青砂浆找平层做基层时,其厚度和技术要求应符合表7-2的规定。

找平层厚度和技术要求 表7-2

类 别	基 层 种 类	厚度(mm)	技 术 要 求
水泥砂浆找平层	整体混凝土	15~20	1:2.5~1:3(水泥:砂)体积比,水泥强度等级不低于32.5
	整体或板状材料保温层	20~25	
	装配式混凝土板、松散材料保温层	20~30	
细石混凝土找平层	松散材料保温层	30~35	混凝土强度等级不低于C20
沥青砂浆找平层	整体混凝土	15~20	质量比1:8(沥青:砂)
	装配式混凝土板、整体或板状材料保温层	20~25	

3. 材料选择

（1）基层处理剂

基层处理剂是为了增强防水材料与基层之间的粘结力,在防水层施工前,预先涂刷在基层上的涂料,其选择应与所用卷材的材性相容。常用的基层处理剂有高聚物改性沥青防水卷材屋面的氯丁胶沥青乳胶、橡胶改性沥青溶液、沥青溶液和用于合成高分子防水卷材屋面的聚氨酯煤焦油系的二甲苯溶液、氯丁胶乳溶液、氯丁胶沥青乳胶等。

（2）胶粘剂

卷材防水层的粘结材料,必须选用与卷材相应的胶粘剂。

高聚物改性沥青卷材可选用橡胶或再生橡胶改性沥青的汽油溶液或水乳液作胶粘剂,其粘结剪切强度应大于0.05MPa,粘结剥离强度应大于8N/10mm。

合成高分子防水卷材可选用以氯丁橡胶和丁基酚醛树脂为主要成分的胶粘剂或以氯丁橡胶乳液制成的胶粘剂,其粘结剥离强度不应小于15N/10mm,其用量为$0.4\sim0.5\text{kg/m}^2$。胶粘剂均由卷材生产厂家配套供应。

（3）卷材

主要防水卷材的分类见表7-3。

主要防水卷材分类表 表7-3

类 别		防水卷材名称
沥青基防水卷材		纸胎、玻璃胎、玻璃布、黄麻、铝箔沥青卷材
高聚物改性沥青防水卷材		SBS、APP、SBS-APP、丁苯橡胶改性沥青卷材;胶粉改性沥青卷材、再生胶卷材、PVC改性煤焦油沥青卷材等
合成高分子防水卷材	硫化型橡胶或橡胶共混卷材	三元乙丙卷材、氯磺化聚乙烯卷材、丁基橡胶卷材、氯丁橡胶卷材、氯化聚乙烯-橡胶共混卷材等
	非硫化型橡胶或橡塑共混卷材	丁基橡胶卷材、氯丁橡胶卷材、氯化聚乙烯-橡胶共混卷材等
	合成树脂系防水卷材	氯化聚乙烯卷材、PVC卷材等
特种卷材		热熔卷材、冷自粘卷材、带孔卷材、热反射卷材、沥青瓦等

高聚物改性沥青防水卷材的外观质量要求参见表7-4。

高聚物改性沥青防水卷材外观质量 表7-4

项 目	质 量 要 求
孔洞、缺边、裂口	不允许
边缘不整齐	不超过10mm
胎体露白、未浸透	不允许
撒布材料粒度、颜色	均匀
每卷卷材的接头	不超过1处，较短的一段不应小于1000mm，接头处应加长150mm

合成高分子防水卷材外观质量的要求参见表7-5。

合成高分子防水卷材外观质量 表7-5

项 目	质 量 要 求
折痕	每卷不超过2处，总长度不超过20mm
杂质	大于0.5mm颗粒不允许，每1m^2不超过9mm^2
凹痕	每卷不超过6处，深度不超过本身厚度的30%，树脂深度不超过15%
胶块	每卷不超过6处，每处面积不大于4mm^2
每卷卷材的接头	橡胶类每20m不超过1处，较短的一段不应小于3000mm，接头处应加长150mm，树脂类20m长度内不允许有接头

各种防水材料及制品均应符合设计要求，具有质量合格证明，进场前应按规范要求进行抽样复检，严禁使用不合格产品。

图7-2 卷材防水施工工艺流程图

4. 卷材防水层施工

卷材防水层施工的一般工艺流程如图7-2所示。

（1）卷材防水层铺贴方向

卷材铺贴方向应结合卷材搭接缝顺水接茬和卷材铺贴可操作性两方面因素综合考虑。卷材铺贴应在保证顺直的前提下，宜平行屋脊铺贴。屋面坡度大于25%时为了防止卷材下滑，卷材应采取满粘和钉压等方法固定，固定点应封闭严密。当卷材防水层采用叠层方法施工时，上下层卷材不得相互垂直铺贴，应尽可能避免接缝叠加。

（2）卷材防水层施工顺序

屋面防水层施工时，应先做好节点、附加层和屋面排水比较集中部位（如屋面与水落口连接处、檐口、天沟、屋面转角处、板端缝等）的处理，然后由屋面最低标高处向上施工。铺贴天沟、檐沟卷材时，宜顺天沟、檐口方向，尽量减少搭接。铺贴多跨和有高低跨的屋面时，应按先高后低、先远后近的顺序进行。大面积

308

屋面施工时，应根据屋面特征及面积大小等因素合理划分流水施工段。施工段的界线宜设在屋脊、天沟、变形缝等处。

（3）卷材防水层搭接方法及宽度要求

为确保卷材防水层的质量，所有卷材铺贴时均应用搭接法，平行屋脊的卷材搭接缝应顺水流方向，卷材搭接宽度应符合表7-6的规定。为了避免卷材防水层搭接缝缺陷重合，上下层卷材长边搭接缝应错开，错开的距离不得小于幅宽的1/3。为了避免四层卷材重叠，影响接缝质量，同一层相邻两幅卷材短边搭接缝也应错开，错开的距离不得小于500mm。

叠层铺设的各层卷材，在天沟与屋面的连接处，应采用叉接法搭接，搭接缝应错开，接缝宜留在屋面或天沟侧面，不宜留在沟底。

卷材搭接宽度（mm）　　　　　　　　　　　　　　　　　　　表7-6

卷材类别		搭接宽度
合成高分子防水卷材	胶粘剂	80
	胶粘带	50
	单缝焊	60,有效焊接宽度不小于25
	双缝焊	80,有效焊接宽度10×2＋空腔宽
高聚物改性沥青防水卷材	胶粘剂	100
	自粘	80

（4）屋面特殊部位的铺贴要求

天沟、檐沟、檐口、水落口、泛水、变形缝和伸出屋面管道的防水构造，必须符合设计要求。天沟、檐沟、檐口、泛水和立面卷材收头的端部应裁齐，塞入预留凹槽内，用金属压条，钉压固定，最大钉距不应大于900mm，并用密封材料嵌填封严，凹槽距屋面找平层不小于250mm，凹槽上部墙体应做防水处理。

水落口杯应牢固地固定在承重结构上，如系铸铁制品，所有零件均应除锈，并刷防锈漆；天沟、檐沟铺贴卷材应从沟底开始。如沟底过宽，卷材纵向搭接时，搭接缝必须用密封材料封口，密封材料嵌填必须密实、连续、饱满，粘结牢固，无气泡，不开裂脱落。沟内卷材附加层在与屋面交接处宜空铺，其空铺宽度不小于200mm，其卷材防水层应由沟底翻上至沟外檐顶部，卷材收头应用水泥钉固定并用密封材料封严，铺贴檐口800mm范围内的卷材应采取满粘法。

铺贴泛水处的卷材应采取满粘法，防水层贴入水落口杯内不小于50mm，水落口周围直径500mm范围内的坡度不小于5%，并用密封材料封严。

变形缝处的泛水高度不小于250mm，伸出屋面管道的周围与找平层或细石混凝土防水层之间，应预留20mm×20mm的凹槽，并用密封材料嵌填严密，在管道根部直径500mm范围内，找平层应抹出高度不小于30mm的圆台。管道根部四周应增设附加层，宽度和高度均不小于300mm。管道上的防水层收头应用金属箍紧固，并用密封材料封严。

（5）排汽屋面的施工

卷材应铺设在干燥的基层上。当屋面保温层或找平层干燥有困难而又急需铺设屋面卷材时，则应采用排汽屋面。排汽屋面是整体连续的，在屋面与垂直面连接的地方，隔汽层应延伸到保温层顶部，并高出150mm，以便与防水层相连，要防止房间内的水蒸气进入保温层，造成防水层起鼓破坏，保温层的含水率必须符合设计要求。在铺贴第一层卷材时，采用条粘、点粘、空铺等方法使卷材与基层之间留有纵横相互贯通的空隙作

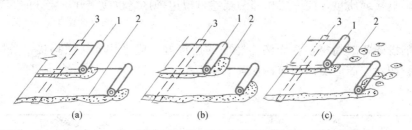

图 7-3　排汽屋面卷材铺法

（a）空铺法；（b）条粘法；（c）点粘法

1—卷材；2—沥青胶；3—附加卷材条

排汽道（图 7-3），排汽道的宽度 30～40mm，深度一直到结构层。对于有保温层的屋面，也可在保温层上的找平层上留槽作排汽道，并在屋面或屋脊上设置一定的排气孔（每 36m² 左右一个）与大气相通，这样就能使潮湿基层中的水分蒸发排出，防止了油毡起鼓。排汽屋面适用于气候潮湿，雨量充沛，夏季阵雨多，保温层或找平层含水率较大，且干燥有困难地区。

（6）高聚物改性沥青卷材防水施工

高聚物改性沥青防水卷材，是指对石油沥青进行改性，改善防水卷材使用性能，延长防水层寿命而生产的一类沥青防水卷材。对沥青的改性，主要是通过添加高分子聚合物实现，其分类品种包括：塑性体沥青防水卷材、弹性体沥青防水卷材、自粘结油毡、聚乙烯膜沥青防水卷材等。使用较为普遍的是 SBS 改性沥青卷材、APP 改性沥青卷材、PVC 改性沥青卷材和再生胶改性沥青卷材等。其施工工艺流程与普通沥青卷材防水层相同。

依据高聚物改性沥青防水卷材的特性，其施工方法有冷粘法、热熔法和自粘法之分。在立面或大坡面铺贴高聚物改性沥青防水卷材时，应采用满粘法，并宜减少短边搭接。

1）冷粘法施工

冷粘法施工是利用毛刷将胶粘剂涂刷在基层或卷材上，然后直接铺贴卷材，使卷材与基层、卷材与卷材粘结的方法。施工时，胶粘剂涂刷应均匀、不露底、不堆积；应控制胶粘剂涂刷与卷材铺贴的间隔时间；卷材下面的空气应排尽，并应辊压粘牢固；卷材铺贴应平整顺直，搭接尺寸应准确，不得扭曲、皱折；接缝应满涂胶粘剂，辊压粘结牢固，溢出的胶粘剂随即刮平封口；也可采用热熔法接缝。接缝口应用密封材料封严，宽度不应小于 10mm。

2）热熔法施工

热熔法施工是指利用火焰加热器熔化热熔型防水卷材底层的热熔胶进行粘贴的方法。施工时，熔化热熔型改性沥青胶结料时，为了防止加热温度过高，导致改性沥青中的高聚物发生裂解而影响质量，宜采用专用导热油炉加热，加热温度不应高于200℃，使用温度不宜低于180℃；粘贴卷材的热熔型改性沥青胶结料厚度宜为1.0～1.5mm；采用热熔型改性沥青胶结料粘贴卷材时，应随刮随铺，并应展平压实。

火焰加热器加热卷材应均匀，施工加热时卷材幅宽内必须均匀一致，要求火焰加热器的喷嘴与卷材的距离应适当，加热至卷材表面有光亮黑色时方可粘合。若熔化不够，会影响卷材接缝的粘结强度和密封性能；加温过高，会使改性沥青老化变焦且把卷材烧穿。卷材表面热熔后应立即滚铺，卷材下面的空气应排尽，并应辊压粘贴牢固；卷材接缝部位应溢出热熔的改性沥青胶，溢出的改性沥青胶宽度宜为8mm；铺贴的卷材应平整顺直，搭接尺寸应准确，不得扭曲、皱折。

厚度小于3mm的高聚物改性沥青防水卷材，严禁采用热熔法施工。

3）自粘法施工

自粘法施工是指采用带有自粘胶的防水卷材，不用热施工，也不需涂胶结材料，而进行粘结的方法。铺贴前，基层表面应均匀涂刷基层处理剂，待干燥后及时铺贴卷材。铺贴卷材时，应将自粘胶底面的隔离纸全部撕净；卷材下面的空气应排尽，并应辊压粘贴牢固；铺贴的卷材应平整顺直，搭接尺寸应准确，不得扭曲、皱折；接缝口应用密封材料封严，宽度不应小于10mm；低温施工时，接缝部位宜采用热风加热，并应随即粘贴牢固。

（7）合成高分子卷材防水施工

合成高分子卷材的主要品种有：三元乙丙橡胶防水卷材，氯化聚乙烯-橡胶共混防水卷材，氯化聚乙烯防水卷材和聚氯乙烯防水卷材等。其施工工艺流程与前相同。

施工方法一般有冷粘法、自粘法和热风焊接法三种。

冷粘法、自粘法施工要求与高聚物改性沥青防水卷材基本相同，但冷粘法施工时搭接部位应采用与卷材配套的接缝专用胶粘剂，在搭接缝粘合面上涂刷均匀，并控制涂刷与粘合的间隔时间，排除空气，辊压粘结牢固。

热风焊接法是利用热空气焊枪进行防水卷材搭接粘合的方法。焊接前卷材应铺设平整、顺直，搭接尺寸应准确，不得扭曲、皱折；卷材焊接缝的结合面应干净、干燥，不得有水滴、油污及附着物；焊接时应先焊长边搭接缝，后焊短边搭接缝；焊缝质量与焊接速度与热风温度、操作人员的熟练程度关系极大，焊接施工时必须严格控制加热温度和时间，焊接缝不得有漏焊、跳焊、焊焦或焊接不牢现象；焊接时不得损害非焊接部位的卷材。

5. 隔离层施工

在柔性防水层上设置块体材料、水泥砂浆、细石混凝土等刚性保护层时，为了防止刚性保护层胀缩变形时对防水层造成的损坏，应在保护层与防水层之间应铺设隔离层。

当基层比较平整时，在已完成雨后或淋水、蓄水检验合格的防水层上面，可以直接

311

干铺塑料膜、土工布或卷材。当基层不太平整时，隔离层宜采用低强度等级黏土砂浆、水泥石灰砂浆或水泥砂浆。铺抹砂浆时，铺抹厚度宜为 10mm，表面应抹平、压实并养护；待砂浆干燥后，其上干铺一层塑料膜、土工布或卷材。隔离层所用的材料应能经得起保护层的施工荷载，塑料膜的厚度不应小于 0.4mm，土工布应采用聚酯土工布，单位面积质量不应小于 $200g/m^2$，卷材厚度不应小于 2mm。

隔离层所用材料的质量及配合比，应符合设计要求；隔离层不得有破损和漏铺现象。塑料膜、土工布、卷材应铺设平整，其搭接宽度不应小于 50mm，不得有皱折。低强度等级砂浆表面应压实、平整，不得有起壳、起砂现象。

6. 保护层施工

防水层上的保护层施工，应待卷材铺贴完成或涂料固化成膜，并经检验合格后进行。沥青类的防水卷材也可直接采用卷材上表面覆有的矿物粒料或铝箔作为保护层。

（1）混凝土预制板保护层

混凝土预制板保护层的结合层可采用砂或水泥砂浆。混凝土板的铺砌必须平整，并满足排水要求。在砂结合层上铺砌块体时，砂层应洒水压实、刮平；板块对接铺砌，缝隙应一致，缝宽 10mm 左右，砌完洒水轻拍压实。板缝先填砂一半高度，再用 1∶2 水泥砂浆勾成凹缝。为防止砂子流失，在保护层四周 500mm 范围内，应改用低强度等级水泥砂浆做结合层。采用水泥砂浆做结合层时，应先在防水层上做隔离层，隔离层可采用热砂、干铺油毡、铺纸筋灰或麻刀灰、黏土砂浆、白灰砂浆等多种方法施工。预制块体应先浸水湿润并阴干。摆铺完后应立即挤压密实、平整，使之结合牢固。预留板缝（10mm）用 1∶2 水泥砂浆勾成凹缝。

上人屋面的预制块体保护层，块体材料应按照楼地面工程质量要求选用，结合层应选用 1∶2 水泥砂浆。

（2）细石混凝土保护层

施工前应在防水层上铺设隔离层，并按设计要求支设好分格缝木模，设计无要求时，分格缝纵横间距不大于 6m，分格缝宽度为 10～20mm。一个分格内的混凝土应连续浇筑，不留施工缝。振捣宜采用铁辊滚压或人工拍实，以防破坏防水层。拍实后随即用刮尺按排水坡度刮平，初凝前用木抹子提浆抹平，初凝后及时取出分格缝木模，终凝前用铁抹子压光。

细石混凝土保护层浇筑后应及时进行养护，养护时间不应少于 7d。养护期满即将分格缝清理干净，待干燥后嵌填密封材料。

7.1.2 涂膜防水屋面

涂膜防水屋面是在屋面基层上涂刷防水涂料，经固化后形成一层有一定厚度和弹性的整体涂膜从而达到防水目的的一种防水屋面形式。其典型的构造层次如图 7-4 所示。这种屋面具有施工操作简便、无污染、冷操作、无接缝，能适应复杂基层，防水性能好，温度适应性强，容易修补等特点。适用于防水等级为Ⅲ级、Ⅳ级的屋面防水；也可作为Ⅰ级、Ⅱ级屋面多道防水设防中的一道防水层。

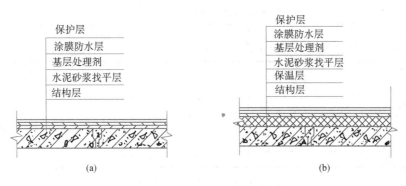

图 7-4 涂膜防水屋面构造图

(a) 无保温层涂膜屋面；(b) 有保温层涂膜屋面

1. 材料要求

根据防水涂料成膜物质的主要成分，适用涂膜防水层的涂料可分为：高聚物改性沥青防水涂料和合成高分子防水涂料两类。根据防水涂料的形成液态的方式，可分为溶剂型、反应型和乳液型三类（表 7-7）。防水涂料的质量要求分别见表 7-8～表 7-10。

主要防水涂料的分类 表 7-7

类 别		材 料 名 称
高聚物改性沥青防水涂料	溶剂型	再生橡胶沥青涂料、氯丁橡胶沥青涂料等
	乳液型	丁苯胶乳沥青涂料、氯丁胶乳沥青涂料、PVC 煤焦油涂料等
合成高分子防水涂料	乳液型	硅橡胶涂料、丙烯酸酯涂料、AAS 隔热涂料等
	反应型	聚氨酯防水涂料、环氧树脂防水涂料等

高聚物改性沥青防水涂料质量要求 表 7-8

项 目		质 量 要 求
固体含量(%)		≥43
耐热度(80℃,5h)		无流淌、起泡和滑动
柔性(−10℃)		3mm 厚,绕 ϕ20mm 圆棒,无裂纹、断裂
不透水性	压力(MPa)	≥0.1
	保持时间(min)	≥30 不渗透
延伸(20±2℃拉伸)(mm)		≥4.5

2. 基层要求

涂膜防水层要求基层的刚度大，空心板安装牢固，找平层有一定强度，表面平整、密实，不应有起砂、起壳、龟裂、爆皮等现象。表面平整度应用 2m 直尺检查，基层与直尺的最大间隙不应超过 5mm，间隙仅允许平缓变化。基层与凸出屋面结构连接处及基层转角处应做成圆弧形或钝角。按设计要求做好排水坡度，不得有积水现象。施工前应将分格缝清理干净，不得有异物和浮灰。对屋面的板缝处理应遵守有关规定。等基层干燥后方可进行涂膜施工。

合成高分子防水涂料性能要求 表 7-9

项 目		质 量 要 求		
		反应固化型	挥发固化型	聚合物水泥涂料
固体含量(%)		≥94	≥65	≥65
拉伸强度(MPa)		≥1.65	≥1.5	≥1.2
断裂延伸率(%)		≥300	≥300	≥200
柔性(℃)		−30 弯折无裂纹	−20 弯折无裂纹	−10，绕 ϕ10mm 圆棒，无裂纹
不透水性	压力(MPa)	≥0.3	≥0.3	≥0.3
	保持时间(min)	≥30	≥30	≥30

胎体增强材料质量要求 表 7-10

项 目		质 量 要 求		
		聚酯无纺布	化纤无纺布	玻纤网布
外 观		均匀，无团状，平整无折皱		
拉力(宽 50mm)(N)	纵向	≥150	≥45	≥90
	横向	≥100	≥35	≥50
延伸率(%)	纵向	≥10	≥20	≥3
	横向	≥20	≥25	≥3

3. 涂膜防水层施工

涂膜防水施工的一般工艺流程是：基层表面清理、修理→喷涂基层处理剂→特殊部位附加增强处理→涂布防水涂料及铺贴胎体增强材料→清理与检查修理→保护层施工。

基层处理剂常用涂膜防水材料稀释后使用，其配合比应根据不同防水材料按要求配置。

涂膜防水必须由两层以上涂层组成，每层应刷 2～3 遍，且应根据防水涂料的品种，分层分遍涂布，不能一次涂成，并待先涂的涂层干燥成膜后，方可涂后一遍涂料，其总厚度必须达到设计要求。

涂料的涂布顺序为：先高跨后低跨，先远后近，先立面后平面。同一屋面上先涂布排水较集中的水落口、天沟、檐口等节点部位，再进行大面积涂布。涂层应厚薄均匀、表面平整，不得有露底、漏涂和堆积现象。两涂层施工间隔时间不宜过长，否则易形成分层现象。涂层中夹铺增强材料时，宜边涂边铺胎体。胎体增强材料长边搭接宽度不得小于 50mm，短边搭接宽度不得小于 70mm。当屋面坡度小于 15％时，可平行屋脊铺设。屋面坡度大于 15％时，应垂直屋脊铺设。采用二层胎体增强材料时，上下层不得互相垂直铺设，搭接缝应错开，其间距不应小于幅宽的 1/3。找平层分格缝处应增设胎体增强材料的空铺附加层，其宽度以 200～300mm 为宜。涂膜防水层收头应用防水涂料多遍涂刷或用密封材料封严。在涂膜未干前，不得在防水层上进行其他施工作业。涂膜防水屋面上不得直接堆放物品。涂膜防水屋面的隔汽层设置原则与卷材防水屋面相同。

涂膜防水屋面应设置保护层。保护层材料可采用水泥砂浆或块材等。采用水泥砂浆或块材时，应在涂膜与保护层之间设置隔离层。

7.1.3　复合防水屋面施工

由于涂膜防水层具有粘结强度高，可修补防水层基层裂缝缺陷，防水层无接缝、整体性好的特点；卷材与涂料复合使用时，涂膜防水层宜设置在卷材防水层的下面。卷材防水层强度高、耐穿刺，厚薄均匀，使用寿命长，宜设置在涂膜防水层的上面。

复合防水层防水涂料与防水卷材之间应粘接牢固，尤其是天沟和立面防水部位，如出现空鼓和分层现象，一旦卷材破损，防水层会出现蹿水现象，另外由于空鼓或分层，加速卷材热老化和疲劳老化，降低卷材使用寿命。防水卷材的粘结质量应符合表 7-11 的要求。

防水卷材的粘结质量　　　　　　　　　　　　　表 7-11

项　目	自粘聚合物改性沥青防水卷材和带自粘层防水卷材	高聚物改性沥青防水卷材胶粘剂	合成高分子防水卷材胶粘剂
粘结剥离强度 （N/10mm）	≥10 或卷材断裂	≥8 或卷材断裂	≥15 或卷材断裂
剪切状态下的粘合强度 （N/10mm）	≥20 或卷材断裂	≥20 或卷材断裂	≥20 或卷材断裂
浸水 168h 后粘结剥离强度保持率（%）			≥70

注：防水涂料作为防水卷材粘结材料复合使用时，应符合相应的防水卷材胶粘剂规定。

复合防水层施工质量应按卷材防水施工质量和涂膜防水施工质量要求组织施工。

在复合防水层中，如果防水涂料既是涂膜防水层，又是防水卷材的胶粘剂，那么单独对涂膜防水层的验收不可能，只能待复合防水层完工后整体验收。如果防水涂料不是防水卷材的胶粘剂，那么应对涂膜防水层和卷材防水层分别验收。复合防水层的总厚度，主要包括卷材厚度、卷材胶粘剂厚度和涂膜厚度。在复合防水层中，如果防水涂料既是涂膜防水层，又是防水卷材的胶粘剂，那么涂膜厚度应给予适当增加。

7.1.4　屋面刚性防水层施工

屋面刚性防水层是指用刚性防水材料做的屋面防水层，其构造如图 7-5 所示。主要有普通细石混凝土防水层、补偿收缩混凝土防水层、块体刚性防水层、预应力混凝土防水层等。与屋面卷材防水层、屋面涂膜防水层相比，屋面刚性防水层所用材料易得，价格便宜，耐久性好，维修方便，但刚性防水层材料的表观密度大，抗拉强度低，极限拉应变小，易受混凝土或砂浆的干湿变形、温度变形和结构变位而产生裂缝。主要适用于防水等级为Ⅲ级的屋面防水，也可用作Ⅰ、Ⅱ级屋面多道防水设防中的一道防水层，不适用于设有松散材料保温层的屋面以及受较大振动或冲击和坡度大于 15% 的屋面。

1. 材料要求

防水层的细石混凝土宜用普通硅酸盐水泥或硅酸盐水泥，用矿渣硅酸盐水泥时应采取减小泌水性措施。水泥强度等级不宜低于 32.5 级。不得使用火山灰质水泥。防水层的细石混凝土和砂浆中，粗骨料的最大粒径不宜超过 15mm，含泥量不应大于 1%；细骨料应采用中砂或粗砂，含泥量不应大于2%；拌合用水应采用不含有害物质的洁净水。混凝土水灰比不应大于0.55，每立方米混凝土水泥最小用量不应小于330kg，含砂率宜为35%～40%，灰砂比应为1∶2～1∶2.5，并宜掺入外加剂；混凝土强度等级不得低于C20。普通细石混凝土、补偿收缩混凝土的自由膨胀率应为0.05%～0.1%。

块体刚性防水层使用的块体应无裂纹、无石灰颗粒、无灰浆泥面、无缺棱掉角，质地密实，表面平整。

2. 基层要求

刚性防水屋面的结构层宜为整体现浇的钢筋混凝土。当屋面结构层采用装配式钢筋混凝土板时，应用强度等级不小于C20的细石混凝土灌缝，灌缝的细石混凝土宜掺膨胀剂。当屋面板板缝宽度大于40mm或上窄下宽时，板缝内必须设置构造钢筋，板端缝应进行密封处理。

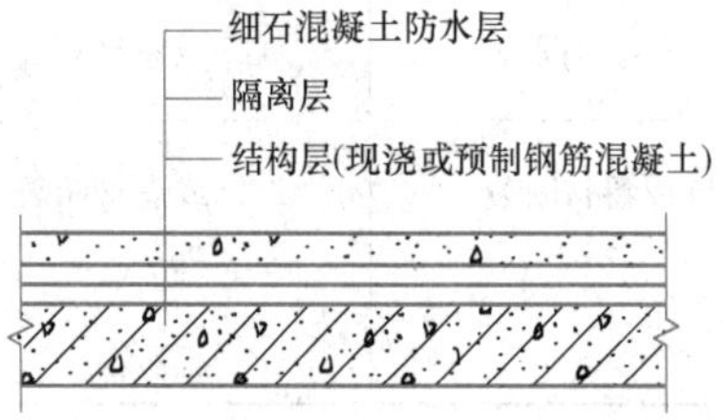

图7-5　细石混凝土防水屋面构造

3. 隔离层施工

在结构层与防水层之间宜增加一层低强度等级砂浆、卷材、塑料薄膜等材料，起隔离作用，使结构层和防水层变形互不受约束，以减少防水混凝土产生拉应力而导致混凝土防水层开裂。

（1）黏土砂浆（或石灰砂浆）隔离层施工

预制板缝填嵌细石混凝土后板面应清扫干净，洒水湿润，但不得积水，将按石灰膏∶砂∶黏土=1∶2.4∶3.6（或石灰膏∶砂＝1∶4）配制的材料拌合均匀，砂浆以干稠为宜，铺抹的厚度约10～20mm，要求表面平整、压实、抹光，待砂浆基本干燥后方可进行下道工序施工。

（2）卷材隔离层施工

用1∶3水泥砂浆将结构层找平，并压实抹光养护，再在干燥的找平层上铺一层3～8mm干细砂滑动层，在其上铺一层卷材，搭接缝用热沥青胶胶结。也可以在找平层上直接铺一层塑料薄膜。

做好隔离层后进行下一道工序施工时，要注意对隔离层加强保护。混凝土运输不能直接在隔离层表面进行，应采取垫板等措施；绑扎钢筋时不得扎破表面，浇捣混凝土时更不能振酥隔离层。

4. 分格缝的设置

为防止大面积的刚性防水层因温差、混凝土收缩等影响而产生裂缝，应按设计要求设置分格缝。其位置一般应设在结构应力变化较突出的部位，如结构层屋面板的支承端、屋面转折处、防水层与突出屋面结构的交接处，并应与板缝对齐。分格缝的纵横间距一般不大于6m。

分格缝的一般做法是在施工刚性防水层前，先在隔离层上定好分格缝位置，再安放分格条，然后按分隔板块浇筑混凝土，待混凝土初凝后，将分格条取出即可。分格缝处可采用嵌填密封材料并加贴防水卷材的办法进行处理，以增加防水的可靠性。

5. 防水层施工

(1) 普通细石混凝土防水层施工

混凝土浇筑应按先远后近、先高后低的原则进行，一个分格缝内的混凝土必须一次浇筑完毕，不得留施工缝。细石混凝土防水层的厚度不应小于40mm，并应配置双向钢筋网片，间距为100~200mm，但在分格缝处应断开，钢筋网片应放置在混凝土的中上部，其保护层厚不应小于10mm。混凝土的质量要严格保证，加入外加剂时，应准确计量，投料顺序得当，搅拌均匀。混凝土搅拌应采用机械搅拌，搅拌时间不少于2min，混凝土运输过程中应防止漏浆和离析。混凝土浇筑时，先用平板振动器振实，再用滚筒滚压至表面平整、泛浆，然后用铁抹子压实抹平，并确保防水层的设计厚度和排水坡度。抹压时严禁在表面洒水、加水泥浆或撒干水泥。待混凝土初凝收水后，应进行二次表面压光，或在终凝前三次压光成活，以提高其抗渗性。混凝土浇筑12~24h后应进行养护，养护时间不应少于14d。养护初期屋面不得上人。施工时的气温宜在5~35℃，以保证防水层的施工质量。

(2) 补偿收缩混凝土防水层施工

补偿收缩混凝土防水层是在细石混凝土中掺入膨胀剂拌制而成，硬化后的混凝土产生微膨胀，以补偿普通混凝土的收缩，它在配筋情况下，由于钢筋限制其膨胀，从而使混凝土产生自应力，起到致密混凝土，提高混凝土抗裂性和抗渗性的作用。其施工要求与普通细石混凝土防水层大致相同。当用膨胀剂拌制补偿收缩混凝土时应按配合比准确称量，搅拌投料时膨胀剂应与水泥同时加入。混凝土连续搅拌时间不应少于3min。

7.1.5　其他屋面施工简介

1. 瓦屋面

瓦屋面防水是我国传统的屋面防水技术。它的种类较多，有平瓦屋面、小青瓦屋面、筒瓦屋面、石板瓦屋面、石棉水泥瓦屋面、玻璃钢波形瓦屋面、油毡瓦屋面、薄钢板屋面、金属压型夹心板屋面等。下面介绍的是目前使用较多并有代表性的几种瓦屋面。

(1) 平瓦屋面

平瓦屋面采用黏土、水泥等材料制成的平瓦铺设在钢筋混凝土或木基层上进行防水。它适用于防水等级为Ⅱ、Ⅲ级以及坡度不小于20%的屋面。

平瓦屋面与立墙及突出屋面结构等交接处，均应做泛水处理。天沟、檐沟的防水层，应采用合成高分子防水卷材、高聚物改性沥青防水卷材、沥青防水卷材、金属板材或塑料板材等材料铺设。

(2) 石棉水泥、玻璃钢波形瓦屋面

石棉水泥波瓦、玻璃钢波形瓦屋面适用于防水等级为Ⅳ级的屋面防水。铺设波瓦时，注意瓦楞与屋脊垂直，铺盖方向要与当地常年主导风雨方向相反，以避免搭口缝飘雨漏水。钉挂波瓦时，相邻两波瓦搭接处的每张盖瓦上，都应设一个螺栓或螺钉，并应设在靠近波瓦搭接部分的盖瓦波峰上。波瓦应采用带橡胶衬垫等防水垫圈的镀锌弯钩螺栓固定在金属檩条或混凝土檩条上，或用镀锌螺钉固定在木檩条上。固定波瓦的螺栓或螺钉不应拧得太紧，以垫圈稍能转动为宜。

2. 金属压型夹心板屋面

金属压型夹心板屋面是金属板材屋面中使用较多的一种，它是由两层彩色涂层钢板、中间加硬质自熄性聚氨酯泡沫组成，通过辊轧、发泡、粘结一次成型。它适用于防水等级为Ⅱ、Ⅲ级的屋面单层防水，尤其是工业与民用建筑轻型屋盖的保温防水屋面。

铺设压型钢板屋面时，相邻两块板应顺年最大频率风向搭接，可避免刮风时冷空气贯入室内。

上下两排板的搭接长度，应根据板型和屋面坡长确定。所有搭接缝内应用密封材料嵌填封严，防止渗漏。

7.2　地下防水工程施工

地下防水工程是防止地下水对地下构筑物或建筑物基础的长期浸透，保证地下构筑物或地下室使用功能正常发挥的一项重要工程。由于地下工程常年受到地表水、潜水、上层滞水、毛细管水等的作用。所以，对地下工程防水的处理比屋面防水工程要求更高，防水技术难度更大。而如何正确选择合理有效的防水方案就成为地下防水工程中的首要问题。

地下工程的防水等级分 4 级，各级标准应符合表 7-12 的规定。

地下防水工程等级标准　　　　　　　　　　　　　　　　　　表 7-12

防水等级	标　准
1 级	不允许渗水,结构表面无湿渍
2 级	不允许漏水,结构表面可有少量湿渍; 工业与民用建筑:湿渍总面积不大于总防水面积的1‰,单个湿渍面积不大于 0.1m² ,任意 100m² 防水面积不超过 1 处; 其他地下工程:湿渍总面积不大于总防水面积的 6‰,单个湿渍面积不大于 0.2m² ,任意 100m² 防水面积不超过 4 处
3 级	有少量漏水点,不得有线流和漏泥沙; 单个湿渍面积不大于 0.3m² ,单个漏水点的漏水量不大于 2.5L/d,任意 100m² 防水面积不超过 7 处
4 级	有漏水点,不得有线流和漏泥沙; 整个工程平均漏水量不大于 2L/m²·d,任意 100m² 防水面积的平均漏水量不大于 4L/m²·d

7.2.1　结构主体防水的施工

1. 防水混凝土结构的施工

防水混凝土结构是指以本身的密实性而具有一定防水能力的整体式混凝土或钢筋混

凝土结构。它兼有承重、围护和抗渗的功能，还可满足一定的耐冻融及耐侵蚀要求。

（1）防水混凝土的种类

防水混凝土一般分为普通防水混凝土、外加剂防水混凝土和膨胀水泥防水混凝土三种。

普通防水混凝土是以调整和控制配合比的方法，以达到提高密实度和抗渗性要求的一种混凝土。

外加剂防水混凝土是指用掺入适量外加剂的方法，改善混凝土内部组织结构，以增加密实性、提高抗渗性的混凝土。按所掺外加剂种类的不同可分减水剂防水混凝土、加气剂防水混凝土、三乙醇胺防水混凝土、氯化铁防水混凝土等。

膨胀水泥防水混凝土是指用膨胀水泥为胶结料配制而成的防水混凝土。

不同类型的防水混凝土具有不同特点，应根据使用要求加以选择。

（2）防水混凝土施工

防水混凝土结构工程质量的优劣，除取决于合理的设计、材料的性质及配合成分以外，还取决于施工质量的好坏。因此，对施工中的各主要环节，如混凝土搅拌、运输、浇筑、振捣、养护等，均应严格遵循施工及验收规范和操作规程的各项规定进行施工。

防水混凝土所用模板，除满足一般要求外，应特别注意模板拼缝严密，支撑牢固。在浇筑防水混凝土前，应将模板内部清理干净。如若两侧模板需用对拉螺栓固定时，应在螺栓或套管中间加焊止水环，螺栓加堵头（图7-6）。

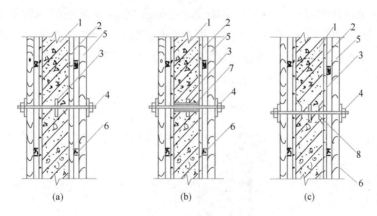

图7-6 螺栓穿墙止水措施

（a）螺栓加焊止水环；（b）套管加焊止水环；（c）螺栓加堵头

1—防水建筑；2—模板；3—止水环；4—螺栓；5—水平加劲肋；6—垂直加劲肋；

7—预埋套管（拆模后将螺栓拔出，套管内用膨胀水泥砂浆封堵）；

8—堵头（拆模后将螺栓沿平凹坑底割去，再用膨胀水泥砂浆封堵）

钢筋不得用钢丝或铁钉固定在模板上，必须采用相同配合比的细石混凝土或砂浆块作垫块，并确保钢筋保护层厚度符合规定，不得有负误差。如结构内设置的钢筋确需用铁丝绑扎时，均不得接触模板。

防水混凝土的配合比应通过试验选定。选定配合比时，应按设计要求的抗渗等级提高 0.2MPa。防水混凝土的抗渗等级不得小于 P6，所用水泥的强度等级不低于 32.5 级，石子的粒径宜为 5～40mm，宜采用中砂，防水混凝土可根据抗裂要求掺入钢纤维或合成纤维，其掺合料、外加剂的掺量应经试验确定，其水灰比不大于 0.50。地下防水工程所使用的防水材料应有产品合格证书和性能检测报告，材料的品种、规格、性能等应符合现行国家产品标准和设计要求，不合格的材料不得在工程中使用。配制防水混凝土要用机械搅拌，先将砂、石、水泥一次倒入搅拌筒内搅拌 0.5～1.0min，再加水搅拌 1.5～2.5min。如掺外加剂应最后加入。外加剂必须先用水稀释均匀，掺外加剂防水混凝土的搅拌时间应根据外加剂的技术要求确定。对厚度≥250mm 的结构，混凝土坍落度宜为 10～30mm，厚度＜250mm 或钢筋稠密的结构，混凝土坍落度宜为 30～50mm。拌好的混凝土应在半小时内运至现场，于初凝前浇筑完毕，如运距较远或气温较高时，宜掺缓凝减水剂。防水混凝土拌合物在运输后，如出现离析，必须进行二次搅拌，当坍落度损失后，不能满足施工要求时，应加入原水灰比的水泥浆或二次掺减水剂进行搅拌，严禁直接加水。混凝土浇筑时应分层连续浇筑，其自由倾落高度不得大于 1.5m。混凝土应用机械振捣密实，振捣时间为 10～30s，以混凝土开始泛浆和不冒气泡为止，并避免漏振、欠振和超振。混凝土振捣后，须用铁锹拍实，等混凝土初凝后用铁抹子压光，以增加表面致密性。

防水混凝土应连续浇筑，尽量不留或少留施工缝。必须留设施工缝时，宜留在下列部位：墙体水平施工缝不应留在剪力与弯矩最大处或底板与侧墙的交接处，应留在高出底板表面不小于 300mm 的墙体上；拱（板）墙结合的水平施工缝，宜留在拱（板）墙接缝线以下 150～300mm 处；墙体有预留孔洞时，施工缝距孔洞边缘不应小于 300mm；垂直施工缝应避开地下水和裂隙水较多的地段，并宜与变形缝相结合。施工缝防水构造见图 7-7。

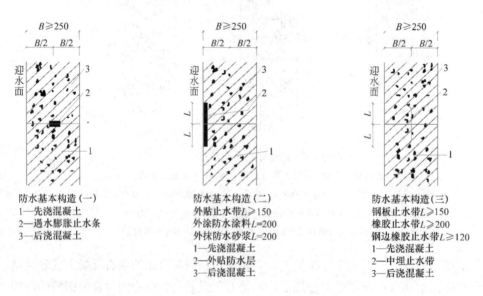

防水基本构造（一）
1—先浇混凝土
2—遇水膨胀止水条
3—后浇混凝土

防水基本构造（二）
外贴止水带 $L \geqslant 150$
外涂防水涂料 $L=200$
外抹防水砂浆 $L=200$
1—先浇混凝土
2—外贴防水层
3—后浇混凝土

防水基本构造（三）
钢板止水带 $L \geqslant 150$
橡胶止水带 $L=200$
钢边橡胶止水带 $L \geqslant 120$
1—先浇混凝土
2—中埋止水带
3—后浇混凝土

图 7-7　施工缝防水构造

施工缝浇灌混凝土前，应将其表面浮浆和杂物清除干净，先刷水泥净浆或涂刷混凝土界面处理剂，再铺 30～50mm 厚的 1∶1 水泥砂浆，并及时浇灌混凝土，垂直施工缝可不铺水泥砂浆，选用的遇水膨胀止水条，应牢固地安装在缝表面或预留槽内，且该止水条应具有缓胀性能，其 7d 的膨胀率不应大于最终膨胀率的 60%，如采用中埋式止水带时，应位置准确，固定牢靠。

防水混凝土终凝后（一般浇后 4～6h），即应开始覆盖浇水养护，养护时间应在 14d 以上，冬期施工混凝土入模温度不应低于 5℃，宜采用综合蓄热法、暖棚法等养护方法，并应保持混凝土表面湿润，防止混凝土早期脱水，如采用掺化学外加剂方法施工时，能降低水溶液的冰点，使混凝土在低温下硬化，但要适当延长混凝土搅拌时间，振捣要密实，还要采取保温保湿措施。不宜采用蒸汽养护和电热养护，地下构筑物应及时回填分层夯实，以避免由于干缩和温差产生裂缝。防水混凝土结构须在混凝土强度达到设计强度 40% 以上时方可在其上面继续施工，达到设计强度 70% 以上时方可拆模。拆模时，混凝土表面温度与环境温度之差，不得超过 15℃，以防混凝土表面出现裂缝。

防水混凝土浇筑后严禁打洞，因此，所有的预留孔和预埋件在混凝土浇筑前必须埋设准确。对防水混凝土结构内的预埋铁件、穿墙管道等防水薄弱之处，应采取措施，仔细施工。

拌制防水混凝土所用材料的品种、规格和用量，每工作班检查不应少于两次，混凝土在浇筑地点的坍落度，每工作班至少检查两次，防水混凝土抗渗性能，应采用标准条件下养护混凝土抗渗试件的试验结果评定，试件应在浇筑地点制作。连续浇筑混凝土每 500m³ 应留置一组抗渗试件，一组为 6 个试件，每项工程不得小于两组。

防水混凝土的施工质量检验，应按混凝土外露面积每 100m² 抽查 1 处，每处 10m²，且不得少于 3 处，细部构造应全数检查。

防水混凝土的抗压强度和抗渗压力必须符合设计要求，其变形缝、施工缝、后浇带、穿墙管道、埋设件等设置和构造均要符合设计要求，严禁有渗漏。防水混凝土结构表面的裂缝宽度不应大于 0.2mm，并不得贯通，其结构厚度不应小于 250mm，迎水面钢筋保护层厚度不应小于 50mm。

2. 水泥砂浆防水层的施工

刚性抹面防水根据防水砂浆材料组成及防水层构造不同可分为两种：掺外加剂的水泥砂浆防水层与刚性多层抹面防水层。掺外加剂的水泥砂浆防水层，近年来已从掺用一般无机盐类防水剂发展至用聚合物外加剂改性水泥砂浆，从而提高水泥砂浆防水层的抗拉强度及韧性，有效地增强了防水层的抗渗性，可单独用于防水工程，获得较好的防水效果。刚性多层抹面防水层主要是依靠特定的施工工艺要求来提高水泥砂浆的密实性，从而达到防水抗渗的目的，适用于埋深不大，不会因结构沉降、温度和湿度变化及受振动等产生有害裂缝的地下防水工程。适用于结构主体的迎水面或背水面，在混凝土或砌体结构的基层上采用多层抹压施工，但不适用环境有侵蚀性，持续振动或温度高于 80℃ 的地下工程。

水泥砂浆防水层所采用的水泥强度等级不应低于 32.5 级，宜采用中砂，其粒径在 3mm 以下，外加剂的技术性能应符合国家或行业标准一等品及以上的质量要求。

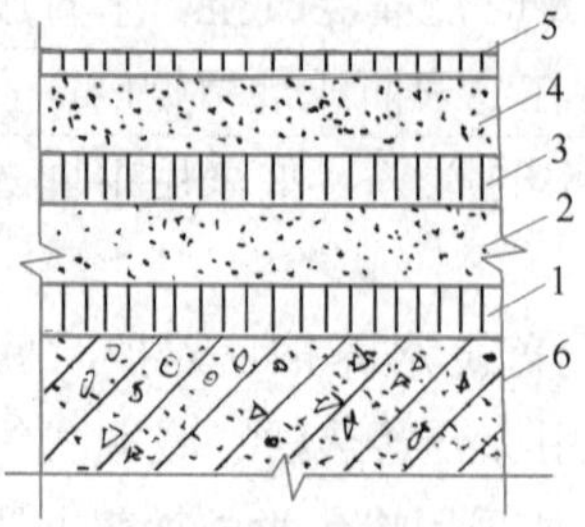

图 7-8　五层做法构造

1、3—素灰层 2mm；2、4—砂浆层
4~5mm；5—水泥浆 1mm；6—结构层

刚性多层抹面防水层通常采用四层或五层抹面做法。一般在防水工程的迎水面采用五层抹面做法（图 7-8），在背水面采用四层抹面做法（少一道水泥浆）。施工前要注意对基层的处理，使基层表面保持湿润、清洁、平整、坚实、粗糙，以保证防水层与基层表面结合牢固，不空鼓和密实不透水。施工时应注意素灰层与砂浆层应在同一天完成。施工应连续进行，尽可能不留施工缝。一般顺序为先平面后立面。分层做法如下：第一层，在浇水湿润的基层上先抹 1mm 厚素灰（用铁板用力刮抹 5~6 遍），再抹 1mm 找平。第二层，在素灰层初凝后终凝前进行，使砂浆压入素灰层 0.5mm 并扫出横纹。第三层，在第二层凝固后进行，做法同第一层。第四层，同第二层做法，抹后在表面用铁板抹压 5~6 遍，最后压光。第五层，在第四层抹压二遍后刷水泥浆一遍，随第四层压光。水泥砂浆铺抹时，采用砂浆收水后二次抹光，使表面坚固密实。防水层的厚度应满足设计要求，一般为 18~20mm 厚，聚合物水泥砂浆防水层厚度要视施工层数而定。施工时应注意素灰层与砂浆层应在同一天完成，防水层各层之间应结合牢固，不空鼓。每层宜连续施工尽可能不留施工缝，必须留施工缝时，应采用阶梯坡形槎，但离开阴阳角处，不小于 200mm，防水层的阴阳角应做成圆弧形。

水泥砂浆防水层不宜在雨天及 5 级以上大风中施工，冬期施工不应低于 5℃，夏季施工不应在 35℃以上或烈日照射下施工。

如采用普通水泥砂浆做防水层，铺抹的面层终凝后应及时进行养护，且养护时间不得少于 14d。

对聚合物水泥砂浆防水层未达硬化状态时，不得浇水养护或受雨水冲刷，硬化后应采用干湿交替的养护方法。

3. 卷材防水层施工

卷材防水层是用沥青胶结材料粘贴卷材而成的一种防水层，属于柔性防水层。其特点是具有良好的韧性和延伸性，能适应一定的结构振动和微小变形，对酸、碱、盐溶液具有良好的耐腐蚀性，是地下防水工程常用的施工方法，采用改性沥青防水卷材和高分子防水卷材，抗拉强度高，延伸率大，耐久性好，施工方便。但由于沥青卷材吸水率大，耐久性差，机械强度低，直接影响防水层质量，而且材料成本高，施工工序多，操作条件差，工期较长，发生渗漏后修补困难。

（1）铺贴方案

地下防水工程一般把卷材防水层设置在建筑结构的外侧迎水面上称为外防水，这种防水层的铺贴法可以借助土压力压紧，并与结构一起抵抗有压地下水的渗透和侵蚀作用，防水效果良好，采用比较广泛。卷材防水层用于建筑物地下室，应铺设在结构主体底板垫层至墙体顶端的基面上，在外围形成封闭的防水层，卷材防水层为一至二层，防水卷材厚度应满足表 7-13 的规定。

防水卷材厚度　　　　　　　　　　　　　　　　　　表 7-13

防水等级	设　防　道　数	合成高分子卷材	高聚物改性沥青防水卷材
一级	三道或三道以上设防	单层：不应小于 1.5mm；	单层：不应小于 4mm；
二级	二道设防	双层：每层不应小于 1.2mm	双层：每层不应小于 3mm
三级	一道设防	不应小于 1.5mm	不应小于 4mm
	复合设防	不应小于 1.2mm	不应小于 3mm

阴阳角处应做成圆弧或 135°折角，其尺寸视卷材品质而定，在转角处，阴阳角等特殊部位，应增贴 1～2 层相同的卷材，宽度不宜小于 500mm。

外防水的卷材防水层铺贴方法，按其与地下防水结构施工的先后顺序分为外贴法和内贴法两种。

1) 外贴法

在地下建筑墙体做好后，直接将卷材防水层铺贴在墙上，然后砌筑保护墙（图 7-9）。其施工程序是：首先浇筑需防水结构的底面混凝土垫层；并在垫层上砌筑永久性保护墙，墙下干铺油毡一层，墙高不小于结构底板厚度 B+(200～500) mm；在永久性保护墙上用石灰砂浆砌临时保护墙，墙高为 150mm×(油毡层数＋1)；在永久性保护墙上和垫层上抹 1:3 水泥砂浆找平层，临时保护墙上用石灰砂浆找平；待找平层基本干燥后，即在其上满涂冷底子油，然后分层铺贴立面和平面卷材防水层，并将顶端临时固定。在铺贴好的卷材表面做好保护层后，再进行需防水结构的底板和墙体施工。需防水结构施工完成后，将临时固定的接槎部位的各层卷材揭开并清理干净，再在此区段的外墙外表面上补抹水泥砂浆找平层，找平层上满涂冷底子油，将卷材分层错槎搭接向上铺贴在结构墙上。卷材接槎的搭接长度，高聚物改性沥青卷材为 150mm，合成高分子卷材为 100mm，当使用两层卷材时，卷材应错槎接缝，上层卷材应盖过下层卷材；应及时做好防水层的保护结构。

2) 内贴法

在地下建筑墙体施工前先砌筑保护墙，然后将卷材防水层铺贴在保护墙上，最后施工并浇筑地下建筑墙体（图 7-10）。其施工程序是：先在垫层上砌筑永久保护墙，然后在垫层及保护墙上抹 1:3 水泥砂浆找平层，待其基本干燥后满涂冷底子油，沿保护墙与垫层铺贴防水层。卷材防水层铺贴完成后，在立面防水层上涂刷最后一层沥青胶时，趁热粘上干净的热砂或散麻丝，待冷却后，随即抹一层 10～20mm 厚 1:3 水泥砂浆保护层。在平面上可铺设一层 30～50mm 厚 1:3 水泥砂浆或细石混凝土保护层。最后进行需防水结构的施工。

(2) 施工要点

铺贴卷材的基层必须牢固、无松动现象；基层表面应平整干净；阴阳角处，均应做成圆弧形或钝角。铺贴卷材前，应在基面上涂刷基层处理剂，当基面较潮湿时，应涂刷湿固化型胶粘剂或潮湿界面隔离剂。基层处理剂应与卷材和胶粘剂的材性相容，基层处理剂可采用喷涂法或涂刷法施工，喷涂应均匀一致，不露底，待表面干燥后，再铺贴卷

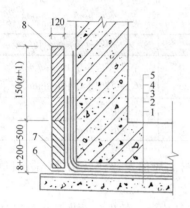

图 7-9　外贴法
1—垫层；2—找平层；3—卷材防水层；
4—保护层；5—构筑物；6—油毡；
7—永久保护墙；8—临时性保护墙

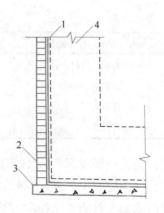

图 7-10　内贴法
1—卷材防水层；2—永久保护墙；3—垫层；
4—尚未施工的构筑物

材。铺贴卷材时，每层的沥青胶，要求涂布均匀，其厚度一般为 1.5～2.5mm。外贴法铺贴卷材应先铺平面，后铺立面，平、立面交接处应交叉搭接；内贴法宜先铺垂直面，后铺水平面。铺贴垂直面时应先铺转角，后铺大面。墙面铺贴时应待冷底子油干燥后自下而上进行。卷材接槎的搭接长度，高聚物改性沥青卷材为 150mm，合成高分子卷材为 100mm，当使用两层卷材时，上下两层和相邻两幅卷材的接缝应错开 1/3～1/2 幅宽，并不得互相垂直铺贴。在立面与平面的转角处，卷材的接缝应留在平面距立面不小于 600mm 处。在所有转角处均应铺贴附加层并仔细粘贴紧密。粘贴卷材时应展平压实。卷材与基层和各层卷材间必须粘结紧密，搭接缝必须用沥青胶仔细封严。最后一层卷材贴好后，应在其表面均匀涂刷一层 1～1.5mm 的热沥青胶，以保护防水层。铺贴高聚物改性沥青卷材应采用热熔法施工，在幅宽内卷材底表面均匀加热，不可过分加热或烧穿卷材，只使卷材的粘接面材料加热呈熔融状态后，立即与基层或已粘贴好的卷材粘接牢固，但对厚度小于 3mm 的高聚物改性沥青防水卷材不能采用热熔法施工。铺贴合成高分子卷材要采用冷粘法施工，所使用的胶粘剂必须与卷材材性相容。

如用模板代替临时性保护墙时，应在其上涂刷隔离剂。从底面折向立面的卷材与永久性保护墙的接触部位，应采用空铺法施工，与临时性保护墙或围护结构模板接触的部位，应临时贴附在该墙上或模板上，卷材铺好后，其顶端应临时固定。当不设保护墙时，从底面折向立面的卷材的接槎部位应采取可靠的保护措施。

7.2.2　结构细部构造防水的施工

1. 变形缝

地下结构物的变形缝是防水工程的薄弱环节，防水处理比较复杂。如处理不当会引起渗漏现象，从而直接影响地下工程的正常使用和寿命。为此，在选用材料、做法及结构形式上，应考虑变形缝处的沉降、伸缩的可变性，并且还应保证其在形态中的密闭性，即不产生渗漏水现象。用于伸缩的变形缝宜不设或少设，可根据不同的工程结构、类别及工程地质情况采用诱导缝、加强带、后浇带等替代措施。用于沉降的变形缝宽度宜为 20～30mm，用于伸缩的变形缝宽度宜小于此值，变形缝处混凝土结构的厚度不应小于 300mm，变形缝的防水措施可根据工程开挖方法，防水等级按规范要求选用。

对止水材料的基本要求是：适应变形能力强；防水性能好；耐久性高；与混凝土粘结牢固等。防水混凝土结构的变形缝，后浇带等细部构造应采用止水带，遇水膨胀橡胶腻子止水条等高分子防水材料和接缝密封材料。

常见的变形缝止水带材料有：橡胶止水带、塑料止水带、氯丁橡胶止水带和金属止水带（如镀锌钢板等）。其中，橡胶止水带与塑料止水带的柔性、适应变形能力与防水性能都比较好，是目前变形缝常用的止水材料；氯丁橡胶止水带是一种新型止水材料，具有施工简便、防水效果好、造价低且易修补的特点；金属止水带一般仅用于高温环境条件下无法采用橡胶止水带或塑料止水带的场合。金属止水带的适应变形能力差，制作困难。对环境温度高于 50℃ 处的变形缝，可采用 2mm 厚的紫铜片或 3mm 厚不锈钢金属止水带，在不受水压的地下室防水工程中，结构变形缝可采用加防腐掺合料的沥青浸过的松散纤维材料，软质板材等填塞严密，并用封缝材料严密封缝，墙的变形缝的填嵌应按施工进度逐段进行，每 300～500mm 高填缝一次，缝宽不小于 30mm，不受水压的卷材防水层，在变形缝处应加铺两层抗拉强度高的卷材，在受水压的地下防水工程中，温度经常＜50℃，在不受强氧化作用时，变形缝宜采用橡胶或塑料止水带，当有油类侵蚀时，应选用相应的耐油橡胶或塑料止水带，止水带应整条，如必须接长，应采用焊接或胶接，止水带的接缝宜为一处，应设在边墙较高位置上，不得设在结构转角处，止水带埋设位置应准确，其中间空心圆环与变形缝的中心线应重合。止水带应妥善固定，顶、底板内止水带应成盆状安设，宜采用专用钢筋套或扁钢固定，止水带不得穿孔或用铁钉固定，损坏处应修补，止水带应固定牢固、平直，不能有扭曲现象。

变形缝接缝处两侧应平整、清洁、无渗水，并涂刷与嵌缝材料相容的基层处理剂，嵌缝应先设置与嵌缝材料隔离的背衬材料，并嵌填密实，与两侧粘结牢固，在缝上粘贴卷材或涂刷涂料前，应在缝上设置隔离层后才能进行施工。

止水带的构造形式通常有埋入式、可卸式、粘贴式等，目前采用较多的是埋入式。根据防水设计的要求，有时在同一变形缝处，可采用数层、数种止水带的构造形式。图 7-11 是埋入式橡胶（或塑料）止水带的构造图，图 7-12、图 7-13 分别是可卸式止水带和粘贴式止水带的构造图。

2. 后浇带的施工

后浇带（也称后浇缝）是对不允许留设变形缝的防水混凝土结构工程（如大型设备基础等）采用的一种刚性接缝。

防水混凝土基础后浇缝留设的位置及宽度应符合设计要求。其断面形式可留成平直缝或阶梯缝，但结构钢筋不能断开；如必须断开，则主筋搭接长度应大于 45 倍主筋直径，并应按设计要求加设附加钢筋。留缝时应采取支模或固定钢板网等措施，保证留缝位置准确、断口垂直、边缘混凝土密实。后浇带需超前止水时，后浇带部位混凝土应局部加厚，并增设外贴式或埋入式止水带。留缝后要注意保护，防止边缘毁坏或缝内进入

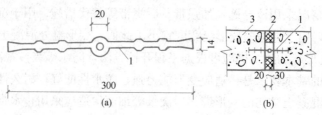

图 7-11　埋入式橡胶（或塑料）止水带的构造

（a）橡胶止水带；（b）变形缝构造

1—止水带；2—沥青麻丝；3—构筑物

垃圾杂物。

后浇带的混凝土施工，应在其两侧混凝土浇筑完毕并养护 6 个星期，待混凝土收缩变形基本稳定后再进行。但高层建筑的后浇带应在结构顶板浇筑混凝土 14d 后，再施工后浇带。浇筑前应将接缝处混凝土表面凿毛并清洗干净，保持湿润；浇筑的混凝土应优先选用补偿收缩的混凝土，其强度等级不得低于两侧混凝土的强度等级；施工期的温度应低于两侧混凝土施工时的温度，而且宜选择在气温较低的季节施工；浇筑后的混凝土养护时间不应少于四个星期。

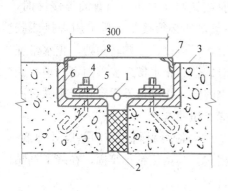

图 7-12　可卸式橡胶止水带变形缝构造

1—橡胶止水带；2—沥青麻丝；

3—构筑物；4—螺栓；5—钢压条；

6—角钢；7—支撑角钢；8—钢盖板

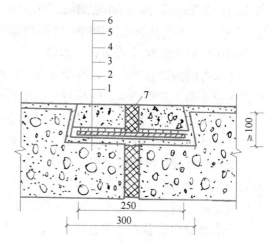

图 7-13　粘贴式氯丁橡胶板变形缝构造

1—构筑物；2—刚性防水层；

3—胶粘剂；4—氯丁胶板；5—素灰层；

6—细石混凝土覆盖层；7—沥青麻丝

7.3　室内其他部位防水工程施工

卫生间、厨房是建筑物中不可忽视的防水工程部位，它施工面积小，穿墙管道多，设备多，阴阳转角复杂，房间长期处于潮湿受水状态等不利条件。传统的卷材防水做法已不适应卫生间、厨房防水施工的特殊性，为此，通过大量的实验和实践证明，以涂膜防水代替各种卷材防水，尤其是选用高弹性的聚氨酯涂膜防水或选用弹塑性的氯丁胶乳沥青涂料防水等新材料和新工艺，可以使卫生间、厨房的地面和墙面形成一个没有接缝、封闭严密的整体防水层，从而提高其防水工程质量。下面以卫生间为例，介绍其防水做法。

7.3.1　卫生间楼地面聚氨酯防水施工

聚氨酯涂膜防水材料是双组分化学反应固化型的高弹性防水涂料，多以甲、乙双组分形式使用。主要材料有聚氨酯涂膜防水材料甲组分、聚氨酯涂膜防水材料乙组分和无机铝盐防水剂等。施工用辅助材料应备有二甲苯、醋酸乙酯、磷酸等。

1. 基层处理

卫生间的防水基层必须用 1:3 的水泥砂浆找平，要求抹平压光无空鼓，表面要坚实，不应有起砂、掉灰现象。在抹找平层时，在管道根部的周围，应使其略高于地面，在地漏的周围，应做成略低于地面的洼坑。找平层的坡度以 1%～2% 为宜，坡向地漏。凡遇到阴、阳角处，要抹成半径不小于 10mm 的小圆弧。与找平层相连接的管件、卫生洁具、排水口等，必须安装牢固，收头圆滑，按设计要求用密封膏嵌固。基层必须基本干燥，一般在基层表面均匀泛白无明显水印时，才能进行涂膜防水层施工。施工前要把基层表面的尘土杂物彻底清扫干净。

2. 施工工艺

(1) 清理基层

需作防水处理的基层表面，必须彻底清扫干净。

(2) 涂布底胶

将聚氨酯甲、乙两组分和二甲苯按 1:1.5:2 的比例（重量比，以产品说明为准）配合搅拌均匀，再用小滚刷或油漆刷均匀涂布在基层表面上。涂刷量约 0.15～0.2kg/m²，涂刷后应干燥固化 4h 以上，才能进行下道工序施工。

(3) 配制聚氨酯涂膜防水涂料

将聚氨酯甲、乙组分和二甲苯按 1:1.5:0.3 的比例配合，用电动搅拌器强力搅拌均匀备用。应随配随用，一般在 2h 内用完。

(4) 涂膜防水层施工

用小滚刷或油漆刷将已配好的防水涂料均匀涂布在底胶已干固的基层表面上。涂完第一度涂膜后，一般需固化 5h 以上，在基本不粘手时，再按上述方法涂布第二、三、四度涂膜，并使后一度与前一度的涂布方向相垂直。对管子根部、地漏周围以及墙转角部位，必须认真涂刷，涂刷厚度不小于 2mm。在涂刷最后一度涂膜固化前及时稀撒少许干净的粒径为 2～3mm 的小豆石，使其与涂膜防水层粘结牢固，作为与水泥砂浆保护层粘结的过渡层。

(5) 作好保护层

当聚氨酯涂膜防水层完全固化和通过蓄水试验合格后，即可铺设一层厚度为 15～

25mm 的水泥砂浆保护层，然后按设计要求铺设饰面层。

3. 质量要求

聚氨酯涂膜防水材料的技术性能应符合设计要求或材料标准规定，并应附有质量证明文件和现场取样进行检测的试验报告以及其他有关质量的证明文件。聚氨酯的甲、乙料必须密封存放，甲料开盖后，吸收空气中的水分会起反应而固化，如在施工中，混有水分，则聚氨酯固化后内部会有水泡，影响防水能力。涂膜厚度应均匀一致，总厚度不应小于 1.5mm。涂膜防水层必须均匀固化，不应有明显的凹坑、气泡和渗漏水的现象。

7.3.2　卫生间楼地面氯丁胶乳沥青防水涂料施工

氯丁胶乳沥青防水涂料是以氯丁橡胶和沥青为基料，经加工合成的一种水乳型防水涂料。它兼有橡胶和沥青的双重优点，具有防水、抗渗、耐老化、不易燃、无毒、抗基层变形能力强等优点，冷作业施工，操作方便。

1. 基层处理

与聚氨酯涂膜防水施工要求相同。

2. 施工工艺及要点

二布六油防水层的工艺流程：基层找平处理 →满刮一遍氯丁胶沥青水泥腻子→满刮第一遍涂料→做细部构造加强层→铺贴玻璃布，同时刷第二遍涂料→刷第三遍涂料→铺贴玻纤网格布，同时刷第四遍涂料→涂刷第五遍涂料→涂刷第六遍涂料并及时撒砂粒→蓄水试验→按设计要求做保护层和面层→防水层二次试水→验收。

在清理干净的基层上满刮一遍氯丁胶乳沥青水泥腻子，管根和转角处要厚刮并抹平整，腻子的配制方法是将氯丁胶乳沥青防水涂料倒入水泥中，边倒边搅拌至稠浆状即可刮涂于基层，腻子厚度为 2~3mm，待腻子干燥后，满刷一遍防水涂料，但涂刷不能过厚，不得漏刷，表面均匀不流淌，不堆积，立面刷至设计标高。在细部构造部位，如阴阳角、管道根部、地漏、大便器蹲坑等分别附加一布二涂附加层。附加层干燥后，大面铺贴玻纤网格布同时涂刷第二遍防水涂料，使防水涂料浸透布纹渗入下层，玻纤网格布搭接宽度不小于 100mm，立面贴到设计高度，顺水接槎，收口处贴牢。

上述涂料实干后（约 24h），满刷第三遍涂料，表干后（约 4h）铺贴第二层玻纤网格布同时满刷第四遍防水涂料。第二层玻纤布与第一层玻纤布接槎要错开，涂刷防水涂料时，应均匀，将布展平无折皱。上述涂层实干后，满刷第五遍、第六遍防水涂料，整个防水层实干后，可进行第一次蓄水试验，蓄水时间不少于 24h，无渗漏才合格，然后做保护层和饰面层。工程交付使用前应进行第二次蓄水试验。

3. 质量要求

水泥砂浆找平层做完后，应对其平整度、强度、坡度和干燥度进行预检验收。防水涂料应有产品质量证明书以及现场取样的复检报告。施工完成的氯丁胶乳沥青涂膜防水层，不得有起鼓、裂纹、孔洞缺陷。末端收头部位应粘贴牢固，封闭严密，成为一个整体的防水层。做完防水层的卫生间，经 24h 以上的蓄水检验，无渗漏水现象方为合格。要提供检查验收记录，连同材料质量证明文件等技术资料一并归档备查。

7.3.3　卫生间涂膜防水施工注意事项

施工用材料有毒性，存放材料的仓库和施工现场必须通风良好，无通风条件的地方必须安装机械通风设备。

施工材料多属易燃物质，存放、配料以及施工现场必须严禁烟火，现场要配备足够的消防器材。

在施工过程中，严禁上人踩踏未完全干燥的涂膜防水层。操作人员应穿平底胶布鞋，以免损坏涂膜防水层。

凡需做附加补强层的部位应先施工，然后再进行大面防水层施工。

已完工的涂膜防水层，必须经蓄水试验无渗漏现象后，方可进行刚性保护层的施工。进行刚性保护层施工时，切勿损坏防水层，以免留下渗漏隐患。

7.4　屋面防水工程冬期、雨期施工

7.4.1　屋面防水工程冬期施工

保温工程、屋面防水工程冬期施工应选择晴朗天气进行，不得在雨、雪天和五级风及其以上或基层潮湿、结冰、霜冻条件下进行。保温及屋面工程应依据材料性能确定施工气温界限，最低施工环境气温宜符合表 7-14 的规定。

保温工程及屋面工程施工环境气温要求　　　　　　　　　　表 7-14

防水与保温材料	施工环境气温
粘结保温板	有机胶粘剂不低于 −10℃；无机胶粘剂不低于 5℃
现喷硬泡聚氨酯	15～30℃
高聚物改性沥青防水卷材	热熔法不低于 −10℃
合成高分子防水卷材	冷粘法不低于 5℃；焊接法不低于 −10℃
高聚物改性沥青防水涂料	溶剂型不低于 5℃，热熔型不低于 −10℃
合成高分子防水涂料	溶剂型不低于 −5℃
防水混凝土、防水砂浆	符合本规程混凝土、砂浆相关规定
改性石油沥青密封材料	不低于 0℃
合成高分子密封材料	溶剂型不低于 0℃

保温与防水材料进场后，应存放于通风、干燥的暖棚内，并严禁接近火源和热源。棚内温度不宜低于 0℃，且不得低于施工环境规定的温度。

屋面防水施工时，应先做好排水比较集中的部位，凡节点部位均应加铺一层附加层。施工时，应合理安排隔气层、保温层、找平层、防水层的各项工序，连续操作，已完成部位应及时覆盖，防止受潮与受冻。穿过屋面防水层的管道、设备或预埋件，应在防水施工前安装完毕并做好防水处理。

保温工程、屋面防水工程冬期施工时，应严格按照相关冬期施工操作规程进行施工作业。

7.4.2　屋面工程雨期施工

（1）卷材层面应尽量在雨季前施工，并同时安装屋面的落水管。

（2）雨天严禁进行油毡屋面施工，油毡、保温材料不准淋雨。

（3）雨天屋面工程宜采用"湿铺法"施工工艺，"湿铺法"就是在"潮湿"基层上铺贴卷材，先喷刷1～2道冷底子油，喷刷工作宜在水泥砂浆凝结初期进行操作，以防基层浸水。如基层浸水，应在基层表面干燥后方可铺贴油毡。如基层潮湿且干燥有困难时，可采用排汽屋面。

复习思考题

1. 常用防水卷材有哪些种类？
2. 试述高聚物改性沥青卷材的冷粘法和热熔法的施工过程。
3. 简述合成高分子卷材防水施工的工艺过程。
4. 卷材屋面保护层有哪几种做法？
5. 试述涂膜防水屋面的施工过程。
6. 补偿收缩混凝土防水层怎样施工？
7. 地下防水工程有哪几种防水方案？
8. 地下构筑物的变形缝有哪几种形式？各有哪些特点？
9. 地下防水层的卷材铺贴方案各具什么特点？
10. 防水混凝土是如何分类的？各有哪些特点？
11. 在防水混凝土施工中应注意哪些问题？
12. 防水混凝土有哪几种堵漏技术？如何施工？
13. 卫生间防水有哪些特点？
14. 聚氨酯涂膜防水有哪些优缺点？有哪些施工工序？
15. 卫生间涂膜防水施工应注意哪些事项？

教学单元8

装饰装修工程施工

【教学目标】 通过本单元学习，使学生理解一般抹灰、装饰抹灰的质量要求；掌握一般抹灰、装饰抹灰的施工要点、施工质量验收标准及检测方法；掌握饰面工程、地面工程、吊顶工程、隔墙工程涂料与刷浆工程、门窗工程的施工工艺、施工要点与施工质量验收标准及检测方法。能编制一般装饰装修工程施工专项方案；能进行一般装饰装修工程施工技术交底；能进行一般装饰装修工程施工质量检查。

建筑装饰工程是采用适当的材料和正确的构造，以科学的施工工艺方法，为保护建筑主体结构，满足人们的视觉要求和使用功能，从而对建筑物和主体结构的内外表面进行的装设和修饰，并对建筑及其室内环境进行艺术加工和处理。其主要作用是：保护结构体，延长使用寿命；美化建筑，增强艺术效果；优化环境，创造使用条件。建筑装饰工程是建筑施工的重要组成部分，主要包括抹灰、吊顶、饰面、玻璃、涂料、裱糊、刷浆和门窗等工程。

装饰工程施工的主要特点是项目繁多，工程量大，工期长，用工量大，造价高，装饰材料和施工技术更新快，施工管理复杂。因此从业人员必须提高自身的技术水平，不断改革装饰材料和施工工艺，这对提高工程质量，缩短工期，降低成本尤为重要。

装饰工程施工前，必须组织材料进场，并对其进行检查、加工和配制；必须做好机械设备和施工工具的准备；必须做好图纸审查、制定施工顺序与施工方法、进行材料试验和试配工作、组织结构工程验收和工序交接检查、进行技术交底等有关技术准备工作；必须进行预埋件、预留洞的埋设和基层的处理等。

装饰工程的施工顺序对保证施工质量起着控制作用。室外抹灰和饰面工程的施工，一般应自上而下进行；高层建筑采取措施后，可分段进行；室内装饰工程的施工，应待屋面防水工程完工后，并在不致被后续工程所损坏和污染的条件下进行；室内抹灰在屋面防水工程完工前施工时，必须采取防护措施。室内吊顶、隔墙的罩面板和花饰等工程，应待室内地（楼）面湿作业完工后施工。室内装饰工程的施工顺序，还应符合下列规定：

（1）抹灰、饰面、吊顶和隔断工程，应待隔墙、钢木门、窗框、暗装管道、电线管和电器预埋件、预制钢筋混凝土楼板灌缝完工后进行。

（2）钢木门窗及其玻璃工程，根据地区气候条件和抹灰工程的要求，可在湿作业前进行；铝合金、塑料、涂色镀锌钢板门窗及其玻璃工程，宜在湿作业完工后进行，如需在湿作业前进行，必须加强保护。

（3）有抹灰基层的饰面板工程、吊顶及轻型花饰安装工程，应待抹灰工程完工后进行。

（4）涂料、刷浆工程以及吊顶、隔断、罩面板的安装，应在塑料地板、地毯、硬质纤维等地（楼）面的面层和明装电线施工前，管道设备试压后进行。木地（楼）板面层的最后一遍涂料，应待裱糊工程完工后进行。

（5）裱糊工程，应待顶棚、墙面、门窗及建筑设备的涂料和刷浆工程完工后进行。

8.1　抹灰工程施工

抹灰是将各种砂浆、装饰性石屑浆、石子浆涂抹在建筑物的墙面、顶棚、地面等表面上，除了保护建筑物外，还可以作为饰面层起到装饰作用。

抹灰工程按使用材料和装饰效果分为一般抹灰和装饰抹灰。一般抹灰适用于石灰砂浆、水泥砂浆、混合砂浆、聚合物水泥砂浆、膨胀珍珠岩水泥砂浆、麻刀灰、纸筋灰、石膏灰等抹灰工程。装饰抹灰的底层和中层与一般抹灰做法基本相同，其面层主要有水刷石、水磨石、斩假石、干粘石、喷涂、滚涂、弹涂、仿石和彩色抹灰等。

8.1.1 一般抹灰施工

抹灰一般分三层，即底层、面层、外做饰面层，如图 8-1 所示。底层主要起与基层粘结的作用，要求砂浆有较好的保水性，其稠度较面层大，砂浆的组成材料要根据基层的种类不同而选用相应的配合比。底层砂浆的强度不能高于基层强度，以免抹灰砂浆在凝结过程中产生较强的收缩应力，破坏强度较低的基层，从而产生空鼓、裂缝、脱落等质量问题；面层起找平的作用，砂浆的种类基本与底层相同，只是稠度稍小，面层抹灰较厚时应分层，每层厚度应控制在 5～9mm；饰面层起装饰作用，要求涂抹光滑、洁净。各层砂浆的强度要求应为底层＞面层，并不得将水泥砂浆抹在石灰砂浆或混合砂浆上。

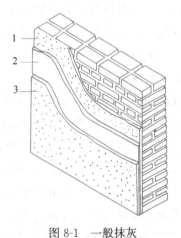

图 8-1 一般抹灰
1—底层；2—面层；3—饰面层

抹灰层的平均总厚度，不得大于下列规定：

（1）顶棚：板条、现浇混凝土——15mm，预制混凝土——18mm，金属网——20mm；

（2）内墙：普通抹灰——18～20mm，高级抹灰——25mm；

（3）外墙——20mm，勒脚及突出墙面部分——25mm；

（4）石墙——35mm；

（5）当抹灰厚度≥35mm 时，应采取加强措施。

涂抹水泥砂浆每遍厚度宜为 5～7mm；涂抹石灰砂浆和水泥混合砂浆每遍厚度宜为 7～9mm。

1. 质量要求

一般抹灰按质量要求分为普通抹灰和高级抹灰二个等级。

普通抹灰为一道底层和一道面层，要求表面光滑、洁净、接槎平整、分格缝应清晰。

高级抹灰为一道底层、数层面层组成。要求表面光滑、洁净、颜色均匀无抹纹、分格缝和灰线应清晰美观。

抹灰层与基层之间及各抹灰层之间必须粘结牢固，抹灰层应无脱层、空鼓，面层应无爆灰和裂缝。

2. 材料准备

抹灰前准备材料时，石灰膏应用块状生石灰淋制，使用未经熟化的生石灰或过火石灰，会发生爆灰和开裂的质量问题。因此石灰浆应在储灰池中常温熟化不少于 15 天，罩面用的磨细石灰粉的熟化期不应少于 3 天。在熟化期间，石灰浆表面应保留一层水，以使其与空气隔开而避免炭化。同时应防止冻结和污染。生石灰不宜长期存放，保质期不宜超过一个月。

抹灰用的砂子应过筛，不得含有杂物。抹灰用砂一般用中砂，也可采用粗砂与中砂混合掺用，但对有抗渗性要求的砂浆，要求以颗粒坚硬洁净的细砂为好。

抹灰用纸筋麻刀应坚韧、干燥、不含杂质。

3. 基层处理

(1) 墙面抹灰的基层处理

1) 抹灰前应对砖石、混凝土及木基层表面作处理，清除灰尘、污垢、油渍和碱膜等，并洒水湿润。表面凹凸明显的部位，应事先剔平或用 1∶3 水泥砂浆补平，对于平整光滑的混凝土表面拆模时随即作凿毛处理，或用铁抹子满刮水灰比为 0.37～0.4（内掺水重 3%～5% 的建筑用胶）水泥浆一遍，或用混凝土界面处理剂处理。

2) 抹灰前应检查门、窗框位置是否正确，与墙连接是否牢固。连接处的缝隙应用水泥砂浆或水泥混合砂浆（加少量麻刀）分层嵌塞密实。

3) 凡室内管道穿越的墙洞和楼板洞，凿剔墙后安装的管道，墙面的脚手孔洞均应用 1∶3 水泥砂浆填嵌密实。

4) 不同基层材料（如砖石与木，混凝土结构）相接处应铺钉金属网并绷紧牢固，金属网与各结构的搭接宽度从相接处起每边不少于 100mm。

5) 为控制抹灰层的厚度和墙面的平整度，在抹灰前应先检查基层表面的平整度，并用与抹灰层相同砂浆设置 50mm×50mm 的标志或宽约 100mm 的标筋。

6) 抹灰工程施工前，对室内墙面、柱面和门洞的阳角，宜用 1∶2 水泥砂浆做护角，其高度不低于 2m，每侧宽度不少于 50mm。对外墙窗台、窗楣、雨篷、阳台、压顶和突出腰线等，上面应做成流水坡度，下面应做滴水线或滴水槽，滴水槽的深度和宽度均不应小于 10mm，要求整齐一致。

(2) 顶棚抹灰的基层处理

预制混凝土楼板顶棚在抹灰前应检查其板缝大小，若板缝较大，应用细石混凝土灌实；板缝较小，可用 1∶0.3∶3 的水泥石灰混合砂浆勾实，否则抹灰后易顺缝产生裂缝。预制混凝土板或钢模现浇混凝土顶棚拆模后，应刷一道混凝土界面处理剂。

板条顶棚（单层板条）抹灰前，应检查板条缝是否合适，一般要求间隙为 7～10mm。

4. 一般抹灰的施工要点

(1) 墙面抹灰：待标筋砂浆有七至八成干后，就可以进行底层砂浆抹灰。

抹底层灰可用托灰板（大板）盛砂浆，用力将砂浆推抹到墙面上，一般应从上而下进行，在两标筋之间的墙面砂浆抹满后，即用长刮尺两头靠着标筋，从下而上进行刮灰，使抹上的底层灰与标筋面相平。再用木抹来回抹压，去高补低，最后再用铁抹压平一遍。

面层砂浆抹灰应待水泥砂浆（或水泥混合砂浆）底层凝结后或石灰砂浆底层灰七、八成干后，方可进行。

面层砂浆抹灰时，应先在底层灰上洒水，待其收水后，即可将面层砂浆抹上去，一般应从上而下，自左向右涂抹，不用再做标志及标筋，整个墙面抹满后，用木抹来回搓抹，去高补低，再用铁抹压抹二遍，使抹灰层平整、厚度一致，抹压时，铁抹运行方向应注意：最后一遍抹压宜是垂直方向，各分遍之间应互相垂直抹压。墙面上半部与墙面下半部面层灰接头处应压抹理顺，不留抹印。

两墙面相交的阴角、阳角抹灰方法，一般按下述步骤进行。

1）用阴角方尺检查阴角的直角度；用阳角方尺检查阳角的直角度。用线锤检查阴角或阳角的垂直度。根据直角度及垂直度的误差，确定抹灰层厚薄。阴、阳角处洒水湿润。

2）将底层抹于阴角处，用木阴角器压住抹灰层并上下搓动，使阴角的抹灰基本上达到直角。如靠近阴角处有已结硬的标筋，则木阴角器应沿着标筋上下搓动，基本搓平后，再用阴角抹子上下抹压，使阴角线垂直。

3）将底层灰抹在阳角处，用木阳角器压住抹灰层并上下搓动，使阳角处抹灰基本上达到直角。再用阳角抹子上下抹压，使阳角线垂直。

4）在阴角、阳角处底层灰凝结后，洒水湿润，将面层灰抹于阴角、阳角处，分别用阴角抹、阳角抹上下抹压，使中层灰达到平整光滑。

阴阳角找方应与墙面抹灰同时进行，即墙面抹底层灰时，阴、阳角抹底层找方。

(2) 顶棚抹灰：钢筋混凝土楼板下的顶棚抹灰，应待上层楼板地面面层完成后才能进行。板条、金属网顶棚抹灰，应待板条、金属网装钉完成，并经检查合格后，方可进行。

顶棚抹灰不用做标志、标筋，只要在顶棚周围的墙面弹出顶棚抹灰层的面层标高线，此标高线必须从地面量起，不可从顶棚底向下量。

顶棚抹灰宜从房间里面开始，向门口进行，最后从门口退出。

顶棚抹灰应搭设满堂里脚手架。脚手板面至顶棚的距离以操作方便为准。

抹底层灰前，应扫尽钢筋混凝土楼板底的浮灰、砂浆残渣，去除油污及隔离剂剩料，并喷水湿润楼板底。

在钢筋混凝土楼板底抹底层灰，铁抹抹压方向应与模板纹路或预制板拼缝相垂直；在板条、金属网顶棚上抹底层灰，铁抹抹压方向应与板条长度方向相垂直，在板条缝处要用力压抹，使底层灰压入板条缝或网眼内，形成转脚以使结合牢固。底

335

层灰要抹得平整。

抹中层灰时，铁抹抹压方向宜与底层灰抹压方向相垂直。高级顶棚抹灰，应加钉长350～450mm 的麻束，间距为 400mm，并交错布置，分遍按放射状梳理抹进中层灰内，所以中层灰应抹得平整、光洁。

抹面层灰时，铁抹抹压方向宜平行于房间进光方向。面层灰应抹得平整、光滑，不见抹印。

顶棚抹灰应待前一层灰凝结后才能抹后一层灰，不可紧接进行。顶棚面积较小时，整个顶棚抹上灰后再进行压平、压光；顶棚面积较大时，可分段分块进行抹灰、压平、压光，但接合处必须理顺；底层灰全部抹压后，才能抹中层灰，中层灰全部抹压后，才能抹面层灰。

8.1.2　装饰抹灰施工

装饰抹灰与一般抹灰的区别在于两者具有不同的装饰面层，其底层和中层的做法与一般抹灰基本相同，下面介绍几种主要装饰面层的施工工艺。

1. 水刷石施工

水刷石饰面，是将水泥石子浆罩面中尚未干硬的水泥用水冲刷掉，使各色石子外露，形成具有"绒面感"的表面。水刷石是石粒类材料饰面的传统做法，这种饰面耐久性强，具有良好的装饰效果，造价较低，是传统的外墙装饰做法之一。

水刷石面层施工的操作方法及施工要点如下：

（1）水泥石子浆大面积施工前，为防止面层开裂，须在中层砂浆六、七成干时，按设计要求弹线、分格，钉分格条时木分格条事先应在水中浸透。用以固定分格条的两侧八字形纯水泥浆，应抹成 45°角。

水刷石面层施工前，应根据中层抹灰的干燥程度浇水湿润。紧接着用铁抹子满刮水灰比为 0.37～0.4 的水泥浆（内掺 3%～5%水重的建筑用胶）一道，随即抹水泥石子浆面层。面层厚度视石子粒径而定，通常为石子粒径的 2.5 倍。水泥石子浆的稠度以5～7cm 为宜，用铁抹子一次抹平、压实。

每一块分格内抹灰顺序应自下而上，同一平面的面层要求一次完成，不宜留施工缝。如必须留施工缝时，应留在分格条位置上。

（2）修整。罩面灰收水后，用铁抹子溜一遍，将遗留的孔隙抹平。然后用软毛刷蘸水刷去表面灰浆，再拍平；阳角部位要往外刷，水刷石罩面应分遍拍平压实，石子应分布均匀、紧密。

（3）喷刷、冲洗。喷刷、冲洗是水刷石施工的重要工序，喷刷、冲洗不净会使水刷石表面色泽灰暗或明暗不一致。

罩面灰浆初凝后，达到刷不掉石子程度时，即可开始喷刷，喷刷时可以两人配合操作：一人用毛刷蘸水轻轻刷掉罩面灰浆，另一人用喷雾器，或用手压喷浆机紧跟着喷刷，先将分格四周喷湿，然后由上向下喷水，喷射要均匀，喷头至罩面距离 10～20cm。

不仅要将表面的水泥浆冲掉，还要将石渣间的水泥冲出来，使得石渣露出灰浆表面 1～2mm，甚至露出粒径的 1/2，使之清晰可见，均匀密布。然后用清水从上往下全部冲洗干净。

（4）起分格条。喷刷后，即可用抹子柄敲击分格条，用抹尖扎入木条上下活动，轻轻取出分格条。然后修饰分格缝并描好颜色。

水刷石是一项传统工艺，由于其操作技术要求较高，洗刷浪费水泥，墙面污染后不易清洗，故现较少采用。

2. 干粘石施工

干粘石是将干石子直接粘在砂浆层上的一种装饰抹灰做法。装饰效果与水刷石差不多，但湿作业量小，节约原材料，又能明显提高工效。

干粘石面层操作方法和施工要点如下：

（1）抹粘结层。待中层水泥砂浆干至七成左右，洒水湿润后，粘分格条，待分格条粘牢后，在墙面刷水泥浆一遍，随后按格抹砂浆粘结层（1：3 水泥砂浆，厚度 4～6mm，砂浆稠度≤8cm），粘结层砂浆一定要抹平，不显抹纹，按分格大小，一次抹一块或数块，应避免在块中甩槎。

（2）甩石子。干粘石所选石子的粒径比水刷石要小些，一般为 4～6mm。粘结砂浆抹平后，应立即甩石子，先甩四周易干部位，然后甩中间，要做到大面均匀，边角和分格条两侧不漏粘，由上而下快速进行。石子使用前应用水冲洗干净晾干，甩时用托盘盛装，托盘底部用窗纱钉成，以便筛净石子中的残留粉末。如发现饰面上石子有不匀或过稀现象，应用抹子或手直接补贴，否则会使墙面出现死坑或裂缝。

（3）压石子。当粘结砂浆表面均匀地粘上一层石子后，用抹子或辊子轻轻压一下，使石子嵌入砂浆的深度不小于 1/2 的石子粒径。拍压后石子表面应平整坚实，拍压时用力不宜过大，否则容易翻浆糊面，出现抹子或滚子轴的印迹。阳角处应在角的两侧同时操作，否则当一侧石子粘上后再粘另一侧时不易粘上，出现明显的接槎黑边。

干粘石也可用机械喷石代替手工甩石，施工时利用压缩空气和喷枪将石子均匀有力地喷射到粘结层上。喷头对准墙面距墙约 300～400mm，气压以 0.6～0.8MPa 为宜。在粘结层硬化期间，应洒水养护，保持湿润。

（4）起分格条与修整。干粘石墙面达到表面平整，石子饱满，即可将分格条取出，取分格条应注意不要掉石子。如局部石子不饱满，可立即刷建筑用胶水溶液，再甩石子补齐。将分格条取出后，随用小溜子和素水泥浆将分格缝修补好，达到顺直清晰。

干粘石操作简便，但日久经风吹雨打易产生脱粒现象，现在已不多采用。

8.1.3　一般抹灰、装饰抹灰质量的允许偏差和检验方法

一般抹灰、装饰抹灰质量的允许偏差和检验方法，应符合表 8-1 和表 8-2 的规定。

一般抹灰质量的允许偏差和检验方法 表 8-1

项次	项目	允许偏差（mm）		检验方法
		普通抹灰	高级抹灰	
1	立面垂直度	4	3	用 2m 垂直检测尺检查
2	表面平整度	4	3	用 2m 靠尺和塞尺检查
3	阴、阳角方正	4	3	用直角检测尺检查
4	分格条（缝）直线度	4	3	拉 5m 线，不足 5m 拉通线，用钢直尺检查
5	墙裙、勒脚上口直线度	4	3	拉 5m 线，不足 5m 拉通线，用钢直尺检查

注：1. 普通抹灰，本表第 3 项阴角方正可不检查。
　　2. 顶棚抹灰，本表第 2 项表面平整度可不检查，但应顺平。

装饰抹灰质量的允许偏差和检验方法 表 8-2

项次	项目	允许偏差（mm）		检验方法
		水刷石	干粘石	
1	立面垂直度	5	5	用 2m 垂直检测尺检查
2	表面平整度	3	5	用 2m 靠尺和楔形塞尺检查
3	阴、阳角方正	3	4	用直角检测尺检查
4	分格条（缝）直线度	3	3	拉 5m 线，不足 5m 拉通线，用钢直尺检查
5	墙裙、勒脚上口直线度	3	—	拉 5m 线，不足 5m 拉通线，用钢直尺检查

8.2　饰面工程施工

　　饰面工程是指将块料面层镶贴（或安装）在墙柱表面以形成装饰层。块料面层的种类基本可分为饰面砖和饰面板两大类。饰面砖分有釉和无釉两种，包括：釉面瓷砖、外墙面砖、陶瓷锦砖、玻璃锦砖、劈离砖以及耐酸砖等；饰面板包括：天然石饰面板（如大理石、花岗石和青石板等）、人造石饰面板（如预制水磨石板，合成石饰面板等）、金属饰面板（如不锈钢板、涂层钢板、铝合金饰面板等）、玻璃饰面、木质饰面板（如胶合板、木条板）、裱糊墙纸饰面等。

8.2.1　饰面砖镶贴

1. 施工准备

饰面砖的基层处理和找平层砂浆的涂抹方法与装饰抹灰基本相同。

饰面砖在镶贴前，应根据设计对釉面砖和外墙面砖进行选择，要求挑选规格一致，形状平整方正，不缺棱掉角，不开裂和脱釉，无凹凸扭曲，颜色均匀的面砖及各种配件。按标准尺寸检查饰面砖，分出符合标准尺寸和大于或小于标准尺寸三种规格的饰面砖，同一类尺寸应用于同一层间或同一面墙上，以做到接缝均匀一致。陶瓷锦砖应根据设计要求选择好色彩和图案，统一编号，便于镶贴时依号施工。

釉面砖和外墙面砖镶贴前应先清扫干净，然后置于清水中浸泡。釉面砖浸泡到不冒气泡为止，一般约 2～3h。外墙面砖则需隔夜浸泡、取出晾干。以饰面砖表面有潮湿感，手按无水迹为准。

饰面砖镶贴前应进行预排，预排时应注意同一墙面的横竖排列，均不得有一行以上的非整砖。非整砖应排在最不醒目的部位或阴角处，用接缝宽度调整。

外墙面砖预排时应根据设计图纸尺寸，进行排砖分格并绘制大样图。一般要求水平缝应与碹脸、窗台齐平，竖向要求阴角及窗口处均为整砖，分格按整块分匀，并根据已确定的缝子大小做分格条和划出皮数杆。对墙、墙垛等处要求先测好中心线、水平分格线和阴阳角垂直线。

2. 釉面砖镶贴

(1) 墙面镶贴方法。釉面砖的排列方法有"对缝排列"和"错缝排列"两种 (图 8-2)。

1) 在清理干净的找平层上，依照室内标准水平线，校核地面标高和分格线。

2) 以所弹地平线为依据，设置支撑釉面砖的地面木托板，加木托板的目的是为防止釉面砖因自重向下滑移，木托板表面应加工平整，其高度为非整砖的调节尺寸。整砖镶贴应从木托板开始自下而上进行。每行的镶贴宜从阳角开始，把非整砖留在阴角。

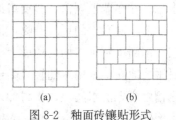

图 8-2 釉面砖镶贴形式
(a) 矩形砖对缝；(b) 方形砖错缝

3) 调制糊状的水泥浆，其配合比为水泥:砂=1:2 (体积比) 内掺水泥重量 3%～4% 的建筑用胶；掺时先将建筑用胶用两倍的水稀释，然后加在搅拌均匀的水泥砂浆中，继续搅拌至混合为止。也可按水泥:建筑用胶水:水=100:5:26 的比例配制纯水泥浆进行镶贴。镶贴时，用铲刀将水泥砂浆或水泥浆均匀涂抹在釉面砖背面 (水泥砂浆厚度 6～10mm，水泥浆厚度 2～3mm 为宜)，四周刮成斜面，按线就位后，用手轻压，然后用橡皮锤或小铲把轻轻敲击，使其与中层贴紧，确保釉面砖四周砂浆饱满，并用靠尺找平。镶贴釉面砖宜先沿底尺横向贴一行，再沿垂直线竖向贴几行，然后从下往上从第二横行开始，在已贴的釉面砖口间拉上准线 (用细钢丝)，横向各行釉面砖依准线镶贴。

釉面砖镶贴完毕后，用清水或棉纱，将釉面砖表面擦洗干净。室外接缝应用水泥浆或水泥砂浆勾缝，室内接缝宜用与釉面砖相同颜色的填缝剂擦嵌密实，并将釉面砖表面擦净。全部完工后，根据污染的不同程度，用棉纱或稀盐酸刷洗并及时用清水冲净。

镶贴墙面时，应先贴大面，后贴阴阳角、凹槽等难度较大、耗工较多的部位。

（2）顶棚镶贴方法。镶贴前，应把墙上的水平线翻到墙顶交接处（四边均弹水平线），校核顶棚方正情况，阴阳角应找直，并按水平线将顶棚找平。如果墙与顶棚均贴釉面砖时，则房间要求规方，阴阳角都须方正，墙与顶棚成90°直角，排砖时，非整砖应留在同一方向，使墙顶砖缝交圈。镶贴时应先贴标志块，间距一般为1.2m，其他操作与墙面镶贴相同。

8.2.2 大理石板、花岗石板、青石板等饰面板的安装

1. 小规格饰面板的安装

小规格大理石板、花岗石板、青石板，板材尺寸小于300mm×300mm，板厚8～12mm，粘贴高度低于1m的踢脚线板、勒脚、窗台板等，可采用水泥砂浆粘贴的方法安装。

（1）踢脚线粘贴

用1:3水泥砂浆打底，找规矩，厚约12mm，用刮尺刮平，划毛。待底子灰凝固后，将经过湿润的饰面板背面均匀地抹上厚2～3mm的素水泥浆，随即将其贴于墙面，用木槌轻敲，使其与基层粘结紧密。随之用靠尺找平，使相邻各块饰面板接缝齐平，高差不超过0.5mm，并将边口和挤出拼缝的水泥擦净。

（2）窗台板安装

安装窗台板时，先校正窗台的水平，确定窗台的找平层厚度，在窗口两边按图纸要求的尺寸在墙上剔槽。多窗口的房屋剔槽时要拉通线，并将窗口找平。

清除窗台上的垃圾杂物，洒水润湿。用1:3干硬性水泥砂浆或细石混凝土抹找平层，用刮尺刮平，均匀地撒上干水泥，待水泥充分吸水呈水泥浆状态，再将湿润后的板材平稳地安上，用木槌轻轻敲击，使其平整并与找平层有良好粘结。在窗口两侧墙上的剔槽处要先浇水润湿，板材伸入墙面的尺寸（进深与左右）要相等。板材放稳后，应用水泥砂浆或细石混凝土将嵌入墙的部分塞密堵严。窗台板接槎处注意平整，并与窗下槛同一水平。

若有暗炉片槽，且窗台板长向由几块拼成，在横向挑出墙面尺寸较大时，应先在窗台板下预埋角铁，要求角铁埋置的高度、进出尺寸一致，其表面应平整，并用较高强度等级的细石混凝土灌注，过一周后再安装窗台板。

（3）碎拼大理石

大理石厂生产光面和镜面大理石时，裁割的边角废料，经过适当的分类加工，可作为墙面的饰面材料，能取得较好的装饰效果。如矩形块料、冰裂状块料、毛边碎块等各种形体的拼贴组合，都会给人以乱中有序、自然优美的感觉。主要是采用不同的拼法和嵌缝处理，来求得一定的饰面效果。

1）矩形块料：对于锯割整齐而大小不等的正方形大理石边角块料，以大小搭配的形式镶拼在墙上，缝隙间距1～1.5mm，镶贴后用同色水泥色浆嵌缝，可嵌平缝，也可嵌凸缝，擦净后上蜡打光。

2）冰状块料：将锯割整齐的各种多边形大理石板碎料，搭配成各种图案。缝隙可

做成凹凸缝，也可做成平缝，用同色水泥色浆嵌抹，擦净后上蜡打光。平缝的间隙可以稍小，凹凸缝的间隙可在 10～12mm，凹凸约 2～4mm。

3）毛边碎料：选取不规则的毛边碎块，因不能密切吻合，故镶拼的接缝比以上两种块料为大，应注意大小搭配，乱中有序，生动自然。

2. 湿法粘贴工艺

湿法粘贴工艺适用于板材厚为 20～30mm 的大理石、花岗石或预制水磨石板，墙体为砖墙或混凝土墙。

湿法粘贴工艺是传统的粘贴方法，即在竖向基体上预挂钢筋网（图 8-3），用铜丝或镀锌钢丝绑扎板材并灌水泥砂浆粘牢。这种方法的优点是牢固可靠，缺点是工序烦琐，卡箍多样，板材上钻孔易损坏，特别是灌注砂浆易污染板面和使板材移位。

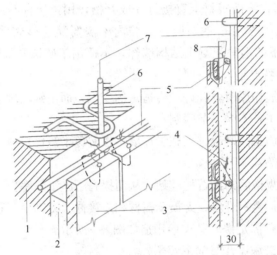

图 8-3　饰面板钢筋网片固定及安装方法
1—墙体；2—水泥砂浆；3—大理石板；4—铜丝；5—横筋；
6—铁环；7—立筋；8—定位木楔

采用湿法粘贴工艺，墙体应设置锚固体。砖墙体应在灰缝中预埋 $\phi6$ 钢筋钩，钢筋钩中距为 500mm 或按板材尺寸，当挂贴高度大于 3m 时，钢筋钩改用 $\phi10$ 钢筋，钢筋钩埋入墙体内深度应不小于 120mm，伸出墙面 30mm，混凝土墙体可射入 $\phi3.7×62$ 的射钉，中距亦为 500mm 或按材尺寸，射钉打入墙体内 30mm，伸出墙面 32mm。

挂贴饰面板之前，将 $\phi6$ 钢筋网焊接或绑扎于锚固件上。钢筋网双向中距为 500mm 或按板材尺寸。

在饰面板上、下边各钻不少于两个 $\phi5$ 的孔。孔深 15mm，清理饰面板的背面。用双股 18 号铜丝穿过钻孔，把饰面板绑牢于钢筋网上。饰面板的背面距墙面应不小于 50mm。

饰面板的接缝宽度可垫木楔调整，应确保饰面板外表面平整、垂直及板的上沿平顺。

每安装好一行横向饰面板后，即进行灌浆。灌浆前，应浇水将饰面板背面及墙体表面湿润，在饰面板的竖向接缝内填塞 15～20mm 深的麻丝或泡沫塑料条以防漏浆（光面、镜面和水磨石饰面板的竖缝，可用石膏灰临时封闭，并在缝内填塞泡沫塑料条）。

拌合好 1：2.5 水泥砂浆，将砂浆分层灌注到饰面板背面与墙面之间的空隙内，每层灌注高度为 150～200mm，且不得大于板高的 1/3，并插捣密实。待砂浆初凝后，应检查板面位置，如有移动错位应拆除重新安装；若无移位，方可安装上一行板。施工缝应留在饰面板水平接缝以下 50～100mm 处。

突出墙面的勒脚饰面板安装，应待墙面饰面板安装完工后进行。

待水泥砂浆硬化后，将填缝材料清除。饰面板表面清洗干净。光面和镜面的饰面经清洗晾干后，方可打蜡擦亮。

3. 干挂法施工

干挂法施工，即在饰面板材上直接打孔或开槽，用连接件与结构基体连接，饰面板与墙体之间留出 40～50mm 的空腔，空腔内不需要灌注砂浆或细石混凝土，这种方法适用于 30m 以下的钢筋混凝土结构墙体，不适用于砖墙和加气混凝土墙。

干法施工的主要特点是：

(1) 在风力和地震作用时，允许产生适量的变位，而不致出现裂缝和脱落。

(2) 冬季照常施工，不受季节限制。

(3) 没有湿作业施工，既改善了施工环境，也避免了浅色板材透底污染的问题以及空鼓、脱落等问题的发生。

(4) 可以采用大规格的饰面石材铺贴，从而提高了施工效率。

(5) 可自上而下拆换、维修，无损于板材和连接件，使饰面工程拆改翻修方便。

干法施工采用扣件固定法，其连接构造如图 8-4 所示。

扣件固定法的安装施工步骤如下：

(1) 板材切割。按照设计图图纸要求在施工现场进行切割，由于板块规格较大，宜采用石材切割机切割，注意保持板块边角的挺直和规矩。

(2) 磨边。板材切割后，为使其边角光滑，可采用手提式磨光机进行打磨。

(3) 钻孔。相邻板块采用不锈钢销钉连接固定，销钉插在板材侧面孔内。孔径 ϕ5mm，深度 12mm，用电钻打孔。由于它关系到板材的安装精度，因而要求钻孔位置准确。

(4) 开槽。由于大规格石板的自重大，除了由钢扣件将板块下口托牢以外，还需在板块中部开槽设置承托扣件以支承板材的自重。

(5) 涂防水剂。在板材背面涂刷一层丙烯酸防水涂料，以增强外饰面的防水性能。

(6) 墙面修整。如果混凝土外墙表面有局部凸出处会影响扣件安装时，须进行凿平修整。

(7) 弹线。从结构中引出楼面标高和轴线位置，在墙面上弹出安装板材的水平和垂直控制线。

(8) 墙面涂刷防水剂。由于板材与混凝土墙身之间不填充砂浆，为了防止因材料性

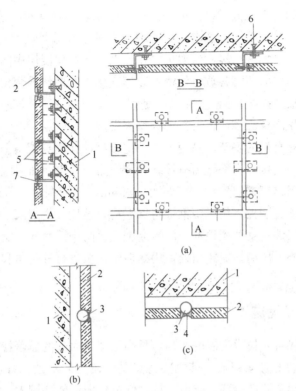

图 8-4　干挂法饰面连接构造

（a）板材安装立面图；（b）板块水平接缝剖面图；（c）板块垂直接缝剖面图

1—混凝土外墙；2—饰面石板；3—泡沫聚乙烯嵌条；4—密封硅胶；

5—钢扣件；6—胀铆螺栓；7—销钉

能或施工质量可能造成的渗漏，在外墙面上涂刷一层防水剂，以加强外墙的防水性能。

（9）板材安装。安装板材的顺序是自下而上进行，在墙面最下一排板材安装位置的上下口拉两条水平控制线，板材从中间或墙面阳角开始就位安装。先安装好第一块作为基准，其平整度以事先设置的灰饼为依据，用线垂吊直，经校准后加以固定。一排板材安装完毕，再进行上一排扣件固定和安装。板材安装要求四角平整，纵横对缝。

（10）板材固定。钢扣件和墙身用膨胀螺栓固定，扣件为一块钻有螺栓安装孔和销钉孔的平钢板，根据墙面与板材之间的安装距离，在现场用手提式折压机将其加工成角型钢。扣件上的孔洞均呈椭圆形，以便安装时调节位置。

（11）板材接缝的防水处理。石板饰面接缝处的防水处理采用密封硅胶嵌缝。嵌缝之前先在缝隙内嵌入柔性条状泡沫聚乙烯材料作为衬底，以控制接缝的密封深度和加强密封胶的粘结力。

8.2.3　彩色压型钢板复合墙板

彩色压型钢板复合墙板，系以波形彩色压型钢板为面板，以轻质保温材料为芯层，经复合而成的轻质保温墙板，适用于工业与民用建筑物的外墙挂板。

这种复合墙板的夹心保温材料，可分别选用聚苯乙烯泡沫板、岩棉板、玻璃棉板、聚氨酯泡沫塑料等。其接缝构造基本上分两种：一种是在墙板的垂直方向设置企口边；另一种为不设企口边。如采用轻质保温板材作保温层，在保温层中间要放两条宽 50mm 的带钢钢箍，在保温层的两端各放三块槽形冷弯连接件和两块冷弯角钢吊挂件，然后用自攻螺钉把压型钢板与连接件固定，钉距一般为 100~200mm。若采用聚氨酯泡沫塑料作保温层，可以预先浇筑成型，也可在现场喷雾发泡。

彩色压型钢板复合板的安装，是用吊挂件把板材挂在墙身檩条上，再把吊挂件与檩条焊牢；板与板之间连接，水平缝为搭接缝，竖缝为企口缝。所有接缝处，除用超细玻璃棉塞缝外，还需用自攻螺钉钉牢，钉距为 200mm。门窗洞口、管道穿墙及墙面端头处，墙板均为异型复合墙板，用压型钢板与保温材料按设计规定尺寸进行裁割，然后照标准板的做法进行组装。女儿墙顶部、门窗周围均设防雨泛水板，泛水板与墙板的接缝处，用防水油膏嵌缝。压型板墙转角处，用槽形转角板进行外包角和内包角，转角板用螺栓固定。

8.2.4 玻璃幕墙施工

玻璃幕墙是近代科学技术发展的产物，是高层建筑时代的显著特征，其主要部分由饰面玻璃和固定玻璃的骨架组成。其主要特点是：建筑艺术效果好，自重轻，施工方便，工期短。但玻璃幕墙造价高，抗风、抗震性能较弱，能耗较大，对周围环境可能形成光污染。

1. 玻璃幕墙分类

（1）明框玻璃幕墙

其玻璃板镶嵌在铝框内，成为四边有铝框的幕墙构件，幕墙构件镶嵌在横梁上，形成横梁、主框均外露且铝框分格明显的立面。

明框玻璃幕墙构件的玻璃和铝框之间必须留有空隙，以满足温度变化和主体结构位移所需的活动空间。空隙用弹性材料（如橡胶条）充填，必要时用硅酮密封胶（耐候胶）予以密封。

（2）隐框玻璃幕墙

隐框玻璃幕墙是将玻璃用结构胶粘结在铝框上，大多数情况下不再加金属连接件。因此，铝框全部隐蔽在玻璃后面，形成大面积全玻璃镜面。

隐框幕墙的节点大样如图 8-5 所示，玻璃与铝框之间完全靠结构胶粘结。结构胶要承受玻璃的自重及玻璃所承受的风荷载和地震作用、温度变化的影响，因此，结构胶的质量好坏是隐框幕墙安全性的关键环节。

（3）半隐框玻璃幕墙

半隐框玻璃幕墙是将玻璃两对边嵌在铝框内，另两对边用结构胶粘在铝框上，形成半隐框玻璃幕墙。立柱外露，横梁隐蔽的称竖框横隐幕墙；横梁外露，立柱隐蔽的称为竖隐横框幕墙。

（4）全玻幕墙

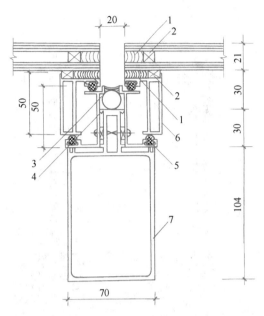

图 8-5　隐框幕墙节点构造

1—结构胶；2—垫块；3—耐候胶；4—泡沫棒；5—胶条；

6—铝框；7—立柱

为游览观光需要，在建筑物底层，顶层及旋转餐厅的外墙，使用玻璃板，其支承结构采用玻璃肋，称之为全玻璃幕墙。

高度不超过 4.5m 的全玻璃幕墙，可以用下部直接支承的方式来进行安装，超过 4.5m 的全玻幕墙，宜用上部悬挂方式安装（图 8-6）。

2. 玻璃幕墙的安装要点

（1）定位放线

玻璃幕墙的测量放线应与主体结构测量放线相配合，其中心线和标高点由主体结构单位提供并校核准确。

水平标高要逐层从地面基点引上，以免误差积累，由于建筑物随气温变化产生侧移，测量应每天定时进行。

放线应沿楼板外沿弹出墨线或用钢琴线定出幕墙平面基准线，从基准线测出一定距离为幕墙平面。以此线为基准确定立柱的前后位置，从而决定整片幕墙的位置。

（2）骨架安装

骨架安装在放线后进行。骨架的固定是用连接件将骨架与主体结构相连。固定方式一般有两种：一种是在主体结构上预埋铁件，将连接件与预埋铁件焊牢；另一种是主体结构上钻孔，然后用膨胀螺栓将连接件与主体结构相连。

连接件一般用型钢加工而成，其形状可因不同的结构类型，不同的骨架形式，不同的安装部位而有所不同，但无论何种形状的连接件，均应固定在牢固可靠的位置上，然后安装骨架。骨架一般是先安竖向杆件（立柱），待竖向杆件就位后，再安装横向杆件。

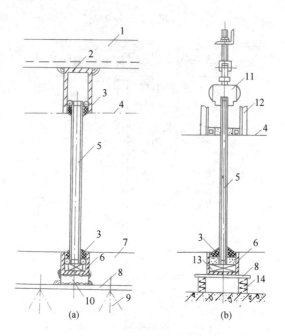

图 8-6　结构玻璃幕墙构造

（a）整块玻璃小于 4.5m 高时用；（b）整块玻璃大于 4.5m 高时用

1—顶部角铁吊架；2—5mm 厚钢顶框；3—硅胶嵌缝；4—吊顶面；5—15mm 厚玻璃；

6—钢底框；7—地平面；8—铁板；9—M12 螺栓；10—垫铁；

11—夹紧装置；12—角钢；13—定位垫块；14—减震垫块

1）立柱的安装

立柱先连接好连接件，再将连接件（铁码）点焊在主体结构的预埋钢板上，然后调整位置，立柱的垂直度可用锤球控制，位置调整准确后，将支撑立柱的钢牛腿焊牢在预埋件上。

立柱一般根据施工运输条件，可以是一层楼高或二层楼高为一整根。接头应有一定空隙，采用套筒连接法。

2）横梁的安装

横向杆件的安装，宜在竖向杆件安装后进行。如果横竖杆件均是型钢一类的材料，可以采用焊接，也可以采用螺栓或其他办法连接。当采用焊接时，大面积骨架需焊接的部位较多，由于受热不均，容易引起骨架变形，故应注意焊接的顺序及操作。如有可能，应尽量减少现场的焊接工作量。螺栓连接是将横向杆件用螺栓固定在竖向杆件的铁码上。

铝合金型材骨架，其横梁与竖框的连接，一般是通过铝拉铆钉与连接件进行固定。连接件多为角铝或角钢，其中一条肢固定在横梁上，另一条肢固定竖框。对不露骨架的隐框玻璃幕墙，其立柱与横梁往往采用型钢，使用特制的铝合金连接板与型钢骨架用螺栓连接，型钢骨架的横竖杆件采用连接件连接隐蔽于玻璃背面。

（3）玻璃安装

在安装前，应清洁玻璃，四边的铝框也要清除污物，以保证嵌缝耐候胶可靠粘结。

玻璃的镀膜面应朝室内方向。

当玻璃在 $3m^2$ 以内时，一般可采用人工安装。玻璃面积过大，重量很大时，应采用真空吸盘等机械安装。

玻璃不能与其他构件直接接触，四周必须留有空隙，下部应有定位垫块，垫块宽度与槽口相同，长度不小于100mm。

隐框幕墙构件下部应设两个金属支托，支托不应凸出到玻璃的外面。

（4）耐候胶嵌缝

玻璃板材或金属板材安装后，板材之间的间隙，必须用耐候胶嵌缝，予以密封，防止气体渗透和雨水渗漏。

3. 玻璃幕墙安装的允许偏差和检验方法

玻璃幕墙安装的允许偏差和检验方法应符合表8-3、表8-4的规定。

明框玻璃幕墙安装的允许偏差和检验方法　　　　　　　　　　表8-3

项次	项目		允许偏差(mm)	检验方法
1	幕墙垂直度	幕墙高度≤30m	10	用经纬仪检查
		30m<幕墙高度≤60m	15	
		60m<幕墙高度≤90m	20	
		幕墙高度>90m	25	
2	幕墙水平度	幕墙幅宽≤35m	5	用水平尺检查
		幕墙幅宽>35m	7	
3	构件直线度		2	用2m靠尺和塞尺检查
4	构件水平度	构件长度≤2m	2	用水平仪检查
		构件长度>2m	3	
5	相邻构件错位		1	用钢直尺检查
6	分格框对角线长度差	对角线长度≤2m	3	用钢尺检查
		对角线长度>2m	4	

隐框、半隐框玻璃幕墙安装的允许偏差和检验方法　　　　　　　　表8-4

项次	项目		允许偏差(mm)	检验方法
1	幕墙垂直度	幕墙高度≤30m	10	用经纬仪检查
		30m<幕墙高度≤60m	15	
		60m<幕墙高度≤90m	20	
		幕墙高度>90m	25	
2	幕墙水平度	幕墙幅宽≤35m	3	用水平尺检查
		幕墙幅宽>35m	5	

项次	项 目	允许偏差（mm）	检 验 方 法
3	幕墙表面平整度	2	用2m靠尺和塞尺检查
4	板材立面垂直度	2	用垂直检测尺检查
5	板材上沿水平度	2	用1m水平尺和钢直尺检查
6	相邻板材板角错位	1	用钢直尺检查
7	阳角方正	2	用直角检测尺检查
8	接缝直线度	3	拉5m线，不足5m拉通线，用钢尺检查
9	接缝高低差	1	用钢直尺和塞尺检查
10	接缝宽度	1	用钢直尺检查

8.2.5 裱糊工程施工

裱糊施工是目前国内外使用较为广泛的施工方法，可用在墙面、顶棚、梁柱等上作贴面装饰。墙纸的种类较多，工程中常用的有普通墙纸、塑料墙纸和玻璃纤维墙纸。从表面装饰效果看，有仿锦缎、静电植绒、印花、压花、仿木、仿石等墙纸。

按照装饰施工的规范要求，在不同基层上的复合墙纸、塑料墙纸、墙布及带胶墙纸裱糊的主要工序见表8-5。

裱糊的主要工序　　　　　　　　　　　　表8-5

项次	工作名称	抹灰面、混凝土面				石膏板面				木料面			
		复合壁纸	VPC壁纸	墙布	带背胶壁纸	复合壁纸	VPC壁纸	墙布	带背胶壁纸	复合壁纸	VPC壁纸	墙布	带背胶壁纸
1	清扫基层、填补缝隙、用砂纸磨平	+	+	+	+	+	+	+	+	+	+	+	+
2	接缝处糊条					+	+	+	+	+	+	+	+
3	找补腻子、磨砂纸					+	+	+	+				
4	满刮腻子、磨平	+	+	+	+								
5	涂刷涂料一遍									+	+	+	+
6	涂刷底胶一遍	+	+	+	+	+	+	+	+				
7	墙面划准线	+	+	+	+	+	+	+	+	+	+	+	+
8	壁纸浸水润湿		+				+				+		
9	壁纸涂刷胶粘剂	+			+					+			
10	基层涂刷胶粘剂	+	+	+		+	+	+		+	+	+	

续表

项次	工作名称	抹灰面、混凝土面				石膏板面				木料面			
		复合壁纸	VPC壁纸	墙布	带背胶壁纸	复合壁纸	VPC壁纸	墙布	带背胶壁纸	复合壁纸	VPC壁纸	墙布	带背胶壁纸
11	纸上墙、裱糊	＋	＋	＋	＋	＋	＋	＋	＋	＋	＋	＋	＋
12	拼缝、搭接、对花	＋	＋	＋	＋	＋	＋	＋	＋	＋	＋	＋	＋
13	赶压胶粘剂、气泡	＋	＋	＋	＋	＋	＋	＋	＋	＋	＋	＋	＋
14	裁边		＋				＋				＋		
15	擦净挤出的胶液	＋	＋	＋	＋	＋	＋	＋	＋	＋	＋	＋	＋
16	清理修整	＋	＋	＋	＋	＋	＋	＋	＋	＋	＋	＋	＋

注：1. 表中"＋"号表示应进行的工序；
　　2. 不同材料的基层相接处应糊条；
　　3. 混凝土表面和抹灰表面必要时可增加满刮腻子遍数；
　　4. "裁边"工序，在使用宽为 920mm、1000mm、1100mm 等需重叠对花的 PVC 压延壁纸时进行。

1. 基层处理

要求基层平整、洁净，有足够的强度并适宜与墙纸牢固粘贴。基层应基本干燥，混凝土和抹灰层含水率不高于 8%，木制品不高于 12%。对局部麻点、凹坑须先用腻子找平，再满刮腻子，砂纸磨平。然后在表面满刷一遍底胶或底油，作为对基体表面的封闭，其作用是以免基层吸水太快，引起胶粘剂脱水，影响墙纸粘结。底胶或底油所用材料应视装饰部位及等级和环境情况而定，一般是涂刷 1：（0.5～1）的建筑用胶水溶液。南方地区做室内高级装饰时用酚醛清漆或光油效果更好。

2. 弹分格线

底胶干燥后，在墙面基层上弹水平、垂直线，作为操作时的标准。取线位置从墙的阴角起，用粉线在墙面上弹出垂直线，宽度以小于墙纸幅 10～20mm 为宜。为使墙纸花纹对称，应在窗口弹好中心线，由中心线往两边分线，如窗口不在中间，应弹窗间墙中心线，再向其两侧分格弹线，在墙纸粘贴前，应先预拼试贴，观察其接缝效果，以决定裁纸边沿尺寸及对好花纹图案。

3. 裁纸

根据墙纸规格及墙面尺寸统筹规划裁纸，纸幅应编号，按顺序粘贴。墙面上下要预留裁制尺寸，一般两端应多留 30～40mm。当墙纸有花纹、图案时，要预先考虑完工后的花纹、图案、光泽，且应对接无误，不要随便裁割。同时还应根据墙纸花纹、纸边情况采用对口或搭口裁割接缝。

4. 焖水

纸基塑料墙纸遇到水或胶液，开始自由膨胀，约在 5～10min 时胀足，干后自行收缩，干纸刷胶立即上墙裱贴必定会出现大量气泡，皱折而不能成活。因此，必须先将墙纸在水槽中浸泡几分钟，或在墙纸背后刷清水一道，或墙纸刷胶后叠起静置 10min，使墙纸湿润，然后再裱糊，水分蒸发后墙纸便会收缩、绷紧。

5. 刷胶

墙面和墙纸各刷胶粘剂一道，阴阳角处应增刷 1~2 遍，刷胶应满而匀，不得漏刷。墙面涂刷粘结剂的宽度应比墙纸宽 20~30mm。墙纸背面刷胶后，应将胶面与胶面反复对迭，以免胶干得太快，也便于上墙，并使裱糊的墙面整洁平整。

6. 裱贴

（1）裱贴墙纸时，首先要垂直，后对花纹拼缝，再用刮板用力抹压平整。先贴长墙面，后贴短墙面。每个墙面从显眼的墙角以整幅纸开始，将窄条纸的裁边留在不明显的阴角处。墙面裱糊原则是先垂直面后水平面，先细部后大面。贴垂直面时先上后下，贴水平面时先高后低。

（2）裱糊墙纸时，阳角处不得拼缝。墙纸应绕过墙角，宽度不超过 12mm。包角要压实，阴角墙纸搭接时，应先裱糊压在里面的转角墙纸，再粘贴非转角的墙纸，搭接宽度一般不小于 2~3mm，且保持垂直无毛边。

采用搭口拼缝时，要待胶粘剂干到一定程度后，才用刀具裁割墙纸，小心地撕去割出部分，再刮压密实。

（3）粘贴的墙纸应与挂镜线、门窗贴脸板和踢脚板等紧接，不得有缝隙。

（4）在吊顶面上裱贴壁纸，第一段通常要贴靠近主窗，与墙壁平行的部位。长度小于 2m 时，则可跟窗户成直角粘贴。

在裱贴第一段前，须先弹出一条直线。其方法为，在距吊顶面两端的主窗墙角 10mm 处用铅笔等做两个记号。在其中的一个记录处敲一枚钉子，在吊顶上弹出一道与主窗墙面平行的粉线。

裁纸、浸水、刷胶后，将整条壁纸反复折叠。然后用一卷未开封的壁纸卷或长刷撑起折叠好的一段壁纸，展开顶折的端头部分，并将边缘靠齐弹线，用排笔敷平一段，再展开下折，沿着弹线敷平，直到截贴好为止。

（5）墙纸粘贴后，若发现空鼓、气泡时，可用针刺放气，再注射挤进粘结剂，也可用墙纸刀切开泡面，加涂胶粘剂后，用刮板压平密实。

7. 成品保护

（1）为避免损坏、污染，裱贴墙纸应尽量放在施工作业的最后一道工序，特别应放在塑料踢脚板铺贴之后。

（2）裱贴墙纸时空气相对湿度不应过高，一般应低于 85%，湿度不应剧烈变化。

（3）在潮湿季节裱贴好的墙纸工程竣工后，应在白天打开门窗，加强通风，夜晚关闭门窗，防止潮湿气体侵蚀。

（4）基层抹灰层宜具有一定吸水性。混合砂浆和纸筋灰罩面的基层，较为适宜于裱贴墙纸。若用石膏罩面效果更佳。水泥砂浆抹光基层的裱贴效果较差。

8. 裱糊工程的质量要求

裱糊工程材料品种、颜色、图案应符合设计要求。裱糊工程的质量应符合下列规定：

（1）壁纸和墙必须粘贴牢固，表面色泽一致，不得有气泡、空鼓、裂缝、翘边、皱折和斑污，斜视时无胶痕。

（2）表面平整，无波纹起伏。壁纸、墙布与挂镜线、贴脸板和踢脚板紧接，不得有缝隙。

（3）各幅拼接应横平竖直，拼接处花纹、图案吻合，不离缝，不搭接，距墙面1.5m处正视不显拼缝。

（4）阴阳转角垂直，棱角分明，阴角处搭接顺光，阳角处无接缝。

（5）壁纸、墙布边缘平直整齐，不得有纸毛。

（6）不得有漏贴、补贴和脱层等缺陷。

8.2.6　饰面工程的质量要求

饰面所用材料的品种、规格、颜色、图案以及镶贴方法应符合设计要求；饰面工程的表面不得有变色、起碱、污点、砂浆流痕和显著的光泽受损处；突出的管线、支承物等部位镶贴的饰面砖，应套割吻合；饰面板和饰面砖不得有歪斜、翘曲、空鼓、缺楞、掉角、裂缝等缺陷；镶贴墙裙、门窗贴脸的饰面板、饰面砖，其突出墙面的厚度应一致。

饰面工程质量的允许偏差应符合表8-6规定。

饰面工程质量允许偏差　　　　　　　　　　　表8-6

项次	项目	允许偏差（mm）								检查方法
		饰面板安装						饰面砖粘贴		
		天然石			瓷板	木材	塑料	金属	外墙面砖	内墙面砖	
		光面	剁斧石	蘑菇石							
1	立面垂直度	2	3	3	2	1.5	2	2	3	2	用2m垂直检测尺检查
2	表面平整度	2	3	—	1.5	1	3	3	4	3	用2m靠尺和塞尺检查
3	阴阳角方正	2	4	4	2	1.5	3	3	3	3	用直角检测尺检查
4	接缝直线度	2	4	4	2	1	1	1	3	2	拉5m线，不足5m拉通线，用钢尺检查
5	墙裙、勒脚上口直线度	2	3	3	2	2	2	2	—	—	拉5m线，不足5m拉通线，用钢尺检查
6	接缝高低差	0.5	3	—	0.5	0.5	1	1	1	0.5	用钢直尺和塞尺检查
7	接缝宽度	1	2	2	1	1	1	1	1	1	用钢直尺检查

8.3　楼地面工程施工

8.3.1　楼地面的组成及分类

1. 楼地面的组成

楼地面是房屋建筑底层地坪与楼层地坪的总称。主要由面层、垫层和基层构成。

2. 楼地面的分类

按面层材料分有：土、灰土、三合土、菱苦土、水泥砂浆混凝土、水磨石、陶瓷锦砖、木、砖和塑料地面等。

按面层结构分有：整体面层（如灰土、菱苦土、三合土、水泥砂浆、混凝土、现浇水磨石、沥青砂浆和沥青混凝土等）、板块面层（如缸砖、塑料地板、陶瓷锦砖、水泥花砖、预制水磨石块、大理石板材、花岗石板材等）和木、竹面层（实木地板、复合木地板、竹地板等）。

8.3.2 基层施工

（1）抄平弹线，统一标高。检测各个房间的地坪标高，并将同一水平标高线弹在各房间四壁上，离地面 500mm 处。

（2）楼面的基层是楼板，应做好楼板板缝灌浆、堵塞工作和板面清理工作。

（3）地面下的填土应采用素土分层夯实。土块的粒径不得大于 50mm，每层虚铺厚度：用机械压实不应大于 300mm，用人工夯实不应大于 200mm，每层夯实后的干密度应符合设计要求。回填土的含水率应按照最佳含水率进行控制，太干的土要洒水湿润，太湿的土应晾干后使用，遇有橡皮土必须挖除更换，或将其表面挖松 100～150mm，掺入适量的生石灰（其粒径小于 5mm，每平方米约掺 6～10kg），然后再夯实。

用碎石、卵石或碎砖等作地基表面处理时，直径应为 40～60mm，并应将其铺成一层，采用机械压进适当湿润的土中，其深度不应小于 400mm，在不能使用机械压实的部位，可采用夯打压实。

淤泥、腐殖土、冻土、耕植土、膨胀土和有机含量大于 8% 的土，均不得用作地面下的填土。

地面下的基土，经夯实后的表面应平整，用 2m 靠尺检查，要求其土表面凹凸不大于 15mm，标高应符合设计要求，其偏差应控制在（0～-50mm）。

8.3.3 垫层施工

1. 刚性垫层

刚性垫层指用水泥混凝土、水泥碎砖混凝土、水泥炉渣混凝土和水泥石灰炉渣混凝土等各种低强度等级混凝土做的垫层。

混凝土垫层的厚度一般为 60～100mm。混凝土强度等级不宜低于 C10，粗骨料粒径不应超过 50mm，并不得超过垫层厚度的 2/3，混凝土配合比按普通混凝土配合比设计进行试配。其施工要点如下：

（1）清理基层，检测弹线。

（2）浇筑混凝土垫层前，基层应洒水湿润。

（3）浇筑大面积混凝土垫层时，应纵横每 6～10m 设中间水平桩，以控制厚度。

（4）大面积浇筑宜采用分仓浇筑的方法，要根据变形缝位置、不同材料面层的连接部位或设备基础位置情况进行分仓，分仓距离一般为3～4m。

2. 柔性垫层

柔性垫层包括用土、砂、石、炉渣等散状材料经压实的垫层。砂垫层厚度不小于60mm，应适当浇水并用平板振动器振实；砂石垫层的厚度不小于100mm，要求粗细颗粒混合摊铺均匀，浇水使砂石表面湿润，碾压或夯实不少于三遍至不松动为止。

根据需要可在垫层上做水泥砂浆、混凝土、沥青砂浆或沥青混凝土找平层。

8.3.4　整体面层施工

1. 水泥砂浆面层

水泥砂浆地面面层的厚度应不小于20mm，一般用硅酸盐水泥、普通硅酸盐水泥，用中砂或粗砂配制，配合比应为1：2（体积比）。

面层施工前，先按设计要求测定地平面层标高，校正门框，将垫层清扫干净洒水湿润，表面比较光滑的基层，应进行凿毛，并用清水冲洗干净。铺抹砂浆前，应在四周墙上弹出一道水平基准线，作为确定水泥砂浆面层标高的依据。面积较大的房间，应根据水平基准线在四周墙角处每隔1.5～2m用1：2水泥砂浆抹标志块，以标志块的高度做出纵横方向通长的标筋来控制面层厚度。

面层铺抹前，先刷一道含4%～5%的建筑用胶水泥浆，随即铺抹水泥砂浆，用刮尺赶平，并用木抹子压实，在砂浆初凝后终凝前，用铁抹子反复压光三遍。砂浆终凝后铺盖草袋、锯末等浇水养护。当施工大面积的水泥砂浆面层时，应按设计要求留分格缝，防止砂浆面层产生不规则裂缝。

水泥砂浆面层强度小于5MPa之前，不准上人行走或进行其他作业。

2. 细石混凝土面层

细石混凝土面层可以克服水泥砂浆面层干缩较大的弱点。这种面层强度高，干缩值小。与水泥砂浆面层相比，它的耐久性更好，但厚度较大，一般为30～40mm。混凝土强度等级不低于C20，所用粗骨料要求级配适当，粒径不大于15mm，且不大于面层厚度的2/3。用中砂或粗砂配制。

细石混凝土面层施工的基层处理和找规矩的方法与水泥砂浆面层施工相同。

铺细石混凝土时，应由里向门口方向进行铺设，按标志筋厚度刮平拍实后，稍待收水，即用钢抹子预压一遍，待进一步收水，即用铁滚筒交叉滚压3～5遍或用表面振动器振捣密实，直到表面泛浆为止，然后进行抹平压光。细石混凝土面层与水泥砂浆面层基本相同，必须在水泥初凝前完成抹平工作，终凝前完成压光工作，要求其表面色泽一致，光滑无抹子印迹。

钢筋混凝土现浇楼板或强度等级不低于C15的混凝土垫层兼面层时，可用随捣随抹的方法施工，在混凝土楼地面浇捣完毕，表面略有吸水后即进行抹平压光。混凝土面层的压光和养护时间和方法与水泥砂浆面层同。

3. 水磨石地面面层

水磨石地面构造层如图 8-7 所示。

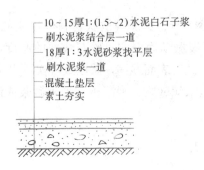

—10～15厚1:(1.5～2)水泥白石子浆
—刷水泥浆结合层一道
—18厚1:3水泥砂浆找平层
—刷水泥浆一道
—混凝土垫层
—素土夯实

图 8-7　水磨石地面构造层次

水磨石地面面层施工，一般是在完成顶棚、墙面等抹灰后进行。也可以在水磨石楼、地面磨光两遍后再进行顶棚、墙面抹灰，但对水磨石面层应采取保护措施。

水磨石地面施工工艺流程如下：

基层清理→浇水冲洗湿润→设置标筋→铺水泥砂浆找平层→养护→嵌分格条→铺抹水泥石子浆→养护→研磨→打蜡抛光。

水磨石面层所用的石子应用质地密实、磨面光亮。如硬度不大的大理石、白云石、方解石或质地较硬的花岗岩、玄武岩、辉绿岩等。石子应洁净无杂质，石子粒径一般为4～12mm；白色或浅色的水磨石面层，应采用白色硅酸盐水泥，深色的水磨石面层应采用普通硅酸盐水泥或矿渣硅酸盐水泥，水泥中掺入的颜料应选用遮盖力强，耐光性、耐候性、耐水性和耐酸碱性好的矿物颜料。掺量一般为水泥用量的 $3\%～6\%$，也可由试验确定。

（1）嵌分格条

在找平层上按设计要求的图案弹出墨线，然后按墨线固定分格条（铜条或玻璃条），如图 8-8 所示，嵌条宽度与水磨石面层厚度相同，分格条正确的粘嵌方法是纯水泥浆粘嵌玻璃条成八分角，略大于分格条的 1/2 高度，水平方向以 30°角为准。分格条交叉处

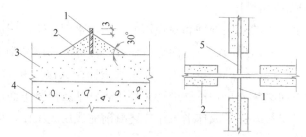

图 8-8　分格嵌条设置

1—分格条；2—素水泥浆；3—水泥砂浆找平层；4—混凝土垫层；

5—40～50mm 内不抹素水泥浆

应留出 15～20mm 的空隙不填水泥浆，这样在铺设水泥石子浆时，石粒能靠近分格条交叉处。分格条应平直、牢固、接头严密。

（2）铺水泥石子浆

分格条粘嵌养护 3～5d 后，将找平层表面清理干净，刷水泥浆一道，随刷随铺面层水泥石子浆。水泥石子浆的虚铺厚度比分格条高 3～5mm，以防在滚压时压弯铜条或压碎玻璃条。铺好后，用滚筒滚压密实，待表面出浆后，再用抹子抹平。在滚压过程中，如发现表面石子偏少，可补撒石子并拍平。如在同一平面上有几种颜色的水磨石，应先做深色，后做浅色；先做大面，后做镶边。待前一种色浆凝固后，再抹后一种色浆。

（3）研磨

水磨石的开磨时间与水泥强度和气温高低有关，应先试磨，在石子不松动时方可开磨。一般开磨时间见表 8-7。

水磨石面层开磨参考时间表　　　　　　　　　　表 8-7

平均温度（℃）	开磨时间（d）	
	机　磨	人　工　磨
20～30	2～3	1～2
10～20	3～4	1.5～2.5
5～10	5～6	2～3

大面积施工宜用磨石机研磨，小面积、边角处，可用小型湿式磨光机研磨或手工研磨，研磨时应边磨边加水，对磨下的石浆应及时清除。

水磨石面一般采用"二浆三磨"法，即整修研磨过程中磨光三遍，补浆二次。第一遍先用 60～80 号粗金刚石粗磨，磨石机走"8"字形，边磨边加水冲洗，要求磨匀磨平，随时用 2m 靠尺板进行平整度检查。磨后把水泥浆冲洗干净，并用同色水泥浆涂抹，填补研磨过程中出现的小孔隙和凹痕，洒水养护 2～3d。第二遍用 120～150 号金刚石再平磨，方法同第一遍，磨光后再补一次浆，第三遍用 180～240 号油石精磨，要求打磨光滑，无砂眼细孔，石子颗颗显露，高级水磨石面层应适当增加磨光遍数及提高油石的号数。

（4）抛光

在影响水磨石面层质量的其他工序完成后，将地面冲洗干净，涂上 10% 浓度的草酸溶液，随即用 280～320 号油石进行细磨或把布卷固定在磨石机上进行研磨，表面光滑为止。用水冲洗、晾干后，在水磨石面层上满涂一层蜡，稍干后再用磨光机研磨，或用钉有细帆布的木块代替油石，装在磨石机上研磨出光亮后，再涂蜡研磨一遍，直到光滑洁亮为止。

4. 整体面层的允许偏差和检验方法

整体面层的允许偏差和检验方法见表 8-8。

整体面层的允许偏差和检验方法　　　　　　　　　　　　　　　表 8-8

项次	项目	允许偏差（mm）						检验方法
		水泥混凝土面层	水泥砂浆面层	普通水磨石面层	高级水磨石面层	硬化耐磨面层	防油渗混凝土和不发火（防爆）面层	
1	表面平整度	5	4	3	2	4	5	用 2m 靠尺和塞尺检查
2	踢脚线上口平直	4	4	3	3	4	4	拉 2m 线和用钢尺检查
3	缝格平直	3	3	3	2	3	3	

8.3.5　板块面层施工

板块面层是在基层上用水泥砂浆或水泥浆、胶粘剂铺设块料面层（如水泥花砖、预制水磨石板、花岗石板、大理石板、马赛克等）形成的楼面面层，如图 8-9 所示。

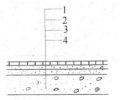

图 8-9　块材地面

1—块材面层；2—结合层；

3—找平层；4—基层（混凝土

垫层或钢筋混凝土楼板）

1. 施工准备

铺贴前，应先挂线检查地面垫层的平整度，弹出房间中心"十"字线，然后由中央向四周弹出分块线，同时在四周墙壁上弹出水平控制线。按照设计要求进行试拼试排，在块材背面编号，以便安装时对号入座，根据试排结果，在房间的主要部位弹上互相垂直的控制线并引至墙上，用以检查和控制板块的位置。

2. 大理石板、花岗石板及预制水磨石板地面铺贴

（1）板材浸水　施工前应将板材（特别是预制水磨石板）浸水湿润，并阴干码好备用，铺贴时，板材的底面以内潮外干为宜。

（2）摊铺结合层　先在基层或找平层上刷一遍掺有 4%～5% 建筑用胶的水泥浆，水灰比为 0.4～0.5。随刷随铺水泥砂浆结合层，厚度 10～15mm，每次铺 2～3 块板面积为宜，并对照拉线将砂浆刮平。

（3）铺贴　正式铺贴时，要将板块四角同时坐浆，四角平稳下落，对准纵横缝后，用木槌敲击中部使其密实、平整，准确就位。

（4）灌缝　要求嵌铜条的地面板材铺贴，先将相邻两块板铺贴平整，留出嵌条缝隙，然后向缝内灌水泥砂浆，将铜条敲入缝隙内，使其外露部分略高于板面即可，然后擦净挤出的砂浆。

对于不设镶条的地面，应在铺完 24 小时后洒水养护，2d 后用填缝剂进行灌缝，灌缝力求达到紧密。

（5）上蜡磨亮　板块铺贴完工，待结合层砂浆强度达到 60%～70% 即可打蜡抛光，3d 内禁止上人走动。

356

3.墙地砖面层施工

铺贴前应先将地砖浸水湿润后阴干备用，阴干时间一般3～5d，以地砖表面有潮湿感但手按无水迹为准。

（1）铺结合层砂浆　提前一天在楼地面基体表面浇水湿润后，铺1∶3水泥砂浆结合层。

（2）弹线定位　根据设计要求弹出标高线和平面中线，施工时用尼龙线或棉线在墙地面拉出标高线和垂直交叉的定位线。

（3）铺贴地砖　用1∶2水泥砂浆摊抹于地砖背面，按定位线的位置铺于地面结合层上，用木槌敲击地砖表面，使之与地面标高线吻合贴实，边贴边用水平尺检查平整度。

（4）擦缝　整幅地面铺贴完成后，养护2d后进行擦缝，擦缝时用水泥（或专用勾缝剂）调成干团，在缝隙上擦抹，使地砖的拼缝内填满水泥（或勾缝剂），再将砖面擦净。

8.3.6　木质地面施工

木质地面施工通常有架铺和实铺两种。架铺是在地面上先做出木搁栅，然后在木搁栅上铺贴基面板，最后在基面板上镶铺面层木地板（图8-10b）。实铺是在建筑地面上直接拼铺木地板（图8-10a）。

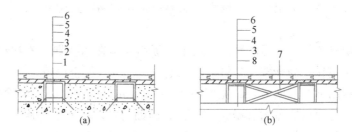

图8-10　双层企口硬木地板构造

（a）实铺法；（b）架铺法

1—混凝土基层；2—预埋铁（铁丝或钢筋）；3—木搁栅；4—防腐剂；5—毛地板；
6—企口硬木地板；7—剪刀撑；8—垫木

1.基层施工

（1）高架木地板基层施工

1）地垄墙或砖墩。地垄墙应用水泥砂浆砌筑，砌筑时要根据地面条件设地垄墙的基础。每条地垄墙、内横墙和暖气沟墙均需预留120mm×120mm的通风洞两个，而且要在一条直线上，以利通风。暖气沟墙的通风洞口可采用缸瓦管与外界相通。外墙每隔3～5m应预留不小于180mm×180mm的通风孔洞，洞口下皮距室外地坪标高不小于200mm，孔洞应安设箅子。如果地垄不易做通风处理，需在地垄顶部铺设防潮油毡。

2）木搁栅。木搁栅通常是方框或长方框结构，木搁栅制作时，与木地板基板接触的表面一定要刨平，主次木方的连接可用榫结构或钉、胶结合的固定方法。无主次之分

357

的木搁栅，木方的连接可用半槽式扣接法。通常在砖墩上预留木方或铁件，然后用螺栓或骑马铁件将木搁栅连接起来。

（2）一般架铺地板基层施工

一般架铺地板是在楼面上或已有水泥地坪的地面上进行。

1）地面处理。检查地面的平整度，做水泥砂浆找平层，然后在找平层上刷二遍防水涂料或乳化沥青。

2）木搁栅。直接固定于地面的木搁栅所用的木方，可采用截面尺寸为 30mm×40mm 或 40mm×50mm 的木方。组成木搁栅的木方统一规格，其连接方式通常为半槽扣接，并在两木方的扣接处涂胶加钉。

3）木搁栅与地面的固定。木搁栅直接与地面的固定常用埋木楔的方法，即用 $\phi16$ 的冲击电钻在水泥地面或楼板上钻洞，孔洞深 40mm 左右，钻孔位置应在地面弹出的木搁栅位置线上，两孔间隔 0.8m 左右。然后向孔洞内打入木楔。固定木方时可用长钉将木搁栅固定在打入地面的木楔上。

（3）实铺木地板的基层要求

木地板直接铺贴在地面时，对地面的平整度要求较高，一般地面应采用防水水泥砂浆找平或在平整的水泥砂浆找平层上刷防潮层。

2. 面层木地板铺设

木地板铺在基面或基层板上，铺设方法有钉接式和粘结式两种。

（1）钉接式

木地板面层有单层和双层两种。单层木地板面层是在木搁栅上直接钉直条企口板；双层木地板面层是在木搁栅架上先钉一层毛地板，再钉一层企口板。

双层木地板的下层毛地板，其宽度不大于 120mm，铺设时必须清除其下方空间内的刨花等杂物。毛地板应与木搁栅成 30°或 45°斜面钉牢，板间的缝隙不大于 3mm，以免起鼓，毛地板与墙之间留 8～12mm 的缝隙，每块毛地板应在其下的每根木搁栅上各用两个钉固结，钉的长度应为板厚的 2.5 倍，面板铺钉时，其顶面要刨平，侧面带企口，板宽不大于 120mm，地板应与木搁栅或毛地板垂直铺钉，并顺进门方向。接缝均应在木搁栅中心部位，且间隔错开。木板应材心朝上铺钉。木板面层距墙 8～12mm，以后逐块紧铺钉，缝隙不超过 1mm，圆钉长度为板厚 2.5 倍，钉帽砸扁，钉从板的侧边凹角处斜向钉入（图 8-11），板与搁栅交处至少钉一颗。钉到最后一块，可用明铺钉牢，钉帽砸扁冲入板内 30～50mm。硬木地板面层铺钉前应先钻圆钉直径

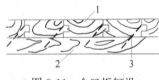

图 8-11　企口板钉设
1—毛地板；2—木搁栅；3—圆钉

0.7～0.8 倍的孔，然后铺钉。双层板面层铺钉前应在毛板上先铺一层沥青油纸或油毡隔潮。

木板面层铺完后，清扫干净。先按垂直木纹方向粗刨一遍，再顺木纹方向细刨一遍，然后磨光，待室内装饰施工完毕后再进行油漆并上蜡。

（2）粘结式

粘结式木地板面层，多用实铺式，将加工好的硬木地板块材用粘结材料直接粘贴在楼地面基层上。

拼花木地板粘贴前，应根据设计图案和尺寸进行弹线。对于成块制作好的木地板块材，应按所弹施工线试铺，以检查其拼缝高低、平整度、对缝等。符合要求后进行编号，施工时按编号从房中间向四周铺贴。

1）沥青胶铺贴法 先将基层清扫干净，用大号鬃板刷在基层上涂刷一层薄而匀的冷底子油待一昼夜后，将木地板背面涂刷一层薄而匀的热沥青，同时在已涂刷冷底子油的基层上涂刷热沥青一道，厚度一般为 2mm，随涂随铺。木地板应水平状态就位，同时要用力与相邻的木地板压得严密无缝隙，相邻两块木地板的高差不应超过 -1～+1.5mm，缝隙不大于 0.3mm，否则重铺。铺贴时要避免热沥青溢出表面，如有溢出应及时刮除并擦拭干净。

2）胶粘剂铺贴法 先将基层表面清扫干净，用鬃刷在基层上涂刷一层薄而匀的底子胶。底子胶应采用原粘剂配制。待底子胶干燥后，按施工线位置沿轴线由中央向四面铺贴。其方法是按预排编号顺序在基层上涂刷一层厚约 1mm 左右的胶粘剂，再在木地板背面涂刷一层厚约 0.5mm 的胶粘剂，待表面不粘手时，即可铺贴。铺贴时，人员随铺贴随往后退，要用力推紧、压平，并随即用砂袋等物压 6～24h，其质量要求与前述沥青胶粘结法相同。

目前，可用于粘贴木地板的胶粘剂较多，可根据实际需要选择，如专用的木地板胶水、万能胶、白乳胶等。

地板粘贴后应自然养护，养护期内严禁上人走动。养护期满后，即可进行刮平、磨光、油漆和打蜡工作。

3. 木踢脚板的施工

木地板房间的四周墙脚处应设木踢脚板，踢脚板一般高 100～200mm，常用 150mm，厚 20～25mm。所用木板一般也应与木地板面层所用的材质品种相同。踢脚板应预先刨光，上口刨成线条。为防止翘曲，在靠墙的一面应开成凹槽，当踢脚板高 100mm 时开一条凹槽，150mm 时开两条凹槽，超过 150mm 时开三条凹槽，凹槽深度为 3～5mm。为了防潮通风，木踢脚板每隔 1～1.5m 设一组通风孔，一般采用 $\phi6$ 孔。

在墙内每隔 400mm 砌入防腐木砖。在防腐木砖上钉防腐木垫块。一般木踢脚板与地面转角处安装木压条或安装圆角成品木条，其构造做法如图 8-12 所示。

木踢脚板应在木地板刨光后安装。木踢脚板接缝处应做暗榫或斜坡压槎，在 90°转角处可做成 45°斜角接缝。接缝一定要在防腐木块上。安装时木踢脚板与立墙贴紧，上口要平直，用明钉钉牢在防腐木块上，钉帽要砸扁并冲入板内

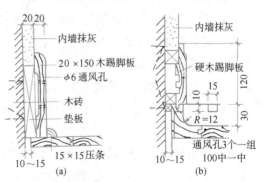

图 8-12 木踢脚板做法示意图
（a）压条做法；（b）圆角做法

2~3mm。

4. 竹、木质地面面层的允许偏差和检验方法。

竹、木质地面面层的允许偏差和检验方法见表8-9。

竹、木质地面面层的允许偏差和检验方法 　　表 8-9

项次	项　目	允许偏差（mm）				检验方法
		实木地板、实木集成地板，竹地板面层			浸渍纸层压木质地板实木复合地板、软木类地板	
		松木地板	硬木地板	拼花地板		
1	板面缝隙宽度	1.0	0.5	0.2	0.5	用钢尺检查
2	表面平整度	3.0	2.0	2.0	2.0	用2m靠尺和塞尺检查
3	踢脚线上口平齐	3.0	3.0	3.0	3.0	拉5m线，不足5m拉通线用钢尺检查
4	板面拼缝平直	3.0	3.0	3.0	3.0	
5	相邻板材高差	0.5	0.5	0.5	0.5	用钢尺和塞尺检查
6	踢脚线与面层的接缝	1.0				用塞尺检查

8.4　吊顶和隔墙工程施工

8.4.1　吊顶工程

吊顶采用悬吊方式将装饰顶棚支承于屋顶或楼板下面。

1. 吊顶的构造组成

吊顶主要由支承、基层和面层三个部分组成。

（1）支承　吊顶支承由吊杆（吊筋）和主龙骨组成。

轻钢龙骨与铝合金龙骨吊顶的主龙骨截面尺寸取决于荷载大小，其间距尺寸应考虑次龙骨的跨度及施工条件，一般采用1~1.5m。其截面形状较多，主要有U形、T形、C形、L形等。主龙骨与屋顶结构楼板结构多通过吊杆连接，吊杆固定方法如图8-13所示。吊杆与主龙骨用特制的吊杆件或套件连接。金属吊杆和龙骨应作防锈处理。

（2）基层

基层用木材、型钢或其他轻金属材料制成的次龙骨组成。吊顶面层所用材料不同，其基层部分的布置方式和次龙骨的间距大小也不一样，但一般不应超过600mm。

吊顶的基层要结合灯具位置、风扇或空调透风口位置等进行布置，留好预留洞穴及吊挂设施等，同时应配合管道、线路等安装工程施工。

（3）面层

木龙骨吊顶，其面层多用人造板（如胶合板、纤维板、木丝板、刨花板）面层或板条（金属网）抹灰面层。轻钢龙骨、铝合金龙骨吊顶，其面板多用装饰吸声板（如纸面石膏板、钙塑泡沫板、纤维板、矿棉板、玻璃丝棉板等）制作。

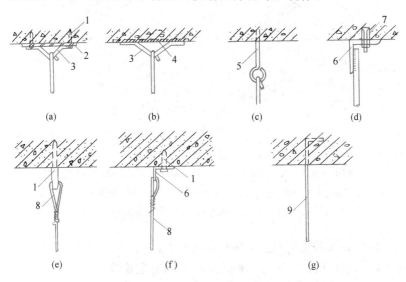

图 8-13　吊杆固定

（a）射钉固定；（b）预埋件固定；（c）预埋 $\phi6$ 钢筋吊环；（d）金属膨胀螺丝固定；

（e）射钉直接连接钢丝；（f）射钉角铁连接法；（g）预埋 8 号镀锌钢丝

1—射钉；2—焊板；3—$\phi10$ 钢筋吊环；4—预埋钢板；5—$\phi6$ 钢筋；6—角钢；

7—金属膨胀螺丝；8—镀锌钢丝（8 号、12 号、14 号）；9—8 号镀锌钢丝

2. 轻金属龙骨吊顶施工

轻金属龙骨按材料分为轻钢龙骨和铝合金龙骨。

（1）轻钢龙骨装配式吊顶施工。利用薄壁镀锌钢板带经机械冲压而成的轻钢龙骨即为吊顶的骨架型材。轻钢吊顶龙骨有 U 型和 T 型两种。

U 型上人轻钢龙骨安装方法如图 8-14 所示。

施工前，先按龙骨的标高在房间四周的墙上弹出水平线，再根据龙骨的要求按一定间距弹出龙骨的中心线，找出吊点中心，将吊杆固定在埋件上。吊顶结构未设埋件时，要按确定的节点中心用射钉固定螺钉或吊杆，吊杆长度计算好后，在一端套丝，丝口的长度要考虑紧固的余量，并分别配好紧固用的螺母。

主龙骨的吊顶挂件连在吊杆上校平调正后，拧紧固定螺母，然后根据设计和饰面板尺寸要求确定的间距，用吊挂件将次龙骨固定在主龙骨上，调平调正后安装饰面板。

饰面板的安装方法有：

搁置法：将饰面板直接放在 T 型龙骨组成的格框内。有些轻质饰面板，考虑刮风时会被掀起（包括空调口，通风口附近），可用木条、卡子固定。

嵌入法：将饰面板事先加工成企口暗缝，安装时将 T 型龙骨两肢插入企口缝内。

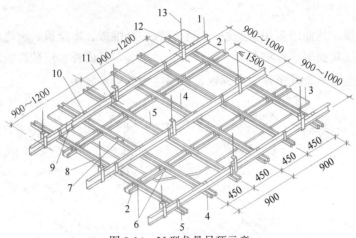

图 8-14　U 型龙骨吊顶示意

1—BD 大龙骨；2—UZ 横撑龙骨；3—吊顶板；4—UZ 龙骨；5—UX 龙骨；

6—UZ₃ 支托连接；7—UZ₂ 连接件；8—UX₂ 连接件；9—BD₂ 连接件；10—UX₁ 吊挂；

11—UX₂ 吊件；12—BD₁ 吊件；13—UX₃ 吊杆 $\phi 8 \sim \phi 10$

粘贴法：将饰面板用胶粘剂直接粘贴在龙骨上。

钉固法：将饰面板用钉、螺钉、自攻螺钉等固定在龙骨上。

卡固法：多用于铝合金吊顶，板材与龙骨直接卡接固定。

（2）铝合金龙骨装配式吊顶施工。铝合金龙骨吊顶按罩面板的要求不同分龙骨底面不外露和龙骨底面外露两种形式；按龙骨结构形式不同分 T 型和 TL 型。TL 型龙骨属于安装饰面板后龙骨底面外露的一种（图 8-15、图 8-16）。

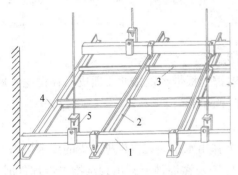

图 8-15　TL 型铝合金吊顶

1—大龙骨；2—大 T；3—小 T；

4—角条；5—大吊挂件

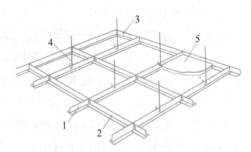

图 8-16　TL 型铝合金不上人吊顶

1—大 T；2—小 T；3—吊件；

4—角条；5—饰面板

铝合金吊顶龙骨的安装方法与轻钢龙骨吊顶基本相同。

（3）常见饰面板的安装。铝合金龙骨吊顶与轻钢龙骨吊顶饰面板安装方法基本相同。石膏饰面板的安装可采用钉固法、粘贴法和暗式企口胶接法。U 型轻钢龙骨采用钉固法安装石膏板时，使用镀锌自攻螺钉与龙骨固定。钉头要求嵌入石膏板内 0.5～1mm，钉眼用腻子刮平，并用石膏板与同色的色浆腻子涂刷一遍。螺钉规格为 M5×25

或 M5×35。螺钉与板边距离应不大于 15mm，螺钉间距以 150～170mm 为宜，均匀布置，并与板面垂直。石膏板之间应留出 8～10mm 的安装缝。待石膏板全部固定好后，用塑料压缝条或铝压缝条压缝，钙塑泡沫板的主要安装方法有钉固和粘贴两种。钉固法即用圆钉或木螺钉，将面板钉在顶棚的龙骨上，要求钉距不大于 150mm，钉帽应与板面齐平，排列整齐，并用与板面颜色相同的涂料装饰。钙塑板的交角处，用木螺钉将塑料小花固定，并在小花之间沿板边按等距离加钉固定。用压条固定时，压条应平直，接口严密，不得翘曲。钙塑泡沫板用粘贴法安装时，胶粘剂可用 401 胶或氧丁胶浆——聚异氰酸酯胶（10∶1）涂胶后应待稍干，方可把板材粘贴压紧。胶合板、纤维板安装应用钉固法：要求胶合板钉距 80～150mm，钉长 25～35mm，钉帽应打扁，并进入板面0.5～1mm，钉眼用油性腻子抹平；纤维板钉距 80～120mm，钉长 20～30mm，钉帽进入板面 0.5mm，钉眼用油性腻子抹平；硬质纤维板应用水浸透，自然阴干后安装。矿棉板安装的方法主要有搁置法、钉固法和粘贴法。顶棚为轻金属 T 型龙骨吊顶时，在顶棚龙骨安装放平后，将矿棉板直接平放在龙骨上，矿棉板每边应留有板材安装缝，缝宽不宜大于 1mm。顶棚为木龙骨吊顶时，可在矿棉板每四块的交角处和板的中心用专门的塑料花托脚，用木螺钉固定在木龙骨上；混凝土顶面可按装饰尺寸做出平顶木条，然后再选用适宜的粘胶剂将矿棉板粘贴在平顶木条上。金属饰面板主要有金属条板、金属方板和金属格栅。板材安装方法有卡固法和钉固法。卡固法要求龙骨形式与条板配套；钉固法采用螺钉固定时，后安装的板块压住前安装的板块，将螺钉遮盖，拼缝严密。方形板可用搁置法和钉固法，也可用铜丝绑扎固定。格栅安装方法有两种，一种是将单体构件先用卡具连成整体，然后通过钢管与吊杆相连接；另一种是用带卡口的吊管将单体物体卡住，然后将吊管用吊杆悬吊。金属板吊顶与四周墙面空隙，应用同材质的金属压缝条找齐。

3. 吊顶工程质量要求

吊顶工程所用的材料品种、规格、颜色以及基层构造、固定方法等应符合设计要求。罩面板与龙骨应连接紧密，表面应平整，不得有污染、折裂、缺棱掉角、锤伤等缺陷，接缝应均匀一致，粘贴的罩面不得有脱层，胶合板不得有刨透之处，搁置的罩面板不得有漏、透、翘角现象。

吊顶工程安装的允许偏差和检验方法应符合表 8-10 的规定。

8.4.2　隔墙工程

1. 隔墙的构造类型

隔墙依其构造方式，可分为砌块式、骨架式和板材式。砌块式隔墙构造方式与黏土砖墙相似，装饰工程中主要为骨架式和板材式隔墙。骨架式隔墙骨架多为木材或型钢（轻钢龙骨、铝合金骨架），其饰面板多用纸面石膏板、人造板（如胶合板、纤维板、木丝板、刨花板、水泥纤维板）。板材式隔墙采用高度等于室内净高的条形板材进行拼装，常用的板材有：复合轻质墙板、石膏空心条板、预制或现制钢丝网水泥板等。

2. 轻钢龙骨纸面石膏板隔墙施工

轻钢龙骨纸面石膏板墙体具有施工速度快、成本低、劳动强度小、装饰美观及防火、隔声性能好等特点。因此其应用广泛，具有代表性。

用于隔墙的轻钢龙骨有 C50、C75、C100 三种系列，各系列轻钢龙骨由沿顶龙骨、沿地龙骨、竖向龙骨、加强龙骨和横撑龙骨以及配件组成（图 8-17）。

吊顶工程安装的允许偏差和检验方法　　　　　　　　　　　　表 8-10

项次	项目	允许偏差(mm)								检验方法
		暗龙骨吊顶				明龙骨吊顶				
		纸面石膏板	金属板	矿棉板	木板、塑料板、格栅	石膏板	金属板	矿棉板	塑料板玻璃板	
1	表面平整度	3	2	2	2	3	2	3	2	用 2m 靠尺和塞尺检查
2	接缝直线度	3	1.5	3	3	3	2	3	3	拉 5m 线,不足 5m 拉通线,用钢直尺检查
3	接缝高低差	1	1	1.5	1	1	1	2	1	用钢直尺和塞尺检查

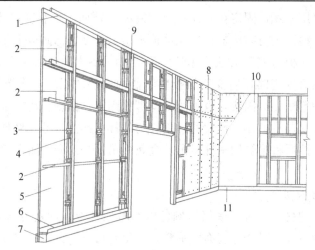

图 8-17　轻钢龙骨纸面石膏板隔墙

1—沿顶龙骨；2—横撑龙骨；3—支撑卡；4—贯通孔；5—石膏板；6—沿地龙骨
7—混凝土踢脚座；8—石膏板；9—加强龙骨；10—塑料壁纸；11—踢脚板

轻钢龙骨墙体的施工操作工序有：

弹线→固定沿地、沿顶和沿墙龙骨→龙骨架装配及校正→石膏板固定→饰面处理。

（1）弹线　根据设计要求确定隔墙的位置、隔墙门窗的位置，包括地面位置、墙面位置、高度位置以及隔墙的宽度。并在地面和墙面上弹出隔墙的宽度线和中心线，按所需龙骨的长度尺寸，对龙骨进行划线配料。按先配长料，后配短料的原则进行。量好尺寸后，用粉饼或记号笔在龙骨上画出切截位置线。

（2）固定沿地沿顶龙骨　沿地沿顶龙骨固定前，将固定点与竖向龙骨位置错开，用膨胀螺栓和打木楔钉、铁钉与结构固定，或直接与结构预埋件连接。

（3）骨架连接　按设计要求和石膏板尺寸，进行骨架分格设置，然后将预选切裁好的竖向龙骨装入沿地、沿顶龙骨内，校正其垂直度后，将竖向龙骨与沿地、沿顶龙骨固定起来，固定方法用点焊将两者焊牢，或者用连接件与自攻螺钉固定。

（4）石膏板固定　固定石膏板用平头自攻螺钉，其规格通常为 M4×25 或 M5×25 两种，螺钉间距 200mm 左右。安装时，将石膏板竖向放置，贴在龙骨上用电钻同时把板材与龙骨一起打孔，再拧上自攻螺钉。螺钉要沉入板材平面 2～3mm。

石膏板之间的接缝分为明缝和暗缝两种做法。明缝是用专门工具和砂浆胶粘剂勾成立缝。明缝如果加嵌压条，装饰效果较好。暗缝的做法首先要求石膏板有斜角，在两块石膏板拼缝处用嵌缝石膏腻子嵌平，然后贴上 50mm 的穿孔纸带，再用腻子补一道，与墙面刮平。

（5）饰面　待嵌缝腻子完全干燥后，即可在石膏板隔墙表面裱糊墙纸、织物或进行涂料施工。

3. 铝合金隔墙施工

铝合金隔墙是用铝合金型材组成框架，再配以玻璃等其他材料装配而成。其主要施工工序为：弹线→下料→组装框架→安装玻璃。

（1）弹线　根据设计要求确定隔墙在室内的具体位置、墙高、竖向型材的间隔位置等。

（2）划线　在平整干净的平台上，用钢尺和钢划针对型材划线，要求长度误差 ±0.5mm，同时不要碰伤型材表面。下料时先长后短，并将竖向型材与横向型材分开。沿顶、沿地型材要划出与竖向型材的各连接位置线。划连接位置线时，必须划出连接部位的宽度。

（3）铝合金隔墙的安装固定　半高铝合金隔墙通常先在地面组装好框架后再竖立起来固定，全封铝合金隔墙通常是先固定竖向型材，再安装横档型材来组装框架。铝合金型材相互连接主要用铝角和自攻螺钉，它与地面、墙面的连接，则主要用铁脚固定法。

（4）玻璃安装　先按框洞尺寸缩小 3～5mm 裁好玻璃，将玻璃就位后，用与型材同色的铝合金槽条，在玻璃两侧夹定，校正后将槽条用自攻螺钉与型材固定。安装活动窗口上的玻璃，应与制作铝合金活动窗口同时安装。

4. 隔墙的质量要求

（1）隔墙所用材料的品种、规格、性能、颜色应符合设计要求。有隔声、隔热、阻燃、防潮等特殊要求的工程，板材应有相应性能等级的检测报告。

（2）板材隔墙安装所需预埋件、连接件的位置、数量及连接方法应符合设计要求，与周边墙体连接应牢固。隔墙骨架与基体结构连接牢固，并应平整、垂直、位置正确。

（3）隔墙板材安装应垂直、平整、位置正确，板材不应有裂缝或缺损；表面应平整光滑、色泽一致、洁净，接缝应均匀、顺墙体表面应平整、接缝密实、光滑、无凸凹现

365

象、无裂缝。

（4）隔墙上的孔洞、槽、盒应位置正确、套割方正、边缘整齐。

（5）隔墙安装的允许偏差和检验方法应符合表 8-11 的要求。

隔墙安装的允许偏差和检验方法　　　　　表 8-11

项次	项目	允许偏差（mm）						检验方法
		板材隔墙				骨架隔墙		
		金属夹心板	其他复合板	石膏空心板	钢丝网水泥板	纸面石膏板	人造木板、水泥纤维板	
1	立面垂直度	2	3	3	3	3	4	用 2m 垂直检测尺检查
2	表面平整度	2	3	3	3	3	3	用 2m 直尺和塞尺检查
3	阴阳角方正	3	3	3	4	3	3	用直角检测尺检查
4	接缝直线度	—	—	—	—	—	3	拉 5m 线，不足 5m 拉通线，用钢直尺检查
5	压条直线度	—	—	—	—	—	3	
6	接缝高低差	1	2	2	3	1	1	用钢直尺和塞尺检查

8.5　涂料及刷浆工程施工

8.5.1　涂料工程

涂料涂刷于建筑物表面并与基体材料很好地粘结，干结成膜后，既对建筑物表面起到一定的保护作用，又能起到建筑装饰的效果。

涂料主要由胶粘剂、颜料、溶剂和辅助材料等组成。涂料的品种繁多，按装饰部位不同有内墙涂料、外墙涂料、顶棚涂料、地面涂料；按成膜物质不同有油性涂料（也称油漆）、有机高分子涂料、无机高分子涂料、有机无机复合涂料；按涂料分散介质不同有：溶剂型涂料、水性涂料、乳液涂料（乳胶漆）。

涂料工程施工技术有：

1. 基层处理

混凝土和抹灰表面为：基层表面必须坚实，无酥板、脱层、起砂、粉化等现象，否则应铲除。基层表面要求平整，如有孔洞、裂缝，须用同种涂料配制的腻子批嵌，除去表面的油污、灰尘、泥土等，清洗干净。对于施涂溶剂型涂料的基层，其含水率应控制在 8% 以内，对于施涂乳液型涂料的基层，其含水率应控制在 10% 以内。

木材基层表面：应先将木材表面上的灰尘，污垢应清除，并把木材表面的缝隙、毛刺等用腻子填补磨光，木材基层的含水率不得大于 12%。

金属基层表面：将灰尘、油渍、锈斑、焊渣、毛刺等清除干净。

2. 涂料施工

涂料施工主要操作方法有：刷涂、滚涂、喷涂、刮涂、弹涂、抹涂等。

（1）刷涂。是人工用刷子蘸上涂料直接涂刷于被饰涂面。要求：不流、不挂、不皱、不漏、不露刷痕。刷涂一般不少于两道，应在前一道涂料表面干后再涂刷下一道。两道施涂间隔时间由涂料品种和涂刷厚度确定，一般为 2~4h。

（2）滚涂。是利用涂料辊子蘸上少量涂料，在基层表面上下垂直来回滚动施涂。阴角及上下口一般需先用排笔、鬃刷刷涂。

（3）喷涂。是一种利用压缩空气将涂料制成雾状（或粒状）喷出，涂于被饰涂面的机械施工方法。其操作过程为：

1）将涂料调至施工所需黏度，将其装入贮料罐或压力供料筒中。

2）打开空压机，调节空气压力，使其达到施工压力，一般为 0.4~0.8MPa。

3）喷涂时，手握喷枪要稳，涂料出口应与被涂面保持垂直，喷枪移动时应与喷涂面保持平行。喷距 500mm 左右为宜，喷枪运行速度应保持一致。

4）喷枪移动的范围不宜过大，一般直接喷涂 700~800mm 后折回，再喷涂下一行，也可选择横向或竖向往返喷涂。

5）涂层一般两遍成活，横向喷涂一遍，竖向再涂一遍。两遍之间间隔时间由涂料品种及喷涂厚度而定，要求涂膜应厚薄均匀、颜色一致、平整光滑，不出现露底、皱纹、流挂、钉孔、气泡和失光现象。

（4）刮涂。是利用刮板，将涂料厚浆均匀地批刮于涂面上，形成厚度为 1~2mm 的厚涂层。这种施工方法多用于地面等较厚层涂料的施涂。

刮涂施工的方法为：

1）腻子一次刮涂厚度一般不应超过 0.5mm，孔眼较大的物面应将腻子填嵌实，并高出物面，待干透后再进行打磨。待批刮腻子或者厚浆涂料全部干燥后，再涂刷面层涂料。

2）刮涂时应用力按刀，使刮刀与饰面成 50°~60°角刮涂。刮涂时只能来回刮 1~2 次，不能往返多次刮涂。

3）遇有圆、棱形物面可用橡皮刮刀进行刮涂。刮涂地面施工时，为了增加涂料的装饰效果，可用划刀或记号笔刻出席纹、仿木纹等各种图案。

（5）弹涂。先在基层刷涂 1~2 道底涂层，待其干燥后通过机械的方法将色浆均匀地溅在墙面上，形成 1~3mm 左右的圆状色点。弹涂时，弹涂器的喷出口应垂直正对被饰面，距离 300~500mm，按一定速度自上而下，由左至右弹涂。选用压花型弹涂时，应适时将彩点压平。

（6）抹涂。先在基层刷涂或滚涂 1~2 道底涂料，待其干燥后，使用不锈钢抹灰工具将饰面涂料抹到底层涂料上。一般抹 1~2 遍，间隔 1h 后再用不锈钢抹子压平。涂抹厚度内墙为 1.5~2mm，外墙 2~3mm。

在工厂制作组装的钢木制品和金属构件，其涂料宜在生产制作阶段施工，最后一遍安装后在现场施涂。现场制作的构件，组装前应先施涂一遍底子油（干油性且防锈的涂料），安装后再施涂。

3. 喷塑涂料施工

（1）喷塑涂料的涂层构造

按喷塑涂料层次的作用不同，其涂层构造分为封底涂料、主层涂料、罩面涂料。按使用材料分为底油、骨架和面油。喷塑涂料质感丰富、立体感强，具有乳雕饰面的效果。

1）底油：底油是涂布在基层上的涂层。它的作用是渗透到基层内部，增强基层的强度，同时又对基层表面进行封闭，并消除基层表面有损于涂层附着的因素，增加骨架涂料与基层之间的结合力。作为封底涂料，可以防止硬化后的水泥砂浆抹灰层可溶性盐渗出而破坏面层。

2）骨架：骨架是喷塑涂料特有的一层成型层，是喷塑涂料的主要构成部分。使用特制大口径喷枪或喷斗，喷涂在底油之上，再经过滚压，即形成质感丰富，新颖美观的立体花纹图案。

3）面油：面油是喷塑涂料的表面层。面油内加入各种耐晒彩色颜料，使喷塑涂层具有理想的色彩和光感。面油分为水性和油性两种，水性面油无光泽，油性面油有光泽，但目前大都采用水性面油。

（2）喷塑涂料施工

喷涂程序：刷底油→喷点料（骨架材料)→滚压点料→喷涂或刷涂面层。

底油的涂刷用漆刷进行，要求涂刷均匀不漏刷。

喷点施工的主要工具是喷枪，喷嘴有大、中、小三种，分别可喷出大点、中点和小点。施工时可按饰面要求选择不同的喷嘴。喷点操作的移动速度要均匀，其行走路线可根据施工需要由上向下或左右移动。喷枪在正常情况下其喷嘴距墙 50～60cm 为宜。喷头与墙面成 60°～90°夹角，空压机压力为 0.5MPa。如果喷涂顶棚，可采用顶棚喷涂专用喷嘴。

如果需要将喷点压平，则喷点后 5～10min 便可用胶辊蘸松节水，在喷涂的圆点上均匀地轻轻滚，将圆点压扁，使之成为具有立体感的压花图案。

喷涂面油应在喷点施工 12min 进行，第一道滚涂水性面油，第二道可用油性面油，也可用水性面油。

如果基层有分格条，面油涂饰后即行揭去，对分格缝可按设计要求的色彩重新描绘。

4. 多彩喷涂施工

多彩喷涂具有色彩丰富、技术性能好、施工方便、维修简单、防火性能好、使用寿命长等特点，因此运用广泛。

多彩喷涂的工艺可按底涂、中涂、面涂或底涂、面涂的顺序进行。

底涂：底层涂料的主要作用是封闭基层，提高涂膜的耐久性和装饰效果。底层涂料为溶剂性涂料，可用刷涂、滚涂或喷涂的方法进行操作。

中涂：中层为水性涂料，涂刷1～2遍，可用刷涂、滚涂及喷涂施工。

面涂（多彩）喷涂：中层涂料干燥约4～8h后开始施工。操作时可采用专用的内压式喷枪，喷涂压力0.15～0.25MPa，喷嘴距墙300～400mm，一般一遍成活，如涂层不均匀，应在4h内进行局部补喷。

5.聚氨酯仿瓷涂料层施工

这种涂料是以聚氨酯-丙烯酸树脂溶液为基料，加入优质大白粉、助剂等配制而成的双组分固化型涂料。涂膜外观是瓷质状，其耐沾污性、耐水性及耐候性等性能均较优异。可以涂刷在木质、水泥砂浆及混凝土饰面上，具有优良的装饰效果。

聚氨酯仿瓷复层涂料一般分为底涂、中涂和面涂三层，其操作要点如下：

（1）基层表面应平整、坚实、干燥、洁净，表面的蜂窝、麻面和裂缝等缺陷应采用相应的腻子嵌平。金属材料表面应除锈，有油渍斑污者，可用汽油、二甲苯等溶剂清理。

（2）底涂施工。底涂施工可采用刷涂、滚涂、喷涂等方法进行。

（3）中涂施工。中涂一般均要求采用喷涂，喷涂压力依照材料使用说明，喷嘴口径一般为φ4。根据不同品种，将其甲乙组分进行混合调制或直接采用配套中层涂料均匀喷涂，如果涂料太稠，可加入配套溶液或醋酸丁酯进行稀释。

（4）面涂施工。面涂可用喷涂、滚涂或刷涂方法施工，涂层施工的间隔时间一般在2～4h之间。

仿瓷涂料施工要求环境温度不低于5℃，相对湿度不大于85%，面涂完成后保养3～5d。

6.质量要求和检验方法

涂料工程应待涂层完全干燥后，方可进行验收。验收时，应检查所用的材料品种、型号和性能应符合设计要求；施工后的颜色、图案应符合设计要求；涂料在基层上涂饰应均匀、粘结牢固，不得漏涂、透底、起皮和反锈。

施涂薄涂料的涂饰质量和检验方法，应符合表8-12的规定；施涂厚涂料、复层涂料的涂饰质量和检验方法，应符合表8-13的规定；施涂色漆的涂饰质量和检验方法，应符合表8-14的规定；清漆的涂饰质量和检验方法，应符合表8-15的规定。

薄涂料的涂饰质量和检验方法　　　　　表8-12

项次	项目	普通涂饰	高级涂饰	检验方法
1	颜色	均匀一致	均匀一致	观察
2	泛碱、咬色	允许少量轻微	不允许	
3	流坠、疙瘩	允许少量轻微	不允许	
4	砂眼、刷纹	允许少量轻微砂眼，刷纹通顺	无砂眼、无刷纹	
5	装饰线、分色线直线度允许偏差（mm）	2	1	拉5m线，不足5m拉通线，用钢直尺检查

厚涂料、复层涂料的涂饰质量和检验方法　　　　表 8-13

项次	项　目	普通厚涂料	厚涂料	复层涂料	检验方法
1	颜色	均匀一致	均匀一致	均匀一致	观察
2	泛碱、咬色	允许少量轻微	不允许	不允许	
3	点状分布	—	疏密均匀	—	
4	喷点疏密程度	—	—	均匀，不允许连片	

色漆的涂饰质量和检验方法　　　　表 8-14

项次	项　目	普通涂饰	高级涂饰	检验方法
1	颜色	均匀一致	均匀一致	观察
2	光泽、光滑	光泽基本均匀，光滑无挡手感	光泽均匀一致，光滑	观察，手摸检查
3	刷纹	刷纹通顺	无刷纹	观察
4	裹棱、流坠、皱皮	明显处不允许	不允许	观察
5	装饰线、分色线直线度允许偏差(mm)	2	1	拉 5m 线，不足 5m 拉通线，用钢直尺检查

清漆的涂饰质量和检验方法　　　　表 8-15

项次	项　目	普通涂饰	高级涂饰	检验方法
1	颜色	基本一致	均匀一致	观察
2	木纹	棕眼刮平、木纹清楚	棕眼刮平、木纹清楚	观察
3	光泽、光滑	光泽基本均匀，光滑无挡手感	光泽均匀一致，光滑	观察，手摸检查
4	刷纹	无刷纹	无刷纹	观察
5	裹棱、流坠、皱皮	明显处不允许	不允许	观察

7. 涂料工程的安全技术

涂料材料和所用设备，必须要有经过安全教育的专人保管，设置专用库房，各类储油原料的桶必须封盖。

涂料库房与建筑物必须保持一定的安全距离，一般在 2m 以上。库房内严禁烟火，且有足够的消防器材。

施工现场必须具有良好的通风条件，通风不良时须安置通风设备，喷涂现场的照明灯应加保护罩。

使用喷灯，加油不得过满，打气不能过足，使用时间不宜过长，点火时火嘴不准对人。

使用溶剂时，应做好眼睛、皮肤等的防护，并防止中毒。

8.5.2　刷浆工程

1. 刷浆材料

刷浆所用材料主要是指石灰浆、水泥色浆、大白浆和可赛银浆等，石灰浆和水泥浆可用于室内外墙面，大白浆和可赛银浆只用于室内墙面。

（1）石灰浆　用生石灰块或淋好的石灰膏加水调制而成，可在石灰浆内加0.3%～0.5%的食盐或明矾，或20%～30%的建筑用胶，目的在于提高其附着力。如需配色浆，应先将颜料用水化开，再加入石灰浆内拌匀。

（2）水泥色浆　由于素水泥浆易粉化、脱落，一般用聚合物水泥浆，其组成材料有：白水泥、高分子材料、颜料、分散剂和憎水剂。高分子材料采用建筑用胶时，一般为水泥用量的20%。分散剂一般采用六偏磷酸钠，掺量约为水泥用量的1%，或木质素磺酸钙，掺量约为水泥用量的0.3%，憎水剂常用甲基硅醇钠。

（3）大白浆　由大白粉加水及适量胶结材料制成，加入颜料，可制成各种色浆。胶结材料常用建筑用胶（掺入量为大白粉的15%～20%）或聚醋酸乙烯液（掺入量为大白粉的8%～10%），大白浆适于喷涂和刷涂。

（4）可赛银浆　可赛银浆是由可赛银粉加水调制而成。可赛银粉由碳酸钙、滑石粉和颜料研磨，再加入干酪素胶粉等混合配制而成。

2. 施工工艺

（1）基层处理和刮腻子　刷浆前应清理基层表面的灰尘、污垢、油渍和砂浆流痕等。在基层表面的孔眼、缝隙、凸凹不平处应用腻子找补并打磨齐平。

对室内中、高级刷浆工程，在局部找补腻子后，应满刮1～2道腻子，干后用砂纸打磨表面。大白浆和可赛银粉要求墙面干燥，为增加大白浆的附着力，在抹灰面未干前应先刷一道石灰浆。

（2）刷浆　刷浆一般用刷涂法、滚涂法和喷涂法施工。其施工要点同涂料工程的涂饰施工。

聚合物水泥浆刷浆前，应先用乳胶水溶液或聚乙烯醇缩甲醛胶水溶液湿润基层。

室外刷浆在分段进行时，应以分格缝、墙角或水落管等处为分界线。同一墙面应用相同的材料和配合比，浆料必须搅拌均匀。

刷浆工程的质量要求和检验方法应符合薄涂料的涂饰质量和检验方法（表8-8）的规定。

8.6　门窗工程施工

门窗按材料分为木门窗、钢门窗、铝合金门窗和塑钢门窗四大类。木门窗应用最早且最普通，但越来越多地被钢门窗、铝合金门窗和塑钢门窗所代替。

8.6.1　木门窗

木门窗大多在木材加工厂内制作。

施工现场一般以安装木门窗框及内扇为主要施工内容。安装前应按设计图纸检查核对好型号，按图纸对号分发到位。安门框前，要用对角线相等的方法复核其是否方正。

木门窗的安装一般有立框安装和塞框安装两种方法。立框安装是先立好门窗框，再砌筑两边的墙。

(1) 立框安装　在墙砌到地面时立门樘，砌到窗台时立窗樘。立框时应先在地面（或墙面）画出门（窗）框的中线及边线，而后按线将门窗框立上，用临时支撑撑牢，并校正门窗框的垂直度及上、下槛水平。

立门窗框时要注意门窗的开启方向和墙面装饰层的厚度，各门框进出一致，上、下层窗框对齐。在砌两旁墙时，墙内应砌经防腐处理的木砖。垂直间隔 0.5～0.7m 一块，木砖大小为 115mm×115mm×53mm。

(2) 塞框安装　塞框安装是在砌墙时先留出门窗洞口，然后塞入门窗框尺寸要比门窗框尺寸每边大 20mm。门窗框塞入后，先用木楔临时塞住，要求横平竖直。校正无误后，将门窗框钉牢在砌于墙内的木砖上。

(3) 门窗扇的安装　安装前要先测量一下门窗樘洞口净尺寸，根据测得的准确尺寸来修刨门窗扇。扇的两边要同时修刨。门窗冒头的修刨是，先刨平下冒头，以此为准再修刨上冒头。修刨时要注意留出风缝，一般门窗扇的对口处及扇与樘之间的风缝需留出 20mm 左右。门窗扇安装时，应保持冒头、窗芯水平，双扇门窗的冒头要对齐，开关灵活，但不准出现自开或自关的现象。

(4) 玻璃安装　清理门窗裁口，在玻璃底面与门窗裁口之间，沿裁口的全长均匀涂抹 1～3mm 的底灰，用手将玻璃摊铺平正，轻压玻璃使部分底灰挤出槽口，待油灰初凝后，顺裁口刮平底灰，然后用 1/3～1/2 寸的小圆钉沿玻璃四周固定玻璃，钉距 200mm，最后抹表面油灰即可。油灰与玻璃、裁口接触的边缘平齐，四角成规则的八字形。

(5) 木门窗安装的留缝限值、允许偏差和检验方法应符合表 8-16 的规定。

木门窗安装的留缝限值、允许偏差和检验方法　　　表 8-16

项次	项　目		留缝限值(mm)		允许偏差(mm)		检验方法
			普通	高级	普通	高级	
1	门窗槽口对角线长度差		—	—	3	2	用钢尺检查
2	门窗框的正、侧面垂直度		—	—	2	1	用垂直检测尺检查
3	框与扇、扇与扇接缝高低差		—	—	2	1	用钢直尺和塞尺检查
4	门窗扇对口缝		1～2.5	1.5～2	—	—	用塞尺检查
5	工业厂房双扇大门对口缝		2～5		—	—	
6	门窗扇与上框间留缝		1～2	1～1.5	—	—	
7	门窗扇与侧框间留缝		1～2.5	1～1.5	—	—	
8	窗扇与下框间留缝		2～3	2～2.5	—	—	
9	门扇与下框间留缝		3～5	3～4	—	—	
10	双层门窗内外框间距		—	—	4	3	用钢尺检查
11	无下框时门扇与地面间留缝	外门	4～7	5～6	—	—	用塞尺检查
		内门	5～8	6～7	—	—	
		卫生间门	8～12	8～10	—	—	
		厂房大门	10～20		—	—	

8.6.2 钢门窗

建筑中应用较多的钢门窗有：薄壁空腹钢门窗和实腹钢门窗。钢门窗在工厂加工制作后整体运至现场进行安装。

钢门窗现场安装前应按照设计要求，核对型号、规格、数量、开启方向及所带五金零件是否齐全，凡有翘曲、变形者，应调直修复后方可安装。

钢门窗采用后塞口方法安装。可在洞口四周墙体预留孔埋设铁脚连接件固定，或在结构内预埋铁件，安装时将铁脚焊在预埋件上。

钢门窗制作时将框与扇连成一体，安装时用木楔临时固定。然后用线锤和水准尺校正垂直与水平，做到横平竖直，成排门窗应上、下高低一致，进出一致。

门窗位置确定后，将铁脚与预埋件焊接或埋入预留墙洞内，用1:2水泥砂浆或细石混凝土将洞口缝隙填实。铁脚尺寸及间隙按设计要求留设，但每边不得少于2个，铁脚离端角距离约180mm。

大面组合钢窗可在地面上先拼装好，为防止吊运过程中变形，可在钢窗外侧用木方或钢管加固。

砌墙时门窗洞口应比钢门窗框每边大15～30mm，作为嵌填砂浆的留量。其中：清水砖墙不小于15mm；水泥砂浆抹面混水墙不小于20mm；水刷石墙不小于25mm；贴面砖或板材墙不小于30mm。

玻璃安装：清理槽口，先在槽口内涂小于4mm厚的底灰，用双手将玻璃揉平放正，挤出油灰，然后将油灰与槽口、玻璃接触的边缘刮平、刮齐。安卡子间距不小于300mm，且每边不少于2个，卡脚长短适当，用油灰填实抹光，卡脚以不露出油灰表面为准。

钢门窗安装的留缝限值、允许偏差和检验方法应符合表8-17的规定。

钢门窗安装的留缝限值、允许偏差和检验方法　　　　　　　　　　表8-17

项次	项 目		留缝限值(mm)	允许偏差(mm)	检验方法
1	门窗槽口宽度、高度	≤1500	—	2.5	用钢尺检查
		>1500	—	3.5	
2	门窗槽口对角线长度差	≤2000	—	5	用钢尺检查
		>2000	—	6	
3	门窗框的正、侧面垂直度		—	3	用1m垂直检测尺检查
4	门窗横框的水平度		—	3	用1m水平尺和塞尺检查
5	门窗横框标高		—	5	用钢尺检查
6	门窗竖向偏离中心		—	4	用钢尺检查
7	双层门窗内外框间距		—	5	用钢尺检查
8	门窗框、扇配合间隙		≤2	—	用塞尺检查
9	无下框时门扇与地面间留缝		4～8	—	用塞尺检查

8.6.3 铝合金门窗

铝合金门窗是用经过表面处理的型材，通过下料、打孔、铣槽、攻丝和制窗等加工过程而制成的门窗框料构件，再与连接件、密封件和五金配件一起组装而成。

安装要点：

1. 弹线　铝合金门、窗框一般是用后塞口方法安装。在结构施工期间，应根据设计将洞口尺寸留出。门窗框加工的尺寸应比洞口尺寸略小，门窗框与结构之间的间隙，应视不同的饰面材料而定。抹灰面一般为 20mm；大理石、花岗石等板材，厚度一般为 50mm。以饰面层与门窗框边缘正好吻合为准，不可让饰面层盖住门窗框。

弹线时应注意：

（1）同一立面的门窗在水平与垂直方向应做到整齐一致。安装前，应先检查预留洞口的偏差。对于尺寸偏差较大的部位，应剔凿或填补处理。

（2）在洞口弹出门、窗位置线。安装前一般是将门窗立于墙体中心线部位。也可将门窗立在内侧。

（3）门的安装，须注意室内地面的标高。地弹簧的表面，应与室内地面饰面的标高一致。

2. 门窗框就位和固定

按弹线确定的位置将门窗框就位，先用木楔临时固定，待检查立面垂直、左右间隙、上下位置等符合要求后，用射钉将铝合金门窗框上的铁脚与结构固定。

3. 填缝

铝合金门窗安装固定后，应按设计要求及时处理窗框与墙体缝隙。若设计未规定具体堵塞材料时，应采用矿棉或玻璃棉毡分层填塞缝隙，外表面留 5～8mm 深槽口，槽内填嵌缝油膏或在门窗两侧作防腐处理后填 1：2 水泥砂浆。

4. 门、窗扇安装

门窗扇的安装，需在土建施工基本完成后进行，框装上扇后应保证框扇的立面在同一平面内，窗扇就位准确，启闭灵活。平开窗的窗扇安装前应先固定窗，然后再将窗扇与窗铰固定在一起；推拉式门窗扇，应先装室内侧门窗扇，后装室外侧门窗扇；固定扇应装在室外侧，并固定牢固，确保使用安全。

5. 安装玻璃

平开窗的小块玻璃用双手操作就位。若单块玻璃尺寸较大，可使用玻璃吸盘就位。玻璃就位后，即以橡胶条固定。型材凹槽内装饰玻璃，可用橡胶条挤紧，然后再在橡胶条上注入密封胶；也可以直接用橡胶衬条封缝、挤紧，表面不再注胶。

为防止因玻璃的胀缩而造成型材的变形，型材下凹槽内可先放置橡胶垫块，以免因玻璃自重而直接落在金属表面上，并且也要使玻璃的侧边及上部不得与框、扇及连接件相接触。

6. 清理

铝合金门窗交工前，将型材表面的保护胶纸撕掉，如有胶迹，可用香蕉水清理干净，擦净玻璃。

7. 铝合金门窗安装的允许偏差和检验方法应符合表 8-18 的规定。

铝合金门窗安装的允许偏差和检验方法　　　　　　　　　　　　表 8-18

项次	项　　目		允许偏差（mm）	检验方法
1	门窗槽口宽度、高度	≤1500	1.5	用钢尺检查
		>1500	2	
2	门窗槽口对角线长度差	≤2000	3	用钢尺检查
		>2000	4	
3	门窗框的正、侧面垂直度		2.5	用垂直检测尺检查
4	门窗横框的水平度		2	用 1m 水平尺和塞尺检查
5	门窗横框标高		5	用钢尺检查
6	门窗竖向偏离中心		5	用钢尺检查
7	双层门窗内外框间距		4	用钢尺检查
8	推拉门窗扇与框搭接量		1.5	用直钢尺检查

375

8.6.4　塑钢门窗

塑钢门窗及其附件应符合国家标准，按设计选用。塑钢门窗不得有开焊、断裂等损坏现象，如有损坏，应予以修复或更换。塑钢门窗进场后应存放在有靠架的室内并与热源隔开，以免受热变形。

塑钢门窗在安装前，先装五金配件及固定件。由于塑料型材是中空多腔的，材质较脆，因此，不能用螺钉直接锤击拧入，应先用手电钻钻孔，后用自攻螺钉拧入。钻头直径应比所选用自攻螺钉直径小 0.5～1.0mm，这样可以防止塑钢门窗出现局部凹隐、断裂和螺钉松动等质量问题，保证零附件及固定件的安装质量。

与墙体连接的固定件应用自攻螺钉等紧固于门窗框上。将五金配件及固定件安装完工并检查合格的塑钢门窗框，放入洞口内，调整至横平竖直后，用木楔将塑钢框料四角塞牢作临时固定，但不宜塞得过紧以免外框变形。然后用尼龙胀管螺栓将固定件与墙体连接牢固。

塑钢门窗框与洞口墙体的缝隙，用软质保温材料填充饱满，如泡沫塑料条、泡沫聚氨酯条、油毡卷条等。但不得填塞过紧，因过紧会使框架受压发生变形；但也不能填塞过松，否则会使缝隙密封不严，在门窗周围形成冷热交换区发生结露现象，影响门窗防寒、防风的正常功能和墙体寿命。最后将门窗框四周的内外接缝用密封材料嵌缝严密。

塑钢门窗安装的允许偏差和检验方法应符合表 8-19 的规定。

塑钢门窗安装的允许偏差和检验方法　　　　　　　　　　　　表 8-19

项次	项　　目		允许偏差（mm）	检验方法
1	门窗槽口宽度、高度	≤1500	2	用钢尺检查
		>1500	3	
2	门窗槽口对角线长度差	≤2000	3	用钢尺检查
		>2000	5	

项次	项　　目	允许偏差 （mm）	检验方法
3	门窗框的正、侧面垂直度	3	用垂直检测尺检查
4	门窗横框的水平度	3	用1m水平尺和塞尺检查
5	门窗横框标高	5	用钢尺检查
6	门窗竖向偏离中心	5	用钢直尺检查
7	双层门窗内外框间距	4	用钢尺检查
8	同樘平开窗相邻扇高度差	2	用钢直尺检查
9	平开门窗铰链部位配合间隙	+2；−1	用塞尺检查
10	推拉门窗扇与框搭接量	+1.5；−2.5	用钢直尺检查
11	推拉门窗扇与竖框平行度	2	用1m水平尺和塞尺检查

8.7　装饰装修工程的冬期施工

装饰工程应尽量在冬期施工前完成，或推迟在初春化冻后进行。必须在冬期施工的工程，应按冬期施工的有关规定组织施工。

室内抹灰、块料装饰、裱糊工程施工与养护期间的温度不应低于5℃。

8.7.1　抹灰工程冬期施工

一般拌灰冬期常用施工方法有热作法和冷作法两种。

1. 热作法施工

热作法施工是利用房屋的永久热源或临时热源来提高和保持操作环境的温度，人为创造一个正温环境，使抹灰砂浆硬化和固结。热作法一般用于室内抹灰。常用的热源有：火炉、蒸汽、远红外加热器等。

室内抹灰应在屋面已做好的情况下进行。抹灰前应将门、窗封闭，脚手眼堵好，对抹灰砌体提前进行加热，使墙面温度保持在+5℃以上，以便湿润墙面不致结冰，使砂浆与墙面粘接牢固。冻结砌体应提前进行人工解冻，待解冻下沉完毕，砌体强度达设计强度的20%后方可抹灰。抹灰砂浆应在正温的室内或暖棚内制作，用热水搅拌，抹灰时砂浆的上墙温度不低于10℃。抹灰结束后，至少7d内保持+5℃的室温进行养护。在此期间，应随时检查抹灰层的湿度，当干燥过快时，应洒水湿润，以防产生裂纹，影响与基层的粘结，防止脱落。

2. 冷作法施工

冷作法施工是低温条件下在砂浆中掺入一定量的防冻剂（氯化钠、氯化钙、亚硝酸钠等），在不采取采暖保温措施的情况下进行抹灰作业。冷作法适用于房屋装饰要求不高、小面积的外饰面工程。

冷作法抹灰前应对抹灰墙面进行清扫，墙面应保持干净，不得有浮土和冰霜，表面不洒水湿润；抗冻剂宜优先选用单掺氯化钠的方法，其次可用同时掺氯化钠和氯化钙的复盐方法或掺亚硝酸钠。其掺入量与室外气温有关，单盐掺入量可按表8-20选用，也可由试验确定。

当采用亚硝酸钠外加剂时，砂浆内亚硝酸钠掺量应符合表8-21规定。

砂浆内氯化钠掺量（占用水量的%）　　表8-20

项　　目	室外气温(℃)	
	0 ～ -5	-5 ～ -10
挑檐、阳台、雨罩、墙面等抹水泥砂浆	4	4 ～ 8
墙面为水刷石、干粘石水泥砂浆	5	5 ～ 10

砂浆内亚硝酸钠掺量（占用水量的%）　　表8-21

室外气温(℃)	0 ～ -3	-4 ～ -9	-10 ～ -15	-16 ～ -20
掺　　量	1	3	5	8

防冻剂应由专人配制和使用，配制时可先配制20%浓度的标准溶液，然后根据气温再配制成使用溶液。

掺氯盐的抹灰严禁用于高压电源的部位，做涂料墙面的抹灰砂浆中，不得掺入氯盐防冻剂。氯盐砂浆应在正温下拌制使用，拌制时，先将水泥和砂干拌均匀，然后加入氯盐水溶液拌合，水泥可用硅酸盐水泥或矿渣硅酸盐水泥，严禁使用高铝水泥。砂浆应随拌随用，不允许停放。

当气温低于-25℃时，不得用冷作法进行抹灰施工。

8.7.2　其他装饰工程的冬期施工

冬期进行油漆、刷浆、裱糊、饰面工程，应采用热作法施工。应尽量利用永久性的采暖设施。室内温度应在5℃以上，并保持均衡，不得突然变化。否则不能保证工程质量。

冬期气温低，油漆会发黏不易涂刷，涂刷后漆膜不易干燥。为了便于施工，可在油漆中加一定量的催干剂，保证在24h内干燥。

室外刷浆应保持施工均衡，粉浆类料宜采用热水配制，随用随配，料浆使用温度宜保持15℃左右。裱糊工程施工时，混凝土或抹灰基层含水率不应大于8%。施工中当室内温度高于20℃，且相对湿度大于80%时，应开窗换气，防止壁纸皱褶起泡。玻璃工程冬期施工时，应将玻璃、镶嵌用合成橡胶等材料运到有采暖设备的室内，操作地点环境温度不应低于5℃。

外墙铝合金、塑料框、大扇玻璃不宜在冬期安装。

　　室内外装饰工程的施工环境温度，除满足上述要求外，对新材料应按所用材料的产品说明要求的温度进行施工。

　　注：环境温度是指施工现场的最低温度，测点布置在北面房间距地面以上 500mm 处。

复习思考题

1. 装饰工程的作用及施工特点。
2. 简述装饰工程的合理施工顺序。
3. 一般抹灰分几级？具体有哪些要求？
4. 一般抹灰各抹灰层厚度如何确定的？为什么不宜过厚？
5. 简述水刷石的施工要点。
6. 简述水磨石的施工要点。
7. 简述釉面砖镶贴施工要点。
8. 简述大理石、花岗石饰面的施工方法和要点。
9. 简述彩色压型钢板复合墙板的施工要点。
10. 试述玻璃幕墙施工要点。
11. 试述裱糊工程的主要施工工序。
12. 试述水泥砂浆地面、细石混凝土地面的施工方法和要点。
13. 试述铝合金龙骨吊顶、轻钢龙骨吊顶的构造和施工要点。
14. 试述轻钢龙骨纸面石膏板隔墙的施工要点。
15. 试述室内刷浆的主要施工工序。
16. 试述室外刷浆的主要施工工序。
17. 试述喷塑涂料的施工过程。
18. 试述木门窗的安装方法及注意事项。
19. 试述钢门窗的安装方法及注意事项。
20. 试述铝合金门窗的安装方法及注意事项。

教学单元9

墙体保温工程

【教学目标】 通过本单元学习，使学生掌握常见墙体保温施工的施工方法、质量标准及质量验收方法。能编制墙体保温工程施工专项方案；能进行墙体保温工程施工技术交底；能进行墙体保温工程施工质量检查。

随着社会经济的发展，人们的生活水平不断提高，为改善建筑室内热环境，对夏季降温、冬季取暖的要求越来越高。我国建筑能耗已占社会总能耗的 20%～25%，且呈逐步上升之势，所以说建筑能耗状况是牵动社会经济发展全局的大问题。在建筑中，外围护结构的热损耗较大，采暖居住建筑物的耗热量 73%～77% 均通过围护结构散失，因此，围护结构成为节能的重点部位。外围护结构中墙体又占了很大份额，所以建筑墙体改革与墙体节能技术的发展是建筑节能技术的一个最重要的环节，发展外墙保温技术及节能材料则是建筑节能的主要方式之一。

9.1 外墙保温的构造及要求

9.1.1 外墙保温的基本构造及特点

外墙保温按保温层的位置分为外墙内保温系统和外墙外保温系统两大类，其基本构造做法见图 9-1。

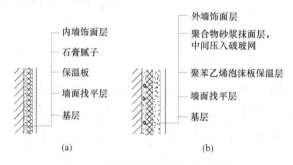

图 9-1 外墙保温系统的基本构造

(a) 复合聚苯保温板外墙内保温；(b) 聚苯乙烯泡沫板（简称 EPS）外墙外保温

1. 外墙内保温的构造及特点

外墙内保温主要由基层、保温层和饰面层构成，其构造见图 9-1（a）。

外墙内保温施工是在外墙结构的内部加做保温层，内保温施工速度快，操作方便灵活，可以保证施工进度。内保温已有较长的使用时间，施工技术成熟，检验标准较为完善。在 2001 年前外墙保温中约有 90% 以上的工程应用了内保温技术。

目前，使用较多的内保温材料和技术有：增强石膏复合聚苯保温板、聚合物砂浆、复合聚苯保温板、增强水泥复合聚苯保温板、内墙贴聚苯板、粉刷石膏抹面及聚苯颗粒保温料浆加抗裂砂浆压入网格布抹面等施工方法。

但内保温要占用室内使用面积，热桥问题不易解决，容易引起开裂，还会影响施工速度，影响居民的二次装修，且内墙悬挂和固定物件也容易破坏内保温结构。内保温在技术上的不合理性决定了其必然要被外保温所替代。

2. 外墙外保温的构造及特点

（1）外墙外保温的构造

外墙外保温主要由基层、保温层、抹面层、饰面层构成，其构造见图 9-1（b）。

基层：是指外保温所依附的外墙。

保温层：由保温材料组成，在外保温系统中起保温作用的构造层。

抹面层：抹在保温层上，中间夹有增强网，保护保温层，并起防裂、防水和抗冲击作用的构造层。抹面层可分为薄抹面层和厚抹面层。用于 EPS 板和胶粉 EPS 颗粒保温浆料时为薄抹面层，用于 EPS 钢丝网架板时为厚抹面层。对于具有薄抹面层的系统，保护层厚度应不小于 3mm 并且不宜大于 6mm。对于具有厚抹面层的系统，厚抹面层厚度应为 25～30mm。

饰面层：外保温系统的外装饰层。

我们把抹面层和饰面层总称保护层。

（2）外墙保温系统的特点

外保温是目前大力推广的一种建筑保温节能技术，外保温与内保温相比较，具有技术合理，有明显的优越性。使用同样规格同样尺寸和性能的保温材料，外保温比内保温的保温效果好。外保温技术不仅适用于新建的结构工程，也适用于旧楼改造。外墙外保温适用范围广，技术含量较高；外墙外保温是当前大力推广的节能保温应用技术。外墙外保温有如下的特点：

1）节能：由于采用导热系数较低的聚苯板，整体将建筑物外面包起来，消除了热桥，减少了外界自然环境对建筑的冷热冲击，可达到较好的保温节能效果。

2）牢固：由于外保温材料与墙体采用了可靠的连接技术，使外保温材料与墙面具有可靠的附载效果，耐候性、耐久性更好更强。

3）防水：外墙保温系统具有高弹性和整体性，解决了墙面开裂，表面渗水的通病，特别对陈旧墙面局部裂纹有整体覆盖作用。

4）体轻：采用该材料可将建筑房屋外墙厚度减小，不但减小了砌筑工程量、缩短工期，而且减轻了建筑物自重。

5）阻燃：外墙保温材料所用的聚苯板为阻燃型，具有隔热、无毒、自熄、防火功能。

6）易施工：施工简单，具有一般抹灰水平的技术工人，经短期培训，即可进行现场操作施工。对建筑物基层混凝土、红砖、砌块、石材、石膏板等有广泛的适用性。

目前比较成熟的外墙外保温技术主要有：聚苯板（EPS 板）薄抹灰面外保温系统、胶粉聚苯（EPS）颗粒保温浆料外保温系统、现浇混凝土复合无网 EPS 板外保温系统、现浇混凝土 EPS 钢丝网架板外保温系统、机械固定 EPS 钢丝网架板外保温系统等。

在选用外保温时，不得更改系统构造和组成材料，同时应做好外保温工程的密封和防水构造设计，确保水不会渗入保温层及基层，重要部位应有详图。水平或倾斜的出挑部位以及延伸至地面以下的部位应做防水处理。在外墙外保温系统上安装的设备或管道应固定于基层上，并应做密封和防水设计。我们重点介绍外墙外保温系统。

9.1.2 外墙保温的基本要求

1. 外墙保温工程的基本规定

外墙保温应能适应基层的正常变形而不产生裂缝或空鼓；应能长期承受自重而不产生有害的变形；外墙保温工程在遇地震发生时不应从基层上脱落；外保温复合墙体的保温、隔热和防潮性能应符合国家现行标准。外墙外保温工程应能承受风荷载的作用而不产生破坏；外墙外保温工程应能耐受室外气候的长期反复作用而不产生破坏；高层建筑外保温工程应采取防火构造措施；外墙外保温工程应具有防水渗透性能；外墙外保温工程各组成部分应具有物理、化学稳定性。所有组成材料应彼此相容并应具有防腐性。在可能受到生物侵害（鼠害、虫害等）时，外墙外保温工程还应具有防生物侵害性能；在正确使用和正常维护的条件下，外墙外保温工程的使用年限不应少于 25 年。

2. 外墙保温工程的性能要求

（1）外墙保温的性能要求

外墙外保温应按规定进行耐候性检验，经耐候性试验后，不得出现饰面层起泡或剥落、保护层空鼓或脱落等破坏，不得产生渗水裂缝。具有薄抹面层的外保温系统，抹面层与保温层的拉伸粘结强度不得小于 0.1MPa，并且破坏部位应位于保温层内。

胶粉 EPS 颗粒保温浆料外墙外保温系统应按规定进行抗拉强度检验，抗拉强度不得小于 0.1MPa，并且破坏部位不得位于各层界面上。

EPS 板现浇混凝土外墙外保温应按规定做现场粘结强度检验，其现场粘结强度不得小于 0.1MPa，并且破坏部位应位于 EPS 板内。

外墙外保温应按规定对胶粘剂进行拉伸粘结强度检验，胶粘剂与水泥砂浆的拉伸粘结强度在干燥状态下不得小于 0.6MPa，浸水 48h 后不得小于 0.4MPa；与 EPS 板的拉伸粘结强度在干燥状态和浸水 48h 后均不得小于 0.1MPa，并且破坏部位应位于 EPS 板内。

外墙外保温应按规定对玻纤网进行耐碱拉伸断裂强力检验，增强玻纤网经向和纬向耐碱拉伸断裂强力均不得小于 750N/50mm，耐碱拉伸断裂强力保留率均不得小于 50%。

外墙外保温系统性能要求及实验方法应符合表 9-1 规定；

外墙外保温系统性能要求　　　　　　　　表 9-1

检验项目	性能要求	试验方法
抗风荷载性能	系统抗风压值 Ra，不小于风荷载设计值；EPS 板薄抹灰外墙外保温系统、胶粉、EPS 颗粒保温浆料外墙外保温系统、EPS 板现浇混凝土外墙外保温系统和 EPS 钢丝网架板现浇混凝土外墙外保温系统安全系数 K 应不小于 1.5，机械固定 EPS 钢丝网架板外墙外保温系统安全系数 K 应不小于 2	按规范规定方法实验；由设计要求值降低 1kPa 作为试验起始点

续表

检验项目	性能要求	试验方法
抗冲击性	建筑物首层墙面以及门窗口等易受碰撞部位：10J 级；建筑物二层以上墙面等不易受碰撞部位：3J 级	按规范规定方法实验
吸水量	水中浸泡 1h，只带有抹面层和带有全部保护层的系统的吸水量均不得大于或等于 $1.0kg/m^2$	
耐冻融性能	30 次冻融循环后保护层无空鼓、脱落，无渗水裂缝；保护层与保温层的拉伸粘结强度不小于 0.1MPa，破坏部位应位于保温层	
热阻	复合墙体热阻符合设计要求	
抹面层不透水性	2h 不透水	
保护层	水蒸气渗透阻符合设计要求	

注：水中浸泡 24h，只带有抹面层和带有全部保护层的系统的吸水量均小于 $0.5kg/m^2$ 时，不检验耐冻融性能。

（2）主要组成材料性能要求

外墙外保温其他主要组成材料性能及实验方法应符合设计要求及相关规范的规定。

9.1.3 外墙保温施工的一般规定

除采用现浇混凝土外墙外保温外，外保温工程的施工应在基层施工质量验收合格后进行；除采用现浇混凝土外墙外保温系统外，外保温工程施工前，外门窗洞口应通过验收，洞口尺寸、位置应符合设计要求和质量要求，门窗框或辅框应安装完毕。伸出墙面的消防梯、水落管、各种进户管线和空调器等的预埋件、连接件应安装完毕，并按外保温系统厚度留出间隙。

保温隔热材料的厚度必须符合设计要求。保温板材与基层及各构造层之间的粘结或连接必须牢固。粘结强度和连接方式应符合设计要求。保温板材与基层的粘结强度应做现场拉拔试验。保温浆料应分层施工。当采用保温浆料做外保温时，保温层与基层之间及各层之间的粘结必须牢固，不应脱层、空鼓和开裂。当墙体节能工程的保温层采用预埋或后置锚固件固定时，锚固件数量、位置、锚固深度和拉拔力应符合设计要求。后置锚固件应进行锚固力现场拉拔试验。

基层应坚实、平整。保温层施工前，应进行基层处理。

外保温工程的施工应具备施工方案，施工人员应经过培训并经考核合格。

9.2 外墙内保温施工

9.2.1 增强石膏复合聚苯保温板外墙内保温的施工

1. 增强石膏复合聚苯保温板外墙内保温的构造

增强石膏复合聚苯保温板外墙内保温的构造见图 9-1（a）。

2. 施工准备

（1）材料的准备及要求

1）增强石膏聚苯复合板：规格尺寸：长 2400～2700mm，宽 595mm，厚 50、60mm。技术性能：面密度≤25kg/m²，含水率≤5%；当量热阻≥0.8m² · K/W；抗弯荷载≥1.5G（G 为板材的质量）；抗压强度（面层）≥7.0MPa；收缩率≤0.080%；软化系数＞0.50。

2）胶粘剂：胶粘剂可以采用 SG791 建筑胶粘液与建筑石膏粉调制成胶粘剂，配合比是建筑石膏粉：SG791＝1：0.6～0.7（重量比），适用于石膏条板之间的粘结，石膏条板与砖墙、混凝土墙的粘结。石膏条板粘结的压剪强度不低于 2.5MPa。有防水要求的部位宜采用 EC-6 砂浆型胶粘剂，粘贴时用 EC-6 型胶粘剂和 32.5 水泥配制成粘贴胶浆。配制时先按 EC-6 型胶：水＝1：1（重量比）混合成胶液，将 32.5 水泥与砂按水泥：细砂＝1：2 的比例配制并拌合成干砂浆，再加入胶液拌制成适当稠度的 EC-6 型聚合物水泥砂浆胶粘剂，其粘结强度≥1.1MPa。

3）建筑石膏粉及石膏腻子：建筑石膏粉应符合三级以上标准。石膏腻子的抗压强度＞2.5MPa，抗折强度＞1.0MPa，粘结强度＞0.2MPa，终凝时间 3h。

4）玻纤网格布条：用于板缝处理（布宽 50mm）和墙面转角附加层（布宽 200mm）。要求采用中碱玻纤涂塑网格布，布的质量≥80g/m²；断裂强度：25mm×100mm 布条经向断裂强度＞300N，纬向断裂强度＞150N。

（2）施工主要机具

主要机具有木工手锯、钢丝刷、2m 靠尺、开刀、2m 托线板、钢尺、橡皮锤、钻、扁铲、笤帚等。

3. 作业条件

结构已验收，屋面防水层已施工完毕。墙面弹出 500mm 标高线；内隔墙、外墙、门窗框、窗台板安装完毕；门、窗抹灰完毕；水暖及装饰工程分别需用的管卡、炉钩、窗帘杆等埋件留出位置或埋设完毕；电气工程的暗管线、接线盒等必须埋设完毕，并应完成暗管线的穿带线工作；操作地点环境温度不低于 5℃。

正式安装前，先试安装样板墙一道，经鉴定合格后再正式安装。

4. 施工工艺

（1）增强石膏聚苯板外墙内保温施工工艺流程为：

墙面清理→排板、弹线→配板、修补→标出管卡、炉钩等埋件位置→墙面贴饼→稳接线盒、安管卡、埋件等→安装防水保温踢脚板复合板→安装复合板→板缝及阴、阳角处理→板面装修。

（2）施工要点：增强石膏聚苯板外墙内保温施工要点如下：

1）墙面清理：凡凸出墙面 20mm 的砂浆块、混凝土块必须剔除，并扫净墙面。

2）排板、弹线：以门窗洞口边为基准，向两边按板宽 600mm 排板；按保温层的厚度在墙、顶上弹出保温墙面的边线；按防水保温踢脚层的厚度在地面上弹出防水保温踢脚面的边线，并在墙面上弹出踢脚的上口线。

3）配板、修补：按排板进行配板。复合保温板的长度应略小于顶板到踢脚上口的净高尺寸；计算并量测门窗洞口上部及窗口下部的保温板尺寸，并按此尺寸配板；当保温板与墙的长度不相适应时，应将部分保温板预先拼接加宽（或锯窄）成合适的宽度，并放置在阴角处。有缺陷的板应修补。

4）墙面贴饼：在墙面贴饼位置，用钢丝刷刷出直径不少于100mm的洁净面并浇水润湿，刷一道801胶水泥素浆；检查墙面的平整、垂直，找规矩贴饼，并在需设置埋件四周作出 200mm×200mm 的灰饼；贴饼材料为 1∶3 水泥砂浆，灰饼大小为 ϕ100mm 左右，厚度以保证空气层厚度（20mm 左右）为准。

5）稳接线盒、安管卡、埋件：安装电气接线盒时，接线盒高出冲筋面不得大于复合板的厚度，且要稳定牢固。

6）粘贴防水保温踢脚板：在踢脚板内侧上下四处，各按200～300mm 间距布设 EC-6 砂浆胶粘剂粘结点，同时在踢脚板底面及相邻的已粘贴上墙的踢脚板侧面满刮胶粘剂；按线粘贴踢脚板，粘贴时用橡皮锤敲振使踢脚板贴实，挤实头缝，并将挤出的胶粘剂随时清理干净；粘贴时要保证踢脚板上口平顺，板面垂直，保证踢脚板与结构墙间的空气层为 10mm 左右。

7）安装复合板：将接线盒、管卡、埋件的位置准确地翻样到板面，并开出洞口；复合板安装顺序宜从左至右依次顺序安装；板侧面、顶面、底面清刷干净，在侧墙面、顶面、踢脚板上口、复合板顶面、底面及侧面（所有相拼合面）、灰饼面上先刷一道 SG791 胶液，再满刮 SG791 胶粘剂，按弹线位置立即安装就位。每块保温板除粘贴在灰饼上外，板中间需有＞10％板面面积的 SG791 胶粘剂呈梅花状布点直接与墙体粘牢。安装时用于推挤，并用橡皮锤敲振，使所有拼合面挤紧冒浆，并使复合板贴紧灰饼。复合板的上端，如未挤严留有缝隙时，可用木楔适当楔紧，并用 SG791 胶粘剂将上口填塞密实（胶利剂干后撤去木楔，用 SG791 胶粘剂填塞密实）。安装过程中，随时用开刀将挤出的胶粘剂刮平。按以上操作办法依次安装复合板。安装过程中随时用 2m 靠尺及塞尺测量墙面的平整度，用 2m 托线板检查板的垂直度。高出的部分用橡皮锤敲平。面板安装的允许偏差及检验方法见表 9-2。

385

外墙内保温面板安装的允许偏差及检验方法　　　　　　　　　　　表 9-2

序号	项目	允许偏差（mm）			检验方法
		纸面石膏板	人造模板	水泥纤维板	
1	表面平整度	3	4	4	用 2m 靠尺和塞尺检查
2	立面垂直度	3	3	3	用 2m 垂直检测尺检查
3	阴阳角方正	3	3	3	用直角检测尺检查
4	接线直线度	—	3	3	拉 5m 线，不足 5m 拉通线，用钢直尺检查
5	压条直线度	—	3	3	
6	接缝高低差	1	1	1	用钢直尺和塞尺检查

复合板在门窗洞口处的缝隙用 SG791 胶粘剂嵌填密实。最后复合板中露出的接线盒、管卡、埋件与复合板开口处的缝隙，用 SG791 胶粘剂嵌塞密实。

8）板缝及阴阳角处理：复合板安装 10d 后，检查所有缝隙是否粘结良好，有无裂缝，如出现裂缝，应查明原因后进行修补。已粘结良好的所有板缝、阴角缝，先清理浮灰，刮一层接缝腻子，粘贴 50mm 宽玻纤网格带一层，压实、粘牢，表面再用接缝腻子刮平。所有阳角粘贴 200mm 宽（每边各 100mm）玻纤布，其方法同板缝。

9）胶粘剂配制：胶粘剂要随配随用，配制的胶粘剂应在 30min 内用完。

10）板面装修：板面打磨平整后，满刮石膏腻子一道，干后均需打磨平整，最后按设计规定做内饰面层。

（3）应注意的质量问题：

1）增强石膏聚苯复合保温板必须是烘干已基本完成收缩变形的产品。未经烘干的湿板不得使用，以防止板裂缝和变形。

2）注意增强石膏聚苯复合板的运输和保管。运输中应轻拿轻放、侧抬侧立，并互相绑牢，不得平抬平放。推放处应平整，下垫 100mm×100mm 木方，板应侧立，垫方距板端 50cm。要防止板受潮。板如有明显变形，无法修补的过大孔洞、断裂或严重的裂缝、破损，不得使用。

3）板缝开裂是目前的质量通病。防止板缝开裂的办法，一是板缝的粘结和板缝处理要严格按操作工艺认真操作。二是使用的胶粘剂必须对路。目前使用的胶粘剂，除 SG791 胶粘剂外，还有Ⅰ型石膏胶粘剂等。胶粘剂的质量必须合格。三是宜采用接缝腻子处理板缝。

9.2.2 胶粉聚苯颗粒保温浆料外墙内保温工程施工

1. 胶粉聚苯颗粒保温浆料外墙内保温的构造

胶粉聚苯颗粒保温浆料外墙内保温的构造，见图 9-2。

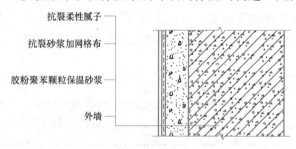

图 9-2 胶粉聚苯颗粒保温浆料构造

2. 施工准备

（1）材料的准备和要求

1）水泥。矿渣水泥或普通硅酸盐水泥强度等级不低于 32.5 级。应有出厂证明和复试单，当出厂超过三个月时，水泥必须作复试并按试验结果使用，严禁使用受潮水泥。

2）砂。平均粒径为 0.35～0.5mm 的中砂，砂的颗粒要求质地坚硬、洁净，含泥量不得大于 3%，不得含有草根、树叶、碱质和其他有机物等杂质。砂在使用前应按使用要求过不同孔径的筛子。

3）界面剂。界面剂应有产品合格证、性能检测报告，并应符合相关规定，进场后及时进行检验。

4）胶粉料、聚苯颗粒、玻璃纤维网格布和抗裂柔性耐水腻子的其主要技术性能指标要符合设计要求。

（2）机具设备的准备

1）施工机械：强制式砂浆搅拌机、手提式搅拌器。

2）工具。手推车、灰槽、灰勺、刮杠、靠尺板、铁抹子、木抹子、阴阳角抹子、水桶、壁纸刀、滚刷、铁锹、扫帚、手锤、錾子。

3）计量检测用品。磅秤、钢尺、水平尺、方尺、托线板、线垂、探针。

4）安全防护用品。口罩、手套、护目镜等。

3.作业条件及技术准备

（1）结构工程已验收合格。

（2）测设标高控制线（+500mm线），并经预检合格。

（3）门窗框已安装完毕，与墙体连接牢固，缝隙堵塞密实，有完好的保护措施。

（4）墙面的预埋件留出位置或已安装完毕，水电管线、配电箱、盒安装完毕。

（5）抹灰用的高凳或脚手架搭设完毕，脚手架、板铺设符合安全要求并检查合格。

（6）编制分项工程施工方案并经审批，对操作人员进行安全技术交底。

（7）在大面积施工前应先做样板，经监理、设计单位确认后，方可进行大面积施工。

4.施工工艺

（1）施工工艺流程

配置砂浆→基层墙体处理→涂刷界面砂浆→吊垂直、套方、弹控制线、贴灰饼冲筋→抹第一遍聚苯颗粒保温浆料→（24h后）抹第二遍聚苯颗粒保温浆料→（晾干后）划分格线、开分格槽、粘贴分格条、滴水槽→保温层验收→抹抗裂砂浆、压入网格布→抗裂砂浆找平、压光→抗裂层验收→刮柔性抗裂腻子→验收。

（2）施工要点

1）配制砂浆

① 界面砂浆的配制：配合比为水泥：中砂：界面剂=1:1:1（重量比），准确计量，搅拌成均匀膏状。

② 胶粉聚苯颗粒保温浆料的配制：胶粉聚苯颗粒保温浆料由胶粉料与聚苯颗粒（两种材料分袋包装）组成，先将35～40kg水倒入砂浆搅拌机内，然后倒入25kg的保温胶粉料，搅拌3～5min后，再倒入200L的聚苯颗粒轻骨料继续搅拌3min，可按施工稠度适当调整加水量。搅拌均匀后倒出，随拌随用，并在3～4h内用完。配置完的胶粉聚苯颗粒保温浆料性能指标应符合设计要求。

③ 抗裂砂浆的配制：配合比为抗裂剂：水泥：中砂=1:1:3（重量比），加水用砂浆搅拌机或手提搅拌器搅拌均匀，稠度80～130mm，拌好的砂浆不得任意加水，并在2h内用完。抗裂砂浆由聚合物乳液掺加多种外加剂制成，具有良好的拉伸粘结强度和浸水拉伸粘结强度等特点，其技术性能指标应符合设计要求。墙体内保温抹灰允许偏差和检验方法见表9-3。

墙体内保温抹灰允许偏差和检验方法 表 9-3

项 目	允许偏差（mm）		检验方法
	保温层	抗裂层	
立面垂直	4	3	用 2m 托线板检查
表面平整	4	3	用 2m 靠尺及塞尺检查
阴阳角垂直	4	3	用 2m 托线板检查
阴阳角方正	4	3	用 200mm 方尺及塞尺检查

2）基层墙体处理。剔除混凝土墙面凸出部分及杂物，用钢丝刷满刷一遍，然后用扫帚蘸清水把表面残渣、浮尘清扫干净；表面沾有油污时，用去污剂处理，并用清水冲洗晾干。将砖墙表面的舌头灰、残余砂浆、灰尘清理干净，堵好脚手眼，浇水湿润。

3）涂刷界面砂浆。用滚刷或扫帚蘸取界面砂浆均匀涂刷（甩）在墙面上，不得漏刷（甩），也不宜太厚。

4）吊垂直、套方、弹控制线、贴灰饼冲筋。分别在门窗口角、垛、墙面等处吊垂直，套方，并在侧墙、顶板处根据保温层厚度弹出抹灰控制线。用胶粉聚苯颗粒保温浆料做灰饼，灰饼间距 1.2～1.5m，并用胶粉聚苯颗粒保温浆料冲筋，筋宽 50～100mm，可冲立筋也可冲横筋。

5）抹胶粉聚苯颗粒保温浆料。

① 抹第一遍保温浆料：第一遍抹灰厚度为总厚度的一半（最大厚度不大于 20mm），用刮杠垂直、水平刮找一遍，用木抹子搓毛。保温浆料抹上墙粘住后，不宜反复赶压。

② 抹第二遍保温浆料：第一遍稍干后抹第二遍保温浆料。第二遍抹灰厚度要达到冲筋厚度（如超过 20mm 则再增加一遍抹灰），每抹完一个墙面，用刮杠刮平找直后用铁抹子压实赶平。阳角处应抹 1∶2 聚合物水泥砂浆。

6）保温层验收。保温层固化干燥后（表面用手按不动为宜），用检测工具进行检验，表面应垂直平整、阴阳角方正顺直，对不符合要求的墙面进行修补。

7）抹抗裂砂浆，压入网格布。在保温层验收合格后，用铁抹子在保温层上抹抗裂砂浆，厚度为 3～4mm，不得漏抹。在刚抹好的砂浆上用铁抹子压入裁好的网格布，要求网格布竖向铺贴，并全部压入抗裂砂浆内。网格布不得有干贴现象，粘贴饱满度应达到 100%，不得有皱褶、空鼓、翘边现象。接槎处搭接应不小于 50mm，先压入一侧网格布，抹一些抗裂砂浆，再压入另一侧，两层搭接网格布之间要布满抗裂砂浆，严禁干槎搭接。阳角处两侧网格布双向绕角相互搭接。在门窗口、洞口边应 45°斜向加贴一道 200mm×400mm 网格布。

8）抗裂层验收。抹完抗裂砂浆，检查垂直平整和阴阳角方正，对于不符合要求的墙面，进行修补。厨房、卫生间抹完抗裂砂浆后，用木抹子搓平。

9）刮柔性抗裂腻子。在抹完抗裂砂浆 24h 后即可刮柔性抗裂腻子，分 2～3 遍刮完，要求平整光滑，满足做涂饰的要求。对有防水要求的部位应刮柔性防水腻子。

（3）季节性施工

1）雨期施工时，保温材料应入库存放，不得雨淋受潮，并经常测试砂子含水率，随时调整砂浆用水量。

2）冬期施工时，室内环境温度不低于5℃。

3）冬期施工搅拌保温浆料、抗裂砂浆应采用热水拌合，运输时采取保温措施，涂抹时保温浆料温度不得低于5℃。

4）冬期施工应做好门窗封闭，采取保温措施。应设专人负责进行保温、测温等工作，确保保温浆料、抗裂砂浆不受冻。

（4）应注意的质量、安全问题

1）抹保温浆料前，应做好基层处理，均匀涂刷界面砂浆；保温浆料一次不得抹的过厚，应分层抹压，掌握好抹灰间隔时间，防止抹灰层下坠，产生空鼓、开裂。

2）做好门窗洞口四角斜向网格布加强层的施工，防止在四角产生裂缝。

3）门窗洞口、阳角等部位应用聚合物水泥砂浆做护角，避免棱角损坏。

4）操作人员必须戴安全帽，高空作业必须系好安全带。

5）机械操作人员必须持证上岗，非操作人员严禁操作。

6）室内抹灰宜用工具式脚手架，宽度不得少于500mm或不少于两块脚手板，间距不得大于2m，作业人员最多不得超过2人，移动时上面不得站人。

7）夜间或在光线不足的地方施工时，移动照明必须使用安全电压设备。

8）采用垂直运输设备上料时，严禁超载。运料小车的车把严禁伸出笼外，小车必须加车挡，各楼层防护门应随时关闭。

9.3 外墙外保温施工

9.3.1 EPS板薄抹灰外墙外保温施工

1. EPS板薄抹灰外墙外保温的构造

EPS板薄抹灰外墙外保温（简称EPS板薄抹灰）由EPS板保温层、薄抹面层和饰面涂层构成，EPS板用胶粘剂固定在基层上，薄抹面层中满铺玻纤网，当建筑物高度在20m以上时，在受负风压作用较大的部位宜使用锚栓辅助固定。其构造见图9-3。

2. 施工准备

（1）材料的准备及要求

聚苯乙烯板采用密度为18～25kg/m³自熄型板材；储存时应摆放平整，防止雨淋及阳光曝晒。

水泥为32.5普通硅酸盐水泥或425铝酸盐水泥，水泥必须有出厂日期，凡有结块

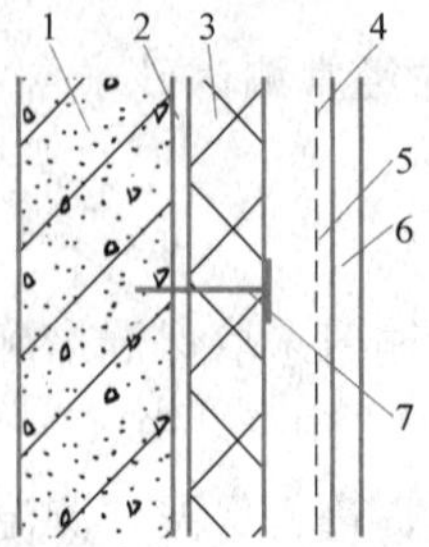

图 9-3　EPS板薄抹灰构造
1—基层；2—胶粘剂；3—EPS板；
4—玻纤网；5—薄抹面层；
6—饰面涂层；7—锚栓

现象或出厂日期超过 3 个月的必须根据化验结果确定如何使用；采用细度模数 2.0～2.8 的砂，并筛除大于 2.5mm 颗粒的砂子，其含泥量小于 1％；聚合物砂浆配合比为：胶粘剂：32.5 普通硅酸盐水泥：砂子＝1：1.88：4.97（重量比）；玻纤布必须放在干燥处，地面必须平整，摆放宜立放平整，避免相互交错摆放。

进入工地的原材料必须有出厂合格证或化验单。

（2）施工工具的准备

外挂式外保温聚苯乙烯泡沫板（EPS）施工主要机具有：锯条或刀锯、打磨 EPS 板的粗砂纸挫子或专用工具、小抹子或铁勺、靠尺、钢卷尺、线绳、线坠、墨斗、铁灰槽、小铁平锹、塑料桶、铁筛网（16 目）。

3. 基层的要求

基层表面应光滑、坚固、干燥、无污染或其他有害的材料；墙外的消防梯、水落管、防盗窗预埋件或其他预埋件、进口管线或其他预留洞口，应按设计图纸或施工验收规范要求提前施工并验收；墙面应进行墙体抹灰找平，墙面平整度用 2m 靠尺检测，其平整度≤3mm，局部不平整超限度部位用 1：2 水泥砂浆找平；阴、阳角方正；抹找平层前，抹灰部位根据情况提前半个小时浇水。

4. 施工工艺

（1）EPS板薄抹灰外墙外保温施工工艺流程：

基面检查或处理→工具准备→阴阳角、门窗膀挂线→基层墙体湿润→配制聚合物砂浆，挑选 EPS 板→粘贴 EPS 板→EPS 板塞缝，打磨、找平墙面→配制聚合物砂浆→EPS板面抹聚合物砂浆，门窗洞口处理，粘贴玻纤网，面层抹聚合物砂浆→找平修补，嵌密封膏→外饰面施工。

（2）粘贴聚苯乙烯板（EPS板）施工要点：

1）配制聚合物砂浆必须有专人负责，以确保搅拌质量；将水泥、砂子用量桶称好后倒入铁灰槽中进行混合，搅拌均匀后按配合比加入粘结液进行搅拌，搅拌必须均匀，避免出现离析。根据和易性可适当加水，加水量为胶粘剂的 5％。聚合物砂浆应随用随配，配好的聚合物砂浆应在 1h 之内用完。聚合物砂浆应在阴凉处放置，避免阳光曝晒。

2）EPS板薄抹灰的基层表面应清洁，无油污、脱模剂等妨碍粘结的附着物。凸起、空鼓和疏松部位应剔除并找平。找平层应与墙体粘结牢固，不得有脱层、空鼓、裂缝，面层不得有粉化、起皮、爆灰等现象。

3）粘贴 EPS 板时，应将胶粘剂涂在 EPS 板背面，涂胶粘剂面积不得小于 EPS 板面积的 40％。EPS 板应按顺砌方式粘贴，竖缝应逐行错缝。EPS 板应粘贴牢固，不得有松动和空鼓。墙角处 EPS 板应交错互锁（图 9-4a）。

4）门窗洞口四角处 EPS 板不得拼接，应采用整块 EPS 板切割成形，EPS 板接缝应离开角部至少 200mm，见图 9-4（b）。

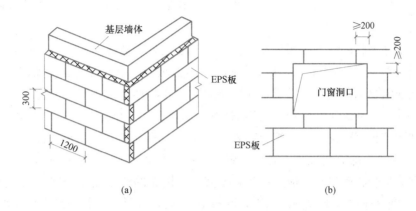

图 9-4 EPS 板排板图

（a）墙角处 EPS 板应交错互锁；（b）门窗洞口 EPS 板排列

5）应做好在檐口、勒脚处的包边处理。装饰缝、门窗四角和阴阳角等处应做好局部加强网施工。变形缝处应做好防水和保温构造处理。

6）基层上粘贴的聚苯板，板与板之间缝隙不得大于 2mm，对下料尺寸偏差或切割等原因造成的板间小缝，应用聚苯板裁成合适的小片塞入缝中。EPS 板安装的允许偏差及检验方法见表 9-4。

外保温隔热板安装的允许偏差及检验方法   表 9-4

序号	项目	允许偏差（mm）	检验方法
1	表面平整度	4	用 2m 靠尺和塞尺检查
2	立面垂直度	4	用 2m 垂直检测尺检查
3	阴、阳角垂直	4	用 2m 托线板检查
4	阴、阳角方正	4	用直角检测尺检查
5	接槎高低差	1	用直尺和塞尺检查

7）聚苯板粘贴 24h 后方可进行打磨，用粗砂纸、挫子或专用工具对整个墙面进行打磨一遍，打磨时不要沿板缝平行方向，而是作轻柔圆周运动将不平处磨平，墙面打磨后，应将聚苯板碎屑清理干净，随磨随用 2m 靠尺检查平整度。

8）网布必须在聚苯板粘贴 24h 以后进行施工，应先安排朝阳面贴布工序；女儿墙压顶或凸出物下部，应预留 5mm 缝隙，便于网格布嵌入。

9）EPS 板板边除有翻包网格布的可以在 EPS 板侧面涂抹聚合物砂浆，其他情况均不得在 EPS 板侧面涂抹聚合物砂浆。

10）装饰分格条须在 EPS 板粘贴 24h 后用分隔线开槽器挖槽。

（3）粘贴玻纤网格布的施工方法和要点：

1）配制聚合物砂浆必须专人负责，以确保搅拌均匀；聚合物砂浆配合比为：粘结剂：425 硫铝酸盐水泥：砂子＝1：（1.8～2.0）：（3.0～3.4）。

2）聚合物砂浆应随用随配，配好的聚合物砂浆应在 1h 之内用完。聚合物砂浆应于阴凉处放置，避免阳光曝晒。

3）在干净平整的地方按预先需要长度、宽度从整卷玻纤网布上剪下网片，留出必要的搭接长度，下料必须准确，剪好的网布应卷起放置，不允许折叠、踩踏。

4）在建筑物阳角处做加强层，加强层应贴在最内侧，每边 150mm。

5）涂抹第一遍聚合物砂浆时，应保持 EPS 板面干燥，并去除板面有害物质或杂质。

6）在聚苯板表面刮上一层聚合物砂浆，所刮面积应略大于网布的长或宽，厚度应一致（约 2mm），除有包边要求者外，聚合物砂浆不允许涂在聚苯板侧边。

7）刮完聚合物砂浆后，应将网布置于其上，网布的弯曲面朝向墙，从中央向四周抹压平整，使网布嵌入聚合物砂浆中，网布不应皱折，不得外露，待表面干后，再在其上施抹一层聚合物砂浆。网布周边搭接长度不得小于 70mm，在被切断的部位，应采用补网搭接，搭接长度不得小于 70mm。

8）门窗周边应做加强层，加强层网格布贴在最内侧，若门窗框外皮与基层墙体表面大于 50mm，网格布与基层墙体粘贴。若小于 50mm 需做翻包处理。大墙面铺设的网格布应嵌入门窗框外侧粘牢。

9）门窗口四角处，在标准网施抹完后，再在门窗口四角加盖一块 200mm×300mm 标准网，与窗角平分线成 90°角放置，贴在最外侧，用以加强；在阴角处加盖一块 200mm 长，与窗膀同宽的标准网片，贴在最外侧。一层窗台以下，为了防止撞击带来的伤害，应先安置加强型网布，再安置标准型网布，加强网格布应对接。

10）网布自上而下施抹，同步施工先施抹加强型网布，再做标准型网布。墙面粘贴的网格布应覆盖在翻包的网格布上。

11）网布粘完后应防止雨水冲刷或撞击，容易碰撞的阳角，门窗应采取保护措施，上料口应采取防污染措施，发生表面损坏或污染必须立即处理。

12）施工后保护层 4h 内不能被雨淋，保护层终凝后应及时喷水养护，养护时间日平均气温高于 15℃时不得少于 48h，低于 15℃时不得少于 72h。

9.3.2　胶粉 EPS 颗粒保温浆料外保温施工

1. 胶粉 EPS 颗粒保温浆料外保温的构造

胶粉 EPS 颗粒保温浆料外墙外保温（以下简称保温浆料）应由界面层、胶粉 EPS 颗粒保温浆料保温层、抗裂砂浆薄抹面层和饰面层组成（图 9-5）。胶粉 EPS 颗粒保温浆料经现场拌合后喷涂或抹在基层上形成保温层。薄抹面层中应满铺玻纤网；胶粉 EPS 颗粒保温浆料保温层设计厚度不宜超过 100mm，必要时应设置抗裂分隔缝。

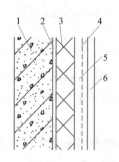

图 9-5　胶粉 EPS 颗粒保温
浆料外保温的构造

1—基层；2—界面砂浆；3—胶粉 EPS
颗粒保温浆料；4—抗裂砂浆薄抹面层；
5—玻纤网；6—饰面层

胶粉 EPS 颗粒保温浆料外墙外保温的性能应符合设计要求。

2. 施工准备

(1) 施工条件　胶粉 EPS 颗粒保温浆料外保温系统施工应具备下列条件：

1) 基层墙体应符合《混凝土结构工程施工质量验收规范》GB 50204—2015 和《砌体结构工程施工质量验收规范》GB 50203—2011 的要求。

2) 门窗框及墙身上各种进户管线、水落管支架、预埋管件等按设计安装完毕，并预留出外保温层的厚度。

3) 施工中环境温度不应低于 5℃，风力应不大于 5 级，风速不宜大于 10m/s。严禁雨期施工，雨期施工时应采取防雨措施。

(2) 施工机械准备　胶粉 EPS 颗粒保温浆料外保温系统施工所需机具设备与内保温系统的机具设备相同。

(3) 材料准备与要求　胶粉料的性能应符合表 9-4 的要求，聚苯颗粒的性能应符合表 9-5 的要求，耐碱玻纤网布的性能应符合表 9-6 的要求，胶粉聚苯颗粒保温浆料的性能应符合表 9-8 的要求，抗裂剂及抗裂砂浆性能应符合表 9-9 的要求，外墙外保温饰面涂料必须与胶粉聚苯颗粒外保温系统相容。

胶粉颗粒保温浆料外保温系统的界面砂浆的配制、胶粉聚苯颗粒保温浆料的配制、抗裂砂浆的配制方法及要求与内保温系统的配制方法相似，不再重述。下面主要介绍其不同点。

1) 柔性腻子的配制　柔性腻子胶：白色硅酸盐水泥＝1：0.4（质量比），用电动搅拌器搅拌均匀即可使用；应在 2h 内用完。柔性耐水腻子的性能应符合表 9-7 的要求。

2) 面砖粘结砂浆的配制　由面砖专用胶：中细砂（细度模数 2.8～2.0）：水泥＝(0.7～0.8)：1：1（质量比），用砂浆搅拌机或电动搅拌器搅拌。先加入面砖专用胶液、中细砂搅拌均匀后，再加入水泥继续搅拌 3min。面砖粘结砂浆配制及使用过程中均不得加水，并应在配制好后 2h 内用完。面砖粘结砂浆性能应符合设计要求。

3) 面砖勾缝材料的配制　面砖勾缝胶粉：水＝4：1（质量比），用电动搅拌器搅拌均匀，并应在配制好后 2h 内用完。面砖勾缝料的性能应符合设计的要求。

3. 胶粉聚苯颗粒外墙外保温系统施工工艺流程

胶粉聚苯颗粒外墙外保温系统施工工艺流程，见图 9-6。

4. 施工操作要求

(1) 基层墙面处理

保温施工前应会同相关部门做好结构验收，外墙面基层的垂直度和平整度应符合现行国家施工验收规范要求。进行保温层隐蔽施工前应做好如下检查工作，确认墙体的平整度、垂直度的允许偏差在验收标准规定范围内。

1) 外墙面的阳台栏杆，雨落管托架，外挂消防梯等处应安装完毕并验收合格，墙面的暗埋管线、线盒、预埋件、空调孔等应提前安装完毕并验收合格。

2) 外窗辅框应安装完毕并验收合格。

3) 墙面脚手架孔，模板穿墙孔及墙面缺损处用水泥砂浆修补完毕并验收合格。

4) 主体结构的变形缝、伸缩缝应提前做好处理。

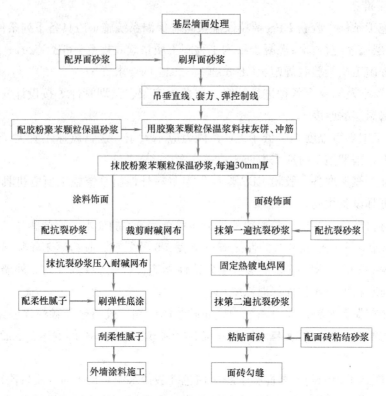

图 9-6　胶粉聚苯颗粒外墙外保温系统施工工艺流程

5）彻底清除基层墙体表面附尘、油污、隔离剂、空鼓、风化物等影响墙面施工的物质。墙体表面凸起物≥10mm 时应剔除。

6）各种材料的基层墙面均应用涂料滚刷、满刷界面砂浆。注意界面砂浆不宜施工过厚。

（2）吊垂直线、弹控制线，贴饼

保温浆料施工前应在墙面做好施工厚度标志，应按如下步骤进行：

1）每层首先用 2m 杠尺检查墙面平整度，用 2m 托线板检查墙面垂直度。

2）在距每层顶部约 100mm 处，同时距大墙阴、阳角约 100mm 处，根据大墙角已挂好的垂直控制线厚度，用界面砂浆粘贴 50mm×50mm 聚苯板块作为标准贴饼。

3）待标准贴饼固定后，在两水平贴饼间拉水平控制线。

4）用线垂吊垂直线在距楼层底部约 100mm 处，大墙阴、阳角 100mm 处粘贴标准贴饼之后按间隔 1.5m 左右沿垂直方向粘贴标准贴饼。

5）每层贴饼施工作业完成后水平方向用 2～5m 小线拉线检查贴饼的一致性，垂直方向用 2m 托线板检查垂直度，并测量贴饼厚度，做好记录。

（3）保温层施工

1）保温浆料应分层作业施工完成，每次抹灰厚度宜控制在 20mm 左右，分层抹灰至设计保温层厚度，每层施工时间间隔 24h。

2）保温浆料底层抹灰顺序应按照从上至下、从左至右进行抹灰，在压实的基础上可尽量加大施工抹灰厚度，抹至距保温标准贴饼差1mm左右为宜。

3）保温浆料中层抹灰厚度要抹至与标准贴饼平齐。中层抹灰后，应用大杠在墙面上来回搓抹，去高补低，最后用铁抹子抹压一遍。使保温浆料层表面平整，厚度与标准贴饼一致。

4）保温浆料面层抹灰应在中层抹灰4~6h之后进行。施工前应用杠尺检查墙面平整度，偏差应控制在±2mm。保温面层抹灰时应以修补为主，对于凹陷处用稀浆料抹平，对于凸起处可用抹子立起来将其刮平，最后用抹子分遍赶压平整。

5）保温浆料施工时要注意清理落地浆料，落地浆料在4h内重新搅拌即可使用。

6）阴阳角找方应按下列步骤进行：

① 用木方尺检查基层墙角的直角度，用线垂吊垂直检查墙角的垂直度；

② 保温浆料的中层抹灰后应用木方尺压住墙角保温浆料层上下搓动，使墙角保温浆料基本达到垂直，然后用阴、阳角抹子压光；

③ 保温浆料面层大角抹灰时要用方尺、抹子反复测量抹压修补操作，确保垂直度±2mm，直角度±2mm。

7）门窗侧口的墙体与门窗边框连接处应预留出相应的保温层厚度，并对已做好的门窗边框表面成品保护。

8）门窗辅框安装验收合格后方可进行门窗口部位的保温抹灰施工，门窗口施工时应先抹门窗侧口、窗上口部分的保温层，再抹大墙面的保温层。窗台口部分应先抹大墙面的保温层，再抹窗台口部分的保温层。

9）做门、窗口滴水槽应在保温浆料施工完成后，在保温层上用壁纸刀沿线划开设定宽度的凹槽（槽深15mm左右），先用抗裂砂浆填满凹槽，然后将滴水槽嵌入预先划好的凹槽中，并保证与抗裂砂浆粘结牢固，收去滴水槽两侧檐口浮浆，滴水槽应镶嵌牢固、水平。

10）保温浆料施工完成后应按检验批的要求做全面的质量检验，在自检合格的基础上，整理好施工质量记录和隐蔽工程检查验收记录。

（4）抗裂防护层和饰面层施工

1）涂料饰面施工要点：涂料饰面应待保温层施工结束3~7d，且保温层厚度、平整度隐蔽验收合格后，方可进行抗裂层施工。

① 抗裂层施工前应先将耐碱涂塑玻纤网格布按楼层高度分段裁好，将网格布裁成长度3m左右的布块，网格布包边应剪掉。

② 按施工配合比要求配制搅拌抗裂砂浆，注意砂浆应随搅随用。抹抗裂砂浆时，厚度应控制在3~5mm，抹完宽度、长度相当于网格布面积的抗裂砂浆后，应立即用铁抹子将网格布压入新抹的抗裂砂浆中。最后沿网格布纵向用铁抹子再压一遍收光，消除面层的抹子印。网格布压入程度以可见暗露网眼，但表面看不到裸露的网格布为宜。

③ 阴角处耐碱网格布要单面压槎，其宽度不小于150mm；阳角处应双向包角压槎搭接，其宽度不小于200mm。网格布施工时要注意顺槎顺水搭接，严禁逆槎逆水搭接。

网格布铺贴要紧贴墙面保证平整、无褶皱，砂浆饱满度应达到100%，不应出现大面积露布之处，大墙面要抹平、找直，阴阳角处要保证方正和垂直度。

④ 首层墙面应铺贴双层耐碱网格布。先铺贴第一层网格布，网格布之间应采用对接方法进行铺贴，第一层铺贴施工完成后，进行第二层网格布的铺贴，方法同前，两层网格布之间的抗裂砂浆应饱满，严禁干贴。

⑤ 建筑物首层外保温应在阳角处双层网格布之间设专用金属护角，护角高度一般为2m。在第一层网格布铺贴好后，应放好金属护角，用抹子在护角孔处拍压出抗裂砂浆，抹第二遍抗裂砂浆压网格布，用网格布覆盖住护角，保证护角部位坚实牢固抗冲击。大面积铺贴网格布之前，应在门窗洞口处沿45°角方向先粘贴一道网格布，尺寸宜为300mm×400mm。

⑥ 抗裂砂浆抹完后，严禁在面层上抹普通水泥砂浆腰线、套口线或刮涂刚性腻子等达不到柔性指标的外装饰材料；抗裂砂浆施工2h后刷弹性底涂，使其表面形成防水透气层；待抗裂砂浆基层干燥后，保温抗裂层验收合格后开始进行饰面层施工，对平整度达不到装饰要求的部位应刮涂柔性耐水腻子进行找补。刮涂柔性耐水腻子找平施工时，用靠尺对墙面及找平部位进行检验，对于局部不平整处，先用0号粗砂纸在柔性耐水腻子未干前进行打磨、刮涂、修复。大面积刮涂腻子应在局部修补后进行，宜分两遍进行，但两遍刮涂方向应相互垂直。

⑦ 浮雕涂料可直接在弹性底涂上进行喷涂，其他涂料在腻子层干燥后进行涂刷或喷涂。若干挂石材，则根据设计要求直接在保温层上进行干挂即可。

2）面砖饰面施工要点：面砖饰面应待保温层施工结束3～7d，且保温层厚度、平整度隐蔽验收合格后，方可进行抗裂层施工。

① 抗裂层施工前应先将热镀锌四角焊网按楼层高度用克丝钳子分段裁好，将热镀锌四角焊网裁成长度约3m左右的网片，并尽量将网片整平。

② 抹第一遍抗裂砂浆时，厚度控制在3mm左右，要求满抹，不得有漏抹之处。按楼层分层施工，第一层抗裂砂浆固化后，开始进行铺钉热镀锌四角焊网，要求第一层抗裂层的平整度不低于保温浆料层的平整度。

③ 铺钉热镀锌四角焊网应从上而下，从左至右的顺序进行，首先将热镀锌四角焊网在墙面就位，弯曲面朝向墙面，用约50～60mm长的弯成U形的12号钢丝插入保温层将热镀锌四角焊网临时固定，将热镀锌四角焊网固定于保温墙面上后用冲击钻在临时固定的焊网上部打孔，在孔中插入塑料膨胀螺栓，用手锤将胀钉钉牢。注意控制膨胀螺栓密度为每平方米5～6个，锚固膨胀螺栓要钉入结构墙体，深度不小于25mm。铺钉热镀四角焊网要紧贴墙面确保平整度达到±2mm的要求。

④ 热镀锌四角焊网平整度检验合格后方可进行第二层抗裂砂浆的罩面施工，第二层抗裂砂浆抹灰层厚度应控制在5～7mm，热镀锌四角焊网要求100%地被抗裂砂浆覆盖，抗裂砂浆面层平整度、垂直度应控制在±2mm之内。

⑤ 抗裂砂浆抹灰2～3h之后可用木抹子在热镀锌四角焊网格上将抗裂砂浆面层搓毛，为下一层的连接提供相应的界面。

⑥ 抗裂砂浆施工完成后，应按检验批的要求对施工质量进行全面检查，在自检合格基础上，整理施工质量记录和进行隐蔽检查验收。

⑦ 抗裂砂浆抹完后，严禁在面层上涂抹普通水泥砂浆腰线以及做水泥砂浆套口等。

⑧ 粘贴面砖按一般面砖粘贴施工工艺进行，应采用保温层专用面砖粘贴砂浆。其程序为弹线分格、排面砖、浸面砖、贴面砖、面砖勾缝等。

9.3.3　EPS 板现浇混凝土外墙外保温施工

1. EPS 板现浇混凝土外墙外保温的构造

EPS 板现浇混凝土外墙外保温（简称无网现浇）以现浇混凝土外墙作为基层，以阻燃型聚苯乙烯泡沫塑料板（EPS 板）为保温层。EPS 板内表面（与现浇混凝土接触的表面）沿水平方向开有矩形齿槽，内、外表面均满涂界面砂浆。在施工时将 EPS 板置于外模板内侧，并安装锚栓作为辅助固定件。浇筑混凝土后，墙体与 EPS 板以及锚栓结合为一体，拆模后外保温与墙体同时完成。EPS 板表面抹抗裂砂浆薄抹面层，外表以涂料为饰面层，其构造见图 9-7。

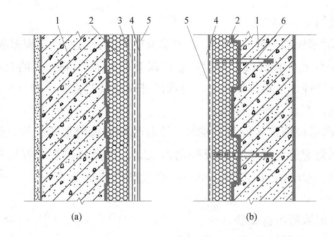

(a)　　　　　　　　　　(b)

图 9-7　EPS 板现浇混凝土外墙外保温的基本构造

(a) 带胶粉聚苯颗粒保温浆料找平；(b) 不带胶粉聚苯颗粒保温浆料找平

1—基层墙体；2—带槽聚苯保温板；3—胶粉聚苯颗粒找平层；

4—抗裂砂浆复合耐碱网布；5—弹性底涂、柔性腻子及涂料面层；6—锚栓

EPS 板现浇混凝土外墙外保温具有施工简单、安全、省工、省力、经济、与墙体结合紧密，并能在冬期施工的特点，并摆脱了人贴手抹的手工操作安装方式，实现了外保温安装的工业化和减轻了劳动强度，有很好的经济效益和社会效益。适用于现浇混凝土剪力墙结构的外保温。

2. 材料性能要求

（1）膨胀聚苯板主要性能

膨胀聚苯板应为阻燃型。其性能指标除应符合设计的要求外，还应符合《绝热用模

塑聚苯乙烯泡沫塑料（EPS）》GB/T 10801.1—2021 第Ⅱ类的其他要求，膨胀聚苯板出厂前应在自然条件下陈化 42d 或在 60℃蒸汽中陈化 5d。

（2）聚苯板界面砂浆的性能指标应符合设计的要求。

（3）尼龙锚栓的技术性能指标应符合设计要求。

3. EPS 板现浇混凝土外墙外保温的施工工艺流程。

（1）施工工艺流程

绑扎垫块、聚苯板加工→安装聚苯板→立内侧模板、穿穿墙螺栓→立外侧模板、紧固螺栓、调垂直→混凝土浇筑→拆除模扳→聚苯板面清理、配胶粉聚苯颗粒保温浆料→抹胶粉聚苯颗粒、并找平→配抗裂砂浆、裁剪耐碱网格布、抹抗裂砂浆压入耐碱网布→配弹性底涂、涂弹性底涂→配柔性腻子、刮涂柔性腻子→外墙饰面施工。

（2）施工机具准备

施工机具主要有：切割聚苯板操作平台、电热丝、接触式调压器、电烙铁、强制式搅拌机、垂直运输机械、水平运输机械、手提式搅拌器、喷枪、手提式电动打磨机；常用抹灰工具及抹灰专用检测工具、水桶、剪刀、滚刷、铁锹、手锤、方尺、靠尺等。

4. 施工要点

（1）聚苯板加工

1）带企口聚苯板加工要求：带企口聚苯板应按设计尺寸加工聚苯板，板的长、宽、对角线尺寸误差不应大于 2mm，厚度、企口误差不大于 1mm。板的双面采用聚苯板涂刷界面砂浆进行处理，注意不要漏刷，对破坏部位应及时修补；聚苯板在运输及现场堆放过程中应平放，不宜立摆。

2）带有凸凹形齿槽聚苯板加工要求：带有凸凹形齿槽聚苯板按设计要求尺寸进行加工，其尺寸误差应符合要求；一般板宽 1.22m，板高按楼层，厚度按设计要求，背面凸凹槽宽度为 100mm，深度为 10mm，周边高低槽槽宽 25mm，深度为 1/2 板厚，外喷界面剂。

（2）模板与聚苯板组合安装

1）按施工设计图做好聚苯板的排板方案。

墙身钢筋绑扎完毕，水电箱盒、门窗洞口预埋完毕，检查保护层厚度应符合设计要求，办完隐蔽工程验收手续。

2）弹好墙身线。

在 EPS 板外墙模板系统支模时，先将 EPS 板按外墙身线就位于外墙钢筋的外侧，先根据建筑物平面图及其形状排列聚苯板，安装时首先安装阴阳角处聚苯板，然后再安装大墙面聚苯板，并且根据其特殊节点的形状预先将聚苯板裁好，将聚苯板的接缝处涂刷上粘结胶，板与板之间的企口缝在安装前涂刷聚苯板粘结胶，随即安装。然后将聚苯板粘接上，粘接完成的聚苯板不要再移动，在板的专用竖缝处用塑料夹子将两块聚苯板连接在一起，基本拉住聚苯板。用工程塑料卡穿透聚苯板，就位时可用绑扎钢丝把卡子与墙体钢筋绑扎固定，绑扎时注意聚苯板底部应绑扎紧一些，使底部内收 3～5mm，以保证拆模后聚苯板底部与上口平齐。

3）绑扎垫块。

外墙钢筋验收合格后，绑扎按混凝土保护层厚度要求制作好的水泥砂浆垫块。每平方米不少于4个，首层的聚苯板必须严格控制在统一水平上，保证以后上面聚苯板的缝隙严密和垂直。在板缝处聚苯板胶填塞。

4）在外侧聚苯板安装完毕后，安装门窗洞口模板，安装内模板之前要检查钢筋，各种水电预埋件位置是否正确，并清除模内杂物。

5）内模板按内墙身位置线找正之后，将外墙内侧向的大模板准确就位，调整好垂直度，立模的精度要符合标准要求，并固定牢固，使该模板成为基准模板。

6）从内模板穿墙孔处插穿墙拉杆及塑料套管和管堵，并在穿墙拉杆的端部，套上一节镀锌铁皮圆桶。插入聚苯板但此时暂不穿透聚苯板模板。

7）组合外模板时首先将外模板放在三脚架上，按照大模板穿墙螺栓的间距，用电烙铁给聚苯板开孔，使模板与聚苯板的孔洞吻合，孔洞不宜太大以免漏浆。此时二次插穿墙螺栓利用镀锌圆铁皮筒，将EPS板切出一个圆孔，使穿墙螺栓完全穿透墙体外模板，用穿墙螺栓将外墙外侧组合模板就位。

8）穿墙螺栓穿透墙体后，将端头套的镀锌铁皮圆筒摘掉，然后完成相应的外模板的调整和紧固作业。

9）聚苯板在开孔或裁小块时，注意防止碎块掉进墙体内。

（3）混凝土浇筑

1）在外墙外侧安装聚苯板时，将企口缝对齐，墙宽不合模数的用小块保温板补齐，门窗洞口处保温板可不开洞，待墙体拆模后再开洞。门窗洞口及外墙阳角处聚苯板外侧的缝隙，用楔形聚苯板条塞堵，深度10~30mm。

2）在浇筑混凝土时，注意振动棒在插、拔过程中，不要损坏保温层。

3）在整理下层甩出的钢筋时，要特别注意下层保温板边槽口，以免受损。

4）墙体混凝土浇筑完毕后，如槽口处有砂浆存在应立即清理。

5）穿墙螺栓孔，应以干硬性砂浆捻实填补（厚度小于墙厚）随即用保温浆料填补至保温层表面。

6）在常温条件下墙体混凝土浇筑完成，间隔12h后且混凝土强度不小于1MPa即可拆除墙体内、外侧面的大模板。

（4）找平及抗裂防护层和饰面层施工

需要找平时，用胶粉聚苯颗粒保温浆料找平，并用胶粉聚苯颗粒对浇筑的缺陷进行处理。胶粉聚苯颗粒保温浆料的施工方法及抗裂防护层和饰面层的施工参见本章相关内容。

9.3.4　EPS钢丝网架板现浇混凝土外保温施工

1. EPS钢丝网架板现浇混凝土外保温系统的构造

EPS钢丝网架板现浇混凝土外保温以EPS单面钢丝网架板为保温材料，在现场浇灌混凝土时将EPS单面钢丝网架板置于外模板内侧，保温材料与混凝土基层一次浇注成型，钢丝网架板表面抹水泥抗裂砂浆并可粘贴面砖材料的外墙外保温系统，见图 9-8。

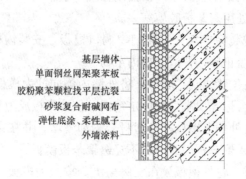

基层墙体
单面钢丝网架聚苯板
胶粉聚苯颗粒找平层抗裂
砂浆复合耐碱网布
弹性底涂、柔性腻子
外墙涂料

图 9-8　EPS 钢丝网架板现浇混凝土外保温基本构造

EPS 钢丝网架板现浇混凝土外保温是在外墙的钢筋绑扎完毕后，将由工厂预制的聚苯保温板置放在墙体钢筋外侧（聚苯板外表面有横向齿槽，中间斜插若干 $\phi2.5$ 穿过板材的镀锌钢丝，并与板材外的一层钢丝网片焊接，构件表面喷有界面剂）并与墙体钢筋固定，再支设墙体内、外钢模板（此时保温板位于外钢模板内侧），然后浇筑混凝土墙，拆模后保温板和混凝土墙体结合为一体，牢固可靠。为确保保温板与墙体结合的可靠性，在聚苯板保温构件上有镀锌斜插钢丝伸入混凝土墙内，并通过聚苯板插入经防锈处理的 $\phi6L$ 形钢筋，约每平方米 3~4 个，然后在钢丝网架上抹抗裂水泥砂浆找平层或胶粉聚苯颗粒保温浆料找平层复合抗裂防护面层，最后用弹性粘结剂粘贴面砖。如在表面做涂料面层，则在抗裂水泥砂浆找平层或胶粉聚苯颗粒保温浆料找平层上抹 4~5mm 左右的聚合物水泥砂浆玻璃纤维网格布防护层和弹性腻子防裂层，最后在表面上做有机弹性涂料。

EPS 钢丝网架板现浇混凝土外保温具有施工速度快，可大大缩短工期；与主体结构连接可靠，施工安全；能在冬期施工（因保温板置于钢模板内侧，相当于保温模板），不受气候影响；造价低等优点；适用于现浇混凝土剪力墙体体系面层粘贴面砖的外保温系统。

2. 材料性能要求

斜嵌入式钢丝网架聚苯板的质量应符合表 9-5 的要求。

斜嵌入式钢丝网架聚苯板的质量要求　　　　　　　　　　　　　表 9-5

项　目	质量要求
凹槽	钢丝网片一侧的聚苯板面上凹槽宽 20~30mm,凹槽深 12mm±2mm,并且间距均匀
企口	聚苯板两长边设高低槽,宽 20~25mm,深 1/2 板厚,要求尺寸准确
界面处理	聚苯板的两面及钢丝网架上均匀喷涂聚苯板界面砂浆,聚苯板界面砂浆与聚苯板的粘结牢固,涂层均匀一致,不得露底,干擦不掉粉

项　目	质量要求
镀锌低碳钢丝	用于钢丝网片的镀锌低碳钢丝的直径为 2.00mm、2.20mm,用于斜插丝的镀锌低碳钢丝的直径为 2.20mm、2.50mm,误差为 ±0.05mm,其性能指标应符合 YB/T 126—1997 的要求
焊点强度	抗拉力不小于 330N,无过烧现象
焊点质量	网片漏焊、脱焊点不超过焊点数的 8%,且不应集中在一处,连续脱焊点不应多于 2 点,板端 200mm 区段内的焊点不允许脱焊、虚焊,斜插丝脱焊点不超过 2%
斜插钢丝(腹丝)密度	(100～150)根/m²
斜插钢线与钢丝网片所夹锐角	(60±5°)
钢丝挑头	网边挑头长度不大于 6mm,插丝挑头不大于 5mm
穿透聚苯板挑头	聚苯板厚度≤500mm,穿透聚苯板挑头离板面垂直距离不小于 30mm;50mm<聚苯板厚度<80mm,穿透聚苯板挑头离板面垂直距离不小于 35mm;80mm≤聚苯板厚度≥150mm,穿透聚苯板挑头离板面垂直距离不小于 40mm
聚苯板对接	不大于 3000mm 长板中聚苯板对接不得多于两外,且对接处须用聚氨酯胶粘牢
钢丝钢片与聚苯板的最短距离	5mm±1mm

注：横向钢丝应对准凹槽中心。

3. 施工准备

(1) 技术准备：施工前应熟悉各方有关图纸资料，参阅有关施工工艺，做好内业；同时应了解材料性能，掌握施工要领，明确施工顺序；做好对工人的技术培训和技术交底工作。

(2) 材料准备

1) 斜嵌入式钢丝网架聚苯板的厚度应满足设计要求，其表观密度应在 18～22kg/m³，表面应喷涂界面剂。

2) 保温板与墙体连接应采用经防锈处理的 L 形 $\phi6$ 钢筋或尼龙胀栓。

3) 抗裂抹灰砂浆材料一般采用 32.5 级普通硅酸盐水泥，砂应采用干净的中砂，干粉料或聚合物乳液，防裂外加剂，耐碱涂塑型玻纤网格布及聚苯颗粒保温浆料、泡沫塑料棒、塑料滴水线槽、分格条和嵌缝油膏等的性能应符合要求。

4) 饰面层涂料按设计要求。

(3) 机具设备：施工机具主要有：切割聚苯板操作平台、电热丝、接触式调压器、电烙铁、强制式搅拌机、垂直运输机械、水平运输机械、手提式搅拌器、喷枪、瓷砖切割器、手提式电动打磨机、电动冲击钻；常用抹灰工具及抹灰专用检测工具、水桶、剪刀、滚刷、铁锹、手锤、方尺、靠尺等。

4. EPS 钢丝网架板现浇混凝土外墙外保温系统施工工艺流程

支模浇筑单面钢丝网架聚苯板→拆除模板→配制抗裂砂浆或胶粉聚苯颗粒—抹抗裂砂浆或胶粉聚苯颗粒找平→裁剪耐碱网布、配制抗裂砂浆→抹抗裂砂浆压入耐碱网布(抹第一遍抗裂砂浆)→刷弹性底涂、配柔性腻子（固定热镀锌钢丝网）→刮柔性腻子

（抹第二遍抗裂砂浆、配制面砖粘结砂浆）→外墙涂料施工（粘贴面砖并勾缝）（注括号为面砖饰面施工）。

5. 施工要点

（1）安装外墙保温构件

1）单面钢丝网架聚苯板在工厂加工成型，板面及钢丝网架均匀喷涂聚苯板界面砂浆，注意不得有漏喷之处，厚度不小于 1mm，对漏喷部位应及时补涂；聚苯板在运输及现场堆放过程中应平放不宜立摆，轻拿轻放。

2）内、外墙钢筋绑扎经验收合格后，方可进行保温构件安装。

3）按照设计所要求的墙体厚度弹水平线及垂直线，以确定外墙厚度尺寸，为了确保钢筋与保温层构件之间的保护层厚度，应在外墙钢筋外侧绑扎砂浆垫块，每块 EPS 板内不少于 6 个。

4）拼装保温构件。安装保温构件时，保温构件就位后，板之间用火烧丝绑扎，间距不大于 150mm，用电络铁在聚苯板上烫孔，将 L 筋按位置穿过保温板，用火烧丝将其与墙体钢筋绑扎牢固。

L 筋：长 150mm，弯钩 30mm，外表应刷防锈漆两道或其他防锈处理。

5）保温板外侧低碳钢丝网片均按楼层层高断开，互不连接。

（2）模板安装

宜采用大模板。按保温板厚度确定模板配置尺寸、数量。

1）按弹出墙线位置安装模板。在底层混凝土强度不低于 7.5MPa 时，开始安装。安装上一层模板时，利用下一层外墙螺栓孔挂三角平台架（安全防护架）。

2）安装外墙外侧模板。安装前须在现浇混凝土墙体的根部或保温板外侧采取可靠的定位措施，以防模板挤靠保温板。模板放在三角平台架上，将模板就位，穿螺栓紧固校正，连接必须严密、牢固，以防止出现错台和漏浆现象。

（3）混凝土浇筑

混凝土坍落度应不小于 180mm。

1）墙体混凝土浇筑前保温板上面必须采取遮挡措施，应安装槽口保护套，宽度为保温板厚度加模板厚度。新旧混凝土接槎处应均匀浇筑 30～50mm 同等强度等级的减石混凝土。混凝土应分层浇筑，厚度控制在 500mm，一次浇筑高度不宜超过 1.0m，混凝土下料点应分散布置，连续进行，间隔时间不超过 2h。

2）振捣棒振动间距一般应小于 500mm，每一振动点的延续时间以表面泛浆和不再下沉为度。

3）洞口处浇筑混凝土时，应沿洞口两边同时下料，使两侧浇筑高度大体一致，振捣棒应距洞边 300mm 以上，以保证洞口下部混凝土密实。

4）施工缝留置在门洞口过梁跨度 1/3 范围内，也可留在纵横墙的交接处。

5）墙体混凝土浇筑完毕后，需整理上口甩出钢筋，并以木抹子抹平混凝土表面。

（4）模板拆除的规定：

1）在常温条件下，墙体混凝土强度不低于 1.0MPa，冬期施工墙体混凝土强度不低于 7.5MPa，方可拆除模板，拆模时应以同条件养护试块抗压强度为准。

2）先拆外墙外侧模板，再拆除外墙内侧模板。

3）穿墙套管拆除后，混凝土墙部分孔洞应用干硬性砂浆捻塞密实，保温板部分孔洞应用保温材料补齐。

4）拆模后保温板上的横向钢丝必须对准凹槽，钢丝距槽底不小于 8mm。

（5）混凝土养护：常温施工时，模板拆除后 12h 内喷水或养护剂养护，不少于 7d，次数以保持混凝土具有湿润状态为准。冬期施工时应有专人定点、定时测定混凝土养护温度，并做好记录。

（6）外墙外保温板板面抹灰

1）抹灰前准备工作

① 若保温板表面有余浆、疏松、空鼓等均应清除干净，确保保温板表面干净、无灰尘、油渍和污垢。

② 绑扎阴阳角、窗口四角角网，角网尺寸应为 400mm×1200mm、200mm×1200mm 钢丝网架板拼缝处应用火烧丝绑扎，间距应不大于 150mm，窗口四角八字网尺寸应为 400mm×200mm 呈 45°。

③ 保温板两层之间应断开不得相连。

2）抹灰：钢丝网架可用胶粉聚苯颗粒保温浆料进行找平，并用胶粉聚苯颗粒对浇筑中出现的缺陷进行处理。

① 板面上界面剂如有缺损，应在表面上补界面处理剂，要求均匀一致，不得露底（包括钢丝网架）。

② 抹灰层之间及抹灰层与保温板之间必须粘结牢固，无脱层、空鼓现象。表面应光滑洁净，接槎平整，线角须垂直、清晰。

③ 抹灰分为底层和面层，底层抹灰凝结后可进行面层抹灰，每层抹完后均须洒水养护或喷养护剂。

④ 分格条宽度、深度要均匀一致，平整光滑，横平竖直，棱角整齐，滴水线槽流水坡度要准确，槽宽和深度不小于 10mm。

⑤ 抹灰完成后，在常温下 24h 后表面平整无裂纹即可在面层抹 4~5mm 聚合物水泥砂浆玻纤网格布防护层，然后在表面做面砖装饰层。如做涂料宜采用弹性腻子和有机弹性涂料。

⑥ 施工时应避免大风天气，当气温低于 5℃时，应停止施工。

（7）成品保护措施

1）抹完水泥砂浆面层后的保温墙体，不得随意开凿孔洞，如确需开洞，应在水泥砂浆达到设计强度后方可进行，并应及时修补完工后的洞口。

2）拆除架子时应防止撞击已装修好的墙面，门窗洞口、边、角、垛处应采取保护措施，其他作业不得污染墙面，严禁踩踏窗台。

9.3.5　机械固定 EPS 钢丝网架板外墙外保温施工

1. 机械固定 EPS 钢丝网架板外墙外保温的构造

机械固定 EPS 钢丝网架板外墙外保温（以下简称机械固定系统）由机械固定装置、腹丝非穿透型 EPS 钢丝网架板、掺外加剂的水泥砂浆厚抹面层和饰面层构成，其构造见图 9-9。以涂料做饰面层时，应加抹玻纤网抗裂砂浆薄抹面层。

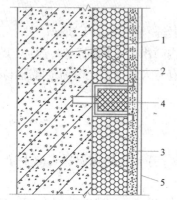

图 9-9 机械固定 EPS 钢丝网架板外墙
外保温系统基本造图

1—基层；2—EPS 钢丝网架板；3—掺外加
剂的水泥砂浆抹面层；4—机械固定装置；
5—饰面层

机械固定 EPS 钢丝网架板外墙外保温符合建筑节能需要。适用于砌体、框架填充墙和现浇剪力墙建筑，施工简单，易于操作，钢丝网抹灰层 25mm 厚，耐火性能超过 1.2h；钢丝网抹灰基层可靠，适合粘贴面砖饰面。该系统适用于寒冷地区，不适用于夏热冬冷地区、夏热冬暖地区，在严寒地区使用会受到一定限制。不适用于加气混凝土和轻集料混凝土基层。

外墙外保温用 EPS 钢丝网架板（简称 SB 板），是以阻燃型聚苯乙烯板为保温芯材，配有双向斜插入的高强度钢丝，并与单面覆以网目 50mm×50mm 的 $\phi 2.0$ 钢丝网片焊接，成为带有整体焊接钢丝网架的保温板材，根据保温需要斜插丝不穿透 EPS 板，按照国家建材行业标准《钢丝网架水泥聚苯乙烯夹芯板》JC 623—1996 要求，SB 板必须是机械连续自动焊接而成，严禁手工焊接钢丝网。

2. 材料要求

(1) 钢丝

SB 板板面网片的冷拔钢丝为 $\phi 2.0 \pm 0.05$mm，用于斜插的镀锌冷拔钢丝为 $\phi 2.0 \pm 0.05$mm，其抗拉强度不小于 550N/mm^2，钢网脱焊、漏焊点不得超过 2%，连续脱焊点不应多于 2 个，斜插丝脱焊点不得超过 2%。

(2) 芯板

阻燃型聚苯乙烯芯板密度为 $15 \sim 20$kg/m^3，其余应符合《绝热用模塑聚苯乙烯泡沫塑料（EPS）》GB/T 10801.1—2021 和《绝热用挤塑聚苯乙烯泡沫塑料（XPS）》GB/T 10801.2—2018 的规定。

(3) 抹砂浆

用于 SB 板砂浆面层宜采用不低于 M10 的抗裂水泥砂浆；如饰面层为弹性涂料时，为避免墙体开裂，应在山墙中层抹灰后压入耐碱玻纤网格布，网格布应符合《耐碱玻璃纤维网布》JC/T 841—2007 的规定。

3. SB 板安装施工要点

(1) 施工准备

1) 材料：SB 板、各种宽度的冷拔镀锌钢丝网片（平网、角网、U 型网等）、$\phi 6$ 钢筋、锚固铁件、膨胀螺栓和 22 号镀锌钢丝、承托角钢、预埋件。

2) 工具：冲击钻、锤、扳手、断丝剪、钢尺、钢锯及常用工具。

3）作业条件：施工前应检查 SB 板质量，对在运输、堆放时造成的变形，必须予以校正，脱焊点必须补焊或用钢丝扎紧；同时应清理墙面：清除墙面上的灰渣，并将墙面上的不平整处补平。

（2）施工操作要点

1）实心墙体先在墙内预埋 φ6 拉结筋，筋长 320mm，预埋端设 20mm 弯钩，外露 160mm，拉结筋双向中距不应大于 500mm，多孔砖墙体预埋拉结筋构造同实心墙体；混凝土墙体用 φ6 胀管螺钉固定，每平方米不少于 7 个固定胀管螺钉。拉结筋或胀管螺钉呈梅花形布置，外露拉结筋预刷两道防锈漆，沿门窗洞的拉结筋距洞边宜为 75mm。

2）在圈梁或框架梁上预埋连接件，其中距不大于 1200mm，SB 板承托角钢与预埋连接件焊接。

3）SB 板按设计裁板，拼装后安装就位。砌体墙体拉结筋穿透 SB 板后扳倒，把钢丝网片压紧，并用钢丝绑扎牢固。

4）门窗洞口四角应铺 L 形 SB 板，不应采用直缝拼板，并在门窗洞口四角 SB 板上附加 45°斜铺 40mm×200mm 钢丝网。

5）板与板之间挤紧，要保证保温层塞实严密。

6）外墙阴阳角及门窗口、阳台底边处等须附加钢丝网（平网、角网、U 型网）。

7）钢筋混凝土墙上复合 SB 板，可用 φ6 膨胀螺栓通过锚固件固定在墙体上。锚固件为镀锌薄钢板，槽深根据保温板厚度确定。

8）大墙面超过 15m² 时，宜设置水平和垂直变形缝，变形缝净宽 20m，内填聚乙烯棒形背衬，外嵌填弹性密封膏。变形缝两侧 SB 板应用 U 型钢丝网包边，砂浆抹平后缝宽 20mm。

（3）外墙面抹灰

1）抹灰前准备

A. 抹灰前要认真清除板面灰尘、污垢、油渍等。

B. 检查加固阴阳角及拼缝网片，应顺直、平整、牢固。

2）原材料

① 抹面砂浆用水泥：P·O32.5 级普通硅酸盐水泥。砂：中砂，含泥量不大于 3%。底层和中层用水泥砂浆按 1∶4 比例配制。

② 界面处理剂：聚合物水泥浆，内掺 4% 的抗裂剂和适量熟石灰粉，28d 抗压强度应达到 10MPa。面层为细砂水泥砂浆内掺 8% 抗裂剂和 1% 甲基纤维素。

③ 耐碱玻璃纤维网格布。

3）抹灰

① 抹灰前，在 SB 板面未涂刷界面剂的部分，均匀喷涂或刷涂一层界面处理剂。

② 抹灰分三层：底层、中层和罩面层。底层厚 12~15m，中层厚 8~10mm，罩面层厚 3~5mm，总厚度不小于 25mm。山墙应在中层抹灰后，压入一层玻纤网格布，再抹罩面层灰。

③ 做涂料饰面时，应在罩面层上先刮一层专用罩面腻子，不平处应用砂纸磨平。做面砖饰面时，在罩面层上用专用粘结砂浆粘贴面砖，专用胶粉勾缝。

9.4 外墙保温工程施工质量要求

9.4.1 建筑节能工程验收的基本规定

（1）建筑节能工程设计变更不得降低建筑节能效果。当设计变更涉及建筑节能效果时，应经原施工图设计审查机构审查，在实施前应办理设计变更手续，并获得监理或建设单位的确认。

（2）单位工程的施工组织设计应包括建筑节能工程施工内容。建筑节能工程施工前，施工单位应编制建筑节能工程施工方案并经监理（建设）单位审查批准。施工单位应对从事建筑节能工程施工作业的人员进行技术交底和必要的实际操作培训。

（3）建筑节能工程使用的材料、设备等，必须符合设计要求及国家有关标准的规定。严禁使用国家明令禁止使用与淘汰的材料和设备。

（4）材料和设备进场验收应遵守下列规定：对材料和设备的品种、规格、包装、外观和尺寸等进行检查验收，并应经监理工程师（建设单位代表）确认，形成相应的验收记录。对材料和设备的质量证明文件进行核查，并应经监理工程师（建设单位代表）确认，纳入工程技术档案。进入施工现场用于节能工程的材料和设备均应具有出厂合格证、中文说明书及相关性能检测报告；定型产品和成套技术应有型式检验报告，进口材料和设备应按规定进行出入境商品检验。对材料和设备应按照规范的规定在施工现场抽样复检；复检应为见证取样送检。

（5）现场配制的材料如保温浆料、聚合物砂浆等，应按设计要求或试验室给出的配合比配制。当未给出要求时，应按照施工方案和产品说明书配制。

（6）建筑节能工程应按照经审查合格的设计文件和经审查批准的施工方案施工。

（7）建筑节能工程施工前，对于采用相同建筑节能设计的房间和构造做法，应在现场采用相同材料和工艺制作样板间或样板件，经有关各方确认后方可进行施工。

9.4.2 墙体节能工程施工质量验收一般规定

1. 除采用聚苯板现浇混凝土外墙保温外，主体结构完成后进行施工的墙体节能工程，应在基层质量验收合格后施工，施工过程中应及时进行质量检查、隐蔽工程验收和检验批验收，施工完成后应进行墙体节能分项工程验收。与主体结构同时施工的墙体节能工程，应与主体结构一同验收。

2. 墙体节能工程应对下列部位或内容进行隐蔽工程验收。并应有详细的文字记录和必要的图像资料：

(1) 保温层附着的基层及其表面处理；

(2) 保温板粘结或固定；

(3) 锚固件；

(4) 增强网铺设；

(5) 墙体热桥部位处理；

(6) 预置保温板或预制保温墙板的板缝及构造节点；

(7) 现场喷涂或浇注有机类保温材料的界面；

(8) 被封闭的保温材料厚度；

(9) 保温隔热砌块填充墙体。

3. 墙体节能工程验收的检验批划分应符合下列规定：相同材料、工艺和施工做法的墙面，每 $500\sim1000\mathrm{m}^2$ 面积划分为一个检验批，不足 $500\mathrm{m}^2$ 也为一个检验批；检验批的划分也可根据与施工流程相一致且方便施工与验收的原则，由施工单位与监理（建设）单位共同商定。

4. 外墙饰面层施工质量应符合《建筑装饰装修工程质量验收标准》GB 50210—2018、《外墙外保温工程技术标准》JGJ 144—2019 的规定。

9.4.3　墙体节能施工质量验收

墙体节能工程施工质量检查验收按主控项目和一般项目进行验收，检查验收内容及方法如下。

1. 主控项目

(1) 用于墙体节能工程的材料、构件等。其品种、规格应符合设计要求和相关标准的规定。

检验方法：观察、尺量检查；核查质量证明文件。

检查数量：按进场批次，每批随机抽取 3 个试样进行检查；质量证明文件应按照其出厂检验批进行核查。

(2) 墙体节能工程使用的保温隔热材料。其导热系数、密度、抗压强度或压缩强度、燃烧性能应符合设计要求。

检验方法：核查质量证明文件及进场复验报告。

检查数量：全数检查。

(3) 墙体节能工程采用的保温材料和粘结材料等，进场时应对其下列性能进行复验，复验应为见证取样送检：

1) 保温材料的导热系数、密度、抗压强度或压缩强度；

2) 粘结材料的粘结强度；

3) 增强网的力学性能、抗腐蚀性能。

检验方法：随机抽样送检，核查复验报告。

检查数量：同一厂家同一品种的产品，当单位工程建筑面积在 $20000\mathrm{m}^2$ 以下时各抽查不少于 3 次；当单位工程建筑面积在 20000m² 以上时各抽查不少于 6 次。

（4）严寒和寒冷地区外保温使用的粘结材料，其冻融试验结果应符合该地区最低气温环境的使用要求。

检验方法：核查质量证明文件。

检查数量：全数检查。

（5）墙体节能工程施工前应按照设计和施工方案的要求对基层进行处理，处理后的基层应符合保温层施工方案的要求。

检验方法：对照设计和施工方案观察检查；核查隐蔽工程验收记录。

检查数量：全数检查。

（6）墙体节能工程各层构造做法应符合设计要求，并应按照经过审批的施工方案施工。

检验方法：对照设计和施工方案观察检查；核查隐蔽工程验收记录。

检查数量：全数检查。

（7）墙体节能工程的施工，应符合下列规定：

1）保温隔热材料的厚度必须符合设计要求。

2）保温板材与基层及各构造层之间的粘结或连接必须牢固。粘结强度和连接方式应符合设计要求。保温板材与基层的粘结强度应做现场拉拔试验。

3）保温浆料应分层施工。当采用保温浆料做外保温时，保温层与基层之间及各层之间的粘结必须牢固，不应脱层、空鼓和开裂。

4）当墙体节能工程的保温层采用预埋或后置锚固件固定时，锚固件数量、位置、锚固深度和拉拔力应符合设计要求。后置锚固件应进行锚固力现场拉拔试验。

检验方法：观察；手扳检查；保温材料厚度采用钢针插入或剖开尺量检查；粘结强度和锚固力核查试验报告；核查隐蔽工程验收记录。

检查数量：每个检验批抽查不少于 3 处。

（8）外墙采用预置保温板现场浇筑混凝土墙体时，保温板的验收应符合相关规范的规定；保温板的安装位置应正确、接缝严密，保温板在浇筑混凝土过程中不得移位、变形，保温板表面应采取界面处理措施，与混凝土粘结应牢固。

混凝土和模板的验收，应按《混凝土结构工程施工质量验收规范》GB 50204—2015 的相关规定执行。

检验方法：观察检查；核查隐蔽工程验收记录。

检查数量：全数检查。

（9）当外墙采用保温浆料做保温层时，应在施工中制作同条件养护试件，检测其导热系数、干密度和压缩强度。保温浆料的同条件养护试件应见证取样送检。

检验方法：核查试验报告。

检查数量：每个检验批应抽样制作同条件养护试块不少于 3 组。

（10）墙体节能工程各类饰面层的基层及面层施工，应符合设计和《建筑装饰装修工程质量验收标准》GB 50210—2018 的要求，并应符合下列规定：

1）饰面层施工的基层应无脱层、空鼓和裂缝，基层应平整、洁净，含水率应符合饰面层施工的要求。

2）外墙外保温工程不宜采用粘贴饰面砖做饰面层；当采用时，其安全性与耐久性必须符合设计要求。饰面砖应做粘结强度拉拔试验，试验结果应符合设计和有关标准的规定。

3）外墙外保温工程的饰面层不得渗漏。当外墙外保温工程的饰面层采用饰面板开缝安装时，保温层表面应具有防水功能或采取其他防水措施。

4）外墙外保温层及饰面层与其他部位交接的收口处，应采取密封措施。

检验方法：观察检查；核查试验报告和隐蔽工程验收记录。

检查数量：全数检查。

（11）保温砌块砌筑的墙体，应采用具有保温功能的砂浆砌筑。砌筑砂浆的强度等级应符合设计要求。砌体的水平灰缝饱满度不应低于90%，竖直灰缝饱满度不应低于80%。

检验方法：对照设计核查施工方案和砌筑砂浆强度试验报告。用百格网检查灰缝砂浆饱满度。

检查数量：每楼层的每个施工段至少抽查一次，每次抽查5处，每处不少于3个砌块。

（12）采用预制保温墙板现场安装的墙体，应符合下列规定：

1）保温墙板应有型式检验报告，型式检验报告中应包含安装性能的检验；

2）保温墙板的结构性能、热工性能及与主体结构的连接方法应符合设计要求，与主体结构连接必须牢固；

3）保温墙板的板缝处理、构造节点及嵌缝做法应符合设计要求；

4）保温墙板板缝不得渗漏。

检验方法：核查型式检验报告、出厂检验报告、对照设计观察和淋水试验检查；核查隐蔽工程验收记录。

检查数量：型式检验报告、出厂检验报告全数核查；其他项目每个检验批抽查5%，并不少于3块（处）。

（13）当设计要求在墙体内设置隔汽层时，隔汽层的位置、使用的材料及构造做法应符合设计要求和相关标准的规定。隔汽层应完整、严密，穿透隔汽层处应采取密封措施。隔汽层冷凝水排水构造应符合设计要求。

检验方法：对照设计观察检查；核查质量证明文件和隐蔽工程验收记录。

检查数量：每个检验批抽查5%，并不少于3处。

（14）外墙或毗邻不采暖空间墙体上的门窗洞口四周的侧面，墙体上凸窗四周的侧面，应按设计要求采取节能保温措施。

检验方法：对照设计观察检查，必要时抽样剖开检查；核查隐蔽工程验收记录。

检查数量：每个检验批抽查5%，并不少于5个洞口。

（15）严寒和寒冷地区外墙热桥部位，应按设计要求采取节能保温等隔断热桥措施。

检验方法：对照设计和施工方案观察检查；核查隐蔽工程验收记录。

检查数量：按不同热桥种类，每种抽查 20%，并不少于 5 处。

2. 一般项目

（1）进场节能保温材料与构件的外观和包装应完整无破损，符合设计要求和产品标准的规定。

检验方法：观察检查。

检查数量：全数检查。

（2）当采用加强网作为防止开裂的措施时，加强网的铺贴和搭接应符合设计和施工方案的要求。砂浆抹压应密实，不得空鼓，加强网不得皱褶、外露。

检验方法：观察检查；核查隐蔽工程验收记录。

检查数量：每个检验批抽查不少于 5 处，每处不少于 $2m^2$。

（3）设置空调的房间，其外墙热桥部位应按设计要求采取隔断热桥措施。

检验方法：对照设计和施工方案观察检查；核查隐蔽工程验收记录。

检查数量：按不同热桥种类，每种抽查 10%，并不少于 5 处。

（4）施工产生的墙体缺陷，如穿墙套管、脚手眼、孔洞等，应按照施工方案采取隔断热桥措施，不得影响墙体热工性能。

检验方法：对照施工方案观察检查。

检查数量：全数检查

（5）墙体保温板材接缝方法应符合施工方案要求。保温板接缝应平整严密。

检验方法：观察检查。

检查数量每个检验批抽查 10%，并不少于 5 处。

（6）墙体采用保温浆料时，保温浆料层宜连续施工；保温浆料厚度应均匀、接槎应平顺密实。

检验方法：观察、尺量检查。

检查数量：每个检验批抽查 10%，并不少于 10 处。

（7）墙体上容易碰撞的阳角、门窗及不同材料基体的交接处等特殊部位，其保温层应采取防止开裂和破损的加强措施。

检验方法：观察检查；核查隐蔽工程验收记录。

检查数量：按不同部位，每类抽查 10%，并不少于 5 处。

（8）采用现场喷涂或模板浇筑的有机类保温材料做外保温时有机类保温材料应达到陈化时间后方可进行下道工序施工。

检查方法：对照施工方案和产品说明书进行检查。

检查数量：全数检查。

复习思考题

1. 何谓外墙内保温施工？外墙内保温有什么优缺点？

2. 新型聚苯板外墙外保温有哪些特点？

3. 外墙外保温有哪些优点？请你举出本地区的几个外墙外保温工程的例子。

4. 何谓聚苯板外墙外保温薄抹灰？画出它的基本构造图。

5. 简要回答薄抹灰外保温工程施工工序、施工方法。

6. 简述胶粉聚苯颗粒保温浆料的配制方法。

7. 画出面砖胶粉聚苯颗粒外保温构造图。

8. 简要叙述胶粉聚苯颗粒外墙外保温的施工要点。

9. 简述现浇混凝土复合无网 EPS 板外保温的施工要点。

10. 钢丝网架板现浇混凝土外墙外保温工程施工要点有哪些？

11. 何谓机械固定 EPS 钢丝网架板外墙外保温施工要点有哪些？

12. 何谓抗裂砂浆？抗裂砂浆如何配制。

13. 外墙外保温工程验收主控项目、一般项目有哪些内容？

主要参考文献

［1］ 建筑工程冬期施工规程 JGJ 104—2011. 北京：中国建筑工业出版社，2010.

［2］ 外墙外保温工程技术规程 JGJ 144—2008. 北京：中国建筑工业出版社，2005.

［3］ 国家人民防空办公室主编. 地下工程防水技术规范 GB 50108—2008. 北京：中国计划出版社，2002.

［4］ 装配式混凝土结构技术规程 JGJ 1—2014. 北京：中国建筑工业出版社，2014.

［5］ 姚谨英. 建筑施工技术（第五版）. 北京：中国建筑工业出版社，2014.

［6］ 姚谨英. 建筑施工技术管理实训（第二版）. 北京：中国建筑工业出版社，2016.

［7］ 姚谨英. 主体结构工程施工. 北京：中国建筑工业出版社，2005.

［8］ 龚仕杰. 混凝土工程施工新技术. 北京：中国环境科学出版社，2004.